Bremser, Johann Gottfried

Lebende Wuermer in lebenden Menschen.

Bremser, Johann Gottfried

Lebende Wuermer in lebenden Menschen.

Inktank publishing, 2018

www.inktank-publishing.com

ISBN/EAN: 9783750107991

über

LEBENDE WÜRMER

im

LEBENDEN MENSCHEN.

Ein Buch für ausübende Aerzte.

Mit nach der Natur gezeichneten Abbildungen auf vier Tafeln.

Nebst einem Anhange

über

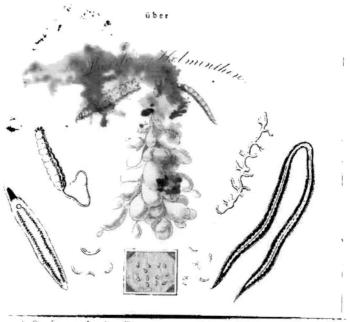

Wien, 1819.

Bei Carl Schaumburg et Comp.

An die geneigten Leser.

Es ist eine alte löbliche Sitte, dafs der Vater eines neuen Buchs — wofern er nähmlich über einen wissenschaftlichen Gegenstand schreibt — in mehr oder weniger Zeilen, welche man Vorrede nennt, sein Unternehmen rechtfertiget, und die Gründe auseinander setzt, welche ihn zu diesem Buchmachen bewogen haben. — Manchem mag wohl solche Rechtfertigung schwer werden, zumahl wenn er bekennen mufs, dafs die Welt schon eine ungeheure Menge von Schriften über den von ihm abgehandelten Gegenstand besitzt, und er das Verdienstliche seiner Arbeit und die Eigenthümlichkeit seines Werks blofs in der verschiedenen Länge und Breite, Höhe und Tiefe, worin er von seinen Vorgängern etwa abweicht, darthun kann. — Glücklicherweise habe ich mich mit solchen Abmessungen nicht zu befassen, wie aus der nachstehenden Musterung der meinem Buche verwandten Schriften hervorgehen soll. Denn man wird es nicht unbillig finden, wenn ich alle jene Schriften der Aerzte, worin der Eingeweidewürmer gleichsam nur im Vorbeigehen gedacht wird, als Nichtverwandte betrachte.

Als verwandt sehe ich jedoch an, die vor hundert Jahren geschriebenen Bücher eines Andry und LeClerc und das fünfzig Jahre später erschienene Buch von van Doeveren. Alle drei handelten von den menschlichen Eingeweidewürmern, sowohl in naturhistorischer, als auch in medicinisch praktischer Beziehung. Allein als diese Männer schrieben, lag die Helminthologie noch in der Wiege, und zwar als unreifes Kind. — Weniger verwandt mit meinem Buche betrachte ich die Preisschriften von Bloch und Goeze, deren Nahmen wohl jedem meiner Leser bekannt sind, sie haben sehr wenig mit meinem Buche gemein. Sie schrieben nicht sowohl für ausübende Aerzte, als für Naturforscher im allgemeinen und für Helminthologen insbesondere. — Allein, verwandt oder

* 2

nichtverwandt, ihre Schriften sind so wenig mehr, als die früher genannten, im Buchladen zu finden, also für den Bücher kaufenden Arzt gleichsam als nicht existirend zu betrachten. Ueberdiefs ging auch noch zu ihren Zeiten die Helminthologie in Kinderschuhen.

Ein Z e d e r und ein R u d o l p h i haben diesem Kinde vollends auf die Beine geholfen. Aber ihre classischen Schriften stehen immer nur in entfernter Verwandtschaft mit meinem Buche. Zwar hat Herr R u d o l p h i , *Helminthologorum facile princeps*, — denn selbst die seit Jahrhunderten gepflegten Zweige der Zoologie haben nichts so Vollständiges aufzuzeigen, als er in seiner Entozoologie über diesen ganz neu emporgeschossenen geleistet hat — im ersten Bande seines unvergleichlichen Werks einige Capitel ganz besonders, den Aerzten gewidmet. Allein auch diese werden nur Wenigen genügen. Es geht dem Buche dasjenige ab, um was es dem ausübenden Arzte, der nicht geradezu auch Naturforscher ist, am meisten zu thun ist, nähmlich an Abbildungen der menschlichen Eingeweidewürmer, und an einer Norm zu der speciellen Behandlungsweise jeder einzelnen Wurmart, worauf Herr R u d o l p h i nach dem von ihm angelegten Plane keine besondere Rücksicht nehmen konnte. — Kurz die Werke der Herren R u d o l p h i und Z e d e r lassen sich mit meinem Buche in keine Vergleichung stellen; sie sind anderer Natur, habe eine ganz verschiedene Tendenz.

Die heut zu Tage noch lebenden Bücher also, mit denen das meinige in Vergleichung gezogen werden kann und darf, beschränken sich — mit Ausnahme derer, die mir nicht zu Gesichte gekommen sind, und einiger besonders französischer Dissertationen, die aber gewöhnlich nicht in den Buchhandel kommen — auf die von J ö r d e n s , B r e r a und B r a d l e y zu Tage geförderten. Denn das kleine Büchlein mit dem grofsen vielversprechenden Titel und nichts sagendem Inhalte von Herrn Dr. A l b r e c h t und andere ähnliche Machwerke hieher ziehen zu wollen, würde schwere Beleidigung für diese drei Männer sein. — Indefs kann ich auch diese Männer nicht als solche anerkennen, welche unser Wissen über menschliche Eingeweidewürmer sonderlich gefördert haben. Sie sind oder waren keine praktischen Helminthologen, und obwohl ich gern glaube, dafs man über Einhorne, Greife, doppeltgeschwänzte Löwen und zweiköpfige Adler ein für Wappenmahler recht nützliches Buch schreiben kann, ohne

8

je dergleichen in natura gesehen zu haben: so zweifle ich doch sehr, dafs man etwas die Wissenschaft Förderndes über naturhistorische Gegenstände vorbringen kann, wenn man nicht selbst mit eigenen Augen gesehen, und, so zu sagen, mit eigenen Händen begriffen hat. — Uebrigens hat sich Jördens begnügt, blofs Beschreibungen und Abbildungen der menschlichen Eingeweidewürmer zu geben, dabei aber so viele Thiere, die keine Eingeweidewürmer sind, zugemischt, dafs der Ununterrichtete nicht leicht klug daraus werden kann. In pathologischer und therapeutischer Beziehung hat er gar nichts von ihnen gesagt. — Herr Brera hat in seinen Vorlesungen das geleistet, was der Titel verspricht, nähmlich Vorlesungen über die vornehmsten — nicht alle — Eingeweidewürmer des menschlichen Körpers, so wie man solche Vorlesungen in dem Capitel von den Würmern in der speciellen Therapie zu geben pflegt, jedoch viel ausführlicher und umständlicher als gewöhnlich, mit beständiger Hinweisung auf die darauf Bezug habenden Schriften — kleine Unrichtigkeiten sollen hier nicht gerügt werden — und es gereicht dem Herrn Verfasser zur grofsen Ehre, dafs dieses kleine Buch in kurzer Zeit eine deutsche und zwei französische Uebersetzungen erlebte. — Hier hätte Herr Brera als Schriftsteller über Helminthologie stehen bleiben sollen. Aber es scheint, dafs ihn die über dieses Buch gefällten Urtheile glauben gemacht haben, er sei wirklich ein Helmintholog. Ohne diesen Glauben würde er wohl schwerlich seine dickbeleibten Supplemente geschrieben haben, welche klar und deutlich beurkunden, dafs er es nicht ist. Diese zunächst für den Naturforscher, nicht für den ausübenden Arzt, geschriebenen Supplemente sind nichts anderes, als eine Zusammenhäufung von Unrichtigkeiten, falschen Ansichten u. s. w. ohne irgend ein Interesse für den praktischen Arzt. Aus diesem Gesichtspuncte habe ich diese Supplemente angesehen, und ich glaube schwerlich, dafs man sie aus einem anderen wird ansehen können. Ich bitte daher auch meine Recensenten, dasjenige, was ich an verschiedenen Stellen meines Buchs darüber gesagt habe, auch nach dieser Ansicht zu beurtheilen, sonst könnte es scheinen, als hätte ich gewollt Herrn Brera Arges anthun, was doch schlechterdings der Fall nicht wohl sein kann, weil ich mit ihm in gar keinem persönlichen Verhältnisse stehe oder je gestanden bin. Uebrigens habe ich meine Urtheile über sein Buch jedesmahl mit den nöthigen Hinweisungen auf dasselbe belegt. — Herr Bradley handelt blofs von den Darmwürmern des Menschen. Neues sagt er gar nichts, und sein Buch ist selbst von seinen Landsleuten nicht zum besten beurtheilt worden.

Die gegebenen Abbildungen sind zum Theile schrecklich verzeichnet, und der in der 7ten Figur der 5ten Tafel vorgestellte Kopf des Kettenwurms sieht aus, als wie: O Herr! er will mich fressen (*).

Zufolge dieser kurzen, jedoch so viel mir bewufst, vollständigen Musterung der mit meinem Buche verwandten und halbverwandten Bücher hätten wir also bisher noch keines, welches den ausübenden Arzt über die bis jetzt in dem Menschen beobachteten Würmer in gehörige Kenntnifs setzte, und zugleich über die specielle Austreibungsmethode jeder einzelnen Wurmart, so viel für jetzt darüber gesagt werden kann, sich deutlicher erklärte. — Aus diesem Grunde habe ich mir seit Jahren schon vorgenommen, das gegenwärtige Buch zu schreiben, auch wirklich schon seit Jahren daran geschrieben, wie man diefs aus einigen kleinen Wiederhohlungen bemerken, mir aber auch hoffentlich aus eben dieser Ursache zu gute halten wird.

Es sind nunmehr zwölf Jahre verflossen, als Herr Karl Ritter von Schreibers die Direction der vereinigten k. k. Hof-Naturalien-Cabinette erhielt. Bereits seit längerer Zeit hatte er sich ganz besonders mit der Helminthologie beschäftiget. Früher schon mit ihm bekannt, brachte uns ein Zufall, oder bestimmter gesagt, meine kleine Abhandlung über die gesetzliche Einführung der Kuhpockenimpfung und eine von Leberegeln und Blasenwürmern besessene Schweinsleber näher zusammen. Seitdem, d. i. seit zwölf Jahren beschäftige ich mich beinahe ausschliefslich mit der Helminthologie. Ob mit Eifer? davon mag die in dem Cabinette aufgestellte Sammlung zeugen, die wohl ihres Gleichen in der jetzt bekannten Welt nicht hat. Diese Sammlung zu schaffen, d. h. die Würmer in den verschiedenen Thieren aufzufinden, dazu halfen mir in den ersten Jahren vorzüglich mein Collega Herr Costos Joseph Natterer und sein gegenwärtig in Brasilien reisender Bruder, Herr Johann Natterer, welcher auf seinen vielen Reisen, besonders in Ungarn und an den Küsten des adriatischen und mittelländischen Meeres die Sammlung, ganz vorzüglich mit Würmern aus Seefischen, bereicherte, und noch täglich von Südamerika aus bereichern wird. Allein das Bestimmen, Ordnen, Aufstellen, für die Dauer Bewahren u. s. w. der gefundenen Würmer blieb ganz allein mir über. Dafs ich mir durch das Suchen nach

(*) Buch Tobiä Cap. 6. V. 3.

Würmern — denn 25,000 Thiere wenigstens eigenhändig in dieser Absicht untersucht zu haben, darf ich mich ohne Uebertreibung rühmen — durch das Vergleichen u. s. w. sehr specielle Einsichten über den inneren Haushalt dieser Thiere
nothwendig erwerben mufste, wird wohl Jeder leicht glauben, der mich nicht
schlechthin für einen Dummkopf hält. Aber nicht nur konnte ich hiebei meine naturhistorischen Kenntnisse bereichern und erweitern, sondern es wurde mir auch
Gelegenheit gegeben, diese meine erworbenen Kenntnisse auf die Behandlung der
Krankheiten, welche man gewöhnlich von Würmern herzuleiten pflegt, anzuwenden. Viele meiner ärztlichen Herrn Collegen, welche wufsten, dafs ich mich
ganz besonders mit diesem Gegenstande beschäftigte, schickten mir ihre an Würmern, besonders an Kettenwürmern leidenden Kranken zu. Diese wurden von
ihren Würmern befreiet und empfohlen mich bald wieder anderen Leidensgenos-
sen. Eine einzige gemeine Frau hat mir deren wenigstens zwanzig zugesandt.
Hierdurch bekam ich bald eine Art von Ruf, so dafs die gewöhnliche Anfrage
lautet: »Wohnt hier der Doctor, der für die Würmer hilft?« Auch kommen all-
jährlich 70 bis 80 auch mehr Wurmkranke, sich bei mir zu berathen.

Das Erwähnte mag hinreichend beweisen, dafs ich nicht zu den Unberufe-
nen, über diesen Gegenstand zu schreiben, gehöre. Allein es heifst in der
Schrift: »Viele sind berufen, Wenige sind auserwählt.« Ob ich nun auch zu den
Letzteren zu rechnen sei, überlasse ich zur Entscheidung den Herren Recensenten, welchen ich mich hiermit gehorsamst empfohlen haben will. — Diese
Empfehlung möchte ich jedoch keineswegs als eine Art von Bestechung angesehen
wissen, sondern ich beabsichtige damit blofs, dafs sie dieses Buch nicht so ganz
mit Stillschweigen übergehen mögen, als meine im Jahre 1806 erschienenen medicinischen Parömien, von welchen mir nur zwei Kritiken zu Gesichte gekommen
sind. Auch würde ich es Jedem schlechten Dank wissen, der mich, ohne sein Urtheil zu belegen, lobpreisen sollte. Je strenger die Kritik ausfallen wird, desto
mehr soll sie mich freuen, weil ich es für ein Zeichen ansehen werde, dafs Recensent das Buch mit Interesse gelesen hat; auch darum, weil es doch möglich
wäre, dafs Wir, das Buch nähmlich und Ich, eine zweite Auflage erlebten, und
ich alsdann alles gegen die vorliegende Erinnerte benutzen könnte. — Eine Anti-
kritik ist von mir auf keinen Fall zu befürchten. Denn entweder ist der ausgesprochene Tadel — und gegen diesen nur pflegt man Antikritiken zu schreiben

— gegründet oder er ist nicht gegründet. Wollte ich mich gegen den ersteren auflehnen, so würde man auf mich anwenden können: »Irren ist menschlich, aber im Irrthume verharren ist teuflisch.« Würde ich mich aber mit einer Rechtfertigung gegen Letzteren befassen: so könnte man leicht von mir sagen: »Der Mensch hat leeres Stroh gedroschen.« Und welcher gute Oekonom wird sich wohl solcher Sünde theilhaftig machen?

In dem Buche sind nur jene Thiere als Eingeweidewürmer des Menschen aufgenommen, welche wirklich im menschlichen Körper gefunden worden sind, und als daselbst ursprünglich erzeugte von unseren Helminthologen anerkannt werden. Daher es dann kommt, dafs ich nicht halb so viele Würmer aufzuzählen habe, als Herr Brera. Erklärbar wird diefs werden, bei der näheren Betrachtung der bei jeder Wurmart angeführten Synonymen und bei Durchlesung des Anhangs über Pseudohelminthen.

Auf die von mir gegebenen Beschreibungen lege ich keinen grofsen Werth. Ich fühle selbst, dafs solche zu liefern meine Stärke nicht ist. Für die Richtigkeit der Abbildungen aber kann ich bürgen. Sie sind durchgehends unter meiner speciellen Aufsicht gezeichnet und manche Figur hat in der Zeichnung die dritte und vierte Auflage erlebt. Auch sind sie alle nach Originalien gezeichnet, mit Ausnahme jedoch des Fadenwurms auf der vierten Tafel, welcher nach einer von Herrn Rudolphi eingeschickten Zeichnung genommen ist, weil der von Herrn Professor Fenger aus Copenhagen der Sammlung gütigst mitgetheilte zum Abzeichnen nicht geeignet war; ferner die Hamularia lymphatica und das Polystoma pinguicola, beide von Herrn Treutler, welche, wie er mir selbst schrieb, nicht mehr vorhanden sind. Bei dem Pallisadenwurm ist nur das Schwanzende · Figur 3 Copie. Von allen übrigen Abbildungen kann man täglich bei mir die Originalien einsehen und damit vergleichen. — Auf der Titelvignette jedoch findet man mit Ausnahme des Mittelstücks, welches Originalzeichnung ist, nur Copien, wie diefs aus sehr begreiflichen Ursachen nicht anders sein kann.

Es sind einige hundert Schriftsteller von mir angeführt worden. Nichts desto weniger findet man sehr häufig den Citatenplatz unter dem Texte leer. Die Titel dieser Bücher sind alle in alphabetischer Ordnung in einem eigenen Verzeichnisse dem Buche angehängt; darum, weil mancher öfters nur zwei bis drei Seiten lange Aufsatz fünf bis sechs Mahl citirt wird, und entweder die jedesmahlige Wiederhohlung des ganzen Titels das Buch unnöthigerweise vergröfsert, oder die gewöhnliche Nachweisung a. a. O. dem Leser das Nachschlagen sehr mühsam gemacht haben würde. — An der in diesem Verzeichnisse angegebenen Stelle wird der geehrte Leser bei genauer Beobachtung des Orts und der Jahrzahl der Herausgabe des Buchs, oder der aus kritischen Blättern citirten Stelle bestimmt jederzeit das ausgesprochen finden, was ich dem von mir angeführten Schriftsteller in den Mund legte. Denn ich habe alle diese Stellen selbst gelesen, mit Ausnahme von zwei oder drei, welche mit einem * bezeichnet sind. Die Abkürzung der Titel bekannter Schriften wird wohl ein Jeder verstehen.

Diefs wäre es, was ich meines Wissens mit den lieben und fleifsigen Lesern im Voraus abzuhandeln hatte. Indefs kann ich noch nicht schliefsen, ohne zuvor einer Pflicht, in deren Erfüllung öfters der Hund den Menschen übertrifft, Genüge zu leisten. — Es wurden mir nähmlich mitgetheilt literarische Notizen, dargeliehen Bücher, gütigst besorgt Abschriften einzelner Aufsätze, besonders aus englischen Zeitschriften, welche ich mir hier nicht verschaffen konnte, gefälligst mir überlassen Würmer, welche mir abgingen. Durch solche Beihülfe gewann mein Buch nicht wenig an Vollständigkeit. Ich finde mich daher verpflichtet öffentlich meinen verbindlichsten Dank abzustatten allen auf die eine oder andere Art mir hülfreich gewesenen Freunden und Gönnern, als da sind: die Herren Dr. Albers in Bremen, Dr. Brosche, Director der königl. Thierarzneischule in Dresden, Prof. Confiliaghi in Pavia, Staatsrath Cuvier und Prof. Dumeril in Paris, Prof. Fenger, königl. Leibchirurgus in Copenhagen, Hofrath Himly in Göttingen, Dr. Jurine in Genf, Prof. und Bergrath Lenz in Jena, Prof. Meisner in Bern, Prof. Nasse in Halle, Prof. Otto in Breslau, Prof. Fr. Osiander in Göttingen, Kreischirurgus Rollet in Baaden, Prof. Rudolphi, königl. preuss. Geheimer Medicinal-Rath und Dr. Rust, königl. preuss. Divisions-General-Chirurgus in Berlin, Geheimer Rath von Sömmerring und Dr. Sömmerring in München, Dr. Schinz in Zürich, Prof. Spedalieri in Pavia. Nicht minder in Wien die Herren Dr. Bör, Stadtarmen-Bezirksarzt, Dr. de Carro, Dr. Fechner vormahls Director des Thierarzenei-Instituts in Wien, Dr. Gerbetz, Sanitätsrath Gölis, Dr. Görgen, vormahls Primararzt im allgemeinen Krankenhause, Regierungsrath Guldener von Lobes, Graf

**

Carl Harrach, Dr. Med., Dr. Helm, Dr. Host, k. k. Leibarzt, Baron von Jacquin, Prof. der Botanik und Chemie, Prof. Kern, k. k. Leibchirurgus, Dr. v. Portenschlag, Stadtphysikus, Regierungsrath Prochaska, Prof. der Physiologie, Dr. Schiffner, Primararzt im allgemeinen Krankenhause, Prof. W. Schmitt, k. k. Rath, Ritter Carl v. Schreibers, k. k. Rath und Director der vereinigten k. k. Hof-Naturalien-Cabinette, Freiherr von Türkheim, k. k. Hofrath, Dr. Vivenot.

Endlich kann ich auch nicht unterlassen der Bereitwilligkeit und Unverdrossenheit, womit das gesammte löbliche Personale der k. k. Hofbibliothek sowohl, als der hiesigen Universitätsbibliothek bei den öfters viele Zeit räubenden Nachsuchungen gütigst mein Unternehmen unterstützten, rühmlichst zu erwähnen. — Nochmahls Allen und Jeden meinen besten Dank.

Da diese Vorrede keinen anderen Zweck hat: so empfiehlt sich, sein Buch, die Würmer und das Studium derselben hiermit gehorsamst

Geschrieben in Wien im Augustmonath 1818.

der Verfasser.

I n h a l t.

ERSTES CAPITEL.

Über die Bildung lebender Organismen in andern organischen Körpern:

Es ist eine bekannte Sache, dafs in Aufgüssen von vegetabilischen oder animalischen Substanzen sich nach einer gewissen Zeit lebendige Thierchen erzeugen, welche freilich nur unter dem Mikroskope wahrgenommen werden können. Doch hat bis jetzt noch Niemand an dem Factum selbst gezweifelt. Nur darüber lebt man noch immer im Streite, ob diese Thierchen aus Eiern, die entweder in der aufgegossenen Substanz, oder im Wasser, oder in der Luft enthalten sein konnten, ausgekrochen, oder ob sie ein Erzeugnifs der Zersetzung, der Gährung der aufgegossenen Substanzen sind. Kurz, man streitet sich darum: ob jeder lebende organische Körper durchaus von anderen, ihm gleichen, organischen Körpern erzeugt sein müsse, oder ob auch manche unter günstigen Umständen sich selbst hervorbringen können. Diese Selbsterzeugung wird von den Naturforschern mit dem Nahmen *Generatio spontanea* oder *aequivoca* belegt. Ich glaube jedoch, dafs man sie schicklicher *Formatio primitiva*, Urbildung nennen könnte, und werde mich daher auch immer dieses Ausdrucks bedienen. Allein viele unserer neueren Naturforscher haben nicht nur die Priestley'sche grüne Materie, den Schimmel, Schwämme, Byssus, Tremellen, Aufgufsthierchen, Samenthierchen u. s. w. als urgebildete Organismen angesehen, sondern auch Läuse, Krätzmilben und Eingeweidewürmer als solche betrachtet. Da nun diese letzteren dem gröfsten Theile nach sich durch ihre Grösse, durch deutliche Frefs- und Verdauungswerkzeuge, durch deutliche, und, selbst bey manchen getrennte, Geschlechtsorgane, durch deutliche Muskelfaser-Bildung, und, wie erst neuerlichst Herr Prof. Otto dargethan hat, sogar durch Nerven von allen jenen mikroskopischen Thierchen, und jenen zweideutigen zu den Pflanzen gezählten, organischen Körpern zu auffallend unterscheiden: so möchte es

1

wohl der Mühe lohnen, über ihre Entstehung nähere Untersuchungen anzustellen, und alle deshalb geäusserten Meinungen genau zu prüfen.

Streng genommen kann es jedoch nur zwei mögliche Fälle geben, wie diese Thiere Bewohner des menschlichen und thierischen Körpers werden. Entweder diese Würmer kommen von aussen in den Körper, werden demselben mitgetheilt; oder sie sind ein Erzeugnifs (Product) des menschlichen und thierischen Körpers selbst, entstehen in demselben von freien Stücken. Im ersteren Falle sind diese Würmer entweder als solche, oder als Eier von einer Mutter geboren, gleichviel, ob diese Mutter beide Geschlechter (*Sexus*) in sich vereiniget, oder eines von ihr getrennt bestehenden Männchens zur Befruchtung bedarf; gleichviel abermahls, wo diese Mutter lebt. Im andern Falle sind diese Würmer, wenigstens die in jedem einzelnen Menschen oder Thiere zuerst vorhandenen, älternlos, ein frei entstandenes Erzeugnifs des lebendigen Stoffes, (der organischen Materie) welcher überall und ewig einzelne in sich selbt geschlossene Ganze zu bilden strebt; oder mit andern Worten, sie verdanken ihr Dasein einer Urbildung. Da jedoch diese ein Gräuel ist in den Augen mancher Aerzte und Naturforscher, ja! wie Herr Hofrath Himly erinnert, für unbiblisch, mithin gotteslästerlich gehalten wird: so hat man, um nicht dieser vermeintlich ketzerischen Lehre beizupflichten gemüssiget zu sein, auf alle mögliche Mittel und Wege gedacht, auf welchen man die ersten Pflanzer dieser Wurmansiedelungen in den thierischen Körper gelangen lassen könnte. Die verschiedenen hierüber geheg ten Meinungen der Reihe nach durchzusehen und zu prüfen, sei nun unser Geschäft.

Erste Meinung. Diejenigen, welche sich die Sache am bequemsten machen, behaupten geradezu: Die thierischen Eingeweidewürmer wären keine anderen als Abkömmlinge von Würmern, die theils in der Erde, theils im Wasser leben, und würden entweder als solche, oder als Brut durch Speisen und Getränke in den thierischen Körper eingeführt. Die Beweise für diese Behauptung nehmen die Vertheidiger derselben aus den vorgeblichen Erfahrungen her, nach welchen die nähmlichen Würmer, welche den menschlichen und thierischen Körper bewohnen, auch ausserhalb desselben in der Erde oder im Wasser gefunden worden sein sollen. Der Beispiele, die man zum Behufe dieser Meinung anführt, sind nicht so viele, als dafs wir sie nicht der Reihe nach hier durchgehen, und ihre Beweiskraft prüfen könnten.

Linné glaubte das *Distoma hepaticum*, die sogenannte *Taenia lata* und

die gleichfalls sogenannte *Ascaris vermicularis* in Sümpfen und in den Wurzeln
faulender Pflanzen gefunden zu haben. Allein Otto Fried. Müller hat bis
zur Anschaulichkeit dargethan (a), dafs Linné sich geirrt, und den Stichlings-
bandwurm (*Bothriocephalus solidus* Rud.) bald für *Distoma hepaticum*, bald
für *Taenia lata* angesehen hat, welche letztere er abermahls mit dem Kettenwurme aus dem Pferde verwechselte. Gleichfalls scheint eine Verwechslung eines in Sümpfen lebenden Wurmes mit der sogenannten *Ascaris vermicularis*
statt gefunden zu haben (b). Ueberhaupt aber kann Linné niemahls als kom-
petenter Richter bei helminthologischen Streitigkeiten erscheinen. Er hatte zu
wenige Eingeweidewürmer selbst gesehen und untersucht, sonst würde er den
Nestelwürmern den Kopf nicht abgesprochen haben, den doch bei dem grossen
Kettenwurme aus dem Pferde der Blinde sogar greifen kann. Es kann daher auch
Linné's Autorität in dem vorliegenden Falle gar nichts entscheiden, unbeschadet seiner grossen Verdienste um die Naturwissenschaft, die durch das Gesagte
keineswegs geschmälert werden sollen, und die mit mir jeder Naturforscher gewifs stets anerkennen wird.

Eben so wenig kann Gadd hier als Gewährsmann gelten. Er sagt blofs:
»Den Brandwurm (*sic*) *Taenia*, den der Herr Archiater von Linné auf sei-
»ner dalländischen Reise 1734 in einer Eisenquelle angetroffen hat, habe ich
auch 1747 an dergleichen Orten gefunden. Sie war *articulata plana oscu-
tlis lateralibus geminis* und solcher Gestalt eben dieselbe, die sich in dem
»Menschen aufhält.« Schon aus der Definition, welche Gadd von dem Wurme
gibt, und dem daraus gefolgerten Schlusse sieht man, wie wenig genau er ihn
untersucht haben mag; übrigens macht er selbst keinen Anspruch darauf, Helmintholog zu sein. Beweist also Nichts.

Unzer, der es auch für eine ausgemachte Sache annimmt, dafs die Regenwürmer (*Lumbrici*) und die Spulwürmer (*Ascarides*) einerlei seien, und die
verschiedene Farbe der letzteren — gleichsam, als wenn hierin der ganze Unterschied läge — von der Milchnahrung, welche sie in dem menschlichen Körper geniessen sollen, abhänge; wollte zwar Bandwürmer in einem Brunnen gefunden haben, gab aber, als ihn Otto Fried. Müller um die näheren Umstände befragte, zur Antwort: »er habe nichts dawider, dafs dieses einzelne
»Exemplar von einem Fische, selbst von einem Menschen könne dahin gekommen
»sein« (c). *Transeat cum ceteris.*

(a) Naturforscher St. 18. S. 21—37.   (b) Verm.terr. Vol. I. P. 2. p. 36.   (c) Goeze N. G. d. Eingew. S. 13.

4

Tissot erzählt in einem Briefe an Zimmermann die Krankengeschichte eines Knaben mit folgenden Worten: . . . . . »*mane in lecto cum levi ani prurritu dejicit simul et teretem et nascentem taeniam, filum nimirum crassum, album aequabile, viginti quinque circiter pollices longum, quatuor raut quinque circumvolutum giris, iisque omnino similem, quas in fontibus Sueciae invenit Ill. Linnaeus et in fonte Helvetico amicus medicus.»* Hier weifs man gar nicht einmahl recht, was für einen Wurm Tissot gesehen hat, noch weniger auf welche von Linné gefundene Würmer sich dessen Ähnlichkeit bezieht, am allerwenigsten aber, wie die Würmer mögen ausgesehen haben, welche der *amicus medicus* gefunden hat; und da wir von des Letzteren helminthologischen Kenntnissen gar keine Kunde haben, so wird durch diese Beobachtung für die Präexistenz der Eingeweidewürmer im Wasser, so viel als gar nichts bewiesen.

Beireis wollte in dem Lüdger'schen Brunnen bei Helmstädt und in einem Brunnen bei Ballenstädt den menschlichen Spulwurm (*Ascaris lumbricoides*) gefunden haben. Allein aus der ganzen Beschreibung erhellet, dafs diese Würmer, trotz der drei Knötchen und des Saugröhrchens am Kopfe, nichts anders waren, als der von Otto Fried. Müller (d) beschriebene Wurm, der häufig im Wasser gefunden wird. Der von Beireis beschriebene Wurm ist schneeweifs von Farbe, nur drey bis vier Linien lang, und soll in den menschlichen Gedärmen, als wo sich nach Beireis die Würmer am besten nähren und fortpflanzen können, zu der Gröfse, wie er in dem Menschen als Spulwurm angetroffen wird, heranwachsen. Von dem innern Bau des Wurms, von der Beschaffenheit des Schwanzendes u. s. w. wird, wie schon Goeze bemerkte, gar nichts gesagt. Überdiefs lehrt die Erfahrung, dafs jedes Thier dort am besten gedeihet, wo ihm die Natur seinen Aufenthaltsort angewiesen hat. Die Thiere des Süden vertragen nicht das rauhe Klima des Norden; aber auch das Rennthier, in Lappland gebürtig, kommt nicht einmahl im südlichen Deutschlande fort, geschweige dann in Italien. Man begreift also nicht, wie für das im kalten Wasser zu leben bestimmte kleine Würmchen — das eine Mahl fand Beireis diese Würmer im December — eine solche plötzliche und grelle Veränderung der Temperatur des Mediums und der Nahrung, worin und wovon es lebt, so ausserordentlich erspriefslich sein kann, dafs es zu dieser enormen Grösse anwachsen soll, da bei allen übrigen Thieren, unter solchen Umständen gerade das Gegen-

(d) Verm. terr. hist. Vol. I. P. 1. p. 36.

theil statt findet. Es bleibt also eine blosse Hypothese von Beireis, dafs die Spulwürmer nichts weiter als blosse Vergrösserungen der, von ihm im Wasser gefundenen, Würmer sind.

Gmelin (e) beschreibt Bandwürmer, welche er in einem stehenden Sumpf gefunden hat, und legt ihnen bey der Abbildung den sehr schicklichen Nahmen *Taenia dubia* bei. Denn es unterliegt gar keinem Zweifel, dafs diese dubiösen Taenien gar nichts anders wie Krötenlaich, — nicht Froschlaich, wie Pallas (f) glaubte — waren. Es ergibt sich diefs schon nicht nur aus der Beschreibung, sondern wird noch überdiefs vollkommen bestätiget durch die Abbildung, wenn man diese mit Roesel's 20ster Tafel vergleichet.

Leeuwenhoek wird auch zu denjenigen gezählt, welche ausserhalb des thierischen Körpers Eingeweidewürmer gefunden haben sollen. Allein der ganze auf diesen Gegenstand Bezug habende Aufsatz lehrt nichts weiter, als dafs es in den Lebern der Schafe und des Rindviehes Würmer giebt, und dafs man auch äufserst kleine Würmer in der Erde findet; beides Dinge, an denen bis jetzt noch kein Mensch gezweifelt hat. Übrigens ist aber gar nicht einmahl die Rede von einer Vergleichung der beiderlei Würmer, geschweige dann, dafs Leeuwenhoek diese letzteren für einerlei seiend (identisch) mit den Leber-Egeln erklärt hätte.

Auch Schäffer (g) wollte Leber-Egeln im Wasser gefunden haben. Aber es ist nur zu wahrscheinlich, dafs er sich getäuscht hat; denn Otto Fr. Müller, der darnach suchte, konnte sie nicht finden, und eben so wenig irgend ein anderer Naturforscher. Waren es aber auch wirklich Leber-Egeln, die Schäffer fand: so konnten sie ja wohl auch dort weidenden Schafen abgegangen sein.

Endlich schreibt Hahn an Pallas: (h) »Von Julius bis zum Ende des Octobers »war von Schlangenberg an bis hierher zum Ob, längst dem ganzen Strich dieses »Flusses, ein plötzliches Sterben unter Pferden und Rindern. Bei Untersuchung »fand man, dafs es von verschluckten Haarwürmern, deren es in den kleinen »Flüssen, Bächen, und stehenden Gewässern dieses Jahrs ausserordentlich viel ge- »geben hatte, entstanden sei, welche sich durch den Magen hindurch, zum »Theil bis in die Lunge und Leber eingefressen hatten. Diejenigen, so zur rechten »Zeit viel Salz und wurmtödende abführende Mittel bekommen hatten, wurden »erhalten, wo aber die Würmer schon aus dem Magen gedrungen waren, halfen

(e) Reisen 3ter Theil S. 302. Tab. 3o.   (f) N. nord. Beytr. I. S. 42.

(g) Die Egelschnecken S. 29.   (h) N. nord. Beytr. I. S. 160.

rkeine Mittel mehr. Von neun Kühen, die in meinem Hause erkrankten, kamen
rfünf um. Nach diesem Berichte aber scheint es, dafs überhaupt keine Würmer
in dem Magen gefunden wurden; und mir ist es daher wahrscheinlicher, dafs
diese Würmer sich in den Lungen dieser Thiere erzeugt haben, wie diefs gar
nicht selten bei Schafen geschieht, und von ihnen ausgehustet dem Wasser mitgetheilt wurden. Denn Pallas hat selbst, wie wir später bei der *Filaria medinensis* hören werden, in gewissen Gegenden Fadenwürmer sehr häufig im
Wasser gefunden, ohne gehört zu haben, dafs man sie auch dort bei Menschen
oder Thieren fände.

Diefs sind alle mir bekannten Beispiele von Eingeweidewürmern, welche
aufserhalb des thierischen Körpers in der Erde, oder im Wasser als daselbst
fortlebend gefunden worden sein sollen. Oder mit andern Worten, diefs sind alle
mir bekannten Thatsachen, welche als Beweise angeführt werden, dafs die Eingeweidewürmer die nähmlichen sind, welche man in der Erde und im Wasser antrifft. Man sieht leicht ein, wie wenig beweisend sie sind. Denn entweder waren
die gefundenen Würmer keine solchen, wie sie in Menschen und Thieren angetroffen werden; oder wenn diefs auch der Fall war: so stand zu vermuthen; dafs sie
von Menschen oder Thieren abgegangen waren. Bedenkt man nun überdiefs,
dafs jede Thiergattung, in ihrer natürlichen Heimath häufiger angetroffen wird,
als in fremder Herberge: so mufs uns diefs noch um so mifstrauischer gegen die
eben angeführten Beobachtungen machen. Denn wären die Würmer, welche bei
Menschen und Thieren ziemlich häufig angetroffen werden, ursprünglich im
Wasser, oder in der Erde zu Hause: so müfsten sie hier noch viel häufiger angetroffen werden, was aber nicht der Fall ist.

Obgleich man nun die Richtigkeit dieser Schlufsfolge nicht wohl bestreiten,
auch das Vorhandensein der Eingeweidewürmer aufser dem thierischen Körper,
nicht nachweisen kann: so hat man, um die Hypothese nicht ganz aufzugeben, zu
einer andern Hypothese seine Zuflucht genommen, und behauptet: D i e W ü r-
m e r a u s d e r E r d e u n d d e m W a s s e r n ä h m e n e r s t a l s d a n n, w e n n
s i e i n d e n t h i e r i s c h e n K ö r p e r g e b r a c h t w ü r d e n, d i e e i g e n-
t h ü m l i c h e F o r m d e r E i n g e w e i d e w ü r m e r a n. Dieser Behauptung zufolge wäre die Aufenthaltsveränderung begleitet von einer Formveränderung.
Neuerlichst ist ganz besonders Hr. B r e r a für diese Meinung gestimmt. Er glaubt
sie vorzüglich dadurch zu unterstützen, dafs mehrere Pflanzen durch Cultur und
verändertes Klima nach und nach eine von ihrer ursprünglichen, ganz verschie-

dene Gestalt erhalten. Er führt unter andern auch ein Beispiel an (i) von Haferkörnern, die im Winter ein Soldat verschluckt hatte, und welche nachher im Sommer im Magen zu keimen, Wurzeln zu schlagen und Halme zu treiben anfingen, jedoch nicht ganz so, wie diefs geschieht, wenn der Same in die Erde gesteckt wird, welches letztere auch das Glaubwürdigste an der ganzen Erzählung ist. — Allein Hr. Brera scheint nicht bedacht zu haben, dafs diese Veränderungen in der Form bei Pflanzen nicht urplötzlich; sondern nur sehr langsam und erst nach mehreren Generationen statt finden. Wollte man aber auch annehmen, es würden nicht die Würmer selbst, sondern nur ihre Brut, die befruchteten Eier, in den thierischen Körper gebracht: so berechtiget uns doch nicht eine einzige Analogie, anzunehmen, dafs die Jungen, welche aus diesen Eiern kriechen, eine andere Gestalt, als die ihrer Aeltern annehmen sollten. Denn durch den Act der Zeugung ist ihnen auch Form und Bau gegeben, die sich durch das Mittel, wodurch sie zur Reife gebracht werden, nicht mehr abändern läfst. In jeder Erde und unter jedem Himmelsstriche wird aus einem Samenkorn, wofern es nicht ganz zu Grunde geht, dieselbe Pflanze, von der es genommen ist, — wohl minder üppig als im Mutterlande, aber in derselben Gestalt hervorsprossen, es wachse nun diese Pflanze ursprünglich am Vorgebirge der guten Hoffnung, oder am Nordpole. Aus einem Guckgucks-Ei kriecht ein junger Guckguck aus, von welchem Vogel immer das Ei ausgebrütet worden sein mag. Daher Ariost sagt: (k)

Da Vacca nascer Cerva non vedesti,
No mai Colomba d'Aquila.

Indefs scheinen die Naturforscher jenseits der Alpen diesen Versen ihres Landsmanns keinen grofsen Glauben beizumessen, denn auch Hr. Gautieri (l) zweifelt gar nicht, dafs Bandwürmer, Kratzer, Rundwürmer und Blasenwürmer aus denselben Keimen entstehen können.

Vielleicht möchte man noch sagen: Manche Thiere erleiden mit der Zeit, obwohl nicht eine vollkommene Metamorphose, wobei eine Verpuppung statt findet, wie bei den Insekten, dennoch eine solche Veränderung in ihrer äusseren Gestalt, dafs man im erwachsenen Thiere die anfängliche Form gar nicht

(i) Memorie p. 420.

(k) Um bei meinen Lesern nicht in den Verdacht der Gelehrtthuerei zu verfallen und zu scheinen, als wollte ich sie glauben machen, dafs ich den ganzen Ariost auswendig wüfste, erkläre ich hiermit feierlichst, dafs ich ihn nie gelesen, sondern diese Verslein bei Valisnieri gefunden habe.

(l) A. a. Ort. S. 81.

8

mehr erkennen kann, wie diefs der Fall bei Kröten und Fröschen ist; könnte folglich nicht eine solche allmählige Veränderung der äussern Form sowohl als des inneren Baues, durch den verschiedenen Aufenthaltsort, Temperatur, Nahrung u. s. w. beschleuniget, oder verspätet werden, ja selbst eine andere Richtung bekommen, so zwar, dafs daraus eine solche Verschiedenheit entstände, die den in seinem natürlichen Elemente der Erde oder dem Wasser aufgewachsenen und den im thierischen Körper grofs gewordenen Wurm einander gar nicht mehr ähnlich erscheinen liefs? Hierauf antworte ich: In der Regel erleiden die Würmer überhaupt und die Eingeweidewürmer insbesondere keine solche Veränderung der Form. Doch gibt es allerdings Ausnahmen, wie ich diefs an einem andern Orte darthun werde. Allein in diesem Falle können wir auch die Übergänge von einer Form in die andere nachweisen. In dem k. k. Naturalien-Cabinette sind bis jetzt gegen 50,000, sage fünfzigtausend Thiere in helminthologischer Beziehung untersucht worden. Die in denselben gefundenen Würmer, deren Zahl, wie man leicht denken kann, nicht gering ist, sind mir alle mehrmahlen durch die Hände gegangen, aber nicht ein einziges Mahl bin ich wegen eines lebenden Wurms in Zweifel gewesen, ob er ein Eingeweidewurm oder ein Erd- oder Wasserwurm sein möchte. Alle in Thieren gefundene lebende Würmer trugen bestimmt den Charakter der Eingeweidewürmer an sich. Andere Würmer fanden sich wohl auch zuweilen in den Mägen solcher Thiere, welche sich davon nähren, aber sie waren todt, meistens schon halb verdauet, wie die Insekten-Larven u. s. w. Bei einer solchen ungeheuren Menge von Untersuchungen hätte es sich doch wohl einige Mable ereignen sollen, dafs man lebende Erd- und Wasserwürmer gefunden, dafs man den allmähligen Übergang derselben in die Form der Eingeweidewürmer beobachtet hätte. Aber diefs ist nicht ein einziges Mahl geschehen.

Angenommen, jedoch nicht zugegeben, dafs man sich bei Rund- und Saugwürmern täuschen, und wirkliche Abkömmlinge von Erd- und Wasserwürmern für Eingeborne des thierischen Körpers halten könnte; so frage ich: Wo finden wir aber ausserhalb des thierischen Körpers Würmer, die wir als die Stammältern der Kratzer betrachten könnten? Herr Renier hat zwar unter seinen *Vermi Tab. VI.* auch einen *Echinorinco scudato* aus dem adriatischen Meere aufgeführt; wie er aber Kratzer aus Thieren bei mir sah, hat er sogleich jenem ein eigenes Genus angewiesen. Welche sind ferner im Wasser oder in der Erde diejenigen Würmer, von denen sich der Stammbaum, der an Gattungen und Arten so zahlreichen Ordnung der Nestelwürmer ableiten liesse? Wo endlich findet sich ausser dem thierischen Körper ein Wurm, oder irgend ein anderes lebendes Geschöpf, welches für den Ahnherrn der Blasenwürmer gelten könnte, die sogar nicht einmahl in allen Thierklassen, sondern, so viel bis jetzt bekannt, nur im Körper der Säugethiere angetroffen werden, und zwar am häufigsten bei den nagenden und wiederkäuenden, die ihre Nahrung sehr sorgfältig zermalmen. Wollte man etwa die *Aequorea* für ein solches Thier gelten lassen: so zeige man mir doch, auf welchem Wege sie von dem adriatischen Meere in die Leber einer Hausmaus in Wien, oder in das Gekröse einer auf den steier'schen Alpen lebenden Gemse kommt.

Hierdurch ist nun, glaube ich, hinreichend dargethan, dafs die Eingeweidewürmer keine Abkömmlinge von Würmern, die ursprünglich im Wasser, oder in der Erde leben, sein können; woraus denn schon von selbst folgt, dafs sie eine eigene Ordnung von Würmern, die nur im menschlichen und thierischen Körper leben, leben können, ausmachen müssen. Doch stützt sich diese Folgerung nicht blos auf den bereits gelieferten verneinenden Beweis, sondern sie wird noch mehr bestätiget, ja ich möchte sagen, bis zur mathematischen Gewifsheit gesteigert, durch nachstehende Betrachtungen:

1) Die in Menschen und Thieren lebenden Würmer haben einen ganz eigenthümlichen Bau, wodurch sie sich von den Erd- und Wasserwürmern deutlich unterscheiden. So wie der geübte Botaniker eine Wasserpflanze auf den ersten Blick blos durch ihren Habitus von einer Alpenpflanze zu unterscheiden weifs, eben so wird auch der geübte Helmintholog nicht einen Augenblick anstehen, zu entscheiden, ob ein gegebener Wurm zu den Eingeweidewürmern zu zählen ist oder nicht. Vor einigen Jahren wurden mir äufserst kleine Würmer gebracht, die man, ich weifs nicht mehr in welchem Thiere, gefunden haben wollte. Ich zweifelte auf der Stelle, ob es wohl Eingeweidewürmer sein möchten, setzte sie indefs, da sie noch lebten, und ich mit etwas anderem beschäftiget war, zur näheren Untersuchung auf die Seite. Am anderen Tage brachte man mir aus einem zweiten und einem dritten, vom ersten ganz verschiedenen, Thiere, die nämlichen Würmer. Nun wurden meine Zweifel zur Gewifsheit, und eine genauere Untersuchung lehrte mich, diese Würmchen als Egeln (*Hirudo*) erkennen, die, wie eine nähere Prüfung ergab, in dem Wasser, womit man die Gedärme abgespült hatte, enthalten waren. — Ein andermahl übergab man mir in einem Gläschen mit Wasser zwei kleine Würmer,

2

ohne mir sogleich zu sagen, wo sie herkämen. Ich erklärte auf der Stelle, dafs es keine Eingeweidewürmer wären; es waren Planarien, die man im Wasser gefunden hatte. Und doch haben diese Würmer noch einige Aehnlichkeit mit den Saugwürmern aus den Thieren. Wie ganz eigenthümlich aber ist nicht der Bau der Kratzer, der Bandwürmer, der Blasenwürmer, denen Aehnliches man nichts, wie schon erinnert worden, weder in der Erde noch im Wasser findet. Ja! es hat selbst jede Familie der Eingeweidewürmer so viel Eigenthümlichkeit, dafs der geübte Naturforscher nicht leicht lange in Zweifel bleibt, wohin er den gefundenen Wurm zu stellen hat. So z. B. haben die Herrn Frölich und Rudolphi und auch ich, den Echinorhynchus filicollis Rud. gefunden. Keiner von uns konnte den Hackenrüssel desselben ansichtig werden, und nichts desto weniger wurde er von allen dreien, ohne dafs einer von dem anderen etwas wufste, für einen Kratzer anerkannt, welcher er auch wirklich ist, wovon aber der Beweis nicht hieher gehört.

2) Manche Thiere haben, ihnen ganz eigene, Eingeweidewürmer, die in anderen Thieren nicht gefunden werden. Man mufs jedoch diesen Satz nicht unrecht verstehen, und mit Einigen fälschlich glauben, jede Thierart beherberge ihre eigenthümliche Wurmarten, die man in anderen durchaus nicht finde. Diefs will ich keineswegs gesagt haben, da uns die Erfahrung mehrere Beispiele vom Gegentheile liefert. So unterscheidet sich z. B. der Spulwurm, (Ascaris lumbricoides) der in den dünnen Därmen des Menschen hauset, durch nichts von den Spulwürmern, welche man im Darmkanale der Schweine, Ochsen und Pferde findet. Eben so gehören die Leberegeln (Distoma hepaticum), welche bis jezt in verschiedenen Säugethieren, nähmlich im Menschen, Hasen, Rindviehe, Kamehle, Hirsche, Schafe, Pferde, Schweine gefunden worden sind, alle zu ein und eben derselben Art. Vor nicht langer Zeit fand Herr Rudolphi in einem jungen in London gebornen Löwen eine grofse Anzahl von Spulwürmer; um eben dieselbe Zeit fand ich die gleichen Würmer in einem in Tunis gebornen. Dahingegen unterscheiden sich der Bandwurm, (Bothriocephalus) und der Kettenwurm (Taenia) des Menschen ganz bestimmt von allen übrigen Band- und Kettenwürmern, und so mehrere andere aus verschiedenen Thieren.

3) Die Eingeweidewürmer kommen in allen Theilen des thierischen Körpers vor. Der Darmkanal vom Schlunde bis zum After, wie das Zellgewebe zwischen der Haut und den Muskeln; die Leber mit der Gallenblase, wie die Lunge mit der Luftröhre; das Hirn, wie die Nieren; das Herz

wie die Milz, sind öfter oder seltener der Wohnsitz von Eingeweidewürmern; und die Luftblase der Fische ist so wenig davon frei, wie die Bauchblase der Amphibien; ja selbst widernatürliche oder krampfhafte Gebilde des Körpers sind nicht ausgenommen, wie diefs Treutler's *Polystoma pingnicola* in einer Fettgeschwulst der menschlichen Eierstöcke, und der *Strongylus armatus* in den Aneurismen der Gekrössehlagadern des Pferdes beweisen.

In der vorderen Augenkammer des Pferdes wurden von Hopkinson, defsgleichen von J. Morgan lebendige Fadenwürmer (*Filaria papillosa*) beobachtet, welche auch ich nebst vielen anderen hiesigen Aerzten im Sommer 1813 in der hiesigen Veterinär-Schule in der vorderen Augenkammer eines Pferdes lebhaft sich bewegen zu sehen Gelegenheit hatte. Herr Johann Natterer hat im Jahre 1815 in Italien zwei Mahl bei dem *Larus fuscus* und drei Mahl bei dem *Larus glaucus* unter der Nickhaut des Auges 3 bis 4 Linien lange und mehr als eine Linie breite Doppellöcher gefunden. Bei einem dieser Vögel wohnten deren 31 Stücke in beiden Augen zusammen. Auch besitze ich mehrere einen Zoll lange Rundwürmer, welche unter der Nickhaut und in dem Gehörgange des *Falco naevius* safsen, desgleichen welche aus der Highmorischen Höhle des *Falco ater* und *Charadrius Himantopus*. In der Paukenhöhle des *Delphinus Phocaena* lebt ein Pallisadenwurm, den ich nicht nur aus Triest, sondern auch von meinem Freunde Hrn. Dr. Albers erhalten habe, wofür ich ihm nochmahls hiermit öffentlich meinen Dank abstatte. In zwei Ochsenherzen habe ich Blasenschwänze (*Cysticercus tenuicollis* Rud.) gefunden, und bewahre, nebst dem Wurme, noch ein Stück eines solches Herzens auf, worin man die Kapsel sehen kann, in welcher der Wurm safs. Die Milz ist gleichfalls nicht frei davon. Diefs beweisen nicht blos die von Caldani zuerst entdeckten, und von mir in den Wintermonathen selten vermifsten Zapfenwürmer (*Amphistoma*), welche in eigene Kapseln oder Bläschen eingeschlossen, alle innere Theile des grünen Wasserfrosches (*Rana esculenta L.*) bewohnen, jedoch nur auf der Oberfläche der Milz, so wie bei allen übrigen Eingeweiden, festsitzen; sondern auch die von Herrn Lüdersen gemachte Beobachtung von Blasenwürmern in der Substanz derselben. Wollte man jedoch die von Herrn Lüdersen gefundenen Hydatiden nicht für wirkliche Blasenwürmer, wie Herr Rudolphi geneigt scheint, gelten lassen, obwohl sie allerdings, wie ich in dem Capitel von den Blasenwürmern zeigen werde, dafür gehalten zu werden verdienen: so könnte diefs blos als ein Einwurf gegen das individuelle thieri-

2 *

sche Leben dieser Hydatiden in der Milz gelten, und etwa höchstens die Immunität dieses Eingeweides von Würmern behaftet zu sein, beweisen; keineswegs aber einen Beweis gegen die Eigenthümlichkeit der thierischen Eingeweidewürmer abgeben. Diese wird jedoch noch mehr bewiesen

4) Durch das Beschränktsein des Aufenthaltes mancher Gattungen und Arten auf gewisse Theile und Organe des Körpers. Das oben genannte *Distoma hepaticum* findet man nur in der Leber und Gallenblase der Säugethiere. Wären diese Würmer Abkömmlinge von Würmern, die im Wasser leben, und würden sie mittelst des Getränkes in das Thier gebracht: so sollte man sie ja viel eher im Magen und Darmkanale finden, wo sie in dem, von dem Thiere genossenen, Wasser doch noch eine, ihrer gewöhnten mehr sich nähernde, Nahrung fänden, als in der bittern Galle, der Analoges sie gewifs nichts im Wasser geniefsen. — Das *Polystoma integerrimum* wird nur in der Bauchblase der Kröten und Frösche, so wie die sogenannte *Ascaris nigrovenosa* nur in den Lungen derselben gefunden; die Quese (*Polycephalus cerebralis*) nur in dem Hirn drehender Schafe, nicht in der Leber, die doch auch sehr häufig von Blasenwürmern bewohnt wird, welche aber zu einer anderen Gattung gehören. — In der Luftblase der Forelle (*Salmo Fario*) lebt ein Wurm scharenweise beisammen, von welcher Species aber auch nicht ein einziges Individuum im Darmkanale, oder in irgend einem anderen Eingeweide dieses Fisches, deren ich jedoch 858 untersucht habe, angetroffen wird.

Aber auch selbst da, wo sich der Veränderung des Wohnortes den Eingeweidewürmern kein mechanisches Hindernifs entgegensetzt, wie z. B. im Nahrungskanale, finden wir gewisse Würmer nur diesen oder jenen bestimmten Theil des Organs bewohnend an. Der *Strongylus horridus* oder *papillosus* Rud. findet sich nur im Schlunde oder im Magen mehrerer Sumpf- und Schwimmvögel, die *Ascaris obtusa* R. nur im Magen der Maus, so wie das *Distoma tereticolle* Z. nur im Magen einiger Raubfische; im ganzen übrigen Nahrungskanale trifft man nicht einen einzigen dieser Würmer. Die Spulwürmer (*Ascarides*) bewohnen fast ausschliefslich den Magen und die dünnen Därme; und ich pflichte hierin ganz Herrn Zeder bei, welcher dafür hält, dafs die vermeintlichen Spulwürmer, welche mehrere Naturforscher in anderen Organen gefunden haben wollen, bei einer genaueren Prüfung wohl aus dieser Gattung werden ausgestossen werden; die Peitschenwürmer (*Trichocephalus*) und die Pfriemenschwänze (*Oxyuris*) nisten in den dicken Därmen, und erstere besonders in dem Blinddarme; das *Amphistoma subclavatum* beschränkt sich auf den Mastdarm.

Wären diese Würmer ursprünglich Bewohner der Erde und des Wassers, und könnten sie ihren heimathlichen Wohnsitz und ihre Nahrung, unbeschadet ihres Wohlbefindens, verlassen, und fremde Herberge beziehen; so sieht man nicht ein, warum der, nur im Mastdarme sich vorfindende Wurm, sich nicht eben so gut irgend wo unterwegs angesiedelt, oder, wie z. B. die Leberegeln thun müfsten, einen Seitenweg eingeschlagen hat; noch weniger aber, wie bis jetzt noch keiner dieser Würmer auf seiner Reise vom Munde bis zum After, irgendwo anders, als gerade im Mastdarme angetroffen worden ist. Wenn Würmer wirklich von aufsen in den Nahrungskanal kommen, und einige Zeit lang parasitisch (m) in demselben fortleben, so werden sie allerdings auf dem Marsche ertappt, wie wir in der Folge ein Beispiel hiervon zu geben Gelegenheit haben werden.

5) Alle Eingeweidewürmer erhalten sich nicht nur in dem thierischen Körper, sondern pflanzen sich selbst darin fort, sterben hingegen sehr bald, wenn sie denselben verlassen müssen. Diefs ist wohl einer der stärksten Beweise für die Behauptung, dafs die Eingeweidewürmer eigenthümlich und ausschliefslich dem thierischen Körper angehören. Wären sie nicht ein eigenthümliches Erzeugnifs des thierischen Körpers, wäre dieser nicht ihr natürlicher Aufenthaltsort, so würden sie gleich allen anderen Erd- und Wasserwürmern in demselben sterben, wenigstens sich nicht daselbst fortpflanzen. Zwar nähren sich auch manche Insekten-Larven im thierischen Körper unter der Haut, in der Nasenhöhle, im Magen, im Mastdarme u. s. w. Allein wir wissen, dafs die Eier, aus denen sie geworden sind, von den Insekten dahingelegt wurden, damit die dem Eie entschlüpfte Larve daselbst die ihr angemessene Nahrung finde. Ferner dauert dieses Fortleben solcher Insekten-Larven in dem thierischen Körper nur bis zu einer bestimmten Zeit, der nähmlich der Verpuppung; alsdann verlassen sie das Thier, auf dessen Kosten sie sich bisher ernährten, und gehen erst aufserhalb desselben in den Zustand des vollkommenen Insekts über (n). Diese Insekten leben also, wiewohl in einem veränderten Zustande, fort auch aufserhalb des thierischen Körpers, wo hingegen die Eingeweidewürmer sterben.

(m) Streng genommen sind zwar alle Eingeweidewürmer als Parasiten zu betrachten. Ich brauche jedoch hier das Wort parasitisch nur von jenen Würmern, welche mittelst des von einem Thiere zu Speise verwendeten anderen Thieres in den Nahrungskanal des ersteren gelangt sind.

(n) Man sehe hierüber Clark.

Schäffer'n, der, wie oben erinnert wurde, Leberegeln im Wasser gefunden haben wollte, war es auch nicht entgangen, dafs man aus diesem Grunde die Einerleiheit der von ihm im Wasser gefundenen, und der in der Leber der Säugethiere sich aufhaltenden Würmer bezweifeln könnte. Er suchte daher den schnellen Tod der letzteren, wenn sie aus ihrem Wohnorte gerissen werden, dadurch zu erklären, dafs er annahm, diese Würmer wären bereits durch drei oder vier Generationen schon so sehr an die erhöhte Temperatur des thierischen Körpers gewöhnt, dafs sie unbeschadet ihres Lebens die ungleich mindere des Wassers nicht mehr ertragen könnten. Allein dann sollten ja, nach vernünftiger Analogie zu schliefsen, diese Würmer, welche durch hundert und tausend Generationen vorhin im kalten Wasser fortgelebt haben, noch viel weniger die plötzliche Veränderung der Temperatur ertragen können, wenn sie von da in die um so viel erhöhtere des Körpers der Säugethiere kommen. Indefs sterben die Eingeweidewürmer gleicher Mafsen, wenn man sie in der, dem thierischen Körper, in welchem sie gelebt haben, gleichen Temperatur hält. Der Tod erfolgt höchstens etwas später, weil eine schädliche Potenz, nähmlich veränderte Temperatur, weniger auf sie wirkt.

Ueberdiefs mufs noch in Betrachtung gezogen werden, dafs jedes Thier leichter und schneller in seinen wilden rohen Naturzustand zurück tritt, als es sich, aus diesem herausgerissen, an einen cultivirten, erkünstelten Zustand des Seins gewöhnen läfst. Die Eingeweidewürmer aber, wären sie ursprünglich in der Erde oder im Wasser zu Hause; müfsten wir als Thiere betrachten, die sich in einem erkünstelten Zustande des Seins befinden. Sollte man daher nicht analogisch schliefsen dürfen, dafs sie, der Erde, oder dem Wasser, von denen sie gekommen sein sollen, wiedergegeben, leicht wieder in ihren vorigen wilden, — oder ursprünglichen Zustand zurückkehren würden? — Die Erfahrung lehrt, wie gezeigt worden ist, gerade das Gegentheil. Also ein abermahliger Beweis gegen den Ursprung der Eingeweidewürmer aus Erd- und Wasserwürmern, und für die Eigenthümlichkeit dieser Thiere.

6) Eingeweidewürmer werden öfters in beträchtlicher Anzahl im Innern des Menschen und der Thiere beherbergt, ohne dafs die mindesten Beschwerden, oder Nachtheile für die Gesundheit daraus erwüchsen. Mehrere Menschen sind mir vorgekommen, die mit dem Band- oder eigentlich Kettenwurme, der bei einem grofsen Theile der Aerzte in so aufserordentlich üblem Geruche steht, behaftet waren, ohne dafs

sie die mindesten Beschwerden davon empfunden hätten; ja! sie hatten nicht die mindeste Ahnung davon, dafs sie die Nährväter solcher Ungeheuer waren, wären sie nicht durch das zufällige Wahrnehmen des Abgangs einer Gliederstrecke von dem Vorhandensein derselben in Kenntnifs gesetzt worden. — In der Sammlung des k. k. Naturaliencabinetts werden mehrere Stücke Därme, an denen Eingeweidewürmer in grofser Menge festsitzen, aufbewahrt. Um nur einiger zu erwähnen, befindet sich daselbst ein $2\frac{1}{2}$ Zoll langes Stückchen Darm von einem Regenpfeifer (*Charadrius oedicnemus L.*) an dem, ohne die bei dem Abspülen losgegangenen, noch jetzt sieben und sechzig Stücke, 5 Linien lange, Kratzer, festsitzen; ferner ein etwa drei Zoll langes Stück Darm einer kleinen Ohreule (*Strix Otus L.*) an dem wohl 200 Zapfenwürmer (*Amphistoma macrocephalum* Rud.) festsitzen, ohne dafs man irgend etwas Krankhaftes oder ein Uebelgenährtsein bei diesen Thieren hätte bemerken können. Indefs können Eingeweidewürmer allerdings auch der Gesundheit nachtheilig werden, wie in dem Verlaufe dieses Buchs näher gezeigt werden wird, aber es geschieht diefs nicht in der Regel, denn *a potiori fit denominatio*. — Andere Würmer hingegen, oder Insekten-Larven, wenn sie von aufsen in den Körper gebracht wurden, werden nie ohne Beschwerde zu verursachen, in demselben fortleben, doch müssen sie, werden sie mit dem Getränke oder den Speisen in den Nahrungskanal gebracht, den Verdauungskräften desselben, wie schon erinnert worden, gewöhnlich unterliegen.

7) Man hat Eingeweidewürmer im ganz neugebornen Fötus gefunden. Zwar möchten nicht alle von den Schriftstellern aufgezeichnete Beispiele dieser Art volle Beweiskraft haben, indefs ist uns doch diese Thatsache durch glaubwürdige Männer bestätiget worden, so dafs man nicht mehr an der Wahrheit derselben zweifeln darf. Dahin gehören: Frommann, der bei einer Epizootie, welche ganze Herden von Schafen zu Grunde richtete, nicht nur bei allen gefallenen Schafen, sondern selbst in den neugebornen Lämmern, Leberegeln fand; und Kerkring, der ein Mahl in einem Fötus, den Darm so sehr mit kleinen Würmern besetzt antraf, dafs man gar nichts anderes wahrnehmen konnte; ein anderesMahl aber bei einem siebenthalbmonath alten Fötus in dem Magen, der drei Mahl gröfser, als gewöhnlich war, Spulwürmer entdeckte. Brendel hat, wie Pallas (o) versichert, und Heim, nach Blochs (p) Zeugnisse, in einem neugebornen Fötus Bandwürmer gefunden. Blumenbach soll mehrere Bandwürmer in den Gedärmen eines neugebornen Hundes gefunden haben, nach dem Zeugnisse

(o) N. n. Beitr. I. S. 43 (p) A. a. O. S. 38.

von Rudolphi (q). Herr Medizinalrath Hirsch in Bayreuth fand in dem Leerdarm eines muthmafslich in der Geburt erstickten Kindes einen $2\frac{1}{2}$ Zoll langen
Spulwurm. Goeze, (r) Bloch (s) und Rudolphi haben in säugenden Lämmern
oft sehr grofse Kettenwürner angetroffen. Letzterer versichert auch, in mehreren
beinahe noch federlosen jungen Vögeln Doppellöcher gesehen zu haben. Ich selbst
habe vor einigen Jahren in einer beinahe noch nackten, aus dem Neste genom-
menen Saatkrähe (*Corvus frugilegus L.*) 45, mehrere Zoll lange, Kettenwürmer
gefunden.

Diese Erfahrungen — welche sich leicht, wenn man alle aufnehmen wollte,
um das Doppelte und Dreifache vermehren liefsen — und ihre Gewährsmänner
mögen wohl die oben angeführten Beobachtungen von Eingeweidewürmern, welche aufserhalb des thierischen Körpers gefunden worden sein sollen, aufwägen.
Alles bisher Vorgetragene aber mag zur Genüge beweisen, dafs die Eingeweidewürmer keine Abkömmlinge sein können von Würmern, die naturgemäfs aufserhalb des thierischen Körpers leben, sondern, dafs sie Würmer eigener
Art sein müssen.

Hierdurch wird jedoch noch keineswegs die Frage gelöst: Auf welche
Art werden diese, eine eigene Ordnung von Geschöpfen in der
Thierwelt bildenden Würmer Bewohner anderer thierischer
Körper? Darüber lassen sich zwei verschiedene Möglichkeiten denken, nähm-
lich entweder

Erstens: diese dem Menschen oder Thieren eigenthümlichen
Würmer, oder ihre Eier, von Menschen oder Thieren abgesetzt,
werden durch Speise und Getränke, ja, selbst durch die Luft
wieder anderen Menschen und Thieren mitgetheilt. Unter den
Vertheidigern dieser Meinung zeichnet sich besonders Pallas aus. Neuerlichst
fand sie auch Anhänger an den Herrn Professoren Reinlein und Brera, doch
hat nur Letzterer eine Beobachtung angeführt, welche für diese Meinung beweisen soll, und welche wir am Ende dieses Paragraphen besonders prüfen werden.

Die Gründe von Pallas (s) sind folgende: »erstlich die häufige Ausbreitung
»dieses Uebels (der Würmer) auf Thiere und Menschen in grofsen Städten und
»dicht bewohnten Gegenden, sonderlich, wo das Volk unreinlich zu leben ge-
»wohnt ist, wo die Feuchtigkeit der Luft und Gegend die Eierchen aufser ihren

---

(q) Ich habe diese frühere Ausgabe, worin dieser Thatsache erwähnt wird, nicht auftreiben können.

(r) N. G. d. Eingew. S. 371. (s) A. a. O. S. 38. (t) N. u. Beitr. S. 43.

»natürlichen Wohnplätzen länger fruchtbar erhalten kann, und wo das Wasser
»aus Cisternen, offenen Brunnen, oder Strömen, welches allerlei Unreinigkeiten
»aus der Stadt selbst empfangen kann, das gewöhnliche Getränk abgibt; da hin-
»gegen in den wüsteren Gegenden des russischen Reichs und in Sibirien, wo die
»Bevölkerung neu und dünn ist, ingleichen bei den Hirtenvölkern, die ihre Wohn-
»plätze oft verändern, alle Arten von Würmern in den Eingeweiden selten, und
»in wilden Thieren kaum das hunderste Mahl so häufig, als in Europa anzutreffen
»sind. — Zweitens, die Beständigkeit, mit der gewisse Gattungen von Würmern
»nur in warmblütigen Thieren, gewisse andere nur in Vögeln oder Fischen gefun-
»den werden, weil die Eierchen nähmlich, woraus sie entstehen, nur in solchen
»die entweder zu ihrer Ausbrütung schon, oder doch zu ihrer Erhaltung nöthigen
»Verhältnisse der Wärme und Nahrung vorfinden, und ohne diese verderben müs-
»sen. — Dazu kommen noch drittens die in neugebornen Thieren, und auch
»(schon nach einer hippokratischen, oder doch sehr alten Bemerkung) Kindern
»gleich nach der Geburt, ja von dem göttingischen berühmten Lehrer, Leibarzt
»Brendel, sogar in einer ungebornen Frucht beobachteten Bandwürmer; und
»endlich die nicht seltene Bemerkung, da der Bandwurm in einer Familie oder
»Hausgesinde mehrere Personen wie ein endemisches Uebel plagt. — Es ist mir
»auch noch merkwürdig und miterweisend, dafs die Raubthiere am gewöhnlich-
»sten, die sehr vorsichtig Nahrung geniefsenden Nagthiere aber selten, und die alle
»Nahrung fleifsig zermalmenden, wiederkäuenden Thiere noch seltner, unter den
»Vögeln die fleischfressenden und nahe um die Menschen lebenden Gattungen am
»öftersten, und unter den Fischen am allermeisten die schwarmweise ziehenden,
»gefräfsigen und länger lebenden Arten mit Würmern behaftet sind.«

Was den ersten Beweis anlangt, so läfst sich das häufigere Vorkommen von
Würmern bei Menschen in grofsen Städten — wenn dem wirklich so ist,
woran ich jedoch noch sehr zweifle — wohl auch daher leiten, dafs
diese eine mehr gemischte Nahrung geniessen, und im Ganzen sich einer schlech-
teren Dauungskraft zu erfreuen haben, da das seltenere Erscheinen von Würmern bei Russen in den entfernteren Provinzen vielleicht, neben einfacherer Nahrung und besseren Dauungskräften, auch in dem reichlicheren Genusse des Brannte-
weins seine Ursache haben mag. Überhaupt aber ist über diesen Punkt noch Manches unerklärbar. So habe ich in manchen sehr gemeinen Thieren Würmer, und
zwar nicht selten, angetroffen, welche Würmer von andern Naturforschern, in
anderen Gegenden, noch nicht gefunden worden sind; dagegen habe ich aber auch

5

bisher noch vergebens manchen Wurm gesucht, den sie längst schon entdeckt haben. — Dafs Insekten und deren Larven an Filarien in einem Jahre mehr als in einem anderen leiden, ist eine den Entomologen längst bekannte Sache. Dafs die Pferde zu gewissen Zeiten der Erzeugung der Würmer besonders unterworfen sind, will A b i l d g a a r d (u) beobachtet haben. Aehnliches von dem Fadenwurme behauptet S l o a n e. — In den ersten fünf Jahren unserer helminthologischen Beschäftigungen wurden 1565 Feldmäuse (*Mus arvalis L.*) untersucht, und in denselben nicht mehr wie drei Mahl ein sehr grofser und schöner Kratzer, jedesmahl drei oder vier Stücke beisammen, gefunden; im Jahre 1812 hingegen wurde er in 432 Stücken vier Mahl und überdiefs zwei Mahl parasitisch im Iltis und im *Falco cineraceus* angetroffen; in der Gesammtzahl von 1995 Feldmäusen wurde ein kleiner Blasenschwanz in ziemlich beträchtlicher Menge frei in der Brusthöhle sich befindend, nur zwei Mahl, und zwar beide Mahle nur im ersten Jahre, seitdem nicht wieder beobachtet. Im Anfange des Jahrs 1807 fand ich zwischen den allgemeinen Bedeckungen und den Muskeln des grünen Wasserfrosches (*Rana esculenta L.*) einen Fadenwurm, nach welchem ich in der Folge bei mehr als 1200 Fröschen dieser Species vergebens gesucht habe, bis endlich im Jahre 1815 bei wenigen, in amphibiologischer Beziehung secirten, Fröschen dieser Wurm drei oder vier Mahl gefunden worden ist. — In manchen Ländern sind die Würmer als ein endemisches Uebel zu betrachten, in anderen kommen sie nur sporadisch vor. In Rufsland, Pohlen, in der Schweiz und in einigen Gegenden von Frankreich sind die Menschen mit dem Bandwurme (*Bothriocephalus latus*) behaftet, die übrigen Europäer werden nur von dem Kettenwurme (*Taenia Solium*) heimgesucht. Wer kann davon die Ursache angeben? Ich nicht!

Das zweite Argument von P a l l a s zeugt aber schon mehr g e g e n als für ihn. Eben diese Beständigkeit, mit welcher gewisse Würmer nur in gewissen Thieren vorkommen, läfst um so viel weniger vermuthen, dafs sie von aufsen mitgetheilt werden. Denn es sind hier nur zwei Möglichkeiten denkbar: entweder der Wurm, der in das Thier gebracht wird, nimmt die eigenthümliche Form der daselbst einheimischen Wurmspecies an, — mit andern Worten: die Form, die Gestalt des Wurms wird bestimmt durch das Thier, welches ihm zum Aufenthalte dienen soll; — oder es können in jedem Thiere nur die Eier, oder die Brut der, seiner Species, oder wenigstens Gattung, eigenen Würmer entwickelt werden. Dafs der erstere Fall nicht wohl statt finden kann, haben wir schon oben bei der

(u) A. a. O. S. 41.

vorausgesetzten Umwandlung der Erd - und Wasserwürmer in Thierwürmer gezeigt. Welche sonderbare Veränderungen müfsten nicht auch manche Würmer erleiden! Nehmen wir an, eine Maus hätte die Eier eines Spulwurms aus dem Menschen, eine andere die von einem Spulwurme aus der Katze verschluckt. Beide genannten Spulwürmer sind nicht nur unter sich, sondern auch von demjenigen, der gar nicht selten in dem Magen der Maus angetroffen wird, sehr verschieden. Wäre es also möglich, dafs der Spulwurm, der in einem Thiere gefunden wird, von dem Spulwurme eines Thiers einer andern Gattung abstammen könnte: so müfsten in unserem vorausgesetzten Falle, wo nähmlich die genossenen Wurmeier sich als Mäusespulwürmer entwickeln sollen, ohne anderer Unterschiede zu gedenken, bei der ersteren Maus die, dem menschlichen Spulwurme eigenen, Seitenfurchen sich herausheben; bei der anderen aber die, den Katzenwurm charakterisirende flügelförmige, Seitenmembran sich einziehen, mithin zwei ganz entgegengesetzte Operationen vor sich gehen: überdiefs müfste bei beiden die verhältnifsmässige Länge des Wurms zu seiner Dicke sehr beschränkt werden; und eben so müfste eine neue Veränderung mit diesen Würmern vorgehen, wenn sie etwa sammt der Maus eine Reise durch die Gedärme der Katze machen, und sich daselbst in Katzenwürmer verwandeln sollten.

Will man aber annehmen, dafs nur die Eier von solchen Würmern in einem Thiere entwickelt werden, die von einem Individuo seiner Species herkommen: so stöfst man auf eine neue Schwierigkeit, indem sich gar nicht begreifen läfst, auf welchem Wege bei manchen Thieren diese Mittheilung der Eier geschehen soll. Selbst das häufige Vorkommen von Würmern bei Menschen, zumahl bei den so äufserst reinlichen Holländern, bleibt dabei unerklärlich. Denn obwohl man mit Recht sagt: *Homo homini lupus :* so frifst, wenigstens in Europa, doch nur einer den anderen im figürlichen Sinne, und es könnte daher eine solche Mittheilung nur mittelst des abgegangenen Unraths statt finden. Diesen sondern wir aber sehr sorgfältig von dem ab, was uns zur Nahrung dient. Durch das Wasser könnte allenfalls eine solche Mittheilung statt finden, indem unsere Kloaken in Bäche und Flüsse ablaufen, deren Wasser öfters wieder mit dem Wasser unserer Brunnen in Verbindung stehet. Allein, welchen langen Weg hat nicht ein solches Wurmei zu machen? Wie lang müfste es nicht unter den ungünstigsten Umständen, unter welchen alle Eingeweidewürmer schnell sterben, sein Leben erhalten? und Pallas sagt doch selbst: dafs diese Eierchen verderben, wenn sie die zu ihrer Erhaltung nöthigen Verhältnisse der Wärme und Nahrung nicht vorfinden.

3 *

Noch schwieriger wird die Sache bei Thieren, die in der Regel nicht saufen, wie diefs der Fall bei den Raubvögeln ist; keiner frifst im freien Zustande den andern, noch weniger dessen Unrath, auch fressen ihn diejenigen Thiere nicht, die ihm zur Nahrung dienen, auf welchem Wege man sonst vermuthen könnte dafs die Wurmeier gleichsam durch die dritte Hand von einem dieser Vögel in den anderen übergingen. Hier bliebe nun wohl kein anderer Weg der Mittheilung übrig, als durch die Luft. Alle Wurmeier aber, die ich kenne, sinken selbst im Wasser zu Boden; um sich also in die Luft erheben zu können, um specifisch leichter zu werden, müssen sie zuvor zu Staub ausgedorret sein. Wie aber ein solches ausgetrocknetes Ei zur Ausbrütung geeignet sein mag, mögen meine Leser selbst beurtheilen.

Das was Pallas als dritten Beweis seiner Hypothese anführt, widerspricht derselben geradezu. Vielmehr ist eben der Umstand Gegenbeweis, dafs Würmer bei der ungebornen Frucht, die unmöglich Speisen und Getränke, mit Wurmeiern verunreinigel, zu sich genommen haben kann, gefunden worden sind. Dafs die Wurmeier der Frucht nicht durch die Mutter mitgetheilt werden können, werden wir weiter unten zu zeigen Gelegenheit haben. — Wenn in manchen Familien mehrere Personen mit Würmern behaftet sind, so mag sich das wohl eben so gut erklären lassen, als warum öfters mehrere Personen in einer Familie schlechte Zähne haben, oder an der Gicht leiden.

Die Behauptung aber, dafs Würmer bei Raubthieren am häufigsten, bei Nagethieren und wiederkäuenden Thieren seltener vorkommen, kann ich durch meine Erfahrungen nicht bestätigen. Um nur ein Paar Beispiele anzuführen: so ist bei ein und zwanzig von uns untersuchten Fischottern nicht in einem einzigen ein Wurm gefunden worden; unter vier und fünfzig secirten wilden Kaninchen hingegen sind uns nur fünf vorgekommen, welche ganz frei von Würmern waren; viele der übrigen beherbergten öfters Rundwürmer, Kettenwürmer und Blasenwürmer zugleich. Der Fischotter ist aber ein Raubthier, und zwar ein solches, welches von Thieren lebt, die nicht arm an Würmern sind, das Kaninchen hingegen lebt von blofser Pflanzennahrung, ist ein Nagethier und wiederkäuet noch obendrein. — Im September 1816 wurden von mir siebenzehn auf einer Jagd in den steierschen Alpen erlegte Gemsen untersucht. Nur eine Einzige war ganz wurmfrei, alle Übrigen hatten theils Pitschenwürmer, theils Pallisadenwürmer und acht derselben Kettenwürmer. Diese Thiere leben doch gewifs von grofsen Städten entfernt.

Endlich verdient noch bemerkt zu werden, dafs eine solche Mittheilung der Würmer bei Thieren, die kein Fleisch fressen, blos von den Würmern, die sich im Darmkanale aufzuhalten pflegen, statt finden könnte. Denn nur durch Verunreinigung der Nahrung, oder des Getränkes mit dem Kothe eines mit Würmern behafteten Schafes z. B. könnten die Darmwürmer, oder deren Eier einem andern Schafe mitgetheilt werden. Aber wie läfst sich eine solche Uebersiedlung der Blasenwürmer, von denen wir keine Eier kennen, die in eigene Kapseln eingeschlossen sind, die in Eingeweiden sitzen, die mit dem Darmkanale in keiner unmittelbaren Verbindung stehen, also auf diesem Wege nicht abgesetzt werden können, denken? Und auf welchem Wege sollen sie in die Organe, in welchen wir sie finden, gelangen? Und doch sind gerade die Nagelthiere und die wiederkäuenden diejenigen, bei welchen Blasenwürmer am häufigsten angetroffen werden; bei Raubthieren hingegen sind sie etwas äufserst seltenes, kaum zwei oder drei Beispiele dieser Art sind bis jetzt bekannt. Mehr jedoch, als alles bisher Gesagte, beweist ein direct defshalb angestellter Versuch. Im Jahre 1806 wurde im k. k. Naturaliencabinette ein zahm gemachter Iltis (*Mustela Putorius L.*) sechs Monathe lang durch Herrn Director von Schreibers mit nichts anderem gefüttert, als mit Milch und frischen meist noch lebenden Eingeweidewürmern aller Art und ihren Eiern, denen nur bisweilen etwas Semmelkrumen substituirt wurden. Der Iltis wurde hierauf getödtet, und auch nicht eine Spur von einem Wurme war in dem ganzen Thiere zu finden. Schade, dafs dieser Versuch wegen Mangel an Zeit und Gelegenheit nicht auch an andern Thieren und unter veränderten Umständen öfters hat wiederhohlt werden können.

Indem ich jedoch hier behaupte, dafs die Verpflanzung der Würmer nicht durch Speise und Getränke statt finden könne, so will ich doch damit keineswegs die Möglichkeit läugnen, dafs Würmer, welche auf diesem Wege in den Darmkanal eines anderen Thieres gebracht werden, in einzelnen Fällen nicht einige Zeitlang daselbst fortleben könnten. Es wurde selbst von mir weiter oben angeführt, dafs der ziemlich seltene Kratzer der Feldmaus parasitisch im Iltis und *Falco cineraceus* gefunden worden ist. Man fand aber auch die beiden Mahle noch die Ueberbleibseln der Feldmäuse in dem Magen dieser Thiere. Eben so wurde der *Echinorhynchus Haeruca*, der nur in dem grünen Wasserfrosche hauset, in dem Magen einer grauen Kröte (*Bufo cinereus* Rec.) jedoch in Gesellschaft eines halbverdaueten jungen Frosches gefunden. In dem Magen einer Wassernatter (*Coluber Natrix L.*) hingen mehrere Rundwürmer fest, die sonst nur in der Feuerkröte (*Rana bombyna*), in den Wassersalamandern und dem *Proteus anguinus* vorzukommen pflegen. Allein die Natter hatte in den 24 Stunden, während sie eingesperrt war, eine Feuerkröte ausgespien. — Am häufigsten findet man den Riemenwurm, der ursprünglich nur in der Bauchhöhle der Fische aus der Gattung *Cyprinus* seinen Wohnsitz hat, parasitisch sowohl in dem Nahrungskanale der Sumpf- und Schwimmvögel, als auch der Raubfische. Aber eben dieser Wurm, der ein sehr zähes Leben hat, liefert einen Beweis, wie sehr die Verdauungskräfte auf solche verschluckte Würmer einwirken, denn bei den genannten Vögeln findet man öfters längs des ganzen Darmkanals dergleichen noch lebende Würmer, aber in sehr verschiedenen Zuständen. In dem Magen derselben wird er meistens ganz unverändert, so wie er in der Bauchhöhle der Fische lebt, angetroffen; je tiefer unten hingegen man ihn im Darmkanale findet, desto mehr ist er verändert, statt weifs, ist er schmutzig gelb von Farbe, mehr in die Länge gezogen, verschmächtiget und wenigstens an einem Ende verletzt, gleichsam macerirt, so dafs man deutlich sieht, wie er den Kräften der Verdauung zum Theil hat unterliegen müssen. — Bei Raubfischen habe ich den Riemenwurm niemals in den Därmen, sondern nur zwischen Ueberresten unverdaueter Fische im Magen gefunden. Wahrscheinlich findet hier im Magen seine gänzliche Auflösung statt.

Montin will zwar Stücke von dergleichen Riemenwürmern auch von einem 25jährigen Fräulein — also von einer Person, die nicht rohe oder unausgeweidete Fische genossen hat — abgehen gesehen haben. Allein es gingen zu gleicher Zeit Kettenwürmer und Spulwürmer ab, und es ist leicht möglich, dafs Montin ein langgezogenes Kettenwurmglied, oder sehr stark zusammengezogene und ineinander geschobene Glieder für ein Stück Riemenwurm angesehen hat. Denn nach Bloch's (x) Versuchen starben diese Würmer binnen zwei Minuten in siedendem Wasser, und so lang wird man doch wohl auch die Fische in Schweden sieden. Es berechtiget uns also diese Montin'sche Beobachtung noch nicht, den Riemenwurm unter die menschlichen Eingeweidewürmer aufzunehmen, wie Herr Brera gethan hat. Auch Rosenstein mag sich getäuscht haben, wenn er glaubte, lebendige Riemenwürmer in gesottenen Fischen gefunden zu haben. Wenn ein solcher Wurm aus der heissen Schüssel auf einen kalten Teller gelegt wird, so geht durch die Veränderung der Temperatur eine ungleiche Zusammenziehung der Fasern vor, welche man leicht für Lebensäufserungen

(x) A. a. O. S. 3.

halten kann. Kleine Würmchen, lange in Weingeist aufbewahrt, in Wasser gelegt, bewegen sich auf die sonderbarste Weise, obwohl sie längst schon todt sind, so lang, bis sich der in ihnen enthaltene Weingeist mit dem Wasser ins Gleichgewicht gesetzt hat.

Weniger aber noch gilt die vorgebliche, von Rolandson Martin gemachte Erfahrung über Verpflanzung von Fischwürmern in den menschlichen Darmkanal. Er erzählt von sich selbst, dafs, als er an der Seeküste wohnte, ihm öfters kleine Würmer, die er für Askariden hielt, abgingen, obgleich, nach seiner Meinung, ihn sein Alter davon hätte lossprechen sollen. — Ich habe einen etlich und achtzig jährigen Mann gekannt, dem häufig solche Würmer abgingen; folglich schützt das Alter nicht dagegen. — Hierauf fand er, durch Andere aufmerksam gemacht, in der Fischblase des Nors (*Salmo eperlanus L.*) den er sehr häufig genossen hatte, eine Menge kleiner Würmer, die er umständlich beschreibt, und glaubt, er habe durch den Genufs dieser Fische sich diese Würmer zugezogen. Allein, eben diese Beschreibung zeigt deutlich den grossen Unterschied derselben von den menschlichen Pfriemenschwänzen; und wahrscheinlich sind die, von ihm im Nors gefundenen, Würmer keine anderen, als die aus der Luftblase der Forelle (*Salmo Fario L.*) zuerst von Fischer unter dem Nahmen *Cystidicola* beschriebenen Würmer; ausserdem pafst das, was er über die von ihm abgegangenen Würmer, von den in denselben bemerkbaren weifsen Kügelchen oder Klümpchen, die an einander stossen, und Bewegung machen, ganz auf die Pfriemenschwänze. Uebrigens schauet auf jeder Zeile dieses Aufsatzes der Hypochondrist heraus.

Auch durch Einimpfung der Wurmeier lassen sich Würmer erzeugen, wie hievon Pallas (γ) ein Beispiel geliefert hat. Hier sind seine Worte: „Ich habe „es versucht, diese rothen Eier — aus dem Hundskettenwurm — durch eine kleine „Wunde in den hohlen Leib eines jungen Hundes zu bringen, und nach Verlauf „eines Monaths fand ich wirklich einige kleine Bandwürmer zwischen den Einge„weiden, nicht einen Zoll lang, und mit noch kürzern Gliedern, als die 12te Fi„gur. Ich bedaure, dafs ich diesen Versuch seitdem nicht auf verschiedene Art, „und auch mit Kürbiswürmern wiederhohlen zu können, bequeme Gelegenheit „und Mufse gefunden habe." Pallas ist wahrhaft und zugleich ein genauer Beobachter gewesen, man darf also nicht wohl an der Wahrheit des Versuchs zweifeln. Er beweist aber auch gar nichts gegen meine Behauptung. Es waren

(γ) N. n. Beitr. S. 58.

24

frisch ausgenommene, also lebendige, Eier eines Hundskettenwurms, diese fanden in der Bauchhöhle eines andern Hundes das, was zu ihrer Entwickelung nöthig ist, thierische Wärme und Feuchtigkeit, und in letzterer sogar etwas, was zu ihrer Nahrung diente. Dafs sie aber in der Bauchhöhle nicht so fette Weide hatten, als sie im Darmkanale gefunden haben würden, läfst sich aus der unbedeutenden Gröfse schliefsen, die sie in einem Monathe erreichten; da sonst die Nestelwürmer sehr schnell wachsen. Dieser Versuch beweist aber noch nicht, dafs diese Würmer, wären sie durch den Mund eingebracht worden, nicht den Dauungskräften des Magens hätten unterliegen müssen, wie wir diess bei dem Versuche mit dem Iltisse gesehen haben.

Einen ähnlich sein sollenden, aber wahrlich in jeder Hinsicht sehr verschiedenen Versuch, hat auch Herr B r e r a (z) angestellt, und diesen wollen wir nun näher beleuchten. Die Beobachtung ist folgende: Ein zweijähriges Mädchen gab, ohne irgend ein Zeichen von Unpäfslichkeit, mit dem Stuhle, kleine, rundliche, gelbliche Körperchen von sich. Wurden diese Körperchen mit dem Nagel gedruckt, so spritzte ein weisser (albuminoso) Saft hervor. Die Schale schien aus zwei Häuten einer innern weifsen und äufsern gelblichen zu bestehen. Einige dieser Körperchen wurden in einer Schachtel aufgehoben. Am andern Morgen fand man mehrere derselben geöffnet, und es krochen (sortirono) einige äufserst kleine ziemlich lebhafte (assai vivaci) Pfriemenschwänze (ascaridi vermicolari) daraus hervor, die jedoch sehr bald starben. Im folgenden Jahre leerte der Bruder dieses Mädchens gleichfalls dergleichen Körperchen aus. Professor R u b i n i von Parma; der beide Fälle beobachtet hatte, schickte im Januar 1805 Herrn B r e r a in einer kleinen Schachtel mehrere dieser Körperchen, welcher sie am zweiten Februar erhielt. Sie waren hart und ganz getrocknet; das Thermometer stand ungefähr zwei Grade unter 0. Die Körperchen waren sehr klein und glichen Sandkörnern. Mit einer einfachen zehnmahl vergröfsernden Linse konnte man an ihnen eine herzförmige Figur erkennen. Unter einem Dolland'schen Mikroskope erschien ihre äufsere Oberfläche ziemlich zottig, und der Länge nach gespalten zeigte es sich, dafs diese vermeintlichen einfachen Eier ein Aggregat oder vielmehr ein Behälter anderer mehr oder weniger grofsen Eier waren, welche wahrscheinlich noch andere äusserst kleine und unwahrnehmbare enthielten. — Herr B r e r a überzeugt, dafs diese kleinen Körperchen mehrere Wurmkeime in sich schlossen, brachte am 4ten Februar, einen Monath nachher, als sie

(z) Memorie p. 186.

abgegangen waren, wie wir diefs Seite 410 erfahren, durch eine kleine Wunde zehn derselben in die Bauchhöhle eines jungen Hundes. Nach vier Tagen war die Wunde vernarbt, und nach 21 Tagen wurde der Hund getödtet. Man fand die Unterleibshöhle mit Tausenden von kleinen Würmchen besäet, welche alle Kennzeichen der Pfriemenschwänze an sich trugen. Die Farbe derselben war dunkelgelb; die Länge eines jeden konnte ungefähr 4 Millimeter betragen, und anderthalb Millimeter war die gröfste Dicke des Körpers. Sie waren sehr lebhaft, und sprangen beim Kerzenlichte. Sie hatten einen dicken und stumpfen Kopf (*testa grossa ed ottusa*) und der Schwanz anstatt zugespitzt (*accuminata*) zu sein, endigte sich in einen stumpfen Kegel.

Diefs ist der wesentliche Inhalt der von Herrn B r e r a des Breiteren mitgetheilten Beobachtung; und wenn alles richtig sich so verhielte: so wäre der Beweis geliefert, dafs aus ganz ausgetrockneten Wurmeiern, warum also nicht auch aus solchen, die im Wasser herumgetrieben werden, unter den erforderlichen günstigen Umständen, Würmer sich entwickeln können. Allein ich nehme mir die Freiheit gegen Herrn B r e r a zu behaupten, dafs die von Herrn R u b i n i ihm übersandten und von Herrn B r e r a so umständlich beschriebenen und anatomirten Körperchen, gar keine W u r m e i e r waren. — Wäre Herr B r e r a wirklich der strenge Prüfer, als welchen er sich selbst verkündet: so hätte ihm schon der Umstand auffallen, und ihn zweifelhaft über die Eiernatur dieser Körper machen sollen, dafs diesen beiden Kindern gar keine Würmer abgingen, deren Abgang doch die Mutter, die *premurosissima osservatrice*, hätte bemerken sollen, wenn sie auch nicht durch Jucken im Mastdarme ihre Gegenwart verrathen hätten. Aber es wird ausdrücklich von dem Mädchen gesagt, *senza essere affetta da verun sintomo morboso*, wiewohl diefs Herr B r e r a Seite 574 vergessen zu haben scheint, wo er diesen Fall citirt, und ihn als einen *caso di verminatione incomodissima eccitata della presenza delle ascaridi vermicolari* anführt. — Allein Wer mit Aufmerksamkeit sein Buch liest, wird öfters auf dergleichen Unrichtigkeiten und Widersprüche stofsen. — Es hätte ihm ferner sonderbar vorkommen sollen, dafs das erste Mahl die Würmer über Nacht auskrochen, und dafs das zweite Mahl diese sogenannten Eier einen ganzen Monath lang geschlossen blieben. Er würde es gegen alle Analogie streitend gefunden haben, dafs diese Körperchen blofse Kapseln sein sollten, welche wieder andere kleine Kapseln enthielten, in denen erst die wirklichen Eier befindlich sind. Wir haben zwar Infusorien, wie z. B. der *Volvox Globator*, wo Thier im Thiere und

4

in den jungen Thieren wieder kleinere Thiere wahrzunehmen sind; dafs aber bei
eierlegenden Thieren , und zwar bei solchen , die getrennte Geschlechter haben ,
und wo eine vollkommene Begattung statt findet, wie diefs bei allen Rundwürmern der Fall ist, mehrere von der Mutter bereits getrennte Eier — denn in
der Mutter können sie wohl in eine gemeinschaftliche Hülle , in einen Fruchtbehälter, eingeschlossen sein — in einer Kapsel enthalten sein sollen, davon ist,
wenigstens M i r , kein Beispiel bekannt. — Es hätte ihn doch einigermafsen befremden sollen, dafs aus den zuerst abgegangenen Körperchen nur einzelne Würmer auskrochen , indefs bei ihm aus zehn derselben, der Ausbrütung übergebenen,
Tausende von Würmern zum Vorschein kamen. — Herr B r e r a hätte ferner sich
gar leicht überzeugen können, dafs er es hier nicht mit Eiern von Pfriemenschwänzen zu thun habe , wenn er sich die Mühe genommen hätte , die Eier eines aufgeplatzten oder vorsätzlich zerrissenen weiblichen Pfriemenschwanzes damit zu vergleichen. Er würde dann gefunden haben, dafs diese Eier so klein
sind, dafs nicht leicht Jemand solch ein scharfes Gesicht haben wird, um ein einzelnes derselben mit unbewaffnetem Auge wahrzunehmen, selbst dann nicht , wann
sie eben von der Mutter getrennt werden , wo sie doch noch von dem *Turgor
vitalis* aufgebläht sind; und dafs es eine absolute Unmöglichkeit ist, solche ge-
trocknete Eier , wie Haselnüsse, zu zählen , und sogar noch zu zergliedern. Die
Eier des Pfriemenschwanzes, auf einer Glasplatte ausgetrocknet, lassen sich nicht
einmahl durch das Gefühl wahrnehmen ; die von Herrn B r e r a hatten sogar
eine harte Schale, die aus zwei Häuten bestand, ja ! sie waren so grofs und so
dick, wo nicht dicker als mancher Pfriemenschwanz selbst. — Er würde weiter
gefunden haben, dafs die wirklichen Eier des Pfriemenschwanzes keine herzförmige, sondern eine wirklich eiförmige Gestalt haben, gerade so wie er sie
selbst in seinen Vorlesungen auf der 4ten Tafel in der 10ten Figur, wiewohl etwas schlecht, von G o e z e copirt hat; und dafs sie endlich keine zottige , sondern
eine selbst unter den stärksten Vergröfserungen ganz glatt erscheinende Oberfläche
haben ; und er würde, wäre er nicht zu voreilig im Schliefsen und Behaupten
gewesen, gar nicht auf den Gedanken gekommen sein, diese Körperchen für Eier
des Pfriemenschwanzes zu halten.

Der Leser wird jedoch fragen, was waren denn diese Körperchen? Da ich
sie nicht selbst gesehen habe, sondern nur aus der Beschreibung und Abbildung,
die man auf dem viereckigen Täfelchen auf der Vignette copirt sieht, kenne : so
kann ich nichts mit Gewifsheit darüber behaupten. Doch sei mir eine Muthmas-

sung erlaubt. Gleich bei dem ersten Anblick hielt ich sie für Samenkörner, wufste aber nicht welche. Ich frug Herrn Baron von Jacquin, von welchem Samen dieser Gestalt und Gröfse zu vermuthen wäre, dafs er in den Darmkanal eines Kindes kommen könnte. Er rieth auf Erdbeeren-Samen, der aufsen auf der Frucht sitzt, und bemerkte dabei, dafs diese Samen im Darmkanale beträchtlich auf-schwellen. Der Same einer frischen Erdbeere wurde auf der Stelle untersucht, der ganz mit der von Herrn Brera gegebenen Abbildung übereinkam. Ich liefs nun ein Kind Erdbeeren essen, und fand nach 48 Stunden im Kothe die Samen ziemlich aufgeschwollen wieder. Mit dem Nagel zerknickt, spritzte aber keine mil-chigte Feuchtigkeit heraus, sondern es kam ein schon gebildeter Keim zum Vor-scheine. Und solche Keime waren es wahrscheinlich, die Herr Rubini bei den aufgeplatzten Körperchen fand. Vermuthlich waren es auch die Samen von fri-schen Erdbeeren, es war im Junius, die aufplatzten, da die zweiten im Winter, also wohl von eingesottenen Erdbeeren herkommen mochten. Dafs sich die des Herrn Rubini lebhaft bewegten, läfst sich auch erklären. Vermuthlich brachte er sie in Wasser, wo durch die ungleiche Einsaugung und daher rührende un-gleiche Spannung der Fibern solche Bewegungen erfolgen, die in einem Hin-und Herschnellen bestehen, und welche der Nichtgeübte leicht für willkührliche Be-wegungen halten kann. — Die scheinbar rauhe Oberfläche, welche der Erdbee-ren-Samen nicht hat, rührte vielleicht von anklebendem Staube, oder von einer Maceration der Epidermis her; vielleicht war es auch Schimmel. — Die runden Körper aber, die Herr Brera in diesen Kapseln gefunden haben will, sind zu-verläfsig nichts anders, als eine optische Täuschung. Wer nicht sehr geübt ist, mit dem zusammengesetzten Mikroskope umzugehen, der traue seinen Augen nur ja nicht zu viel, denn nichts ist leichter, als hier sich zu irren. Wo aber endlich die Tausende von Würmern hergekommen sein mögen, die Herr Brera in der Bauchhöhle des Hundes gefunden haben will, weifs ich so bestimmt nicht zu er-klären; nur so viel weifs ich mit Gewifsheit, dafs es keine Pfriemenschwänze waren.

Seine Würmer hatten eine dunkelgelbe Farbe: die Pfriemenschwänze sind milchweifs; die Länge eines jeden konnte ungefähr vier, die gröfste Dicke an-derthalb Millimeter betragen, also ein Verhältnifs der Dicke zur Länge wie 3 : 8; bei den Pfriemenschwänzen ist dieses Verhältnifs wie 1 : 20, ohne die feinste Schwanzspitze mitzurechnen; sie hatten einen dicken und stumpfen Kopf: die Pfriemenschwänze sind gegen das Kopfende sehr stark verschmächtiget, und mit

4 *

einer Seitenmembran umgeben; der Schwanz stellte einen abgestumpften Kegel vor: der Schwanz der Pfriemenschwänze ist ganz pfriemenförmig, und läuft so fein zu, dafs die äusserste Spitze mit unbewaffnetem Auge nicht wohl wahrzunehmen ist. — Kann man, frage ich, bei Thieren, deren Gattungen und Arten, wie diefs der Fall bei den Rundwürmern ist, sich blofs nach dem Verhältnifs der Dicke zur Länge und der Beschaffenheit des Kopf- und Schwanzendes bestimmen lassen, gröfsere Unterschiede finden? Und doch sagt Herr Brera: *offrivano tutti i caratteri dell' ascaride vermicolare.* Die Unterschiede, meint er, möchten daher rühren, dafs sie nicht im menschlichen Körper ausgebrütet wurden. Allein Herr Brera meint gar viel, dem nicht also ist. So hält er das an den Rändern eingekerbte, aber keineswegs gegliederte Vielloch (*Polystoma taenioides Rud.*) aus den Stirnhölilen des Hundes für einerlei mit dem wirklich gegliederten Kettenwurme (*Taenia lanceolata*) aus den Därmen der Gans, und beweist hieraus gar mancherlei. So beschreibt er uns eine Fliegen-Larve, die in dem Nachttopfe einer Frau gefunden wurde, als einen neuen Eingeweidewurm aus der Harnblase. (a) Was soll man von einem solchen Beobachter halten? — Aber wie kann man ihm auch Glauben beimessen, wenn er, von andern gemachte, Erfahrungen nach seinem Gutdünken ausschmückt oder ganz verdreht und falsch erzählt, wie wir diefs unten bei Treutlers *Hamularia lymphatica* und bei dem *Polystoma venarum* sehen werden. Wer wird es mir also verargen, wenn ich vermuthe, Herr Brera habe erst einige Tage nach Eröffnung des Hundes, was er aber weislich zu verschweigen Ursache hatte, diese vorgeblichen Askariden gefunden, wo in der Zwischenzeit Fliegen ihre Eier hineinlegen konnten, deren Larven er denn für Würmer hielt. Seine ganze Beschreibung derselben passt darauf, und gibt dieser Vermuthung viele Wahrscheinlichkeit.

Die Leser aber, welche etwa glauben möchten, ich hätte mich zu lange mit Widerlegung des Herrn Brera aufgehalten, bitte ich, zu bedenken, dafs mehrere Rücksichten mich hiezu bestimmen mussten. Hr. Brera ist, Jördens und einige Dissertationen ausgenommen, fast der Einzige, der in neuern Zeiten über menschliche Eingeweidewürmer, und zwar ein recht dickes Buch, geschrieben hat; er kündiget sich selbst als einen Mann an, der alles hieher Einschlagende aufs genaueste erforscht, aufs strengste geprüft habe. Welcher Arzt, der nicht selbst Helmintholog ist, sollte ihm daher nicht aufs Wort glauben? Dadurch wird der Arzt aber auch verleitet, dreierlei anzunehmen. Erstlich,

(a) Man sehe *Cercosoma* unter den *Pseudohelminthen.*

dafs selbst ganz vertrocknete Wurmeier, wenn sie nur der Einwirkung der thierischen Wärme und Feuchtigkeit ausgesetzt werden, dennoch ausgebrütet werden können. Zweitens, dafs Eier von Würmern von einem Thiere in das andere übergehen und daselbst ausgebrütet werden können; Und drittens, dafs der ganze Bau der Würmer eine ganz andere Gestalt erhält, wenn sie in einem anderen Organismus ausgebrütet werden, als Demjenigen, in welchem sie heimisch sind. Diefs zu widerlegen, und die Unwahrscheinlichkeit, ja selbst Unmöglichkeit davon zu zeigen, war aber gerade der Zweck des bisher Gesagten. Ich fand mich daher genüssiget, diese vorgebliche Beobachtung über das Ausbrüten getrockneter Wurmeier, wodurch meine Behauptungen geradezu übern Haufen geworfen würden, mit Umständlichkeit zu widerlegen, um meine Leser in den Stand zu setzen, selbst über die Sache zu urtheilen. Wer meinen Worten nicht glaubt, kann sich sehr leicht durch Versuche von der Wahrheit derselben überzeugen.

Wenn nun durch das bisher Vorgetragene die Unmöglichkeit der Mittheilung der Eingeweidewürmer durch Speisen und Getränke, oder selbst durch die Luft dargethan worden ist, so bleibt, wofern sie durch Mittheilung erworben werden sollen, kein anderer Weg übrig, als durch Vererbung derselben von Aeltern auf die Kinder, mittelst der Zeugungshandlung, der Ernährung im Mutterleibe und des Saugens an der Brust.

Die Bekenner dieser Hypothese müssen zugeben, oder sind vielmehr gezwungen anzunehmen, dafs die ersten Stammältern des Menschen sowohl als aller übrigen Thiere, die einer jeden Species eigenthümlichen Wurmarten beherbergt haben müssen. Wenn man nun bedenkt, wie viele verschiedene Wurmarten bei manchen Thieren angetroffen werden, z. B. bei dem Menschen selbst 12 ohne die *Taenia vulgaris* als eigene Species, noch das *Polystoma venarum* und mehrere andere unten zu erwähnende dazu zu zählen; bei bem Hunde 3; bei dem Fuchse 9; bei dem Iltisse 9; bei dem Igel 10—11; bei der Feldmaus 7; bei dem Feldhasen 8; bei dem Schafe 9; bei dem Ochsen 10—11; bei dem Schweine 8—9; bei dem Pferde 9; bei dem Blaufalken 8; bei der Elster 8; bei der Mandelkrähe 7; bei dem Kormoran 8; bei dem Storche 7; bei dem Kiebitz 10; bei dem Regenpfeifer 7; bei dem braunen Grasfrosche 8; bei dem grünen Wasserfrosche 10; bei der Aalraupe 7; bei dem Bärschling 11; bei dem Schiel 7; bei der Forelle 10; bei der Lachsforelle 9; bei dem Lachse 8; bei dem Hechte 10; u. s. w. so müssen — da wir doch nicht behaupten können, alle Eingeweidewürmer zu ken-

nen, auch einige auf diesem Wege wohl ausgestorben sein möchten — diese ersten Stammältern wahre Wurmnester gewesen sein, denen die Fortpflanzung dieser Schmarotzerthiere mehr, als die Erhaltung ihrer eigenen Rasse zu schaffen
gemacht haben muß; wiewohl es sich auf der andern Seite nicht läugnen läßt,
daß, bei solcher Voraussetzung, damahls das wahre goldene Zeitalter der Helminthologen geblüht haben mußte, und daß also auch sie, nämlich die Helminthologen, gerechte Ursachen hätten, über den Verfall der Zeiten zu klagen.

Man könnte zwar gegen die Behauptung, daß die ersten Stammältern alle
die, in ihren Nachkommen vorfindigen Wurmarten in ihren Körpern genährt haben müßten, einwenden: daß diefs darum nicht unumgänglich nöthig sei, weil
vielleicht durch Bastardirungen, durch den Einfluß des Klimas, der Nahrung und
des daraus bereiteten Nahrungssaftes der Kostgeber, mehrere, vielleicht ursprünglich zu ein und eben derselben Art gehörige Würmer eine von ihrer ersten Form
so mannigfaltig verschiedene, Gestaltung erhalten haben, dergestalt, daß jene gar
nicht mehr zu erkennen ist, und sie daher von unseren jetzigen Systematikern als
eben so viele verschiedene Arten aufgeführt würden; wie wir denn auch selbst bei
den vollkommenern Thieren Ursache haben, zu glauben, daß manche, nunmehr als eigene Rassen betrachtete Thiere, ursprünglich bloße Spielarten waren.
— Allein wenn man auch zugeben wollte, daß bei verwandten Würmern, und
solchen, die in ebendemselben Organe oder Eingeweide des Menschen oder Thieres wohnen, vielleicht hie und da diefs der Fall sein könnte; so wird doch einem
Jeden einleuchten, daß diefs nicht statt haben kann bei Würmern, die nicht
nur der Art und Gattung, sondern selbst der Ordnung nach von einander verschieden sind, und in ganz verschiedenen Organen hausen. Wollte man z. B. annehmen, der Blasenwurm im Gehirne des Schafs, der Rundwurm in dessen Luftröhre, der Bandwurm in dessen dünnen Därmen und der Saugwurm in dessen Leber
hätten ein und denselben Urältervater gehabt; so dürfte man auch denjenigen nicht
unsinnig schelten, der irgend ein Thier, z. B. den Elephanten als den gemeinschaftlichen Stammvater des Wallfisches, des Steinbocks, des Löwen und des Kän-
guruhs annähme, wo der Unterschied oder Abstand noch nicht einmahl so groß
ist, da sie doch alle in die Klasse der Säugthiere gehören.

Allein obwohl es höchst unwahrscheinlich ist, daß jedes Individuum der ersten Stammältern des Menschen und der Thiere so viele verschiedene Würmer
in seinem Inneren zugleich genährt haben soll; so ist doch durch diese Unwahrscheinlichkeit noch nicht die Unmöglichkeit dargethan. Ich will daher auch das

Gesagte gar nicht als einen strengen Beweis gegen diese Hypothese angesehen wissen. Indefs wird man mir doch zugeben müssen, dafs bei einer Vererbung der Würmer von den Aeltern auf die Kinder, die ersteren nothwendig diejenigen Würmer selbst hegen müssen, die sie auf die anderen fortpflanzen sollen. Denn man kann ja nicht auf einen anderen etwas vererben, was man selbst nicht hat. Allein gerade hier scheitert die Hypothese an der Erfahrung. Wir finden sehr häufig Menschen, die Würmer mancherlei Art in ihrem Innern nähren, ohne dafs man bei ihren Aeltern je eine Spur davon wahrgenommen hätte. Wie konnten sie ihnen also von diesen mitgetheilt worden sein. — Herr B r e r a, der überall da, wo er mit einer Hypothese — denn er vertheidiget auch diese — ins Gedränge kommt, eine Hinterthüre offen hat, weifs auch hier sich zu helfen. Er beruft sich nähmlich (b) auf die von ihm gemachte Erfahrung, dafs manche Menschen an Würmern litten, deren Söhne frei davon blieben, indefs die Enkel von denselben Arten von Würmern wieder heimgesucht wurden. — Gegen diese Erfahrung, als solche, läfst sich gar nichts einwenden, denn es mag sogar Fälle geben, wo die Ururenkel die nähmlichen Arten von Würmern beherbergen, die einst bei ihren Urältervätern zu Hause waren, indefs alle Mittelglieder der Familie dergleichen nicht kannten. Allein die von Herrn B r e r a daraus gezogene Folgerung, ,,dafs ,,die Wurmeier des Grofsvaters durch den Körper des Sohnes, in welchen sie keine ,,schickliche Gelegenheit zur Entwicklung gefunden haben sollen, in den Körper des ,,Enkels übergegangen wären," ziehe ich in Zweifel. Denn wenn diese Folgerung richtig sein soll, so mufs man annehmen: dafs der Grofsvater eine gewisse Portion Wurmeier bei der Zeugungshandlung dem Sohne überliefert, welcher dann das ihm anvertraute Erbe, ohne damit zu wuchern, — d. i. ohne dafs er die Würmer in seinem Körper zur Entwicklung und abermahligem Eierlegen kommen läfst — unversehrt in seinem Körper verwahren mufs, bis er etwa im dreissigsten Jahre seines Lebens in den Stand der heiligen Ehe tritt, und nun bei Zeugung seines künftigen Stammhalters, dem Enkel dieses Familien-Fideicommis überantwortet, der dann vielleicht in seinem zwanzigsten Lebensjahre durch Abgang von Bandwurmgliedern, wozu der grofsväterliche Wurm etwa 50 Jahre früher die Eier gelegt hatte, nicht nur die Rechtmäfsigkeit seiner Abstammung beweist, sondern auch die, durch den wurmlosen Sohn zweifelhaft gewordene, Ehre seiner Grofsmutter rettet.

Es sieht wohl jeder Leser von selbst ein, wie lächerlich an und für sich die

(b) Memorie p. 401.

Idee einer solchen Vererbung der Würmer vom Grofsvater mit Ueberspringung des Sohnes auf den Enkel ist. Doch glaube ich, noch auf folgende Punkte aufmerksam machen zu müssen.

1. Können wir annehmen, dafs der männliche sowohl als der weibliche Mensch bis zur Zeit, wo er seine Gattung fortzupflanzen im Stande ist, bei dem ewigen Wechsel der Materie, auch nicht einen Gran mehr von jener ursprünglichen Knochenmasse, die er mit aus Mutterleibe brachte, an sich trägt, um wie viel weniger also können fremde Körper, wozu ich die Würmer rechne, bei den immerwährend statt findenden Ausleerungen durch alle Colatorien des Körpers in seinem Inneren so lange sich erhalten? Herr Brera sagt ja selbst in dem nähmlichen Paragraphen, dafs wenn die Wurmeier in einem Körper nicht die zu ihrer Entwickelung nöthigen Bedingungen vorfänden, sie wieder wie andere auszuscheidende Stoffe unversehrt (belle ed intatte) ausgeleert würden. Warum sollen also Wurmeier auf dem Wege der Zeugung mitgetheilt, eine Ausnahme von dieser Regel machen? Wiewohl auch die Behauptung, dafs sie unversehrt wieder ausgeleert werden sollen, so ganz ohne allen Beweis hingeworfen ist. Denn entweder geht das Ei als solches zu Grunde, wird zerstört, wie diefs der Fall ist, wenn solche Eier in den Magen gebracht werden, was durch den oben angeführten Versuch mit dem Iltisse bewiesen worden ist; oder das Ei findet die zu seiner Ausbrütung nothwendigen Bedingungen, und der Wurm kriecht aus. Denn aller Analogie nach zu schliefsen, bedarf das befruchtete lebende Wurmei z. B. eines Säugthieres keine anderen Bedingungen zu seiner Entwicklung, als thierische Wärme und Feuchtigkeit. Wenigstens sieht man keinen Grund ein, warum ein solches Ei nicht überall da, wo es diese findet, eben so gut ausgebrütet werden soll, als ein Hühnerei, das blofs einer trockenen Wärme bedarf, im Backofen. Auskriechen wird also der Wurm jedesmahl und an jeder Stelle des Körpers, wo nicht feindselig und zerstörend, wie z. B. im Magen, auf das Ei eingewirkt wird. Wie es aber mit seinem Wachsthume und weiteren Fortkommen steht, ist eine andere Frage. Der oben angeführte Versuch von Pallas mit Eiern von Kettenwürmern aus dem Hunde scheint nicht nur das Erstere zu beweisen, sondern auch über das Letztere Aufklärung zu geben. Könnten nun mittelst des männlichen Samens Wurmeier in die Gebärmutter gebracht werden: so stünde wirklich zu befürchten — da sie daselbst auch thierische Wärme und Feuchtigkeit finden, — dafs sich die Würmer früher entwickelten als ihr bestimmter künftiger Kostgeber; ihn als Embryo mit Stumpf und Stiel aufzehrten, und dafs alsdann die Frau,

anstatt von einem Kinde, von einem Haufen Nestel- oder Spulwürmer entbunden würde. Doch dergleichen ist mir in *Praxi* noch nicht vorgekommen; Hrn. B r e r a wahrscheinlich auch nicht.

2) Angenommen auch, dafs Würmer dem Fötus bei der Zeugung mitgetheilt werden können — wovon ich jedoch die Unmöglichkeit späterhin zeigen werde — dafs sie ferner nach einer ganz eigenen, freilich nicht leicht zu erklärenden, Wahlanziehung nur in den Genitalien abgesetzt werden, und daselbst ruhig verweilen, bis diese Organe zu ihrer endlichen Bestimmung reifen: so ist doch dadurch die Sache noch nicht aufs Reine gebracht. Denn Millionen von Eiern — zumahl wenn sie so grofs sind, wie diejenigen, welche Herr B r e r a zergliedert hat — kann doch der Vater dem Sohne nicht mitgeben, auch können die Eier, als Eier, sich nicht vermehren. Wenn man nun bedenkt, wie viel der Mensch Samen verliert, oder auch nur absondert, der denn wieder resorbirt wird, ehe er sich verheirathet; wenn man ferner erwägt, dafs nur ein einziger Beischlaf zur Befruchtung erforderlich ist: so wird man, will man Herrn B r e r a s Hypothese vertheidigen, gezwungen, anzunehmen, es müsse ein besonderer Schutzengel diese Wurmeier bewachen, der sie gerade nur erst dann losläfst, wenn der Beischlaf befruchtend ist, und zwar, wenn der Vater mehrere wurmbetheilte Kinder zu zeugen gesonnen ist, jedesmahl nur eine gewisse Anzahl derselben.

3) Wenn man bedenkt, wie höchst selten manche Wurmarten bei Menschen und Thieren vorkommen, wohin z. B. bei den Menschen die Blasenwürmer, Leberegeln und die Pallisadenwürmer in den Nieren, ferner die *Hamularia lymphatica* und das *Polystoma pinguicola* gehören, welche beiden letztern erst nur ein einziges Mahl gefunden worden sind: so ist man gezwungen zu glauben, dafs manche Wurmeier durch 30 bis 40 Generationen immer von den Aeltern auf die Kinder als solche übertragen werden müssen, bis es endlich etwa nach tausend Jahren einmahl einem Wurme glückt, dem Eie zu entschlüpfen. Wahrlich gegen solchen Glauben, ist der Glaube, womit man Berge versetzen kann, noch eine wahre Kinderei.

4) Die ganze Hypothese wird durch einen einzigen Wurm widerlegt, d. i. durch den *Polycephalus cerebralis* oder den vielköpfigen Blasenwurm im Gehirne drehender Schafe. Gewöhnlich werden nur Lämmer im ersten Jahre davon befallen, doch bleiben auch Widder und Mutterschafe nicht allzeit verschont. Indefs ist die Krankheit, wird nicht der Wurm durch Trepanation oder Anbohren zerstört, allzeit tödtlich. Wäre nun der erste Wurm dieser Art mit dem ersten

5

Schafe zugleich erschaffen worden, so hätte auch dieses Schaf, noch ehe es seine Gattung fortzupflanzen im Stande gewesen wäre, zu Grunde gehen müssen, und wir würden folglich heut zu Tage eben so wenig Schöpsenbraten essen, als dergleichen Würmer in Weingeiste aufbewahren.

5. Findet man aber auch die nähmlichen Würmer bei den Ältern, wie bei den Kindern: so ist dadurch doch noch nicht erwiesen, dafs sie Letzteren von Ersteren mitgetheilt worden sind. Von Seiten des Vaters ist eine solche Mittheilung gar nicht einmahl denkbar, denn wenn auch bei dem Menschen und den Säugthieren bei der Zeugungshandlung eine wirkliche Vermischung der männlichen und weiblichen Samenfeuchtigkeiten Statt finden sollte: so ist diefs doch keineswegs der Fall bei dem gröfsten Theile der Thiere aus den übrigen Classen. Ich werde die Unmöglichkeit einer solchen Vermischung der Samenfeuchtigkeiten bei einem grofsen Theile der Vögel in der Folge zu zeigen Gelegenheit haben. Wie wenig aber überhaupt von der männlichen Samenfeuchtigkeit zur Befruchtung erfordert wird, mag uns ein von Spallanzani defshalb angestellter Versuch lehren. Drei Gran männlichen Froschsamens mit einem Pfunde Wasser verdünnt, waren hinreichend eine grofse Menge Froschlaich zu befruchten. Ia! durch die blofse Berührung mit einer in den männlichen Samen getauchten Nadelspitze konnte das Ei vollkommen befruchtet werden. Wer möchte nun also wohl glauben, dafs die an einer Nadelspitze sich festhängende Samenfeuchtigkeit auch noch überdiefs die Eier von zehn verschiedenen Wurmarten enthalten sollte, wovon man öfters sechs bis sieben — Arten nähmlich, nicht Individuen, deren öfters gegen hundert sind — in einem grünen Wasserfrosche beisammen antrifft. Denn dieser Frosch beherbergt in seinen dünnen Därmen Pallisadenwürmer, Kratzer und Doppellöcher, im Mastdarme Rundwürmer und Zapfenwürmer, in der Lunge Rundwürmer und Doppellöcher, in der Bauchblase Doppellöcher — alle drei Doppellöcher sind der Art nach von einander verschieden — unter der Haut Fadenwürmer und überdiefs noch im Zellgewebe aller Eingeweide und Muskeln, die in Kapseln eingeschlossenen, Zapfenwürmer. Wie sollen nun aus allen diesen verschiedenen Eingeweiden die Eier dieser Würmer in die Hoden gelangen und von dort mit dem Samen ausgeschieden werden? Wie sollen sie ferner in das Ei des Frosches dringen, daselbst verweilen bis der Frosch zur Reife kömmt? und wie soll endlich gerade jede Art von Wurmeiern in das ihr angewiesene Organ gelangen, um sich daselbst zu entwickeln? Dazu kommt noch, dafs drei Arten dieser Würmer lebendige Junge gebären, nähmlich der Rundwurm aus den Lun-

gen, der Rundwurm aus dem Mastdarme und der Zapfenwurm von eben daher. Fände daher eine Mittheilung dieser Würmer von Seite des Vaters Statt, so müfste man schon bei einer mittelmäfsigen Vergröfserung diese jungen Würmchen in der Samenfeuchtigkeit herumschwimmen sehen.

Allein einer solchen Mittheilung widersetzen sich auch von Seite der Mutter unüberwindliche Schwierigkeiten. Denn damit sie wirklich Statt haben könne, mufs nothwendig vorausgesetzt werden, dafs die Eier der Würmer aus den Eingeweiden der Mutter, wo sie ihren Sitz haben, durch die einsaugenden Gefäfse aufgenommen, von da in die Blutmasse geführt, aus dieser wieder mittelst der anshauchenden Gefäfse in die Gebärmutter abgesetzt werden, wo sie dann der Fötus durch seine aufsaugenden Gefäfse wieder aufnehmen, sie durch seine Blutmasse bis zu dem, und gerade nur zu dem zu ihrer Entwicklung geeigneten, Organe hinführen, und abermahls durch aushauchende Gefäfse absetzen mufs. In der That ein langer und vielen Gefahren ausgesetzter Weg, den ein solches Wurmei durchlaufen mufs, denn es läuft beständig Gefahr in ein anderes Ausführungsorgan verschlagen zu werden, wo es dann auf immer verloren ist. Doch sollten auch · zehntausende verloren gehen, ehe eins oder das andere den Ort seiner Bestimmung erreicht, so müste man aber alsdann diese Wurmeier nicht nur in dem Blute der Mutter, sondern auch in dem Blute des Fötus finden. Man findet aber daselbst deren keine, kann sie auch nicht finden: denn nach Herrn R u - d o l p h i' s nur ungefährer Schätzung, die gewifs nicht übertrieben ist, sind die Eier, von selbst sehr kleinen Würmern, in ihrem ganzen Umfange, wenigstens 10,000 Mahl gröfser als die rothen Blutkügelchen. Nun aber wissen wir, dafs die Endungen der Gefäfse, welche diese Wurmeier auf dem vorbeschriebenen Wege wiederholt durchlaufen müssen, nicht einmahl ein rothes Blutkügelchen durchlassen, um wie viel weniger also kann ein Wurmei durchkommen. Bei eierlegenden Thieren, bei Fröschen z. B. bildet der erste Uranfang des Eies ein in sich geschlossenes, mit einer eigenen Haut umgebenes Ganze, das bei seiner ersten Entstehung wohl selbst nicht gröfser ist, als ein Wurmei. Diese das Froschei umgebende Haut aber, macht nothwendig, dafs es seine Nahrung nicht anders als in Dunstgestalt aufnehmen kann. Wie soll also hier ein Wurmei, das dann doch schon bei einer geringen Vergröfserung sichtbar wird, eindringen können, da es doch keine Organe hat, mit denen es sich etwa einbohren könnte. Hiermit wäre also die offenbare Unmöglichkeit eines solchen Uebergangs der Wurmeier von der Mutter auf den Fötus dargethan.

Herr Brera will zwar die eiförmigen, elliptischen und kugelförmigen Körperchen, welche wir in den Eingeweidewürmern finden, nicht für die einfachen Eier derselben gelten lassen, sondern hält sie nur für Kapseln, in denen erst die Eier eingeschlossen sind, und sollten diese noch zu grofs ausfallen — wie diefs bei seinen obenerwähnten getrockneten Eiern des Pfriemenschwanzes der Fall war — so nimmt er an, dafs in diesen erst noch kleinere Eier enthalten wären. Allein da diefs eine, weder auf Analogie noch Erfahrung gegründete, Hypothese ist, so wird man mir es wohl nachsehen, wenn ich sie ohne weiteres übergehe.

Endlich noch widerspricht der Hypothese von Vererbung der Würmer von Aeltern auf Kinder, die Erfahrung, dafs nie ein Europäer von dem Fadenwurm (*Filaria Dracunculus*) heimgesucht wird, so lang er hübsch zu Hause bleibt. Doch geschieht diefs sehr leicht, wenn er sich in jenen aussereuropäischen Ländern, wo dieser Wurm zu Hause ist, aufgehalten hat. Von den Aeltern kann er ihn also nicht geerbt haben; auch bleiben seine Kinder, Enkel und Urenkel davon frei, wenn sie sich nicht in jene Länder begeben. Das zahme Schwein ist ein Abkömmling von dem wilden Schweine, aber nie sind noch Finnen (*Cysticercus cellulosae R.*) im wilden Schweine gefunden worden. Wie konnte also das zahme Schwein durch Anerbung dazu gelangen?

So wenig aber dem Fötus, weder bei der Zeugungshandlung, noch während der Ernährung im Mutterleibe Würmer von den Aeltern mitgetheilt oder einverleibt werden können, eben so wenig kann, aus denselben Gründen, eine solche Mittheilung durch die Muttermilch Statt finden, wie Herr Thomas der Meinung ist, der doch selbst die Unmöglichkeit durch den Act der Zeugung darzuthun suchte. Dagegen streitet noch aufserdem der Umstand, dafs viele ohne Mutterbrust erzogene Kinder an Würmern leiden. Auch könnte diese Art der Mittheilung nur bei Säugthieren Statt finden. Zwar hat man eingeworfen, dafs bey den Vögeln durch das Aetzen aus dem Kropfe die Würmer mitgetheilt werden könnten. Allein gar viele Vögel ätzen nicht, und ihre Jungen haben nichts destoweniger Würmer. — Bei Amphibien und Fischen kümmert sich die Mutter gar nicht um die Jungen; oft leben sogar die Alten und Jungen in verschiedenen Elementen, der Salamander z. B. auf dem Lande, seine Jungen in dem Wasser. Ja! bei den Insecten ist gewöhnlich die Mutter längst todt, ehe noch das Junge aus dem Eie schlüpft. Wie soll nun hier eine Mittheilung der Würmer, die wie wir gezeigt haben, im Mutterleibe unmöglich ist, Statt finden?

Durch das bisher Gesagte habe ich zeigen wollen, dafs die Eingeweidewürmer nicht von aussen in den thierischen Körper gebracht werden können. Ich
habe aber gleich anfangs den Satz aufgestellt, dafs es nur zwei Möglichkeiten
gibt, wie Eingeweidewürmer in den thierischen Körper kommen können, und
zwar entweder indem sie, oder ihre Eier von aussen dahin gelangen, oder indem
sie sich in dem Körper selbst erzeugen. Wenn es mir nun gelungen ist, die Unmöglichkeit, auf dem ersten Wege in den Körper zu gelangen, zu beweisen: so
ist auch zugleich ein verneinender Beweis für die letztere Entstehungsart derselben gegeben. Indefs werde ich versuchen, ob sich nicht etwas Bejahendes dafür
sagen läfst. Um dieses zu können, ist es nöthig, dafs ich auf die wahrscheinliche uranfängliche Bildung aller organischen Körper zurückgehe, und dieser mufs
wieder eine Untersuchung über die wahrscheinliche Bildung unserer Erde vorangehen.

Die Untersuchungen über die Bildung unseres Planeten haben uns Folgendes
gelehrt. Die unterste Schichte, bis zu welcher wir durchgedrungen sind, besteht
aus Granit, oder sogenanntem Urgebirge; auf dieses folgen die schichtenweise gelagerten Uebergangs-oder Ganggebirge, und auf diese wieder die Flötzgebirge.
Aufserdem unterscheidet man noch das aufgeschwemmte Land und die vulkanischen
Erzeugnisse. In den Urgebirgen, so wie in den Uebergangsgebirgen treffen wir
keine Spuren von vormahls lebendig gewesenen Geschöpfen an. In der untersten
Schichte der Flötzgebirge stofsen wir zuerst auf die Ueberbleibsel organischer Gebilde. Gröfstentheils sind es Schalthiere, oder andere im Wasser lebende Thiere
von den niedrigsten Stufen der Organisation; später erst, d. i. in den höher liegenden Schichten folgen Landthiere, aber in den tieferen Schichten auch nur solche; von denen die Erde in ihrem gegenwärtigen Zustande keine verwandte oder
ähnliche, wenigstens nicht der Art nach, aufzuweisen hat. Erst in der obersten
Schichte der Flötzgebirge trifft man Ueberbleibsel von Thieren an, denen verwandte oder ähnliche noch jetzt leben. Menschengerippe findet man in keinem
Flötzgebirge. Sie kommen wohl auch in beträchtlichen Tiefen vor, aber diese
Tiefen waren ursprünglich Bergritzen und sind in der Folge, etwa durch Berg-
sturz verschüttet worden. Wirklich versteinerte Menschen aber, oder wahre An-
thropolithen gibt es nicht. Die versteinerten Wirbelknochen, welche S c h e u c h z e r
bei Altorf gefunden hat, gehörten, wie C u v i e r *) zeigt, einem Krokodil an, und sein
Homo diluvii testis ist von jeher von keinem anderen Naturforscher für ein Men-

(c) Ossemens fossiles T. IV.

schengerippe gehalten worden, wie man diefs aus Herrn Kargs Nachrichten
hierüber ersehen kann. Auch das durch A. Cockrane von *Guadeloupe* nach
London gebrachte fossile Menschengerippe ist kein wahrer Anthropolith. Man
sehe hierüber: *Memoire sur un squelette humain fossile de la Guadeloupe
par Charles König, Ecuyer. Extrait d'une lettre à l'honorable Sir Joseph Banks, des Transactions philosophiques Londres* 1814 in dem *Journal
de Physique et d'histoire naturelle Septembre* 1814. *p.* 196; wie auch in den
allgemeinen geographischen Ephemeriden, herausgegeben von Bertuch, Julius
1814. Weimar. 8. S. 536. und die dagegen gemachten Zweifel in dem *Bulletin
des sciences par la Société philomatique de Paris. Livraison de Novembre*
1814. *pag.* 149. *Sur un squelette humain fossile de la Guadeloupe par Mr.
Ch. Koenig par A. B.*

Aus diesen unwidersprechlichen Thatsachen folgere ich: Uranfänglich d. i.
von der Zeit an, wo sie ein für sich bestehendes Ganze bildete, war unsere Erde
ein Tropfen formlosen belebten d. i. mit dem lebendigen Geiste oder schlechthin
Geiste, gepaarten Stoffs. Man verwechsle jedoch nicht diesen von mir sogenannten lebendigen Geist mit der Weltseele unserer Naturphilosophen, welche nicht
nur die Welt, sondern sogar sich selbst schaffen soll. Denn ich verstehe unter
dem Geiste hier nichts anders, als was man auch Leben, Lebenskraft nennt, kurz
das Ursächliche alles Lebens, womit alle Welten bey ihrer Erschaffung von dem
Urwesen aller Wesen, von Gott dem Schöpfer, betheilt oder begeistet worden
sind (d).

Dieser Tropfen hatte sich wahrscheinlich losgerissen von der Sonne, so wie
sich später wohl auch der Mond von unserer Erde losgerissen haben mag; jedes
um ein eigenes in sich geschlossenes Ganze zu bilden, ein eigenes Leben zu führen. Dieser Meinung war zwar schon Buffon. (*Epoques de la nature. Premiere Epoque*). Allein ich sehe darin, dafs ein älterer, und nicht einer unserer allerneuesten Naturforscher sie zuerst geäufsert hat, keinen hinreichenden
Grund, um sie nicht als die meinige aufzunehmen. Uebrigens ist es bei dem
Gange meiner Untersuchungen ganz gleichviel, ob unsere Erde gleich ursprünglich ein, für sich bestehendes, Ganze bildete, oder ob sie ein losgerissenes

---

(d) Herr Hofrath Voigt hat in seinen Grundzügen zur Naturgeschichte 1817 gleichfalls mit dem Worte
Geist, das Ursächliche alles Lebens bezeichnet. Indefs habe ich ihm diesen Ausdruck nicht abgeborgt,
denn mein Aufsatz erhielt schon am 22ten Junius 1815 das Imprimatur von der hiesigen Censur.

Stück von der Sonne ist. Ich werde mich defshalb mit Niemanden in Streit einlassen, denn Bestimmtes weifs ohnehin K e i n e r hierüber etwas.

Allmählich bildete sich in diesem formlosen Tropfen ein Kern, unsere Urgebirge. Die Grundursache dieser Kernbildung, so wie die der folgenden Niederschläge auf diesen Kern, d. i. die Entstehung unserer Gang - und Flötzgebirge kann nun gesucht werden, entweder in einer eigenen, dem Stoffe als solchem inwohnenden, sogenannten todten Kraft, oder in dem Geiste, der den Stoff belebt, der ihm als ein für sich geschlossenes Ganze erhält. Jene, dem Stoffe einwohnen sollende, Kraft, bezeichnen unsere Naturlehrer mit dem Nahmen der Schwerkraft, (*Gravitatio*), die wieder durch Neigung gegen den Mittelpunct erklärt wird. - Wäre jedoch diese Kraft die einzige wirksame auf unserem Erdballe, so hätte derselbe schon längst auf einen todten Klumpen zusammenschrumpfen müssen. Man hat also noch eine andere, der Anziehungskraft gegen den Mittelpunct, oder der Zusammenziehungskraft (*Contractio*) geradezu entgegengesetzte Kraft, angenommen, und sie die Kraft der Ausdehnung (*Expansio*) genannt. Allein obwohl ich nicht geneigt bin, in der Schwerkraft — um mich des kürzeren Wortes zu bedienen — die Ursache der Bildung unserer Erde und des Verbleibens in ihrem Sein zu suchen: so glaube ich doch nicht, dafs man nöthig habe, wenn man aus derselben die Erscheinungen erklären will, zu einer eigenen Ausdehnungskraft seine Zuflucht zu nehmen. Wir wissen, dafs der gröfsere Körper den kleinern anzieht. Nun aber ist die Sonne ein vielmahl gröfserer Körper als unsere Erde; durch ihre Anziehungskraft gegen sich zu, mufs also nothwendig die Anziehungskraft unserer Erde gegen ihren Mittelpunct geschwächt werden, denn sie liegt ja noch in dem Bereiche der Sonne, ja sie bildet noch immer ein Theilganzes derselben. Die Anziehungskraft der Sonne, die nothwendig wieder durch die grofse Entfernung geschwächt werden mufs, — denn sonst hätte sie längst wieder die Erde verschlungen — hält also vollkommen der Anziehungskraft der Erde das Gleichgewicht, und hat bisher verhindert, dafs diese nicht völlig erstarrte. In der Anziehungskraft der Sonne also liegt nach dieser Voraussetzung, die Ursache der Erscheinungen, welche wir fälschlich in einer eigenen Ausdehnungskraft gesucht haben.

Allein hieraus kann man sich wohl die Selbsterhaltung der Erde als solcher, keineswegs aber das Entstehen und Werden einzelner für sich bestehender, ihre eigene Welt bildender, Körper erklären. Wenn ich mir die Anziehungskraft der Erde gegen ihren Mittelpunct als von *A* nach *M*, und die Anziehungskraft der

Sonne als von *Z* nach *M* wirkend denke: so muſs ich mir beide entweder als gleich stark wirkend, oder als ungleich stark wirkend vorstellen. — Wir haben schon gezeigt, daſs das Letztere nicht wohl Statt finden kann, weil sonst entweder die Erde längst schon zu einem starren Klumpen zusammengeschrumpft, oder von der Sonne wieder verschluckt worden wäre. Fände hingegen die erste Voraussetzung Statt: so begreift man nicht, warum die Erde in dem Zustande, in welchem sie sich von der Sonne getrennt hat, nicht verblieben ist, und bis zu ihrem gänzlichen Untergange verbleiben müſste. — Doch könnte man noch sagen, daſs durch die rollende Bewegung der Erde immer die eine Hälfte den Wirkungen der Anziehungskraft der Sonne minder ausgesetzt wäre, und daſs bei derjenigen Hälfte, wo es Nacht ist, die Anziehungskraft der Erde stärker wirke, während bei der andern, wo es Tag ist, die der Sonne das Uebergewicht habe.

Wenn wir auch diefs zugeben und also annehmen, es hätten beide Kräfte ihre Wirkungen in geraden Richtungen fortgesetzt, und zwar die wirkende Kraft der Erde von *A* nach *B*, *C* u. s. w. und die gegenwirkende der Sonne von *Z* nach *Y*, *X* u. s. w.: so hätte doch aus diesen Wirkungen sich nichts weiter ergeben können, als einerseits starrer Stoff, anderseits Aether (e). Wie aber ein einzelner für sich lebender Naturkörper, sei er Thier oder Pflanze, aus solchen einfachen Gegenwirkungen hervorgehen konnte, ist schlechterdings unerklärbar.

Viel leichter und weniger Schwierigkeiten ausgesetzt ist die Erklärung der Erdbildung sowohl als jeder einzelnen Körperbildung, wenn wir die Grundursache etwas höher, und zwar in dem Geiste selbst, in seinem Streben nach der Herrschaft über den Stoff suchen, in dem Streben, allzeit aus dem, mit ihm verbundenen oder vermählten, Stoffe ein selbstständiges, in sich geschlossenes Ganze zu bilden; wie wir diefs noch täglich bei jeder organischen Körperbildung sehen. Demzufolge schied der Geist zuerst den gröberen Stoff, warf ihn auf den Mittelpunct der Erde zurück, und auf diese Art bildeten sich unsere Urgebirge. Vielleicht bedurfte es hierzu Jahrtausende, denn die Bildung der Urgebirge scheint allmählich durch Krystallisation vor sich gegangen zu sein. — Nachdem der gröſste Theil des Stoffs, der weniger tauglich zum Leben, d. i. zum einzelnen Körperleben, ist, sich krystallisirt hatte, wirkte der Geist schon freier; es entstand ein Aufruhr, eine Gährung in der Gesammtmasse, es schlugen sich die Ganggebirge,

(e) Oder streng metaphysisch genommen, würde sie auf der einen zu einem mathematischen Puncte = Nichts, zusammenschrumpfen, und auf der anderen gleichfalls in ein absolutes Nichts ausgedehnt werden.

und wahrscheinlich plötzlich, nieder. Doch läfst sich aus der geschichteten (stratifizirten) Lagerung derselben vermuthen, dafs wiederhohlte solche Gährungen zu ihrer Bildung mögen beigetragen haben. Bis dahin, nähmlich bis zur Vollendung der Ganggebirge führte die Erde noch immer ein allgemeines, d. i. ein nicht in einzelne Körper zerfallenes Leben: denn wir finden in den Ganggebirgen, so wenig als in den Urgebirgen, nirgends eine Spur von damahls vorhanden gewesenen einzelnen belebten Körpern, am wenigsten von thierischen Organismen.

Erst nachdem diese niedergeschlagen waren, gelang es dem Geiste sich be-besonderer Theile des Stoffs zu bemächtigen, und aus ihnen einzelne ihr eigenes (individuelles) Leben führende Körper zu bilden. Die Ueberbleibsel dieser vormahls gelebt habenden Körper finden wir in den untersten Schichten der Flötzgebirge, die nach ähnlichen, vielleicht theilweisen Gährungen, wie die Ganggebirge, entstanden zu sein scheinen. Diese vormahls lebenden Körper aber, welche wir in der untersten Schichte der Flötzgebirge finden, gehören durchgängig in die Klasse der im Wasser lebenden Thiere. Pflanzen findet man daselbst nicht. Daraus läfst sich vermuthen, dafs nach Bildung der Ganggebirge, und vor dem Niederschlage der ersten Flötzgebirge, noch kein trockenes Land, wohl auch kein Dunstkreis vorhanden gewesen sein mögen, so wie noch gegenwärtig der Mond, als ein erst später von der Erde losgerissener Theil, keinen Dunstkreis hat.

Indefs erfolgte ein abermahliger Aufruhr, Gährung. Die erste Schöpfung ging in dem erfolgten Niederschlage zu Grunde, und neuerdings wurde die Erde mit Thieren, jedoch anderer Art, als die ersten waren, bevölkert. Wie viele dergleichen, wenigstens jedesmahl über sehr grofse Strecken des Erdballs sich verbreitende Aufruhre und nachfolgende Niederschläge Statt gefunden haben, läfst sich nicht wohl bestimmen. Nur so viel ist gewifs, dafs nach jedem Niederschlage wieder eine neue Schöpfung Statt fand, und dafs der Mensch ein Erzeugnifs der letzten ist. (f) Denn man findet, wie schon erinnert wurde, selbst in den obersten Schichten der Flötzgebirge keine Menschengerippe. Ja! selbst Knochen von Säugethieren findet man nur in diesen obersten Schichten, und Herr Cuvier (g) vermuthet daher, dafs sie ein Erzeugnifs der vorletzten Gährung unserer Erde waren.

Da nun nach jedem Niederschlage sich immer vollkommnere Geschöpfe und zuletzt das, bis jetzt unter allen vollkommenste, der Mensch, bildeten: so gewinnt

(f) Diefs stimmt vollkommen mit dem ersten Capitel der Genesis überein. Man denke sich nur, wie auch Buffon erinnert, unter Tagen, grofse Zeiträume.

(g) Ossemeus fossiles Discours préliminaire. p. 70.

6

dadurch meine Meinung, die thätige wirksame Grundursache in dem Geiste, in seinem Streben nach Herrschaft über den Stoff zu suchen, immer mehr Wahrscheinlichkeit. Zwar ist es ein Geist, der die Auster belebt und den Menschen beseelt. Allein der Geist ist in beiden, um hier einen Ausdruck aus der Elektrizitätslehre zu entlehnen, in ganz verschiedenen Graden der Spannung. In dem Menschen ist er gesteigert bis zum Verstande (Intelligenz), bei der Auster finden wir kaum Spuren der Empfindung. Die Thiere der ersten Schöpfung konnten nicht so vollkommen sein, als die der letzten; bei jener war der Geist noch zu sehr gefangen gehalten von dem Stoffe, und erst, nachdem er sich immer mehr und mehr des zur Beseelung untauglichen Stoffes entlediget hatte, konnte er freier wirken, konnte er es so weit bringen, daß er über das körperliche Sein des Gebildes, dem er inwohnt, gebiethet; denn der vom Geiste beseelte Mensch will, und sein Wille ist Geboth dem Stoffe. Freilich leidet diese Behauptung in einigen Fällen Ausnahmen, aber alsdann will auch der Geist mehr, als der Stoff zu leisten vermag, und wir müssen bedenken, daß der Mensch nicht reiner Geist, sondern ein, durch den Stoff auf mannigfache Weise beschränkter Geist ist. Kurz der Mensch ist kein Gott, aber trotz der Befangenheit des Geistes in der Körperlichkeit, ist jener doch schon so viel frei geworden, daß es ihm nicht entgehen kann, es müsse noch ein höherer Geist, es müsse ein Gott über ihm walten. Dieses einsehen zu können, dieses einsehen zu müssen, — nicht der vermeintliche Mangel des Nackenbandes, oder Zwischenkieferbeins, nicht das Aufeinanderschliefsen der Eckzähne, oder das Anschliefsen des Daumens an die übrigen Finger bei den unteren Extremitäten, nicht der aufrechte Gang u. s. w. ist es, was den grofsen Unterschied zwischen Menschen und Thiere begründet. Der um so viele Zweige der Naturwissenschaft so sehr verdiente Schrank (h), hat daher auch den Menschen, als eine eigene Klasse im Naturreiche aufgestellt.

Indefs steht zu vermuthen, dafs, wenn noch ein den vorhergehenden Niederschlägen, ähnlicher Statt finden sollte, noch um vieles vollkommnere Geschöpfe erzeugt werden würden. Der Geist im Menschen verhält sich vielleicht zum Stoffe wie 50 : 50, mit geringen Unterschieden von + und —. Denn bald schlägt der Geist, bald der Stoff vor. — In den bei einer etwa nachfolgenden Schöpfung, — wofern nicht diese die letzte ist — zu vermuthenden Gebilden, wo der Geist noch freier wirken kann, wird er vielleicht stehen wie 75 : 25. Aus dieser Betrachtung geht

(h) Briefe an Nau. S. 247. Er hat jedoch ein Unterscheidungsmerkmahl vergessen; nähmlich, dafs der Mensch ein Narr werden kann. Eine herrliche Gelegenheit für gewisse Recensenten, einen witzigen Gedanken anzubringen.

hervor, dafs der Mensch in dem allerleidigsten Zeitraume des Seins unserer Erde als solcher ausgebildet worden ist. Er ist ein unseliges Mittelding zwischen Thier und Engel. (i) Er strebt nach höherem Wissen, und kann nicht dazu gelangen, mögen auch unsere neueren Natur-Philosophen sich noch so sehr überzeugt halten, dazu wirklich gelangt zu sein, so ist es doch nicht wahr; er, der Mensch will die letzte Ursache alles Seins ergründen, und vermag es nicht. Aermer am Geiste liefse er sich's nicht beigeben, diese Ursachen ergründen zu wollen; reicher am Geiste, müfsten sie klar vor ihm liegen. Ja! er deutelt die Begriffe von Zeit und Raum, obwohl er weifs, und wissen mufs, dafs es in der Ewigkeit keine Zeit und in der Unendlichkeit, oder Unbegränztheit keinen Raum gibt, nicht geben kann. Diese Begriffe von Raum und Zeit sind ihm allerdings angeboren, oder hängen mit seinem Sein, als Menschen, nothwendig zusammen, aber sie liegen nicht im Geiste, der unendlich, unbegränzt und ewig ist, sondern sie werden gesetzt, ihm gleichsam aufgedrungen durch seine Körperlichkeit, durch den Stoff, der das freie Wirken des Geistes, als reinen Geistes beschränkt. Er, der Mensch, so wie er in der Körperlichkeit ist, gelangt ja nicht einmahl zum Selbstbewufstsein anders, als durch das Zurückprallen (Reflex) des Geistes an dem Stoffe. — Doch diefs gehört nicht zu meinen Untersuchungen. Ich nehme daher den abgerissenen Faden wieder auf.

So wie wahrscheinlich die Niederschläge jedesmahl plötzlich erfolgten, eben so bildeten sich auch die einzelnen Thier- und Pflanzenkörper auf Einmahl, — Gott sprach: es werde — und es ward. — Denn ich kann nicht glauben, dafs die Ceder am Libanon ursprünglich einer Flechte, noch dafs der Elephant einer Auster, oder einer Koralle, sei es auch durch tausend Abstufungen, ihre Abstammung zu verdanken haben sollten; weniger noch, dafs der Mensch ein Fisch, oder ein mit Schuppen bedecktes Thier gewesen sein soll, wie uns diefs unsere neuesten Naturkündiger begreiflich zu machen, sich bemühen. — Wäre diefs der Fall gewesen: so müfsten ja noch täglich solche allmählige Verwandlungen, oder Veredlungen der

(i) Damit will ich jedoch keineswegs gesagt haben, dafs der Mensch etwas Schlechtes, etwas Erbärmliches sei, dean er ist und bleibt, wenigstens auf unsrem Erdballe, das vollkommenste Geschöpf, das Meisterstück der Schöpfung. Ich wollte dadurch nur andeuten, dafs der Mensch kein Engel, kein Gott ist; dafs es aber für ihn höchst peinlich sein mufs, gerade nur so viel Verstand zu haben, als erforderlich ist, um einzusehen, dafs er dessen nicht genug hat, um zu ergründen, was ergründen zu wollen der Trieb in ihm liegt. Jedoch ist er nicht berechtiget, darüber zu murren; und sehr treffend sagt daher der Prophet: »Wehe dem, der mit seinem Schöpfer hadert, nähmlich der Scherben mit dem Töpfer des Thons. Spricht auch der Thon zu seinem Töpfer, was machst du?« Isaias, Cap. 45. V. 9.

6 *

Pflanzen und Thiere unter unseren Augen Statt haben. Allein wir finden, dafs selbst
der Mensch im Allgemeinen — denn was etwa Staatsverfassung, Erziehung und
Himmelsstrich auf manche Völker wirkten, gehört nicht hierher — nicht um ein
Haar breit weiter vorgerückt ist, als er vor tausend Jahren war. Es gab Männer
von hohem Geiste und Einfaltspinsel vor Jahrtausenden, so wie wir sie noch heut
zu Tage allerwärts gemischt antreffen.

Auch die unter unseren Augen täglich neu sich erzeugenden Eingeweidewürmer widersprechen einer solchen allmähligen Umbildung von Thieren niederer
Stufen in solche von höheren Klassen; denn sonst müfsten sich immer die auf der
niedrigsten Stufe stehenden Würmer zuerst bilden, und die vollkommneren sich
später daraus entwickeln. Aber nicht eine einzige Beobachtung gibt Ursache zu
vermuthen, dafs ein Spulwurm von einem Blasen- oder Bandwurme abstamme.
— Hiebei wird, wie man sieht, vorausgesetzt, dafs die gröfsere Vollkommenheit
in der gröfseren oder mehrfachen Zusammensetzung, die Unvollkommenheit aber
in der gröfseren Einfachheit liege. Jedoch findet auch das Gesagte Statt, wenn
das Entgegengesetzte der Fall sein würde.

Ob indefs die ersten Pflanzen und Thiere blofs als für sich bestehende formlose Theilganze, als Embryonen sich von der Erde losgerissen und erst nach und
nach zu vollkommenen Thieren sich ausgebildet haben; oder ob sie gleich uranfänglich in dem Zustande der Mannbarkeit sich darstellten, will ich unentschie-
den lassen. War jedoch das erstere der Fall: so mufs die Entwicklung schneller
vor sich gegangen sein, als in der Folge auf dem Wege der Zeugung. Doch glaube ich, dafs die Kaulquappe und die Raupe früher waren, als der Frosch und der
Schmetterling. Da indefs diefs alles in Beziehung auf den hier abzuhandelnden
Gegenstand ganz gleichgültig ist: so übergehe ich alle weiteren Untersuchungen.

Durch das Gesagte habe ich nur zeigen wollen, dafs unsere Erde in ihrem
ursprünglichen formlosen Zustande blofs ein allgemeines Leben führte, und dafs
erst, nachdem diejenigen Stoffe, welche mehr geeignet sind, das Gerippe des
Erdkörpers zu bilden, als eigenes selbstthätiges Leben zu führen, abgesondert waren, sich das Leben in zahllosen einzelnen Gebilden auf unserer Erde darstellte.

Betrachten wir nun den Zustand unserer Erde im gegenwärtigen Augenblicke
und die Bestandtheile, aus welchen er zusammengesetzt ist: so können wir drei
verschiedene Arten von Körpern deutlich unterscheiden.

1) Todte, unorganisch geformte Körper = Mineralien.

2) Lebende, organisch geformte Körper = Pflanzen, Thiere.

3) Das Mittel zwischen beiden haltende, formlose Körper = Luft, Wasser, 1) Todte, unorganische Körper. Wir können zwar nicht mit vollem Rechte die Mineralkörper todte nennen; denn wir wissen schon einmahl nicht, wie viel Antheil sie an dem allgemeinen Leben der Erde haben; und dann finden wir selbst das starre Eisen flüssig, folglich lebend in dem warmen rothen Blute, welches uns die Kunst wieder als starres auszuscheiden gelehrt hat. Auf der höchsten nackten Felsenspitze verwittert ein kleines Theilganze, es fallen einige Tropfen Regenwasser darauf, und es erzeugt sich eine lebende Flechte. Demnach kann auch das Todte, das Starre wieder ins Leben aufgenommen, selbst wieder lebend werden.

Ob nun gleich diesem zufolge, die Mineralkörper nicht als absolut todte betrachtet werden können: so sind sie es doch in Beziehung auf die organischen Körper wegen der äufserst geringen Lebensspannung, welche wir in ihnen wahrnehmen. Ferner bildet sich in der unorganischen Natur alles nach geraden Linien, in Winkeln und Krystallen.

2) Lebende, oder organisch geformte Körper. Diese bilden sich durchaus in Kreislinien. Zu ihnen rechne ich alle Thiere und Pflanzen, oder Theile derselben, gleichviel, ob diese Körper ein selbstthätiges, unseren Sinnen wahrnehmbares Leben führen, oder ob sich das Leben bei ihnen in einem gebundenen (latenten) Zustande befindet. Dieses Letztere ist der Fall bei allen gestorbenen Körpern, welche keineswegs mit den todten zu verwechseln sind: denn die gestorbenen Körper können nicht nur zur Unterhaltung selbstthätigen Lebens verwendet, sondern sogar zu eigenem selbstthätigem Leben, freilich in einer, der vorhergegangenen verschiedenen Form wieder erweckt werden.

Man lache nicht über das Leben im gebundenen Zustande, denn wir haben ja Beispiele genug, wo selbst bestimmtes eigenthümliches Leben durch geraume Zeit in solchem gebundenen Zustande verweilt. Hühnereier sammeln wir gewöhnlich durch einige Wochen, ehe wir sie der Henne zum Ausbrüten unterlegen. Die Eier der Seidenraupe (*Bombyx mori*) heben wir von einem Jahre zum andern auf, und Samenkörner lassen sich durch viele Jahre aufbewahren, ohne dafs sie ihr eigenthümliches Leben verlieren. — Hier ist doch wohl Leben und zwar bestimmtes Leben im gebundenen Zustande. — Ungleich ist jedoch die Dauer dieses gebundenen eigenthümlichen Lebens; bei Thieren kürzer, bei Pflanzen länger; bei leizteren selbst so lang, dafs man gar keine bestimmte Zeit der Dauer angeben kann. Van Swieten (k) erzählt, dafs Bohnen, welche zweihundert

(k) Comment. VI. ad §. 1265 de Podagra p. 260.

Jahre alt waren, aufgingen, und zu beträchtlicher Gröfse anwuchsen. Er selbst sah achtzig Jahre alte Samen von der *Mimosa sensitiva* aufgehen. Jedem erfahrnen Gärtner sind ähnliche Beispiele von 60 und 70jährigen Samen bekannt. Doch sind auch nicht alle Pflanzensamen hierin gleich, und in einigen erlischt das eigenthümliche Leben früher als in anderen. Indefs ist zwischen einem seines eigenthümlichen Lebens beraubten, d. i. gestorbenen, und einem noch eigenthümlich lebenden Samenkorn weder äufserlich noch bei der Zerlegung irgend ein Unterschied zu finden. Beide in die Erde gesteckt, geht jedoch nur aus dem letzteren der Keim hervor. Aber zum Beweise, dafs das erstere nur sein Eigenthümliches, nicht das Leben überhaupt verloren hat, dient der Umstand, dafs sich aus ihm noch Schimmel und Aufgufsthierchen erzeugen lassen.

3) Die formlosen Körper, Luft und Wasser, habe ich als das Mittel zwischen beiden haltende genannt, weil sie eben so gut dem Mineralreiche, als dem Reiche der organischen Körper angehören. In reinem unter Glasglocken abgesperrtem Wasser erzeugt sich nach Ingenhouss's Versuchen grüne Materie (I). Auf der anderen Seite erstarrt Wasser mit gebranntem Gypse zu einer todten Masse. — Derjenige Theil der atmosphärischen Luft, welchen wir Sauerstoff nennen, ist nothwendige Bedingung jedes organischen selbstthätigen Lebens; und eben dieser Sauerstoff hört auf elastisch flüssig zu sein, und erstarrt mit dem flüssigen Quecksilber zu einem starren Oxyd. — In dem anderen Bestandtheile der atmosphärischen Luft, in der Stickluft, (*Azote*), aus welchem gröfstentheils der thierische Körper zusammengesetzt ist, stirbt das Thier beinahe plötzlich. — Hieraus geht hervor, dafs man diese beiden formlosen Körper eben so wenig zu den todten rechnen, als in ihnen den Geist, der den Stoff belebt, suchen darf. Indefs sind sie allerdings nothwendige Bedingungen nicht nur zur Erzeugung jedes selbst thätigen, sondern auch zur Unterhaltung jedes bereits bestehenden Lebens. Denn damit aus den zur Bildung organischer Körper geeigneten Stoffen neues Leben hervorgehe, oder bereits bestehendes unterhalten werde, ist es nöthig, dafs sie in den Zustand der Formlosigkeit übergehen. Diefs können sie nicht anders als mittelst des Zutrittes der Luft und des Wassers. Jeder lebende Körper, jeder Organismus, er heifse Thier oder Pflanze, beginnt sein Leben in der Formlosigkeit.

(I) Doch sah er im Wasser, welches er durch 2 oder 3 Stunden hatte kochen lassen, und das durch Quecksilber abgesperrt wurde, niemahls eine grüne Materie hervorkommen, obschon das Gefäfs über anderthalb Jahre an der Sonne stand. Wird aber in dieses Wasser irgend eine organische Substanz z. B. ganz frisches, noch zuckendes Fleisch gebracht: so erzeugt sich dieselbe.

Der Same in die Erde gesteckt, löst sich auf, bevor der Keim hervorbricht; aber selbst der Same, ehe er sich in der Mutterpflanze als solcher bildet, ist ein formloser Tropfen. Der Uranfang jedes Thieres ist gleichfalls nichts anderes. Wie wäre es auch sonst möglich, dafs ein Fötus in den anderen eingeschlossen werden könnte, wovon wir in neueren Zeiten verschiedene Beispiele haben (m). — Die Pflanzen können ihre Nahrung gar nicht anders als im formlosen, im flüssigen Zustande zu sich nehmen. Aber auch selbst bei Thieren kann die genossene Speise nicht eher zur Nahrung verwendet werden, bis sie nicht zuvor in den Zustand der Formlosigkeit versetzt worden ist. Denn das Thier nimmt auch die Nahrung durch Wurzeln auf, diese Wurzeln liegen aber in den Därmen, welche Vergleichung, wenn ich nicht irre, von Boerhaave herrührt.

Was geschieht aber mit diesen Stoffen, während sie sich in dem Zustande der Formlosigkeit befinden? Es trennen sich Stoffe, die vorher verbunden waren, und gehen wieder neue Verbindungen mit anderen ein. Diese Trennung der Stoffe, diese Entmischung und abermahlige neue Verbindung mit anderen findet nicht nur Statt bei der ersten Bildung jedes organischen Körpers, sondern auch während der ganzen Dauer seines individuellen Lebens, und hört nur mit diesem auf. Eine solche Entmischung und neue Verbindung der Stoffe nennen wir Gährung. Folglich ist Lebensprocefs = Gährungsprocefs.

Ich bitte meine Leser nicht ungeduldig zu werden, und mich einige Augenblicke ruhig anzuhören. Denn ich sehe im Geiste schon Manchen die Nase rümpfen über die alte abgedroschene Gährungstheorie; höre ihn auch wohl spöttelnd fragen: Ob nicht etwa am Ende der Verfasser Menschen aus der Retorte überziehen wolle? Geduld! mein Herr. Diese Theorie ist nicht so absurd, als sie vielleicht scheint. Ich sehe die Gährung aus einem ganz anderen Gesichtspuncte an, als unsere Scheidekünstler. Diese geben uns z. B. bei der Gährung eines ausgeprefsten Pflanzensaftes mit der gewissenhaftesten Genauigkeit in seitenlangen Tabellen jedes Tausendtheilchen dieser oder jener Luftart an, welches dabei ausgeschieden oder in die neue Verbindung wieder gezogen worden ist; zerlegen noch alle Rückstände auf das genaueste, um uns zu zeigen, was vorging, bis aus diesem Safte Essig ward. Von dem endlichen Erzeugnisse der Gährung aber, von

(m) Man lese hierüber folgenden sehr interessanten Aufsatz: Einige Nachrichten über die mit einem zweiten Fötus schwanger gebornen Kinder, oder über den *Foetus* in *Foetu* mit physiologischen Bemerkungen begleitet, nebst einer Kupfertafel von Professor Prochaska. In den mediz. Jahrbüchern des österr. Staates, 11. Bd. 4tes St. Wien 1814. 8. S. 67 ff.

der Bildung des Kahms oder Schimmels und der Essigälchen schweigen sie ganz, wenn nur der Essig so weit gediehen ist, dafs sie Salat damit anmachen können. Sie erwähnen wohl auch der auf die Essiggährung folgenden faulen Gährung und der Stoffe, welche sich dabei entwickeln; aber über den eigentlichen Lebensprocefs, der gerade in diesem Zeitraume der Gährung sich entspinnt, herrscht, wie gesagt, Todtenstille in ihren Büchern. Diefs kommt daher, dafs der Scheidekünstler alle Körper, die er seinen Untersuchungen unterwirft, als todte betrachtet und behandelt, und gar keinen Unterschied macht, zwischen todt und gestorben, zwischen beiden aber ist ein himmelweiter Unterschied.

1) Aus dem Todten kann nie Lebendes hervorgehen, und das Todte kann nie zur Unterhaltung eines bereits bestehenden Lebens dienen. Man halte Jahre lang reine Erden oder Metallspäne mit Wasser übergossen, und es wird nicht ein einziges Aufgufsthierchen entstehen. Der Sonne ausgesetzt, könnte etwa grüne Materie sich erzeugen; aber diese ist ein Erzeugnifs des Wassers, woran diese beigemischten todten Stoffe keinen Antheil haben. — Hr. A. v. Humboldt erzählt uns zwar, dafs die Otomaken am Orinoco während der Regenzeit, die zwei bis drei Monathe dauert, sich von Erde, die ein fetter Letten ist, nähren. Herr Vauquelin hat diese Erde chemisch untersucht, und ganz rein und ungemengt gefunden. Allein es heifst weiter hin: »Sie essen indefs dabei hier und da (wenn sie es sich verschaffen können) eine Eidechse, einen kleinen Fisch und eine Farrenkrautwurzel.« Diese sind es also, welche die Nahrung geben, und nicht die reine Erde, welche überdiefs trotz aller chemischen Untersuchung Stoffe, die zur Nahrung dienen können, enthalten kann, die etwa bei der Untersuchung durch den Rauchfang davon gingen. Bären, Murmelthiere, Siebenschläfer und andere Thiere nehmen den Winter über auch keine Nahrung zu sich, nicht einmahl Wasser, womit doch diese Erde vor dem Genusse jedesmahl befeuchtet wird. Wird dieses Wasser von faulenden Insecten und Amphibien geschwängert: so kann es schon selbst die Stelle einer Ogliosuppe vertreten. Und dafs der Otomake in der Wahl des Wassers nicht so delicat ist, beweist folgende Stelle S. 144 des Hrn. v. Humboldt: »Es ist ein Sprüchwort unter den entferntesten Nationen am Orinoco von etwas recht Unreinlichem zu sagen, so schmutzig, dafs es der Otomake frifst.« Uebrigens mag die Lebensart eines Otomaken während der Regenzeit nicht viel von dem Winterschlafe eines Murmelthieres verschieden sein.

2) Das Todte ist aus ganz anderen Stoffen zusammengesetzt, als das Organische und das davon herrührende Gestorbene. Todte Körper lassen sich auflösen, zer-

legen u. s. w., wie Gestorbene. Ja! einige todte Körper, wie z. B. die Metalle lassen sich in Zustände versetzen, an denen man ihren ursprünglichen Zustand kaum ahnen sollte; aber sie lassen sich auch wieder auf diesen ursprünglichen Zustand zurückführen. Eisen, welches in Wasser enthalten ist, wodurch die Durchsichtigkeit des letzteren nicht im mindesten getrübt wird, läfst sich wieder in seiner Metallität herstellen. Gestorbene (organische) Körper lassen sich auch durch die Kunst in ihre Urstoffe zerlegen, aber nie ist es noch einem Scheidekünstler gelungen, einen zerlegten organischen Körper wieder als solchen zusammenzusetzen. Er kann Zinnober zerlegen in Schwefel und Quecksilber; er kann aus dem ersteren Schwefelsäure, aus dem letzteren Sublimat bereiten, und ihn im Wasser auflösen. Er hat nun zwei wasserhelle Flüssigkeiten, an denen man nicht eine Spur ihres ursprünglichen starren Zustandes wahrnimmt. Der Scheidekünstler kann jedoch aus diesen beiden Flüssigkeiten, obwohl durch Umwege, den ursprünglich starren Zinnober wieder herstellen, der alle diejenigen Eigenschaften besitzt, welche derjenige besafs, aus dem diese Flüssigkeiten bereitet worden waren. — Nicht so bei organischen Körpern. Man giefse nur siedendes Wasser über Stärke oder Satzmehl; es entsteht Kleister. Aber vergebens wird der Scheidekünstler alle seine Kunst verschwenden, um wieder Satzmehl, wie es war, aus diesem Kleister herzustellen. Ja! wenn das aus der Ader gelassene Blut sich einmahl in den Blutkuchen und in das Blutwasser geschieden hat: so vermag er nicht mehr, demselben seine vorige Flüssigkeit wieder zu geben.

3) Alle todte (mineral) Körper, so viel wir deren kennen, sind rücksichtlich ihrer Grundbestandtheile von einander verschieden. Ja! die ganz reinen bestehen nur aus einem einzigen Stoffe. Alle organischen Körper sind aus verschiedenen Stoffen zusammengesetzt, und zwar alle aus den nähmlichen. Der Unterschied bestehet blofs in dem verschiedenen Verhältnisse dieser Stoffe zu einander.

Indefs glaube man nicht, dafs in der Mischung der Stoffe die Grundursache des Lebens liege. Diefs wäre crasser Materialismus. Die Grundursache des Lebens liegt in dem Geiste, oder wie man immer dieses Dritte von der Mischung der Stoffe ganz verschiedene X nennen mag, wodurch eigentlich erst diese Mischung der Stoffe belebt wird (o). Wäre Leben blofs Ergebnifs irgend einer gewissen ver-

(o) Man wird mir vorwerfen, dafs ich die Grundursache des Lebens in einer verborgenen unerklärbaren Kraft suche, dafs der Geist eine *Facultas occulta* sei. Allein geht es uns dann mit den übrigen Kräften besser? Wir nehmen blofs die Erscheinungen in dieser Körperwelt wahr und schliefsen von diesen zurück auf eine sie veranlassende Grundursache, und diese nennen wir Kraft, ohne jedoch dadurch etwas erklärt zu haben. Was ist denn die so belobte Lebenskraft anders, als eine *Facultas*

7

hältnifsmäfsigen Mischung der Stoffe: so würde der Scheidekünstler, der einen organischen Körper zerlegt hat, auch ihn in seiner ursprünglichen Gestalt wieder herstellen können, was aber der Scheidekünstler nicht kann, weil er nicht Meister des Geistes ist. Der Geist kann aber noch viel mehr, er vermag selbst Stoffe in andere umzuändern, vorher nicht dagewesene neu zu erzeugen. — In Wasser und Brot finden wir weder Ammonium, noch Phosphor, noch Harnstoff u. s. w. Aus Körpern von Menschen und Thieren, die sich einzig und allein von Wasser und Brot genährt haben, können wir diese Stoffe ausscheiden. Vauquelin hat Versuche über die Kalkerzeugung in dem Körper der Henne angestellt, und gefunden, dafs das Futter bei weitem nicht so viel Kalk enthielt, als der Kalk in den Eierschalen und in dem Miste betrug. Dagegen fand eine Verminderung der in dem Futter enthaltenen Kieselerde Statt. Selbst der Umstand verdient bemerkt zu werden, dafs das Blut in warmblütigen Thieren bei äufserst verschiedenen Graden von + und — in der Temperatur unserer Atmosphäre, nahebei immer in demselben Grade der Temperatur verbleibt. Leben ist also nicht ein Ergebnifs der Mischung gewisser Stoffe, sondern ein Erzeugnifs des Geistes.

Soll jedoch der Geist aus der Mischung dieser Stoffe neues selbstständiges Leben schaffen oder schon bestehendes unterhalten: so ist, wie schon oben angegeben wurde, durchaus nothwendig, dafs sich die Stoffe in dem Zustande der Formlosigkeit befinden. Wenn nun aber, wie gleich anfangs vorausgesetzt wurde, unsere ganze Erde vor dem Vorhandensein alles einzelnen für sich bestehenden Lebens, oder aller organischen Körper, sich in dem Zustande der Formlosigkeit befand, und nur aus diesem Formlosen sich einzelnes selbstständiges Leben oder einzelne Organismen entwickelten; so dürfen wir uns ja doch wahrlich nicht wundern, wenn auch noch heut zu Tage Gleiches aus Gleichem sich ergibt, d. i. wenn überall da, wo sich begeisteter Stoff im formlosen Zustande vorfindet, neues selbstständiges Leben sich entwickelt, neue Organismen sich bilden. Dafs

occulta? eine uns unbekannte Ursache gewisser Erscheinungen, welche wir Erscheinungen des Lebens, oder Leben nennen. Was hat uns denn Newton eigentlich erklärt, als er uns sagte: die Schwerkraft sei die Anziehung gegen den Mittelpunct der Erde? Was ist dann die Ursache dieser Anziehung? Etwa die, dafs der gröfsere Körper den kleineren anzieht? Gut! Aber welches ist die Ursache, dafs der gröfsere den kleinern anzieht? Diefs weifs Niemand zu sagen, und wird Niemand zu sagen wissen, so lang unser Geist in der Körperlichkeit befangen ist. Doch werden wir es wissen, wenn jene höhere Spannung des Geistes, was wir Geist im engeren Sinne (Intelligenz) nennen, dem Stoffe entwichen sein wird. Denn dieser in meinem Ich zur Intelligenz gesteigerte Geist besteht sicherlich forthin für sich, und wird gewifs nie zur Belebung einer Schnecke oder einer Bohne benutzt werden.

indefs aus unseren Aufgüssen keine Elephanten und Wallfische, sondern nur Infusorien, und aus unseren Misthaufen statt Eichen und Tannen nur Schwämme hervorgehen, ist wohl sehr begreiflich, wenn man die gährenden Massen mit einander vergleicht. Dann diese unter unseren Augen gährenden Massen, aus denen sich neues selbstständiges Leben erzeugt, sind ja gleichsam nur mathematische Puncte gegen die Gesammtheit der gährenden Masse unserer Erde. Wer weifs auch, welches das Erzeugnifs sein würde, wenn Millionen von gröfseren organischen Körpern zu gleicher Zeit in Gährung gesetzt, und in derselben gehörig unterhalten würden.

Das Gesagte mag indefs beweisen, dafs Tod in der ganzen organischen Natur überall nicht Statt findet. Sterben ist nur Uebergang zu neuem Leben, zu einer anderen Form des Lebens (f). Diefs ist eine Wahrheit, die wir durch die gesammte organische Natur bestätiget finden. Nicht nur dient das Gestorbene, wie öfters schon erinnert worden ist, zur Unterhaltung bereits bestehenden Lebens, sondern es kann sogar neues selbstständiges Leben daraus hervorgehen, wie uns der Schimmel, Byssus, Schwämme, Priestley's grüne Materie, Aufgussthierchen u. s. w. sattsam beweisen.

Allein, höre ich fragen, ist es dann schon eine ausgemachte und erwiesene Sache, dafs diese Organismen einer Urbildung ihr Dasein verdanken und nicht wie alle übrigen aus Samen und Eiern entsprossen sind? Wenigstens hat ein Herr Recensent (g), der vor nicht langer Zeit seine heisere Stimme gegen die Urbildung der Eingeweidewürmer erhob, nachdem er im Texte einige seichte Gründe dagegen vorgebracht hatte, sich in einer Note noch folgender Gestalt vernehmen lassen: »Selbst die Infusionsthierchen sind nicht so geradezu im Stande diesen Ausspruch *omne vivum ex ovo* (h) umzustossen, denn es ist doch begreiflicher,

(f) *Terra nostrae telluris putredinis producta absorbendo nigra et fertilissima evadit, hinc plantis praestantissimum praebet pabulum. Hinc elucescit morte, et putrefactione hominis corpus non perire, sed duntaxat ejusdem structuram organicam deleri, et perenni circulo elementorum unius destructionem alterius esse generationem.* Plenk, Hygrogologia.

(g) Annalen der Literatur und Kunst in dem österr. Kaiserthum. Neuntes Heft, 1812. in der Recension des Buchs: *De Taenia lata* vom Hrn. Prof. Reinlein. S. 317.

(h) Das *Omne vivum ex ovo* wird von dem Recensenten fälschlich Linné'n zugeschrieben, da es doch von Harvey herrührt. Wenn ihm aber mit Autoritäten gedient ist, so kann ich ihm eine andere, die das Gegentheil besagt, entgegenstellen. Er findet sie in dem Buche: die Zeugung von *Oken*, auf der letzten Seite, wo es heifst: *Nullum Vivum ex Ovo. Omne Vivum e Vivo.* Es hat zwar neuerlichst wieder ein grofser Verehrer von *Oken*, Herr Goldfufs das *Omne vivum ex ovo* aufgestellt, meint aber damit nicht ein von Thieren gelegtes, sondern das von ihm selbst geschaffene zoographische polarisirte Ei.

7 *

»diese Thiere aus vorhandenen, aber erst entwickelten Keimen, als aus einer »durch zersetzte Pflanzensubstanzen entstandenen Mischung entstehen zu lassen.« Handgreiflich ist diese Entstehungsart freilich nicht, darum mag sie Recensent wohl auch nicht begreifen können.

Es ist ein Hauptkniff mancher Schriftsteller, dafs sie, wenn sie sich nicht anders zu helfen wissen, ihre Unwissenheit hinter zweideutige und schwankende Ausdrücke zu verstecken suchen. Es sieht wenigstens aus wie Gelehrsamkeit, ist's aber nicht, man kann dabei nichts denken, wird klüger nicht; obwohl der Pöbel der Leser öfters meint, der Herr Verfasser könnte doch Etwas gesagt haben. Ich kenne bei allen lebenden Organismen nur folgende Arten der Fortpflanzung: entweder sie geschieht durch Lebendiggebären, durch Eier und Samen, oder durch Ableger, dazu dann auch die Fortpflanzung durch Augen und Knospen gehört. Keim aber ist nach dem eigentlichen Sprachgebrauche der erste bemerkbare Anfang einer Pflanze oder eines Theils derselben, die erste Entwicklung derselben. Was aber die Keime sind, aus denen sich Aufgussthierchen entwickeln sollen, verstehe ich nicht. Eier trauete sich wahrscheinlich der Recensent nicht zu sagen, weil man in diesen Thieren keine wahrnimmt. Er wählte also das Wort Keim, bei dem er sich wohl so viel gedacht haben mag, als mancher Schriftsteller bei einem Gedankenstriche, seinen Lesern überlassend, sich selbst etwas dabei zu denken, wenn es ihnen möglich ist. Doch dieser Recensent muthet seinen Lesern noch mehr zu; denn kurz zuvor Seite 316, sagt er: »Rec. fand beide Nieren einer »Frau mit grofsen Blasenwürmern bedeckt, an *Strongylus hydatis gigas*? »Rec. war damals zu wenig Naturforscher, diese Würmer zu untersuchen.« Es scheint fast, als habe er sich eingebildet, er sei es mehr gewesen, als er diesen Unsinn niederschrieb. Um jedoch meine Leser in den Stand zu setzen, den ganzen Umfang dieses in drei Worten zusammengedrängten Unsinns, ganz zu fassen, mufs ich ihnen die zwei ersteren einzeln erklären. *Strongylus* wird bei den Helminthologen genannt ein langer cylindrischer, elastischer nach beiden Enden verschmächtigter, mit Muskelfasern, einer Mundöffnung, einem deutlichen Nahrungskanale, inneren und äusseren männlichen oder weiblichen Geschlechtswerkzeugen versehener Wurm. Der *Strongylus Gigas* insbesondere, bei dem Herr Otto sogar Nerven entdeckt haben will, ist sehr häufig von den Aerzten mit dem Spulwurme (*Ascaris lumbricoides*) verwechselt worden. Man findet ihn abgebildet Tafel 4. Fig. 3. *Hydatis* aber ist eine Wasserblase, das ist ein dünnhäutiger Sack, meistens in Kugelgestalt, welcher eine durchsichtige wasserhelle oder auch

getrübte Flüssigkeit enthält, woran man aber weder ein äusseres noch ein inne-
res Organ wahrnimmt. Nun reihe mir einmahl irgend ein Mensch diese beiden
fremdartigen Begriffe unter einen. Wer diefs vermag, kann sich wohl auch eine
dreieckige Kugel vorstellen. Einen Menschen aber, der solches ungereimtes Zeug
vortragen kann, sollte man doch nicht aufstellen, wissenschaftliche Schriften zu
beurtheilen und über den Werth oder Unwerth derselben abzusprechen.

Diesem Recensenten aber, der sich so sehr geschändet hat, rathe ich insbesondere, zu Jericho (s) zu bleiben, bis ihm der Bart gewachsen ist, und unter-
dessen recht fleissig die Biologie von Treviranus zu studieren. Auch verweise
ich an dieses meisterhafte Buch alle meine Leser, die über die Urbildung der
Priestley'schen grünen Materie, der Aufgussthierchen und des Schimmels noch einige
Zweifel hegen, um sich sie dort lösen zu lassen. Herr Treviranus hat nicht
nur die für dieselbe sprechenden Versuche eines Needham's, Wrisberg's,
O. Fried. Müller's und Ingen-Houfs u. a. sondern auch die dagegen beweisen sollenden eines Spallanzani's und Therechowsky's gehörig gewürdiget
und scharfsinnig geprüft; überdiefs aber noch eigene Versuche angestellt. Mit einem Worte: Herr Treviranus hat seinen Gegenstand ganz erschöpft, und es
wäre ein thörichtes Unternehmen von mir, noch etwas hinzusetzen zu wollen.
Denn wen Treviranus nicht von der Urbildung der Aufgussthierchen überzeugt,
den werde ich auch nicht überzeugen, und der wird auch in alle Ewigkeit nicht
zu überzeugen sein.

Die Urbildung des Schimmels und der Aufgussthierchen aus verstorbenen organischen Körpern nehme ich demnach als erwiesen an. Wenn nun aber aus gestorbenen organischen Körpern für sich lebende, selbstständige Organismen sich
erzeugen, um viel leichter mufs diefs nicht Statt finden können in lebenden Organismen selbst. Ja! wir können voraussetzen, dafs die im Lebenden sich
neu erzeugenden Organismen bei weiten vollkommener ausfallen müssen, als die
aus Gestorbenem, weil in jenem, es sei nun Mensch, Thier oder Pflanze, das
Grundprincip des Lebens, der Geist höher gesteigert ist, intensiver wirkt. Auch lehrt
es die Erfahrung wirklich so. Aus gestorbenen Pflanzen, oder Thierorganismen
erzeugen sich, je nach den Umständen, bald Schimmel bald Aufgussthierchen. In
stark verdünntem Buchbinderkleister erzeugen sich Aufgussthierchen, und auf
einem befeuchteten Stückchen Kalbsbraten wächst Schimmel. Umgekehrt ist der
Fall, wenn das Fleisch mit vielem Wasser übergossen, und der Kleister, so wie

(s) II. Buch Samuelis. Kap. 10. Vers 5.

er ist, der Gährung übergeben werden. Bei lebenden Organismen richtet sich hingegen das neue Erzeugnifs immer nach der Natur des Organism, aus welchem es erzeugt wird. Auf Pflanzen wachsen Flechten, Moose; in Thieren erzeugen sich Eingeweidewürmer, Läuse, Milben. — Läuse! hör' ich rufen. Sollen Läuse auch ihr Dasein einer Urbildung verdanken? Läuse legen ja Eier, die Art und Weise ihrer Entstehung und Fortpflanzung ist also offenbar. Ich weifs es recht wohl, dafs Läuse Eier legen, auch dafs ein grofser Theil der Eingeweidewürmer Eier legt, ja! dafs sogar manche derselben lebendige Junge gebären, und doch behaupte ich, sind die Eingeweidewürmer, das heifst, die Ersten in jedem Thiere, ein Erzeugnifs der Urbildung, und so auch in manchen Fällen die Läuse. Man findet öfters bei kleinen Kindern, deren Mutter und Wärterinn auch nicht eine einzige Laus hegen, öfters den ganzen Kopf mit einer unzähligen Menge kleiner Läuse gleichsam besäet, ohne dafs man Nisse oder Läuseeier fände. Wo kommen dann diese Läuse her? Vielleicht könnte Jemand sagen; sie können dem Kinde durch eine dritte Person mitgetheilt worden sein. Allein diese kann doch die Läuse nicht so unmerklich auf das Kind geregnet haben; und wären ihm durch diese Person auch zwei oder drei Läuse mitgetheilt worden, so hätten doch diese, ehe sie sich in so grofser Anzahl zeigten, erst Eier legen müssen, die man in den Haaren wahrgenommen hätte. Aber diefs ist nicht der Fall, denn dergleichen kleine Läuse entstehen öfters gleichsam über Nacht, und sind bisweilen fast gar nicht auszurotten. Und wo kommen endlich die Läuse bei der Läusesucht (*Phthiriasis*) her? von welcher Krankheit wir doch unbezweifelte Beispiele selbst in neueren Zeiten aufzuweisen haben, deren man einige in Hufelands Journal (t) nachlesen kann.

Herr Doctor und Professor Rust, gegenwärtig königl. preufsischer Divisions-General-Chirurgus erzählte mir, dafs er in Pohlen einen Beamten, der noch jetzt hier in Wien lebt, (also nicht etwa einen unreinlichen Juden) an der Läusesucht zu behandeln gehabt habe, welcher, bei dem Gebrauche der wirksamsten Mittel, voller neun Monathe bedurfte, um seiner Läuse los und ledig zu werden. So verhält sich die Sache nicht bei geerbten Läusen. Denn als vor fünf bis sechs Jahren, bei der grofsen Sperre aller Continentalhandel einzig und allein durch die Türkei geführt werden konnte, und viele deutsche Kaufleute durch Bosnien, Albanien u. s. w. nach Salonich reiseten, wurden sie alle ohne Ausnahme am dritten bis vierten Tage der Reise in Gesellschaft der Türken voller Läuse. Allein sobald sie

(t) Jahrgang 1813 3tes Heft. Seite 122. f.

diese lausige Gesellschaft verlassen, und sich gehörig gereinigt hatten, so waren sie auch wieder frei davon. Wer sieht nun hier nicht den grofsen Unterschied zwischen mitgetheilten und selbsterzeugten Läusen? Mein Freund, Herr Dr. Fechner glaubt bemerkt zu haben, dafs manche chronische Kranken, welche vorher nicht an Läusen gelitten hatten, dann erst anfangen, voll davon zu werden, wenn es mit ihnen bald zum Tode gehen will. — Oberwähnter Hr. Dr. Rust theilte mir folgende merkwürdige Beobachtung schriftlich mit: »Ich wurde im Jahre »1808, als ich mich zu Zaslav in Vollhinien am Hofe des Fürsten Sangusko auf-»hielt, von dem dasigen Stadtphysikus Hrn. Dr. Müller aufgefordert, einer ärztli-»chen Berathschlagung bei einem dreizehnjährigen Judenknaben beizuwohnen, »welcher an einer grofsen Geschwulst am Kopfe litt, gegen die schon mancherlei »Mittel in der Absicht eine Zertheilung zu bewirken, fruchtlos versucht worden »waren. Ich fand bei näherer Untersuchung des Uebels eine über die gröfste »Hälfte des Schädels ausgedehnte taigartige sehr erhabene Geschwulst ohne alle »Fluctuation, ohne alle Spur einer anwesenden oder vorhergegangenen Entzün-»dung, ohne alle Entfärbung, Verletzung oder sonstiger Abnormität der Schädel-»decken. — Der Kranke hatte zwar ein kachektisches Aussehen, klagte aber über »nichts, als über ein unerträgliches Jucken innerhalb der Geschwulst, die gleich-»sam metastatisch nach einem überstandenen Nervenfieber entstanden zu sein »schien, und binnen acht Tagen zu einer enormen Gröfse angewachsen war. Um »sich von der Natur des Uebels eine nähere Einsicht zu verschaffen, wurde be-»schlossen, einen Einschnitt in die Geschwulst zu machen. Diefs geschah sogleich, »und siehe da, lauter kleine weifse Läuse stürzten in solcher Menge hervor, dafs »man deren eine volle pohlnische Quart (drey Seitel Wiener Mafs) erhielt, und diese »einzig und allein das *Contentum* der Geschwulst ausmachten. Einreibungen von »der neapolitanischen Salbe in die Schädeldecken und Mercurialinjectionen in die »Höhle der Geschwulst, stellten den Kranken, nebst dem Gebrauche zweckmäfsiger »innerer Arzeneien bald wieder her, ohne dafs man jedoch eine nähere Einsicht »in die Genesis dieser sonderbaren Krankheitsform erhalten konnte. Bemerkens-»werth ist es noch, dafs der Kranke auch früher nie an Kopfausschlägen gelitten »hatte, und nach der Versicherung der Aeltern von seiner Kindheit an, weit we-»niger durch Kopfläuse belästiget worden sei, als diefs bei Kindern gewöhnlich der Fall zu sein pflegt.«

Auch die Krätzmilbe (*Acarus exulcerans L.*) halte ich nicht für eine Ursache, sondern für ein Erzeugnifs der Krätze, des Eiters, welches in der Pustel

entsteht. Defshalb findet man diese Milben auch nicht in jeder Krätze, und die
Erzeugung derselben scheint von besonderen, uns unbekannten, Ursachen abzu-
hängen. Azara erzählt: »Einige Bewohner von Paraguai sind auch einer Art
»Krätze unterworfen, welche von der gemeinen verschieden ist: es bildet sich in
»jedem Blätterchen oder Pustel ein kleines Insect so grofs, wie ein Floh, aber
»weifs. Gewöhnlich sind es Weiber, welche sie den Kranken mittelst der Spitze
»einer Nadel ausziehen, worauf der Kranke geneset. Ich habe dergleichen gegen
»sechzig blofs aus den Hinterbacken eines Frauenzimmers ausziehen gesehen: es
»scheint, dafs dieser Wurm nicht durch Begattung erzeugt wird, sondern dafs er
»aus der Beschaffenheit der Säfte des Kranken entsteht. Die Würmer (i), welche
»man in den Nieren des *Agnara-guazu* (eine Art wilder Hund) findet, scheinen
»den nähmlichen Ursprung zu haben.«

Allein ich höre sagen: wir können nun einmahl schlechterdings nicht begreifen, wie irgend ein organischer, lebender Körper entstehen soll, ohne einem anderen organischen Körper gleicher Art sein Dasein zu verdanken zu haben, von
ihm abzustammen, erzeugt zu werden. — Das mag sehr wohl sein, denn es gibt
für uns überhaupt des Unbegreiflichen mehr, als des Begreiflichen, wenn wir ·
uns nicht etwa blofs einbilden wollen, dieses oder jenes zu begreifen, wie das
wohl sehr häufig der Fall sein mag. Denn, ich frage, hat denn irgend Jemand
schon deutlich begriffen, wie neues individuelles Leben auf dem Wege der Zeugung entsteht? Die Fortpflanzung der Säugthiere ist für uns noch die am wenigsten unbegreifliche, die aber des gröfsten Theils aller übrigen Thiere bleibt uns
schlechterdings eben so unbegreiflich, als die Urbildung. Denn der Unterschied
zwischen lebendig gebärenden Säugthieren und eierlegenden Thieren ist nicht so
gering, als er gewöhnlich in der Physiologie und noch nicht so lang her von Hrn.
Gautieri angenommen wird, welcher geradezu die lebendige Junge gebärenden Thiere mit den eierlegenden in dieser Beziehung in eine Classe bringt, und
nur den Unterschied gelten läfst, dafs bei den ersteren das Ei in der Gebärmutter ausgebrütet werde. Allein zwischen lebendige Junge gebärenden Salaman-
dern oder Blindschleichen und eierlegenden Eidechsen oder Nattern ist der Unterschied allerdings nur äusserst gering, beinahe gar keiner. Bei den Letzteren
wird das reife Ei früher von der Mutter abgesondert, ehe noch das junge Thier
sich als solches vollkommen gebildet hat; bei den Ersteren verweilt das Ei in der ·

(i) Aus dem, was er in seinem *Essais sur l'histoire naturelle des Quadrupedes de la Province du*
Paraguay Tom. I. p. 3i3 sagt, ergibt sich, dafs es Riesen-Pallisadenwürmer sind.

Mutter bis zu der vollkommenen Ausbildung des Jungen, ohne dafs jedoch das Ei mit der Mutter in einer andern Verbindung stünde, als das in die Erde gelegte Ei mit dieser steht.

Bedeutender und wesentlicher sind die Unterschiede zwischen lebendige Junge gebärenden Säugthieren und allen übrigen eierlegenden oder gleichfalls lebendige Junge gebärenden Thieren. Sie sind folgende:

1. Bei Säugthieren findet durchgängig eine vollkommene Begattung, Paarung Statt. Die männlichen und weiblichen Samenfeuchtigkeiten vermischen sich miteinander. Wenigstens scheint es so.

2. Von dem Augenblicke der Befruchtung an lebt das neugebildete Thier, welches freilich im Anfange nur als hüpfender Punct (*Punctum saliens*) erscheint, sein eigenes Leben für sich. Es ist schon Thier, es wächst fort, es bildet sich unaufhaltsam aus, und trennt sich nach einer genau bestimmten Zeit von der Mutter. Wird der stufenweise Fortgang seiner Bildung unterbrochen, gestört, so stirbt es. Eine Ausnahme von dieser Regel findet Statt, wenn die Empfängnifs aufser der Gebärmutter Statt gefunden hat, und beim Foetus in Foetu.

3. Das sogenannte Ei (h) — denn es ist im Vergleiche mit anderen Eiern nicht mit vollem Rechte ein solches zu nennen — oder die Häute, die das neue Thier umschliefsen, bilden sich erst später.

4. Der Mutterkuchen, er sei nun gebildet, wie er wolle, aus welchem das junge Säugthier seine Nahrung zieht, liegt aufserhalb dem sogenannten Eie oder den Häuten, und steht wenigstens in mittelbarer Verbindung mit der Mutter. Denn obgleich die Gefäfse des Mutterkuchens nicht mit jenen der Gebärmutter zusammenmünden (anastomosiren), so vergröfsert sich doch während der Schwangerschaft, d. i. während der Zeit der Ausbildung des jungen Thieres die Gebärmutter; ihre Gefäfse erweitern sich, und sie schwitzen nach Mafsgabe des Bedürfnisses des sich immer vergröfsernden jungen Thieres mehr Nahrungsstoff aus, der von den Gefäfsen des Mutterkuchens wieder aufgenommen und dem jungen Thiere zugeführt wird. Kurz das ganze junge Thier wird, so lang es in der Mutter lebt, auf Kosten derselben unterhalten; es fliefst ihm beständig die Nahrung

---

(h) Die Graaf schen Bläschen sind gar keine Eier, und keineswegs mit den Eiern eierlegender Thiere zu vergleichen, denn sie sind es nicht, in denen das junge Thier sich bildet, sie vergrö-fsern sich nicht wie andere Eier, sie kommen auch nicht als solche in die Gebärmutter. Hr. Hof-rath Osiander sagt: »Die sogenannten Graafische n Eier sind keine wahren Eier, sondern »Gelatinensäcke von unregelmäfsiger Form und sehr verschiedener Gröfse. Auch die gelben Kör-vper sind nichts als solche mit farbigem *Smegma* angefüllte Säcke.« Göttingische gelehrte Anzeigen 1814. 163tes Stück.

8

aus der Mutter zu, und zwar in immer gröfserer Menge, je nach dem gröfser werdenden Bedürfnisse.

Untersuchen wir nun, was in den eierlegenden Thieren vorgeht, und bleiben wir gleich bei den nächstverwandten warmblütigen Thieren, bei den Vögeln, stehen. Denn wollten wir weiter gehen, so könnten wir leicht auf solche treffen, bei denen wir gar keinen Anhaltspunct der Vergleichung mehr finden würden.

1. In dem Eierstocke der Henne reifst sich ein Tropfen formlosen Stoffs von der Gesammtmasse los, und bildet ein in sich geschlossenes Ganze, den ersten Anfang des Eies. Dieser dem menschlichen Auge wahrnehmbare Uranfang des Eies ist zwar in einer Hülse eingeschlossen, die mit einem Stiele an dem Eierstocke festsitzt, das Ei selbst aber ist ein für sich abgeschlossenes Ganzes.

2. Dieses von freien Stücken, ohne Zuthun des Hahns, in der Henne gebildete Ei wächst fort, führt sein eigenes Leben für sich. Es vergröfsert sich, und nicht etwa wie der Salzkrystall durch Anlagerung einzelner ähnlichen Theilganzen (per juxta positionem) sondern durch eigene innere Lebensthätigkeit (per intussusceptionem). Zwar mufs es allerdings zu seiner eigenen Vergröfserung und Ausbildung Stoffe von aussen, d. i. von der Mutter aufnehmen, aber diese müssen in einem hohen Grade rein und einfach sein, weil die Häute des Eies sich sogar aufblasen lassen, folglich nicht einmahl der Luft, wenigstens nicht von innen nach aussen, den Durchgang gestatten. Aus diesen aufgenommenen Stoffen bildet das Ei den Dotter und das Weifse; es bereitet sie selbst, denn als solche nimmt es sie nicht von der Henne auf. Das Ei führet also ein Leben für sich, vollkommen gleich dem anderer organischen Körper. Es wächst bis zur gehörigen Gröfse heran, überzieht sich in der Kloake mit der kalkigen Schale, und ist äufserlich durch nichts von einem durch den Hahn befruchteten Eie zu unterscheiden. Der Unterschied liegt in seinem Inneren, es kann daraus kein Küchlein ausgebrütet werden. — Dieses unbefruchtete, in der Henne von freien Stücken gebildete Ei, gibt uns ein merkwürdiges Beispiel von eigenem selbstständigen Leben in der Formlosigkeit, denn Dotter und Weifses sind flüssig. Da sich aber das Ei ganz nach Art und Weise aller übrigen lebenden organischen Körper bildet, erhält und vergröfsert, so können wir nicht anders als annehmen, dafs es wirklich lebt.

3. Das bereits in der Henne vor aller mit dem Hahne gepflogenen Gemeinschaft gebildete Ei wird zwar bei dem Treten der Henne durch den Hahn befruchtet, aber es findet hier nicht, wie bei der Begattung der Säugtiere eine Vermischung der Samenfeuchtigkeiten Statt; ja! es ist sogar unmöglich, dafs von der

männlichen Samenfeuchtigkeit etwas nur bis in die Nähe des Eies vordringe. Denn bei den Hühnern und bei dem gröfsten Theile der übrigen Vögel endigen sich die von den Hoden abgehenden Samenleiter in zwei kleine Wärzchen in der Kloake. Diese Wärzchen sind aber viel zu klein, als dafs sie die Kloake der Henne erreichen oder daselbst eindringen könnten. Ja! es kann nicht einmahl der Same dahin geschleudert werden, da die Federn im Wege stehen. Es kann also hier gar nichts Körperliches (Materielles) des Samens zur Befruchtung etwas beitragen, sondern das Befruchtende mufs in einer eigenen Kraft liegen, deren Leiter wohl der Same ist, welche Kraft aber auf eine uns unbegreifliche Art das Ei in den verschiedenen Zuständen der Ausbildung — denn es werden mehrere Eier auf einmahl befruchtet, und jedes einzelne findet sich in einem anderen Zustande der Ausbildung — eignet, fähig macht, dafs nun aus ihm ein junges den Aeltern ähnliches Thier ausgebrütet werden kann. Allein,

4. Durch diese Begattung, durch diese Befruchtung des Eies ist noch nicht das Beginnen des eigenthümlichen Lebens des jungen Vogels als solchen, sondern nur die Möglichkeit des Werdens desselben gegeben. Bei den Säugethieren beginnt in dem Augenblicke der fruchtbaren Begattung das neue Leben, und nach einer gewissen, bei jeder Art genau bestimmten, Zeit trennt sich das junge Thier von der Mutter. Nicht also bei dem Vogel. In dem befruchteten Eie bemerken wir wohl den sogenannten Hahnentritt; aber der hüpfende Punct, der Anfang des eigenthümlichen Lebens beginnt erst bei der Bebrütung, und von diesem Zeitpuncte an kann man die Zeit des Ausschlüpfens des Jungen bestimmen, wobei es gleichviel gilt, ob das Ei in einer früheren oder späteren Periode seiner eigenen Ausbildung befruchtet worden ist. Nur das ist nothwendig und bestimmt vorzüglich den Unterschied zwischen dem Werden eines Säugthieres und eines Vogels, dafs bei Letzteren das Ei vollkommen ausgebildet, seine normale Gröfse erreicht haben mufs, ehe das neue eigenthümliche Leben beginnen kann. Daher rührt denn auch der

5te Unterschied, dafs der Mutterkuchen nicht ausserhalb des Eies, sondern innerhalb desselben liegt. In dem Ei ist schon vorher so viel Stoff gesammlet und angehäufet als nöthig ist, um den jungen Vogel bis zur Zeit des Auskriechens zu ernähren und zu erhalten. Diefs ist, wie wir gesehen haben, bei den Säugethieren ganz anders.

Das Gesagte mag hinreichen, um den grofsen Unterschied zu zeigen, welcher zwischen der Fortpflanzungsweise der, lebendige Junge gebärenden, Säugethiere und

8 *

aller übrigen Classen von Thieren Statt findet. Zugleich mag es auch zum Beweise dienen, dafs wirkliches eigenthümliches Leben in einem Körper von freien
Stücken werden kann. Das unbefruchtete Ei des Vogels liefert uns hiervon ein
merkwürdiges Beispiel. Man wird zwar dagegen einwenden: die Zeugungswerk-
zeuge der Henne wären so gebildet, dafs sich daselbst ein Ei von freien Stücken
bilden könne, bilden müsse; es wäre die natürliche Verrichtung dieses Gebildes,
Eier zu erzeugen. Allein eben so gut könnte ich behaupten, es gehöre zu den
natürlichen Verrichtungen des Darmkanals, Spul- und Nestelwürmer, und zu denen
der Leber, Blasenwürmer und Leberegeln zu erzeugen. Wenn sie sich nicht in
jedem Darmkanale und in jeder Leber vorfinden: so gibt es auch auf der anderen
Seite Thiere, die unfruchtbar sind, bei denen sich keine Eier bilden. Will man
aber lieber annehmen, dafs die Erzeugung von Eingeweidewürmern eine Folge
krankhafter Verrichtungen der Organe sei: so habe ich auch nichts dagegen.
Indefs bleibt aber doch soviel gewifs, dafs durch das Organ die Art des Wurms,
der erzeugt werden soll, bestimmt wird. Denn Leberegeln erzeugen sich nur in
der Leber u. s. w. Doch hierüber an einem anderen Orte.

Meine Absicht ging gegenwärtig blofs dahin, zu zeigen: dafs uns das Werden eines jungen Thieres, besonders wenn es nicht Säugethier ist, durch Zeugung
von Aeltern eben so unbegreiflich ist, als das Werden eines Thiers durch Urbildung, oder ohne Aeltern. Es bleibt uns also nichts anderes übrig, nicht um Zeugung oder Bildung, sie sei welcher Art sie wollo, begreifen zu lernen, sondern
nur, um gleiche Wirkungen von gleichen Ursachen ableiten zu können, als zu-
rückzugehen zur wahrscheinlichen Bildung der ersten organischen Körper. Auf
diesem Wege müssen wir doch zuletzt auf solche stofsen, die nicht durch Aeltern
erzeugt wurden, auf solche also, die von freien Stücken aus dem formlosen Stoffe
sich bildeten. Denn ich habe gleich anfangs zu zeigen mich bemühet, dafs unsere
Erde längst vor allen einzelnen organischen Körpern vorhanden war, dafs erst
die gröberen Stoffe als starre Masse abgeschieden werden mufsten, ehe der Geist
aus den nun geläuterten Stoffen einzelne Theilganze zu selbstständigen, ihr eigenes Leben führenden Körpern bilden konnte. Es ist ferner gezeigt worden, dafs
mehrere solche Schöpfungen Statt gefunden haben müssen, und dafs sie eine Folge
allgemeiner Gährungen der Erde waren. Jeder organische lebende Körper ist
folglich als ein Theilganzes der gesammten lebenden Erde zu betrachten. Er ist
ein Erdball für sich, und verhält sich zur Erde, wie diese sich zur Sonne verhält.
Es geschieht daher in ihm im Kleinen, was auf der Erde im Grossen geschieht,

oder vielmehr geschehen ist; denn gegenwärtig lebt die Erde, nachdem das allgemeine Leben derselben in so viele einzelne Leben zerfallen ist, ein mehr ruhiges Leben. Sie führt gewissermassen ein Leben im Schlafe (1). Das einzelne Leben, vorzüglich das Leben der thierischen Organismen, ist mehr zu vergleichen dem Leben der Erde in jenen stürmischen Zeiträumen, wo die grofsen Gährungen und darauf folgenden neuen Schöpfungen Statt hatten. In die einzelnen lebenden Körper ist gewissermassen das allgemeine Leben, der ewige Gährungsprocefs übergegangen. In jedem einzelnen thierischen Organismus findet eine ewige Gährung Statt, neue Stoffe werden aufgenommen, niedergeschlagen, angeeignet, andere werden aufgelöst, zersetzt, ausgeschieden. Kurz das Leben bestehet in einer beständigen Entmischung und neuen Verbindung der Stoffe. Was Wunder also, wenn bei der grofsen Menge formlosen lebendigen Stoffes, der sich in jedem thierischen Körper findet, ein Tropfen, den der Körper nicht zu seiner Ernährung bedarf, oder der seiner Mischung wegen nicht dazu taugt, ein selbstständiges Ganze sich bildet, wann in diesem kleinen Erdballe, wie einst ein Regenwurm auf dem grofsen, ein Eingeweidewurm sich bildet. Ja! dieser neue Wurm einmahl gebildet, kann auch seine Gattung fortpflanzen, kann Thiere gleicher Art aus sich hervorbringen. — Die ersten Stammältern aller uns bekannten Thiere müssen wir uns, wie schon gesagt, nothwendig auch als älternlos denken, und doch waren sie mit dem Vermögen versehen, ihre Gattung fortzupflanzen, die einen auf diese, die anderen auf eine andere Weise. Aber gerade die verschiedene Art der Fortpflanzungsweise der Eingeweidewürmer beweist, dafs der Gang der schaffenden Natur im Kleinen ganz gleich ist dem im Grofsen, und dafs durchaus im lebenden thierischen Körper nichts anderes geschieht, als was in und auf dem grofsen lebenden Erdkörper vorgeht. Es findet bei den Eingeweidewürmern gleichsam eine Wiederholung aller Fortpflanzungsweisen thierischer Organismen Statt.

Der Hülsenwurm (*Echinococcus*) steht auf der niedrigsten Stufe organi-

(1) Dieser Schlaf wird jedoch zuweilen noch durch heftige Träume unterbrochen, wie diefs die Vulkane, Erdbeben, Bergsturze u. s. w. beweisen. Auch läfst sich nicht bestimmen, ob nicht dereinst abermahls eine grofse allgemeine Gähung unserer Erde Statt finden werde. Indefs läfst sich sehr gut die Möglichkeit denken, dafs noch mehr Stoffe als todte auf jene starre Masse können niedergeschlagen werden, und dafs alsdann Geschöpfe sich erzeugen, in denen der Geist noch freier wirkt, als in dem Menschen. Denn obwohl die gegenwärtige lebendige Schöpfung nicht ohne tropfbares Wasser und eine Atmosphäre, die das Quecksilber in dem Barometer auf 28 Zolle steigen macht, bestehen kann : so folgt daraus doch keineswegs, dafs es auch bei einer noch folgenden Schöpfung so sein müsse.

scher Bildung. Ueber die Fortpflanzungsweise desselben habe ich folgende Erfahrungen zu machen, Gelegenheit gehabt. Eine 52 Pfund schwere Ochsenleber war durch und durch mit Hydatiden besetzt, worunter manche so grofs wie die stärkste Mannsfaust. Ich suchte sie auf die gewöhnliche Art auszuschälen, konnte aber nicht zu meinem Zwecke kommen; denn die innere oder eigentliche Haut des Wurms war fest mit den allgemeinen Bedeckungen, oder eigentlich mit der, von denselben gebildeten Capsel verwachsen. Schnitt man jedoch eine solche Blase ganz auf, so quoll aus jeder eine Menge dünnhäutiger Wasserblasen von verschiedener Gröfse. Die kleinsten kleiner noch als eine Erbse, die gröfsten wie eine welsche Nufs. Oeffnete man eine dieser gröfseren Blasen, so fand man wieder mehrere kleinere in ihr enthalten, und erst in diesen die sogenannte *Materies granulosa* oder die eigentlichen Hülsenwürmer. — Aehnliche Einschachtelungen der Jungen in die Alten fand ich bei einer ungeheuren Hydatide einer menschlichen Leber (m). Im Jahre 1814 lieferten mir die Leber und die Lunge eines in Schönbrunn umgestandenen Kamehls (*Camelus Dromedarius*) die Bestätigung dieser Art der Fortpflanzung bei den Hülsenwürmern. Diese auf der niedrigsten Stufe der Thierwelt stehenden Würmer pflanzen sich demnach auf die einfachste Weise fort. Das seine Nachkommenschaft erzeugende Thier hört auf selbst Thier zu sein, und wird zur Hülle, in der seine Jungen eingeschlossen sind, wie das Samenkorn aufhört als solches zu bestehen, wenn sich in ihm der Keim zur neuen Pflanze entwickelt. Aehnliche Fortpflanzungsweisen in der Thierwelt finden wir bei der *Kolpoda Cucullus* (n) und bei dem *Volvox globator* (o).

An dem Blasenschwanze (*Cysticercus*) einem gleichfalls sehr einfachen Thiere, lassen sich noch keine zur Fortpflanzung bestimmte Organe wahrnehmen: jedoch glaube ich auch hierüber Etwas beobachtet zu haben. In der Brusthöhle der Feldmaus (*Mus arvalis L.*) fand ich zweimahl in nicht geringer Menge freischwimmende Blasenschwänze (p). Diese Würmer sind kaum gröfser als ein Hirsenkorn. An mehreren derselben sieht man an der Schwanzblase einen, öfters noch zwei, seltener jedoch drei junge Blasenschwänze heraushängen. — Man glaube ja nicht, dafs ich etwa Unebenheiten der Schwanzblase dafür ange-

(m) Man sehe unten das Capitel von dem Hülsenwurme.
(n) O. Fr. Müller's Verm. terrestr. Vol. I. p. 1. pag. 58.
(o) Rösel, Insecten-Belustigungen, 3 Th. S. 617. Tab. 101. fig. 1. 2.3. de Geer in den schwed. Abhandl. auf das Jahr 1761. Bd. 23. S. 112. Tab. III. fig. 1—5.
(p) Diefs ist allerdings eine sehr seltene Erscheinung, denn gewöhnlich findet man die Blasenschwänze, so wie überhaupt die Blasenwürmer, in eigene Capseln eingeschlossen.

sehen hätte, denn man sieht deutlich den Hals (der Kopf ist nicht zu sehen, der Kleinheit wegen auch nicht loszutrennen) dieser Würmer, mittelst dessen sie, wie mit einem Stiele an der Mutter festsitzen. Goeze scheint etwas Aehnliches bemerkt zu haben. Bei diesen Würmern geschieht also die Fortpflanzung gleichsam durch Ableger, wie bei den Polypen, Korallen u. s. w.

Den Uebergang der ersten Fortpflanzungsweise zu der zweiten könnte vielleicht der Vielkopf (Polycephalus Zed. Coenurus Rud.) machen. Hier sitzen mehrere Köpfe auf einer gemeinschaftlichen Blase. Vielleicht bilden sich diese erst nach und nach. Doch läfst sich hierüber nichts Bestimmtes sagen.

An den Nestelwürmern haben wir vollkommene Hermaphroditen, denn es können die einzelnen Glieder desselben Wurms sich einander gegenseitig begatten.

Die Saugwürmer sind Androgynen. Wir finden an jedem einzelnen Wurme die Zeugungsorgane beider Geschlechter vereiniget, aber der Wurm kann sich nicht selbst befruchten, sondern er bedarf hierzu noch einen anderen seiner Art, und indem er von jenem befruchtet wird, befruchtet er hinwieder jenen. Die Saugwürmer sind in der Regel eierlegend. Allein so wie bei den vollkommenen Thieren, die aus der Classe der Amphibien auch in der Regel eierlegend sind, und dennoch einige, wie Blindschleichen, Salamander u. a. m. lebendige Junge zur Welt bringen, eben so gebärt auch nach Herrn Zeders Zeugnisse das *Amphistoma subclavatum* aus dem Mastdarme der Frösche lebendige Junge.

Die Hakenwürmer haben zwar getrennte Geschlechter, und das Männchen zeichnet sich durch die am Hinterende befindliche Blase aus. Doch findet keine Begattung, Paarung Statt, sondern die Befruchtung geschieht nach Rudolphi's höchst wahrscheinlicher Vermuthung, wie bei den Fischen, Kröten, Fröschen u. s. w. durch Uebergiefsung der Eier mit männlichem Samen aufserhalb der Mutter.

Endlich kommen wir zu den vollkommenst gebildeten, oder auf der höchsten Stufe stehenden Eingeweidewürmern, zu den Rundwürmern. Diese haben durchaus getrennte Geschlechter; die Männchen sind mit deutlich wahrnehmbaren gröfstentheils, vielleicht immer, doppelten oder gespaltenen Zeugungsgliedern, die Weibchen mit einer Scheide versehen. In den Körpern der ersteren findet man Samengefäfse, bei den letzteren Fruchtbehälter und Eierschläuche. Die Mehrzahl derselben ist eierlegend, doch gebären auch einige derselben lebendige Junge, nähmlich die ganze Gattung Kappenwurm, die Rundwürmer aus den Lungen und dem Mastdarme der Kröten, Frösche und einiger anderer Amphibien.

64

Obwohl nun die Eingeweidewürmer auf so verschiedene Art sich fortzupflanzen vermögen, so ist es doch, da sie, wie bewiesen worden ist, von keinem Thiere in das andere übergehen können, erforderlich, dafs die ersten derselben jedesmahl sich wieder in dem thierischen Körper, er sei welcher er wolle, neu erzeugen oder urbilden müssen. Aber auch hier geschieht nichts anderes, als was schon öfters auf der Erde im Grofsen geschah. So oft die Erde ihre Form des Seins (r) veränderte, ging auch jedesmahl die vorhandene Schöpfung zu Grunde. Ein Gleiches ereignet sich, wenn das Thier, in welchem die Würmer sich erzeugten und fortpflanzten, stirbt. Im Sterben geht das Thier in eine andere Form des Seins, des Lebens über, nothwendig mufs also der Wurm, das Geschöpf des Thiers, welchem er inwohnt, mit ihm die Form des Seins, des Lebens ändern; er wird wie sein Erzeuger vermodern, wofern nicht zeitig genug ein Helminthholog seiner habhaft wird, und die ursprüngliche Form des Wurms rettet.

Wenn etwa Jemand einwerfen möchte, dafs nach meinen eigenen Ansichten die Erde bei einer jeden erlittenen Metamorphose andere, den vorhergehenden unähnliche, Geschöpfe hervorgebracht habe, diefs aber der Fall bei den Eingeweidewürmern nicht sei, indem, so lang wir die Geschichte kennen, immer dieselben Würmer bei den Menschen vorgekommen seien, und folglich die gemachte Vergleichung nicht Statt finden könne: so gebe ich ihm zu bedenken, dafs unsere Erde, mit Ausnahme des Mondes, keine Kinder oder keine Junge ihres Gleichen gezeugt hat, und wir so eigentlich nicht wissen, wie es daselbst aussieht; auch uns unbekannt ist, ob er nicht die nähmlichen Metamorphosen, wie unsere Erde bereits erlitten oder noch zu erleiden hat. Bei den Menschen und Thieren aber erzeugen sich Gleiche aus Gleichen, folglich müssen auch die aus ihnen erzeugten Thiere einander gleich sein. Indefs finden wir doch bei dem Mikrokosmus, dem Menschen, dem Thiere, welcher, mehr weniger, eine allmählige Metamorphose erleidet, auch eine Verschiedenheit, eine hervorstechende Neigung zur Urbildung dieses oder jenes Schmarotzerthiers, je nachdem sich dieser Mikrokosmus auf dieser oder jener Stufe der Ausbildung befindet. Wir wollen nur bei unseren Würmern stehen bleiben. Bei Kindern erzeugen sich in der Regel — ohne Ausnahmen gibt es keine hier unter dem Monde — Spulwürmer und Pfriemenschwänze; bei Erwachsenen kommen häufiger vor Nestelwürmer, Pallisadenwürmer u. s. w. Also auch hier Uebereinstimmung.

<hr>

(r) Ich meine hier nicht die äufsere Form, denn diese war wohl immer sphärisch, sondern ich verstehe darunter die verschiedene Art des Seins, die verschiedenen Zustände, in welchen sie sich befand, seitdem sie ein für sich bestehendes Ganze bildet.

Nicht nur demnach der verneinende Beweis, dafs Eingeweidewürmer nicht von aufsen in den Körper kommen können, sondern auch die Analogie, hergenommen von der Urbildung der Aufgnfsthierchen, des Schimmels u. s. w. und endlich sogar die von der wahrscheinlichen ersten Bildung aller lebenden Körper entlehnte Induction, sprechen laut für die Urbildung der Eingeweidewürmer. Allein einem genauen Beobachter entgehen selbst directe Beweise nicht.

Herr Rudolphi (s) glaubt die Entstehung von Kettenwürmern in einem Hunde beobachtet zu haben. — In den Fischen aus der Gattung *Cyprinus* kommt nicht selten der Nelkenwurm (*Caryophyllaens mutabilis R.*) vor. Er hat den Nahmen von seiner Aehnlichkeit mit einer Gewürznelke; die grofse Veränderlichkeit des Kopfendes aber gab ihm den Trivialnahmen. Von diesen Würmern habe ich sehr oft die erste Entstehung beobachtet. Ich fand nähmlich sehr häufig in dem Schleime, womit die Gedärme dieser Fische ausgekleidet sind, eine auch zwei Linien lange, selbst noch längere, durch Bewegung Leben verrathende Körper; an Farbe und Beschaffenheit der Substanz ganz gleich dem Nelkenwurme, nur ohne Kopf. Der Kopf war aber nicht etwa abgerissen oder eingezogen, denn ich beobachtete sie lange und genau, und es kam nie etwas Kopfähnliches zum Vorscheine. Mit einem Haarpinsel von dem anklebenden Schleime gereiniget, erkannte man ein geschlossenes Ganze, und nicht etwa an einem Ende Flocken oder Zotten, wie diefs bei abgerissenem Kopfe der Fall sein würde. — Die Urbildung dieser Würmer geschieht nach meiner Ansicht der Sache auf folgende Weise. Ein Theil des Darmschleims, des lebenden Formlosen, gerinnt zu einer festeren Masse, überzieht sich mit einer Epidermis, und führt nun sein eigenes Leben für sich. In der Folge bildet sich der Kopf, und endlich erscheinen auch die Fortpflanzungsorgane. Diese Vermuthung gewinnt bei mir noch dadurch an Wahrscheinlichkeit, dafs ich dergleichen bei weitem kleinere Nelkenwürmer mit schon vollkommen ausgebildetem Kopfende getroffen habe. Es scheint also, dafs bald eine gröfsere, bald eine kleinere Menge dieses Schleims zu einem Ganzen gerinnt, und den Anfang des Wurms bildet. Diese unausgebildeten Würmer sind jedoch alle nach dem einen Ende zu etwas verschmächtiget, ganz wie der Nelkenwurm. Bei manchen bemerkt man auch, dafs sie schon am anderen Ende breiter und durchscheinender werden, also den ersten Anfang der Bildung des Kopfes.

Unterliegt nun wohl noch nach allen diesen verneinenden und bejahenden Beweisen, die Urbildung der Eingeweidewürmer einem Zweifel?

(s) Entoz. Vol. I. p. 411.

9

Wer aber blofs aus dem Grunde: weil die Thiere überhaupt durch Zeugung sich fortzupflanzen vermögen, und Er die Urbildung nicht begreifen kann; an derselben zweifelt, der kommt mir gerade vor, wie ein Mann, der die Selbstentzündung der elektrischen Materie, den Blitz, läugnen wollte, aus dem Grunde, weil Er nicht anders als durch Reibung starrer Körper elektrische Funken hervorzubringen im Stande ist.

ZWEITES CAPITEL.
Systematische Eintheilung der Eingeweidewürmer überhaupt.

Bekanntlich war die Kenntnifs von Eingeweidewürmern bei den ältern Aerzten und Naturforschern äufserst begrenzt, und beschränkte sich blofs auf einige in dem menschlichen Körper vorkommende Arten. *Ascarides*, die Springwürmer oder Pfriemenschwänze, *Lumbrici teretes*, die Spulwürmer, und *Lumbrici lati*, die Band- und Kettenwürmer sind es ausschliefslich, deren in ihren Schriften Erwähnung geschieht. Die *Vermes cucurbitini*, welche Manche für Würmer eigener Art hielten, sind einzelne Glieder des Kettenwurms. Die *Filaria Dracunculus* war Vielen zwar auch bekannt, wurde aber von ihnen nicht dazu gezählt, weil man sie mit dem *Gordius aquaticus* verwechselte oder für einerlei hielt. — Bis auf Redi, der im 17ten Jahrhundert als Leibarzt Cosmus III. Grofsherzogs von Florenz lebte, fiel es gar Niemanden ein, Thiere einzig in der Absicht zu untersuchen, um Eingeweidewürmer aufzufinden. Allein auch dieser Ahnherr der Helminthologen begnügte sich, — und anders konnte es auch damahls noch nicht wohl sein — die Würmer in der Ordnung, wie er sie der Zeitfolge nach in verschiedenen von ihm untersuchten Thieren fand, zu beschreiben und abzubilden. Nach ihm blieb dieser Zweig der Naturgeschichte wieder lange brach liegen. Denn mit Ausnahme eines Leonhard Frisch, der in den *Miscellaneis berolinensibus* einige Abhandlungen über Eingeweidewürmer einrücken liefs, beschäftigte sich Niemand damit. — In der zweiten Hälfte des abgeflossenen Jahrhunderts begannen ein Pallas, Otto Fried. Müller und Otto Fabricius diese Thiere ihrer Aufmerksamkeit zu würdigen. Linné wies ihnen zwar einen Platz in seinem Natursysteme an, führte sie aber unter den übrigen Würmern auf, und stellte Gordius (*Filaria*), Ascaris und Fasciola (*Distoma*) unter seine *Intestina*; *Hydatula* und *Taenia* aber unter die Zoophyten. — Erst durch die im Jahre 1780 von der Gesellschaft der Wissenschaften in Kopenhagen aufgestellte Preisfrage: »Ob der Samen der Intestinalwürmer; als der »Bandwürmer (*Taenia*); der Egelwürmer (*Fasciola*) u. s. w. den Thieren an-»geboren sei, oder von aufsen erst hineinkomme? welches durch Erfahrungen »und andere Gründe zu erweisen, und im letztern Fall Mittel dagegen vorzuschla-»gen,« scheint der Sinn für Helminthologie, vorzüglich bei den deutschen Naturforschern, erweckt worden zu sein. Die täglich wachsende Zahl neuentdeckter Eingeweidewürmer, die sich so sehr durch äufseren und inneren Bau von einander unterschieden, machten es bald nothwendig, die aufgefundenen einzelnen Arten unter bestimmte Gattungen zu bringen. Bloch theilte sie daher in seiner gekrönten Preisschrift in zwei Ordnungen, deren eine die breiten und plattgedruckten, die andere die runden Würmer begreift. Zu der ersten zählt er den Riemenwurm, das Doppelloch und die Bandwürmer; zu der zweiten die Blasenwürmer, wozu jedoch auch der Nelkenwurm gerechnet wird. — Goeze begnügte sich mit Aufstellung von Geschlechtern (*Genera*). Ein Gleiches thaten Otto Fr. Müller (t) und Franz de Paula Schrank, welche beinahe gleichzeitig in den Jahren 1787 und 1788 Verzeichnisse aller bis dahin entdeckten Eingeweidewürmer lieferten. Jedoch fehlte es allen diesen Uebersichten an einem richtigen Eintheilungsprincip, und die Gattungen sind öfters auf eine ganz auffallende Weise durcheinander geworfen. Erst in dem Jahre 1800 lieferte Herr Zeder, ein Mann, der sich unendliche Verdienste um die Helminthologie erworben hat, leider aber derselben ganz abgestorben zu sein scheint, in seinem ersten Nachtrage zur Naturgeschichte der Eingeweidewürmer von Goeze, den ersten Entwurf zu einer systematischen Eintheilung derselben. Er brachte alle Eingeweidewürmer unter fünf Classen, die er aber nachher auf Erinnerung des Herrn Rudolphi (u) in seinem Handbuche Familien nannte. Diese Familien zerfallen in Gattungen (*Genera*) — einige wieder mit Unterabtheilungen — und die Gattungen in Arten (*Species*) (x). Diese systematische Anordnung behielt

(t) Naturforscher St. 22. S. 33 — 86.

(u) Wiedemanns Archiv. II. S. 44.

(x) Ich bediene mich durchaus im Deutschen des Worts Gattung für Genus, und Art für Species, und zwar nach dem Beispiele der meisten neueren Naturforscher, wiewohl ich wünsche, dafs es umgekehrt wäre: denn in der Regel begatten sich doch nur Thiere, die zu einer *Species* gehören. Geschlecht heifst *Sexus*.

9 *

auch Herr Rudolphi in seinem grofsen, wahrhaft classischen Werke bei, wiewohl er einige kleine Abänderungen in Bestimmung der Gattungen sowohl, als
in deren Aufeinanderfolge vorgenommen, auch bemerkt hat, dafs die beiden letzten Ordnungen keine natürlichen sind. Doch möchte wohl vorzüglich die dritte
und vierte Ordnung mehr beschränkt werden; und ich glaube immer, dafs in dem
bald zu erscheinenden Supplementbande, wozu uns Herr Rudolphi die ange-
nehme Hoffnung macht, die *Monostomata Hypostomata*, und die *Polystomata Pentastomata* mit dem *Caryophyllaeus* eine sechste Ordnung, welche
zwischen die dritte und vierte zu reihen wäre, bilden dürften. — Herr Wilbrand hat auch diese Ordnungen beibehalten; Herr Offers hingegen ist davon abgewichen, defsgleichen Herr Cuvier, der aber auch andere Würmer,
die keine Eingeweidewürmer sind, mitbegriffen hat. Herr Brera endlich hat
sogar die menschlichen Eingeweidewürmer besonders classificirt, und sie unter
fünf Ordnungen gebracht, welche in zwölf Gattungen und sechs und zwanzig Arten zerfallen, gerade noch einmahl so viel, als ich deren kenne; es kommen
aber auch einige vor, die keine Würmer sind. Wer indefs Lust dazu hat, mag
sie bei ihm selbst nachlesen.

Dagegen gebe ich in der Voraussetzung, dafs es dem gröfseren Theile meiner
Leser nicht unangenehm sein wird, eine ganz kurze Uebersicht des von Rudolphi aufgestellten helminthologischen Systems.

Erste Ordnung: Rundwürmer. *Nematoidea.*

Die Würmer dieser Ordnung sind,' wofern man nicht etwa die schlauchförmigen Kratzer damit verwechselt, sehr gut von allen übrigen, durch ihren langgezogenen, walzrunden, mehr oder weniger elastischen Körper zu unterscheiden.
Man bemerkt an ihnen eine mehr oder weniger deutliche Mund- und Afteröffnung; einen deutlichen Nahrungskanal und dergleichen Fortpflanzungswerkzeuge.
Sie haben durchaus getrennte Geschlechter. Das Männchen, welches gewöhnlich
kleiner ist, ist meistens mit einem doppelten oder gespaltenen Zeugungsgliede,
das gröfsere und dickere Weibchen mit einem zweigetheilten Fruchtbehälter und
Eierschläuchen versehen. Sie sind gröfstentheils eierlegend, doch gibt es auch
lebendige Junge gebärende.

Die Gattungsmerkmahle werden hergenommen von der äufsern Form des
Körpers, der entweder gleich dick, oder nach vorne oder nach hinten, mehr

oder weniger, plötzlich oder allmählig verschmächtiget, stumpf oder spitz ist; sodann von dem Baue des Kopf- und Schwanzendes.

Bis jetzt zählen wir nach Rudolphi folgende Gattungen:

1. Der Fadenwurm, Zwirnwurm. *Filaria* Rud. Zed.

Merkmahle. Walzrunder, elastischer, beinahe durchaus ganz gleich dicker, sehr lang gezogener Körper. Aeufserst kleine, zirkelförmige Mundöffnung. Spiralförmiges aus der Mitte des Schwanzendes hervorstehendes männliches Glied.

Aufenthalt. In dem Zellgewebe nicht nur aller vier Classen der Wirbelthiere, sondern selbst der Insecten und deren Larven. Eine Art bei dem Menschen. Taf. IV. Fig. 1.

2. Der Fühlwurm, *Hamularia* Rud. *Tentacularia* Zed.

Merkmahle. Walzrunder, elastischer, gleich dicker Körper mit zwei fühlhornähnlichen Fäden am Kopfende.

Eine etwas zweifelhafte Gattung. Eine Art ist von Treutler bei dem Menschen gefunden worden. Taf. IV. Fig. 2.

3. Der Peitschenwurm, Haarkopf, *Trichocephalus* Rud. *Mastigodes* Zed. *Trichuris* Auct.

Merkmahle. Walzrunder, sehr elastischer, peitschenförmiger Körper, dessen längerer sehr dünner Vordertheil jäh in den dicken keulenförmigen Hintertheil übergeht. Kleiner, zirkelförmiger, kaum bemerkbarer Mund. Das Männchen mit flach spiralförmig aufgerolltem Hintertheile, an dessen Ende eine kleine Röhre befindlich ist, aus welcher das Zeugungsglied hervorragt.

Aufenthalt. In dem Blinddarme von Menschen. Taf. I. Fig. 1 — 5 und Säugethieren; ist auch schon in einer Eidechsenart gefunden worden.

4. Der Pfriemenschwanz, Spitzschwanz. *Oxyuris* Rud.

Merkmahle. Walzrunder, sehr elastischer Körper, der pfriemenförmig in eine äufserst feine Schwanzspitze ausläuft; deutliche zirkelförmige Mundöffnung. Das stumpf auslaufende Schwanzende des Männchens flach spiralförmig aufgerollt.

Aufenthalt. In den dicken Därmen von Säugethieren. Eine Art bei dem Menschen. Taf. I. Fig. 6 — 12.

5. Der Kappenwurm. *Cucullanus* Rud. Zed.

Merkmahle. Walzrunder, elastischer Körper, nach hinten zu verschmächtiget; der Kopf mit einer kugelförmigen Kappe umgeben; zirkelförmiger Mund. Das doppelte männliche Glied steht vor der Schwanzspitze hervor. Der wulstige

Eingang zur Mutterscheide liegt bei dem Weibchen, welches lebendige Junge gebärt, in der Mitte des Körpers.

Aufenthalt. In einigen Amphibien, vorzüglich aber in Fischen und da
besonders in den Anhängseln des Pförtners.

6. Der Rachenwurm. *Ophiostoma* Rud. Zed.

Merkmahle. Walzrunder, elastischer, nach hinten verschmächtigter Körper,
gespaltene Mundöffnung mit Ober - und Unterlippe.

Aufenthalt. In den Därmen von Säugthieren.

7. Der Spulwurm. *Ascaris* Rud. *Fusaria* Zed.

Merkmahle. Walzrunder, elastischer, nach beiden Enden verschmächtigter
Körper; um die Mundöffnung drei deutliche Knötchen, hinter welchen ein Zir-
keleinschnitt. Das doppelte männliche Glied ragt innerhalb der eingekrümmten
Schwanzspitze hervor.

Aufenthalt. In den Därmen aller Wirbelthiere. Eine Art bei dem Menschen. Taf. I. Fig. 15 — 17.

8. Der Pallisadenwurm, Pfahlwurm. *Strongylus* Rud. Zed.

Merkmahle. Elastischer, walzrunder, nach beiden Enden verschmächtigter
Körper; verschiedentlich gebildete, bald zirkelrunde, bald eckige, sehr weite
Mundöffnung. Das am Schwanzende hervorstehende fadenförmige männliche Zeugungsglied ist mit einer verschiedentlich gestalteten Blase oder dünnen ausge-
spannten Haut umgeben.

Aufenthalt. Kömmt nicht nur in den Därmen, sondern auch in anderen
Eingeweiden und Höhlen von Säugthieren, Vögeln und Amphibien, aber nicht
bei Fischen vor. Eine Art bei dem Menschen. Taf. IV. Fig. 3 — 5.

9. Der Glattrüßler. *Liorhynchus* Rud. *Cochlus* Zed.

Merkmahle. Walzrunder, elastischer entweder nach beiden Enden verschmächtigter oder nach hinten und vorne dicker werdender Körper. Abgestumpftes Kopfende mit einem aus und einziehbaren Rüssel versehen.

Aufenthalt. Im Nahrungskanale von Säugethieren und Fischen.

Zweite Ordnung: Hakenwürmer. *Acantocephala.*

Die Würmer dieser Ordnung haben entweder einen schlauchförmigen oder
einen sackförmigen, wenig elastischen Körper. Durch den, der Länge nach mit
krumingebogenen Haken besetzten, einziehbaren, Rüssel unterscheiden sie sich sehr

deutlich von allen Würmern anderer Ordnungen. Denn wenn auch die Blasenschwänze der fünften Ordnung bei einem sackförmigen Körper mit Haken am
Kopfende, welche sich gleichfalls in den Körper zurückziehen lassen, versehen
sind: so unterscheiden sie sich doch deutlich von den Kratzern nicht nur durch
den ganzen Habitus, sondern auch durch die vier Saugmündungen, zwischen welchen eine doppelte Reihe von Haken einen Kranz bildet, indefs die Rüssel der
Hakenwürmer selbst mit Haken und zwar in Längsreihen besetzt sind. — Von
den Rundwürmern sind sie selbst bei eingezogenem Rüssel sehr leicht dadurch zu
unterscheiden, dafs man bei den Rundwürmern der ganzen Länge des Körpers
nach den Nahrungskanal und die Fortpflanzungsorgane durch die Haut durchschimmern sieht, da hingegen die Hakenwürmer hohlen Schläuchen ähnlich sehen. —
Im frischgeöffneten Darme endlich findet man sie öfters ganz platt und gerunzelt,
so dafs man sie beim ersten Anblick für Nestelwürmer halten könnte. Allein, in
Wasser gelegt, schwellen sie sehr bald auf, und nehmen die walzrunde Gestalt an.
Zeder und Rudolphi sind der Meinung, dafs sie getrennte Geschlechter haben. Das mehr zugespitzte Schwanzende bezeichnet das Weibchen; die etwas
kleineren Männchen erkennt man an dem mehr abgerundeten, öfters eine Art von
Blase bildenden Schwanzende. Aeusserliche Geschlechtswerkzeuge findet man bei
ihnen nicht. Die Befruchtung der Eier geschieht nach Rudolphi, wie bei den
Fischen und mehreren Amphibien. Der Rüssel ist entweder einfach oder vier-
fach, und nach dieser Verschiedenheit zerfallen sie in zwei Gattungen.

10. Kratzer. *Echinorhynchus* Rud. Zed.

Merkmahle. Rundlicher, verschiedentlich gestalteter Körper; einfacher,
streifweise der Länge nach mit Haken besetzter Rüssel.

Aufenthalt. Kommt selten vor bei Säugthieren und Amphibien, öfters
bei Vögeln, am häufigsten bei Fischen in den Gedärmen.

11. Der Vierrüfsler. *Tetrarhynchus* Rud.

Merkmahle. Rundlicher verschiedentlich gestalteter Körper; vierfacher
oder eigentlich vier mit Hacken streifweise besetzte Rüssel.

Aufenthalt. Auf mehreren Eingeweiden, auch in den Muskeln verschiedener Fische.

Aus dieser Ordnung ist noch kein Wurm bei einem Menschen gefunden
worden.

Dritte Ordnung: Saugwürmer. *Tremadota.*

Ein weicher, bald plattgedrückter, bald rundlicher, mit einer oder mehreren Saugwarzen versehener häutiger Körper bezeichnet die Würmer dieser Ordnung. Die äufsere Form derselben ist sehr verschieden; in ihrem Inneren bemerkt man mehr oder weniger meist geschlängelte auf verschiedene Weise durcheinander laufende Gefäfse und Organe zur Ernährung und Fortpflanzung dienend. Sie vereinen beide Geschlechter in einem Individuo, sind aber Androgynen d. h. sie leihen sich einander gegenseitig die Begattungsorgane, und legen Eier mit Ausnahme des Zapfenwurms aus dem Frosche, von welchem Zeder behauptet, dafs er lebendige Junge zur Welt bringe. Nach der Zahl und dem Sitze der Saugwarzen werden sie unter folgende Gattungen gebracht:

12. Das Einloch oder der Splitterwurm. *Monostoma* Rud. Zed.

Merkmahle. Weicher, rundlicher oder niedergedrückter Körper mit einer einzelnen Saugwarze am Vorderende.

Aufenthalt. Im Darmkanale so wohl, als auch in anderen Eingeweiden verschiedener Thiere aus den vier obersten Klassen.

13. Der Zapfenwurm. *Amphistoma* Rud. Zed.

Merkmahle. Weicher, rundlicher Körper mit einer Saugwarze am Vorderende und einer dergleichen am Hinterende.

Aufenthalt. Im Nahrungskanale von Säugethieren, Vögeln und Amphibien.

14. Das Doppelloch, der Egelwurm. *Distoma* Rud. Zed.

Merkmahle. Weicher, plattgedrückter oder rundlicher Körper mit zwei Saugwarzen, deren eine am Vorderende, die andere am Bauche oder auf der unteren Fläche befindlich ist.

Aufenthalt. Bei allen Classen der Wirbelthiere, theils im Darmkanale, theils in anderen Eingeweiden, selbst eine Art in den Kiemen des Krebses. Eine Art in der Leber und Gallenblase des Menschen. Taf. IV. Fig. 11 — 14.

15. Das Vielloch. *Polystoma* Rud. Zed.

Merkmahle. Weicher, niedergedrückter Körper mit fünf oder sechs Saugwarzen an dem einen, und einer einzelnen am anderen Ende (y).

Aufenthalt. Bei Säugethieren und Amphibien in sehr verschiedenen Organen. Eine Art bei Menschen. Taf. IV. Fig. 15 — 17.

(y) Schon oben habe ich erinnert, dafs wohl die *Monostomata Hypostomata* und die *Polystomata Pentastomata* mit dem *Caryophyllaeus* eine eigene Ordnung bilden dürften. Hier bemerke ich blofs, dafs ich bei den Viellöchern mit 6 Saugwarzen, das Kopfende bei der einfachen siebenten suche.

Vierte Ordnung: Nestelwürmer. *Cestoidea.*

Langgezogene, plattgedrückte, bandförmige, zum Theil gegliederte, zum Theil ungegliederte Würmer von sehr weichem Körperbaue füllen diese Ordnung aus. Sie sind wohl durchgehends — vielleicht mit Ausnahme des Nelkenwurms — Hermaphroditen. Das Gegliedert- oder Nichtgegliedertsein und der verschiedene Bau des Kopfendes bestimmen die Gattungen, welche folgende sind:

16. Der Schleimwurm. *Scolex* Rud. Zed.

Merkmahle. Weicher, etwas flach gedrückter, nach hinten verschmächtigter Körper. Sehr veränderlicher Kopf mit zwei oder vier ohrförmigen Läppchen, zwischen welchen eine runde Mundöffnung.

Aufenthalt. Würmer, dieser etwas zweifelhaften Gattung (z) werden nur in Fischen, besonders Seefischen, gefunden.

17. Der Nelkenwurm. *Caryophyllaeus* Rud. Zed.

Merkmahle. Weicher, etwas plattgedruckter nach hinten verschmächtigter Körper, mit ausgebreitetem, nelkenblattförmigem Kopfende.

Aufenthalt. Nur in Fischen, besonders des süfsen Wassers.

18. Der Riemenwurm. *Ligula* Rud. Zed.

Merkmahle. Weicher, langgezogener, flachgedrückter, fast gleich breiter, ungegliederter Körper mit einer vertieften Längslinie in der Mitte. An keinem der beiden abgestumpften Enden kann man eine deutliche Mundöffnung wahrnehmen (a).

Aufenthalt. Ursprünglich in der Bauchhöhle der Süfswasserfische, besonders der aus dem *Genus Cyprinus;* parasitisch in dem Nahrungskanale mehrerer Raubfische, und solcher Vögel, welche sich von Fischen nähren.

19. Der Dreizackwurm, Runzelwurm. *Tricuspidaria* Rud. *Rhytis tricuspidata.* Zed.

Merkmahle. Weicher, langezogener, flachgedrückter, runzlicher Körper, mit zwei veränderlichen Eindrücken oder Grübchen an dem mit dreizackigen Haken besetzten Kopfende.

Aufenthalt. Frei im Darmkanale des Hechtes, und bei diesem und anderen Raubfischen in Bläschen eingeschlossen auf der Leber u. s. w.

21. Der Bandwurm, Grubenkopf. *Bothriocephalus* Rud. *Rhytis* Zed.

(z) Vielleicht sind es blofs Embryonen von Nestelwürmern.

(a) Jedoch habe ich erst vor Kurzem eine Spalte, welche dieselbe zu bezeichnen scheint, beobachtet.

10

Merkmahle: Weicher, langgezogener, flachgedrückter Körper, mit zwei oder vier verschiedentlich gestalteten Gruben, oder auch blumenförmigen Lappen an dem entweder bewaffneten oder unbewaffneten Kopfende.

Aufenthalt. Bei Vögeln und Fischen. Noch bis jetzt in keinem Säugthiere gefunden, jedoch kommt eine Art in den Därmen des Menschen vor. Taf. II. Fig. 1 — 12.

21. Der Kettenwurm. *Taenia* Rud. *Halysis* Zed.

Merkmahle. Weicher, langgezogener, flachgedrückter gegliederter Körper mit vier Saugmündungen an dem entweder bewaffneten oder unbewaffneten Kopfe.

Aufenthalt. Bei allen Wirbelthieren, am seltensten jedoch bei Fischen, wo der Bandwurm häufiger vorkommt. Eine Art in den Därmen des Menschen. Taf. III. Fig. 1 — 14.

Fünfte Ordnung: Blasenwürmer. *Cystica.*

Der Körper der Würmer dieser Ordnung stellt blos einen dünnhäutigen, durchscheinenden, hohlen, mit wasserheller Flüssigkeit gefüllten Sack vor. Sie sind gröstentheils wieder in häutige Säcke oder Höhlen, welche von dem Organe, das diese Würmer bewohnen, gebildet werden, eingeschlossen. Entweder jeder Wurm liegt — jedoch nicht ohne Ausnahme — in einer eigenen Höhle eingeschlossen, hat einen Kopf mit vier Saugmündungen, der sich zurückziehen läfst in den Körper, welcher in eine Blase endiget, die man daher, wiewohl etwas uneigentlich die Schwanzblase nennt; oder es sitzen mehrere Köpfe auf einer gemeinschaftlichen Blase; oder endlich viele kleine dem unbewaffneten Auge kaum bemerkbare Würmer hängen lose an der inneren Wand einer solchen Blase, oder schwimmen frei in der, in derselben enthaltenen, Flüssigkeit herum. — Von Geschlechtsorganen oder irgend einem anderen Eingeweide ist bei diesen Thieren keine Spur zu finden, und sie scheinen, wie sich auch Home ausdrückt, ganz Magen zu sein. Indefs habe ich mich über ihre muthmafsliche Fortpflanzungsweise oben geäufsert. — Nach den angegebenen Verschiedenheiten zerfallen sie nach Rudolphi in drei Gattungen.

22. Der Blasenschwanz. *Cysticercus.* Rud. Zed.

Merkmahle. Ein häutiger, am Vorderende durch eine kürzere oder längere Strecke runzlich erscheinender und in eine mit wasserheller Flüssigkeit gefüllte Blase auslaufender Körper. Der Kopf, welcher sich in den Körper einziehen läfst, ist mit vier Saugmündungen, in deren Mitte ein doppelter Hakenkranz befindlich ist, versehen.

Aufenthalt. In eigene Hüllen oder Kapseln eingeschlossen in verschiedenen Eingeweiden, auch zwischen den Muskeln mehrerer Säugthiere. Eine Art bei dem Menschen. Taf. IV. Fig. 18—26.

23. Der Vielkopf. Die Quese. *Coenurus* Rud. *Polycephalus A.* Zed.

Merkmahle. Der Körper besteht aus einem sehr dünnhäutigen, mit wasserheller Flüssigkeit gefüllten, verschiedentlich gestalteten Blase, auf deren äufseren Oberfläche, in unregelmässige Haufen vertheilt, kleine, ausschieb- und einziehbare mit vier Saugmündungen und einem Hakenkranze versehene, Köpfe hervorstehen, deren Hälse oder Körper mit der Blase selbst in eins verlaufen.

Aufenthalt. Vorzüglich in dem Gehirne drehender Schafe, vielleicht auch in Ochsen und Pferden.

24. Der Hülsenwurm. *Echinococcus* Rud. *Polycephalus B.* Zed.

Merkmahle. Kleine dem unbewaffneten Auge kaum bemerkbare entweder mit vier Saugmündungen und einem Hakenkranze versehene oder auch ganz glatte Kügelchen, welche an der inneren Wand einer häutigen verschiedentlich geformten Blase lose anhängen oder frei in der in derselben enthaltenen Flüssigkeit herumschwimmen. Die sie enthaltende Blase ist wieder in eine eigene Kapsel, welche von dem Organe, worin sie sich befindet, gebildet wird, eingeschlossen.

Aufenthalt. In den Eingeweiden verschiedener Säugthiere. Eine Art bei dem Menschen. Taf. IV. Fig. 27—32.

Mehr hierüber sehe man unten in dem Capitel von den Blasenwürmern. Diefs sind die bis jetzt von Rudolphi angenommenen Gattungen, jedoch werden wir dieselben bei der Erscheinung seines Supplementbandes um manche vermehrt sehen.

Nach dieser gegebenen systematischen Uebersicht wird es meinen Lesern leicht werden, jedem in dem Menschen vorkommenden Wurme seinen Platz in dem Systeme anzuweisen. Indefs werde ich sie nicht in dieser Ordnung abhandeln, sondern eine Eintheilung derselben treffen, welche dem practischen Arzte weit mehr zusagen soll. Ich werde sie nähmlich eintheilen in solche, welche in dem Darmkanale des Menschen hausen, und in solche, welche in irgend einem anderen Organe ihren Sitz haben. Von den ersteren läfst sich in ätiologischer, diagnosti-

10 *

scher und therapeutischer Hinsicht viel i·n Allgemeinen sagen, wodurch manche
Wiederholungen erspart werden können. Bei den letzteren läfst sich in diesen Be-
ziehungen von den meisten nicht einmahl im Besonderen, geschweige denn im
Allgemeinen, viel mit Gewifsheit vorbringen.

Ich werde daher hier zuerst eine kurze naturhistorische Beschreibung der in
dem menschlichen Darmkanale wohnenden Würmer geben mit Hinweisung auf
die Abbildungen, welche, wie ich mir schmeichle, so gerathen sein sollen, dafs
sie umständlichere Beschreibungen überflüssig machen. Dann werde ich von den
nächsten Ursachen ihrer Erzeugung, von den Zeichen, woraus man auf ihre Gegenwart zu schliefsen pflegt, und endlich von den Mitteln, wodurch man sie vertreiben kann, handeln. Hierauf erst werde ich die Würmer, die äufserhalb des
Darmkanals wohnen, beschreiben, und bei einem jeden derselben das anführen,
was sich bis jetzt darüber für den practischen Arzt Interessantes sagen läfst.

DRITTES CAPITEL.

Beschreibung der im Darmkanale des Menschen wohnenden Würmer.

I. Der Peitschenwurm, Haarkopf. *Trichocephalus dispar.*
Tafel I. Fig. 1 — 5.

*Trichocephalus: parte capillari longissima, capite acuto indis-
tincto, corpore maris spiraliter involuto, feminae subrecto R.*

Morgagni Epist. anatomic. XiV. art. 42.

Roederer et Wagler l. c. *Trichuris.*

Goeze Eingeweidew. p. 112 — 116. Taf. VI. Fig. 1 —5. *Trichocephalus
hominis.*

Gmelin Syst. Nat. p. *p.* 5037 N. 1. *Trichoceph. hominis.*

Werner Verm. intest. p. 84. *Ascaris trichiura.*

Jördens Helminthol. p. 17. Taf. I. Fig. 6—10. *Trichoceph. hominis.*
Der Haarschwanz.

Brera Vorlesung. p. 16. Taf. IV. Fig. 1 — 5. Der Haarkopf.

Desselben Memoire p. 171. *Tricocefalo.*

Zeder Anleit. p. 69. *Mastigodes hominis.* Der Peitschenwurm.

Rudolphi Entoz. Tom. II. p. 88. *Trichocephalus dispar.*

Bradley a Treatise on Worms p. 72. plate III. fig. 1—5. *the long Thread-Worm.*

Cuvier le Regne animal, Tom. IV. p. 51. *Le Trichocephale de l'homme.*

Wohnort. Die dicken Därme vorzüglich der Blinddarm; doch will ihn auch Werner im unteren Theile des Ileums gefunden haben.

Beschreibung. Diese Würmer sind anderthalb bis zwei Zoll lang; der dünne oder haarförmige Theil beträgt ungefähr zwei Drittheile der ganzen Länge, und ist meist weiß, doch manchmahl von den in ihm enthaltenen Nahrungsstoffen etwas gefärbt. Dieser haarförmige Vordertheil geht ziemlich jäh in den bedeutend dickeren Hintertheil über.

Das Männchen, Fig. 1—3, welches etwas kleiner als das Weibchen ist, spitzt sich gegen das Kopfende so sehr zu, daß man nur sehr undeutlich eine kleine Mundöffnung wahrnehmen kann. Von einem runden Röhrchen, welches Wrisberg (b) daselbst wahrgenommen haben will, haben weder Müller und Rudolphi, noch auch ich etwas finden können. Durch den quergestreiften haarförmigen Vordertheil, läuft der Länge nach in gerader Richtung der Nahrungskanal in den dickeren Hintertheil, welcher flach spiralförmig gewunden ist. In diesem dickeren Theile liegen auch die zusammengewundenen Samengefäße, welche sich an der inneren Seite des Schwanzendes in einen kleinen durchsichtigen Schlauch oder eine Scheide endigen, aus welcher das männliche Glied hervorragt. Diese Scheide hat nicht immer die gleiche Figur, wie dieß aus den Abbildungen Fig. 2 und 3 erhellet.

Das Weibchen, Fig. 4 und 5 unterscheidet sich von dem Männchen durch den etwas längeren haarförmigen Vordertheil und den gerade auslaufenden nur etwas weniges eingekrümmten Hintertheil, in welchem die Eierstöcke mit den elliptisch gestalteten Eiern um den Darmkanal herum liegen. Am Ende ist eine kleine Oeffnung, welche als After und Scheide zugleich dienen kann.

Zusätze.

Es sind noch nicht sechszig Jahre, daß diese Würmer, nicht bloß die Species sondern selbst die ganze Gattung, den Aerzten und Naturforschern bekannt geworden sind. Zwar hat sie, wie Herr Rudolphi nachgewiesen hat, Mor-

(b) Am angef. Orte S. XIII.

g a g n i schon weit früher gefunden. Aber diese Entdeckung wurde, wie manche andere, nicht weiter geachtet, um in späteren Zeiten wieder einmahl für ganz neu zu gelten.

Im Winter 1760 auf 1761 präparirte ein Student auf dem anatomischen Theater in Göttingen die *valvula coli* an der Leiche eines fünfjährigen Mädchens. Zufällig machte er ein kleines Loch in den Blinddarm, aus welchem einige dergleichen Würmer hervorkamen. W r i s b e r g und einige andere Studierende glaubten eine bisher noch unbekannte Art von Würmern vor sich zu haben; der damahlige Prosector W a g l e r hielt sie für Pfriemenschwänze von ungewöhnlicher Gröfse; noch andere sahen sie für junge Spulwürmer an. Der anfänglich im Scherz geführte Streit wurde ernstlicher; aber die Sache durch genau prüfende Untersuchungen und Vergleichungen aufzuklären, fiel Niemand ein. Zufällig hörte R ö d e r e r von diesem Zwiste und untersuchte die Sache selbst. Er und mit ihm B ü t t n e r erkannten diese Würmer für eine bis dahin unbekannte Art, und letzterer gab ihnen den Nahmen *Trichurides*. Von jener Zeit an wurden die Därme aller Leichen genau untersucht. Da nun zufällig gerade damahls unter dem in Göttingen stationirten französischen Armeecorps eine Epidemie herrschte, die R ö d e r e r und W a g l e r unter dem Nahmen *Morbus mucosus* beschrieben haben, und man häufig in den Leichen der daran verstorbenen Soldaten diese Würmer fand: so wurde R ö d e r e r verleitet, sie für ein Erzeugnifs dieser Krankheit selbst zu halten. Aber W r i s b e r g erinnert schon, dafs man sie ganz gewifs auch früher würde gefunden haben, wenn man nur darnach gesucht hätte. Man findet sie auch noch heutigen Tags in dem gröfsten Theile menschlicher Leichen, wiewohl meistens nur einzeln. Herr R u d o l p h i hat derselben jedoch einmahl über tausend beisammen gefunden.

Man hielt anfangs den dünnen haarförmigen Theil für den Schwanz des Wurms, daher der Nahme *Trichuris*, und glaubte in der Scheide, welche das männliche Glied umgibt, einen Saugrüssel gefunden zu haben. Weil dieser dem Weibchen abgeht, so hielten R ö d e r e r, W a g l e r und W r i s b e r g beide Geschlechter für zwei verschiedene Arten. B l o c h hat nur ein einziges Weibchen, aus einem Menschen gesehen, und nannte den Wurm auch *Trichuris*. W e r n e r, der ihn *Ascaris trichiura* nennt, scheint blofs Männchen gesehen zu haben, und vermuthet, dafs bei den ausgestreckten nur wenig gekrümmten Würmern d. i. bei den Weibchen der sogenannte Rüssel abgefault sein möchte. W e r n e r würde diese Vermuthung gewifs nicht geäufsert haben, hätte er das Weibchen selbst gesehen; denn er besafs zu viele helminthologische Kenntnisse, um einen ganzen Wurm nicht von einem halbverfaulten unterscheiden zu können. — Wenn Jördens, dem doch die besseren und richtigeren Ansichten von Pallas und Goeze nicht unbekannt waren, den unrichtigeren von Werner beipflichtet: so darf diefs nicht befremden, weil Jördens gar keinen Wurm aus eigener Anschauung kannte. Sonderbar genug klingt es auch, wenn man bei ihm liest: der Haarschwanz, *Trichocephalus hominis.*

Pallas, der eben um die Zeit der Entdeckung, in der *Lacerta apus* einen zu dieser Gattung gehörigen Wurm fand, den er jedoch ziemlich unschicklich *Taenia spiralis* nannte; Goeze, der von Wagler gegen hundert Stücke zur Untersuchung erhielt, überdiefs Würmer dieser Gattung aus Mäusen und wilden Schweinen damit verglich — denn der aus dem Pferde gehört nicht hierher — und Müller (c), haben zur Genüge dargethan, dafs der Kopf dieser Würmer an dem haarfeinen Ende zu suchen, die spiralförmig gewundenen die Männchen, und die ausgestreckten die Weibchen seien. — Seitdem sind in verschiedenen Affenarten in Hunden und Füchsen, in vielen Nagethieren und in einer grofsen Anzahl von Klauenthieren, Kameelen, Hirschen, Gazellen und Schafen so viele Würmer dieser Gattung und zwar immer von beiderlei Geschlecht in einem Individuo gefunden worden, dafs kein Naturforscher mehr hierüber einige Zweifel hegen kann. Auch entscheidet der Umstand, dafs sie immer mit dem haarfeinen Ende an der Darmhaut und zwar öfters ziemlich stark festsitzen, während das dicke Ende, es sei nun ausgestreckt oder spiralförmig gewunden, immer ganz lose in dem Darmkothe liegt, über den wahren Sitz des Kopfendes hinlänglich. Man begreift daher wahrlich nicht, wie Herr Brera (d) noch so viele Worte machen kann, um die Naturforscher aufzufordern, durch neu anzustellende Untersuchungen diese Sache besser aufzuklären. Wir wären sehr glücklich, wenn wir über alles so im Reinen wären, als über diesen Punct.

II. Der Pfriemenschwanz. *Oxyuris vermicularis.*

Taf. I. Fig. 6—12.

Oxyuris: capitis obtusi membrana laterali utrinque vesiculari, cauda maris spirali obtusa, feminae subulata recta.

Bloch Abhandl. S. 31. *Ascaris vermicularis,* Der Afterwurm.

(c) Naturforscher, 12 Stück. S. 182 in der Note.

(d) Memorii p. 177.

Goeze Eingeweidew. S. 102 — 106. Taf. V. Fig. 1 — 5. Der menschliche Pfriemenschwanz.

Werner Verm. intest. p. 72. Fig. 155 — 157. *Asc. vermicularis.*

Gmelin Syst. Nat. p' 3029. n. 1. *Asc. vermic.*

Jördens Helminthol. S. 19. Taf. II. Fig. 1 — 5. Asc. vermicul. Der After-wurm.

Zeder Anleitung. S. 107. n. *Fusaria vermicularis.*

Brera, Vorlesung, S. 18. Taf. IV. Fig. 7 — 11. Der spulwurmähnliche Springwurm.

Desselben Memorie, p. 178. Taf. III. Fig. 14.15. *Ascaride vermicolare.*

Rudolphi Entoz. Tom. II. P. I. p. 152. n. 21. *Ascar. vermicularis.*

Bradley a Treatise. p. 56. Vol. II. Fig. 1 — 5. *The Ascaris vermicularis, commonly called the Maw, or Thread - Worm.*

Cuvier le regne animal, Tom. IV. p. 55. *L'ascaride vermiculaire.*

Aufser den hier angegebenen Nahmen führt dieser Wurm noch folgende; im Deutschen: der Kinderwurm, Mastdarmwurm, Madenwurm, die Askaride, die Arschmade, Darmschabe; im Holländischen: *Aarsmade;* im Dänischen *smaa Spolorme, Börneorm,* im Schwedischen: *Barnmask;* im Englischen *Bots:* im Französischen: *Les Ascarides.*

Wohnsitz. In den dicken Därmen, vorzüglich im Mastdarme.

Beschreibung. Von diesen dünnen weifsen und sehr elastischen Würmern ist das, eine bis anderthalb Linien lange, Männchen Fig. 6 u. 7 am Vorderende abgestuzt und daselbst mit einer durchsichtigen Seitenmembran umgeben. Zwischen dieser, eine Art Blase bildender, Seitenmembran sieht man eine linienförmige Röhre, den Schlund, durchgehen, der dann die Gestalt einer Mörserkeule annimmt bis da, wo er in den kugelförmigen Magen übergeht, von wo aus der Darmkanal durch den allmählich etwas dicker werdenden gegen das Ende spiralförmig sich aufrollenden Körper bis zum Schwanzende fortläuft. Die um den Nahrungskanal gelagerten Samengefäfse lassen sich bei Individuen, die schon einige Zeit in Weingeist gelegen haben — und lebende zu untersuchen ward mir bisher noch nicht vergönnt — nur sehr undeutlich wahrnehmen. Ein männliches Glied habe ich bei dieser Art von Pfriemenschwänzen noch nicht ausgestreckt gesehen, wohl aber bei Würmern derselben Gattung aus dem wilden Kaninchen beobachtet.

Das Weibchen Fig. 8 — 11 ist bedeutend gröfser und wird vier bis fünf

Linien lang. Am Vorderende stimmt es in seinem inneren und äufseren Baue mit dem Männchen vollkommen bis dahin überein, wo sich der Magen endet. Von hier an ist der Nahrungskanal durch die, ihn von allen Seiten umgebenden, Eierschläuchen ganz bedeckt. Vom Kopfende an bis gegen das erste Drittel seiner ganzen Länge nimmt der Wurm an Dicke etwas zu, verschmächtiget sich sodann wieder, und endet in den ganz pfriemenförmig zulaufenden Schwanz, dessen äufserste Spitze so fein ist, dafs sie dem unbewaffneten Auge kaum bemerkbar bleibt. Die zwölfte Figur stellt ein Stückchen des Wurms vergröfsert dar, in welchem man die Eier sehen kann.

Z u s ä t z e.

Von den ältesten Zeiten her war dieser Wurm den Aerzten bekannt, und da er ziemlich häufig bei Kindern vorkommt, er sich auch durch seine Gestalt von allen übrigen Würmern des Menschen auszeichnet: so sollte man glauben, dafs es gar nicht möglich wäre, ihn zu verkennen. Nichts destoweniger finden wir hiervon sehr häufige Beispiele bei den Schriftstellern. Fliegenlarven sowohl, als einzelne Glieder des Kettenwurms haben schon dafür gelten müssen. Auch aufser den dicken Därmen, wollten Manche in anderen Theilen des Körpers dergleichen Würmer gefunden haben. So erzählt B l o c h (e) W u l f habe ihrer eine grofse Menge in einem Sacke zwischen den Magenhäuten gefunden. Herr B r e r a (f) will sehr viele Massen dieser Art Springwürmer im Schlunde einer Frau gefunden haben, welche am schleichenden Nervenfieber gestorben war. Später führt derselbe (g) eine Beobachtung von B i a n c h i an, der sie in einem der Hirnventrikeln angetroffen haben will. — Mehrere andere dergleichen Wahrnehmungen übergehe ich mit Stillschweigen: denn es wird schwerlich ein Naturforscher glauben, dafs es Pfriemenschwänze gewesen sind, bis er sich nicht selbst durch eigene Anschauung davon überzeugt hat.

Auch G o e z e hat sich getäuscht, wenn er diese Würmer für lebendig gebärend hielt. Bei den lebenden Würmern werden die Eier beständig hin und her bewegt; andere kleine Würmer aber aus dem Mastdarme der Kröten und Frösche, die jedoch zu einer anderen Gattung gehören, bringen wirklich lebendige Junge zur Welt. Diese beiden Umstände zusammengenommen, mögen G o e z e verleitet haben, die Eier für lebende Foetus zu halten.

(e) Abhandl. S. 31. (f) Vorlesung. S. 19. (g) Memorie. S. 181.

11

Ascarides wurden diese Würmer bei den älteren Aerzten genannt, welche sie durch diese Benennung von den eigentlichen Spulwürmern, die bei ihnen *Lumbrici teretes* heifsen, unterscheiden wollten. Späterhin hat Linné den Nahmen *Ascaris* zu einem Gattungsnahmen erhoben. Der *Lumbricus teres* erhielt den Nahmen *Ascaris lumbricoides*, und unsere Pfriemenschwänze nannte er *Ascaris vermicularis.* Allein in den neuesten Zeiten hat sich die Sache besser aufgeklärt, und es hat sich gefunden, dafs beide Würmer nicht nur der Art, sondern selbst der Gattung nach verschieden sind, wie sich solches aus der nachfolgenden Vergleichung ergeben wird. Herr R u d o l p h i, der schon früher zweifelte (h), dafs der von G o e z e in den dicken Därmen des Pferdes gefundene, an dem einen Ende dicke, an dem anderen sehr spitzauslaufende Wurm zu der Gattung *Trichocephalus* gehören möchte, hat späterhin durch eigene Untersuchung dieses Wurms seine Vermuthung bestätiget gefunden, und sonach demselben eine eigene Gattung unter dem Nahmen *Oxyuris* angewiesen. In dem Winter 1809 fand ich in den dicken Därmen mehrerer wilden Kaninchen in grofser Anzahl Würmer, welche ich keinen Augenblick Anstand nahm, unter diese Gattung zu reihen, obwohl ich damahls den Pfriemenschwanz des Pferdes, nur aus den Abbildungen von G o o z e und R u d o l p h i kannte (i). Als ich nachher diese Würmer, und zwar vergröfsert zeichnen liefs, fiel mir die Aehnlichkeit mit denen aus dem Mastdarme des Menschen auf. Ich verglich sie genauer, und fand dann ganz bestimmt, dafs diese letzteren nicht mehr zu den Spulwürmern gezählt werden dürfen. Denn die S p u l w ü r m e r (*Ascarides*) sind durchgehends nach beiden Enden verschmächtiget (*attenuatae*), und zeichnen sich durch drei deutliche Warzen oder Knötchen am Vorderende von allen übrigen Rundwürmern auf das bestimmteste aus (k). Die Pfriemenschwänze (*Oxyurides*) sind zwar nach vorne verschmächtiget, nach hinten aber pfriemenförmig (*subulatae*), wenigstens die Weibchen, und überdiefs gehen ihnen die drei Knötchen am Kopfende ab. Der innere Bau beider ist nicht minder verschieden. — Ich theilte meine Bemerkungen Herrn R u d o l p h i, dem man doch nicht leicht ein X für ein U machen kann, mit, der auch meiner Meinung beitrat, und sein Supplementband wird mehrere Arten dieser Gattung zählen. — Aber noch

(h) W i e d e m a n n s Archiv.

(i) Später erhielt ich ihn in beträchtlicher Menge von dem gegenwärtigen Director der Thierarzneischule in Dresden, Hrn. Dr. B r o s c h e.

(k) Man vergleiche übrigens die von beiden oben angegebenen Merkmahle miteinander.

war ich nicht ganz im Reinen. Goeze bildete zwar Taf. V. Fig. 5 einen solchen Wurm ab, den er das Männchen nannte; wahrscheinlich blofs defshalb, weil man in ihm keine Eier wahrnehmen konnte. Einen ähnlichen findet man Taf. I. Fig. 8 und 9 abgebildet. Allein gewöhnlich sind bei allen Rundwürmern die Männchen um einDrittel oder Viertel kleiner, als die Weibchen, und dasSchwanzende zeichnet sich ganz besonders aus. Bei den Goezischen von Jördens und Brera copirten Figuren sind gleiche Gröfsen und gleiche Schwanzenden; nur kann man bei den Einen keine Eier wahrnehmen, Fig. 8 u. 9. — Sind es Weibchen, die bereits ihre Eier ausgeschüttet haben? sind die Eier noch nicht ausgebildet, noch nicht befruchtet? sind es Geschlechtslose, wie man sie bei Bienen und Ameisen findet? — ich weifs es nicht. — Die Pfriemenschwänze, welche Herr Rudolphi in dem Pferde fand, hatten alle Eier; die meinigen gleichfalls. Also lauter Weibchen. Anders war es bei den Würmern aus dem wilden Kaninchen, unter denen ich viele mit abgestutztem aufgerolltem Schwanzende, worunter einige mit hervorstehendem *Spiculum*, welche viel kleiner als die Weibchen waren, entdeckte. Ich schlofs nun, dafs die Männchen des Pfriemenschwanzes aus dem Menschen eben so geformt sein müfsten, konnte aber unter meinem ganzen Vorrathe nicht ein einziges, diese Merkmahle habende, Specimen auffinden; defsgleichen nicht unter vielen Pfriemenschwänzen aus dem zahmen Kaninchen und aus verschiedenen Mäusearten. — Dieser Umstand hätte mich bald verleitet anzunehmen, dafs es sich mit den Pfriemenschwänzen so verhalten möchte, wie mit den Blattläusen, welche im Sommer, da sie Ueberflufs an Nahrung haben, durchaus lebendige Junge, und zwar lauter Weibchen zur Welt bringen; hingegen im Herbste Eier legen, aus denen im Frühjahre (*fabula si vera*) Weibchen und Männchen auskriechen, welche Letztere die ganze Generation auf den künftigen Sommer befruchten. Ich schlofs nähmlich folgendermafsen: das zahme Kaninchen, der Mensch, das Pferd werden täglich gefüttert, mithin gebricht es auch ihren Würmern nicht an reichlicher Nahrung; und dadurch werden vielleicht die weiblichen Pfriemenschwänze in den Stand gesetzt, auch ohne Zuthun von Männchen, ihre Gattung fortzupflanzen. Bei den wilden Kaninchen hingegen tritt im Winter — und gerade in dieser Jahrszeit fand ich diese männlichen Pfriemenschwänze — wohl öfters der Fall ein, dafs sie hungern müssen, und mit ihnen ihre Würmer. Hunger wirkt aber, wie bekannt, nicht zum Vortheilhaftesten auf das Prolificationsvermögen. Es schien mir daher den weisen Anstalten der Natur, welche nur im Schaffen und Erhalten des Lebens sich zu erfreuen

11 *

scheint, so ziemlich angemessen, dafs sie hier dieses Vermögen in zwei Individuen, wobei auf jedes Einzelne weniger zu tragen oder zu leisten kommt, vertheilt, damit auch selbst die durch Urbildung zuerst entstandenen Würmer, nicht aussterben möchten. — Als ich mir dieses dachte, hatte ich wenigstens den Trost, das, bisher bei anderen Thieren nicht beobachtete, Vorkommen männlicher Pfriemenschwänze erklärt zu haben, überlassend Anderen zu beurtheilen, ob gut oder schlecht — Indefs theilte ich Herrn v. Sömmerring meine Vermuthungen mit, und bald erhielt ich mit dem Postwagen ein kleines Gläschen mit solchen Pfriemenschwänzen in Weingeist, welche er vor vielen Jahren seinem eigenen Sohne — dem gegenwärtigen Herrn Doctor v. Sömmerring, dem ich hiermit für die mir in Göttingen gütigst besorgten Abschriften einzelner Aufsätze aus englischen Zeitschriften öffentlich Dank abstatte — mittelst eines Klystiers von feinem Olivenöhl abgelockt hatte, mit der Bemerkung: dafs darunter ein *Specimen* wäre, welches wohl die von mir verlangten Charaktere eines Männchens haben möchte Ich suchte und — fand wirklich das hier Tafel I. Fig. 6 und 7 abgebildete Exemplar. Seitdem habe ich gleichfalls durch Herrn v. Sömmerring's Güte noch zwei oder drei; und durch Herrn Herrmann, einen geschickten Anatomen, der fleifsig in dem hiesigen Krankenhause Leichen untersucht, eben so viele Männchen dieses Wurms erhalten. Herr Rudolphi hat keinen Anstand genommen, sie dafür zu erkennen, und wird sie wahrscheinlich seitdem selbst gefunden haben.

Es unterliegt also keinem Zweifel mehr, dafs der Wurm in Zukunft zu der Gattung *Oxyuris* — nicht *Ascaris* — gezählt werden mufs, und dafs sich die beiden Geschlechter des Pfriemenschwanzes auf die eben angegebene Weise unterscheiden. —

III. Der Spulwurm. *Ascaris lumbricoides.*

Taf. I. Fig. 13—17

Ascaris: corpore utrinque sulcato, cauda obtusiuscula.

Bloch, Abhandl. S. 29. Taf. VIII. Fig. 4—6. *Asc. lumbric.* Spulwurm.

Goeze, Eingeweidew, S. 65—72. Taf. I. Fig. 1—3. *Asc. gigas.* Riesenrundwurm.

Werner, Verm. intest. p. 75—84. Taf. VII. Fig. 153—159. *Asc. lumbric.*

Gmelin·Syst. Nat. p. 3029. n. 2. *Asc. lumbr.*

Zeder, Nachtrag S. 25—31. *Fusaria lumbricoides.*

Desselben Anleitung. S. 102. N. 1. *Fus. lumbr.*

Jördens Helminth. S. 22. Taf. II. Fig. 6 — 15. *Asc. lumbr.* Der Spulwurm.
Brera Vorlesung. S. 21. Taf. V. Fig. 1 — 11. Regenwurmähnlicher Springwurm oder die Violinsaite.

Desselben Memorie, p. 193. Tab. III. Fig. 18 — 20. *Lombricoide.*
Rudolphi, Wiedmanns Archiv N. 2. S 20. *Asc. lumbricoid.*
Desselben Entozoolog. II. P. I. p. 124. N. I. *Asc. lumbricoide.*
Bradley a Treatise. p. 34 — 55. Taf. I. *The Ascar. lumbricoides.*
Cuvier le regne animal. T. IV. p. 33. *l'Ascaride lombrical.*

Aufserdem wird dieser Wurm noch genannt im Deutschen: Rundwurm:
Holländisch: *Ronde Worm, Menschenworm, Kinderenworm;* Dänisch:
Menneske-Orm, Spolorm, Skolorm; Schwedisch: *Mennisko-Mask,*
Spolmask; Englisch: *The round-worm, large round-worm, round gut-*
worm; Französisch. *Lombric des intestins, Strongle;* Italiänisch:
Verme rondo, Lombrico; Spanisch: *Lombriz;* Portugiesisch: *Lombriga.*

Wohnsitz. In den dünnen Därmen nicht nur des Menschen, sondern
auch des Rindviehes, des Schweins und des Pferdes.

Beschreibung. Die Länge des Wurms beträgt, auf eine Dicke von zwei
bis drei Linien, sechs bis zehn, manchmahl fünfzehn Zolle; ganz kleine von etwa
anderthalb Zollen kommen sehr selten vor. Man würde sie wohl auch häufiger
finden, wenn alle Gedärme von verstorbenen Menschen so fleifsig untersucht würden, als diefs von den Helminthologen mit den Gedärmen anderer Thiere geschieht. — Die Farbe des Wurms ist gewöhnlich bräunlich roth, doch wechselt
dieselbe nach Mafsgabe der aufgenommenen Nahrung in lichter und dunkler; ja,
sie ist zuweilen blutroth. — Die Geschlechtsorgane schimmern meist durch die
allgemeinen Bedeckungen durch, zwischen welchen sich der Nahrungskanal durch
seine bräunliche Farbe zu erkennen gibt. — Der Kopf Fig. 14 u. 15 ist durch eine
im Kreise herumlaufende Vertiefung oder Einschnürung deutlich von dem Körper unterschieden. Ueber der besagten Einschnürung befinden sich drei Knötchen oder eigentlich Klappen, welche sich schliefsen und öffnen können. Wenn
sie sich öffnen, tritt in der Mitte derselben ein kleines Röhrchen hervor, welches
die eigentliche Mundöffnung ist. — Der Körper ist walzrund und nach beiden
Enden beinahe gleich stark, doch nach vorne etwas mehr, verschmächtiget. Längs
des Körpers läuft auf jeder Seite eine kleine Furche herab. — Der durch seine
bräunliche Farbe sich unterscheidende Nahrungskanal, endet in dem als eine Quer-
spalte erscheinenden After an der unteren Fläche kurz vor dem Schwanzende.

Das kleinere Männchen unterscheidet sich überdiefs noch von dem gröfseren Weibchen durch das gekrümmte Schwanzende, aus dem man zuweilen, doch nicht immer, das doppelte Zeugungsglied Fig. 16 hervorstehen sieht. Auch ist bei ihm der Zeugungsapparat von geringerem Umfange, als bei dem Weibchen, deren eines Fig. 13 abgebildet ist, wo die Fortpflanzungsorgane den ganzen Körper ausfüllen, und das Schwanzende gerade ausgestreckt ist. An der Stelle ungefähr, wo der abgebildete Wurm aufgeplatzt ist, bemerkt man eine sehr kleine Oeffnung, welche der Eingang zur Mutterscheide ist. — Ich habe, da dieser Wurm ohnehin einem Jeden hinlänglich bekannt ist, ein aufgeplatztes Weibchen abzeichnen lassen, damit man von der inneren Organisation des Wurms wenigstens etwas sehen kann. Das vorgefallene weite bräunliche Gefäfs ist ein Theil des Nahrungskanals, die übrigen weisen Gefäfse sind die Geschlechtsorgane. Die gröfseren sind die Eierschläuche — Herr Zeder nennt sie die Gebärmutter — die dünneren die Ausführungsgänge der kugelrunden Eier. Denn der Wurm legt Eier, und gebärt keine lebendige Junge, wie Herr Wendelstadt glaubt. Doch will Werner in den Eiern schon ausgebildete Fötus gesehen haben, was auch Rudolphi durch seine Aeufserung hierüber zu bestätigen scheint. — Wer Abbildungen der männlichen so wohl, als der weiblichen Fortpflanzungsorgane dieser Würmer in ihrer natürlichen Lage zu sehen wünscht, der findet sie bei Werner, und von diesem copirt bei Jördens und Brera. (Denn da meine Absicht nicht dahin geht, meine Leser in der Anatomie der Eingeweidewürmer zu unterrichten, sondern ihnen nur Beschreibungen und Abbildungen aller bis jetzt im menschlichen Körper gefundenen Würmer ihrer äufseren Form nach zu liefern, um sie in den Stand zu setzen, jedesmahl den vorkommenden Wurm genau nach seinen äufsern Merkmahlen bestimmen zu können: so habe ich es für überflüssig gefunden, dergleichen Zeichnungen zu geben, welche unnöthiger Weise die Zahl der Abbildungstafeln vermehren, und dadurch den Preis des Buchs erhöhen würden. Uebrigens wird wohl jeder Arzt, dem daran gelegen ist, den inneren Bau dieser Würmer kennen zu lernen, sich selbst die Mühe nehmen, sie anatomisch zu untersuchen, was um so leichter geschehen kann, da kein Arzt in Verlegenheit sein wird, sich welche zu verschaffen. Auch wird er die dazu verwendete Zeit nicht zu bereuen Ursache haben, wenn er sich dadurch sichert, gegen Nichtärzte Blöfsen zu geben. Folgende von Goeze (1) mitgetheilte Geschichte mag ihm dazu als Sporn dienen. — Kinder schnitten einen Spulwurm auf, wo dann die

(1) Am angeführten Orte. S. 70.

Eingeweide vorfielen. Der hinzu gekommene Vater hob den Wurm sogleich in Branntewein auf, um das Urtheil des, übrigens geschickten, Arztes darüber zu vernehmen. Der Arzt erklärte die vorgefallenen Eierschläuche für junge Spulwürmer, den Nahrungskanal aber für einen jungen Bandwurm. Pastor Goeze mußte den Irrthum berichtigen. Welches Gesicht Hippokrates Jünger dabei geschnitten haben mag, kann sich ein Jeder meiner Leser nach Belieben denken.)

Die 17te Figur ist die Abbildung eines kleinen weiblichen Spulwurms in natürlicher Gröfse, den eine alte Frau aus der Nase geschnäutzt hat, und welcher mir von einem hiesigen bereits verstorbenen Arzte mitgetheilt wurde, ohne dafs mir doch dieser nähere Umstände hätte angeben können. Die Frau, sagte er mir, wäre zu dumm, um mehr aus ihr heraus bringen zu können, als dafs sie vorher heftiges Kopfweh gehabt habe. Wahrscheinlich hatte sich dieser Wurm bei einem vorhergegangenen Erbrechen hinter die Gaumensegel verirrt, und ist vielleicht eine Zeitlang in der oberen Gegend der Nase stecken geblieben, bis er durch diese einen Ausgang fand.

Z u s ä t z e.

Der Spulwurm ist den Aerzten eben so lange bekannt, als der vorher abgehandelte Pfriemenschwanz. Man nannte ihn *Lumbricus* oder auch zur Unterscheidung von den Nestelwürmern *Lumbricus teres*. Er wurde auch wohl für einerlei mit dem Regenwurme, (*Lumbricus terrestris L.*) gehalten. Aber unsere besseren Naturforscher haben so viele unterscheidende Merkmahle, welche selbst einem Tyson (m) nicht unbekannt blieben, zwischen beiden entdeckt, dafs es nicht leicht Jemand einfällt, nur im mindesten zu zweifeln, dafs beide Thiere, wie Hund und Katze von einander verschieden sind. Jedoch hat Herr Brera, um seine Genauigkeit im Forschen und Prüfen zu beurkunden, auf sechs grofsen Quartseiten (l) neuerdings seine Zweifel zu vernehmen gegeben, wobei denn immer seine, als ausgemachte Wahrheit verkaufte Hypothese, dafs alle Verschiedenheiten der Bildung, blofs von der Verschiedenheit des Orts der Entwicklung und des Aufenthaltes, der Nahrung und der Temperatur abhängen, das mächtigste Argument ist. Wenn man den Einflufs, welchen Lebensart, Nahrung, Klima u. s. w. auf die organischen Körper äufsern, so weit ausdehnen will, als Herr Brera: so kann auch leicht Jemand erweisen, dafs der Mensch, der Affe, das

(l) Philosophical Transactions 1683. p. 153.

(m) Memorie. p. 201 — 206.

Gespensterthier (*Lemur*) und viele andere mehr, alle eines Stammes sind, und dafs die Verschiedenheit in ihrem inneren und äufseren Baue blofs von den obgenannten Einflüssen abhängt. Ich will indefs gar nicht gegen Herrn B r e r a zu Felde ziehen, da J a c. T h e o d. K l e i n , G o e z e , P a l l a s u. a. m. die naturhistorischen Unterschiede zwischen beiden Würmern hinlänglich dargethan haben. Doch soll die Erinnerung von K l e i n , dafs die getrockneten und pulverisirten Regenwürmer als ein Mittel gegen die Spulwürmer empfohlen werden, nicht als Beweis gelten , da auch zum nähmlichen Zwecke die pulverisirten Spulwürmer angerühmt worden sind. Aber ich fordere meine Leser selbst auf, über die Sache zu entscheiden. Man nehme nur einen lebendigen Regenwurm und lege ihn neben einen Spulwurm , und wem dann die Unterschiede zwischen beiden nicht sogleich in die Augen springen, dem erlaube ich, in alle Ewigkeit an die Einerleiheit beider zu glauben.

Die *Stomachida* von P e e r e b o o m ist auch nichts anders, als ein verstümmelter und defigurirter Spulwurm, und keineswegs eine neue Species; so wie der von T r e u t l e r (n) unter vielen normal gebildeten Spulwürmern, gefundene mit nur zwei Klappen, für eine Mifsgeburt zu halten ist.

IV. Der Bandwurm. *Bothriocephalus latus.*

Taf. II. Fig. 1 — 12.

B o t h r i o c e p h a l u s: capite foveisque marginalibus oblongis, collo subnullo, articulis anterioribus rugaeformibus, insequentibus plurimis brevibus subquadratis latioribus, ultimis longiusculis.

B o n n e t Memoir. présentés. Tom. I. p. 478. Tab. I et II. Ténia à anneaux courts, ou à mammelons ombilicaux.

D e s s e l b e n Nouvelles Recherches in R o z i e r Observ. sur la Physique. Tom. IX. pag. 243 — 257. Tab. I. Fig. 1 — 12.

P a l l a s Elenchus Zoophyt. p. 408. n. 3. *T. grisea.* p. 410. n. 4. *T. lata.*

B l o c h Abhandlung. p. 17. *Taenia lata.* Der breite Bandwurm.

G o e z e Eingeweidew. S. 298. Taf. Fig. 8. *T. lata.*

B a t s c h Bandw. S. 107. Fig. 53.50. *T. membranacea.* Der häutige Bandwurm S. 111. Fig. 51.52. *T. lata.*

G m e l i n Syst. Nat. p. 3065. *T. vulgaris,* p. 3072. n. 5. *T. lata.*

J ö r d e n s Helminth. S. 47, Taf. IV. Fig. 1 — 4. *T. vulgaris.* Der kurzgliedrichte Bandwurm. S. 49. Taf. IV. Fig. 5. 8. 9. 10. Der breite Bandwurm.

(n) Am angeführten Ort. S. 17. Fig. 6 u. 7.

Brera Vorlesung. S. 12. Taf. I. Fig. 3. 7. 13. 14. 14. Der unbewaffnete menschliche Bandwurm.

Desselben Memorie p. 81—87. *Taenia inerme umana.*

Zeder Anleitung S. 347. n. 46. *Halysis lata.* S. 348. N. 47. *II. membranacea.*

Rudolphi Entoz. p. 70. N. 1. *T. lata.*

Bradley a Treatise p. 84—86. Tab. II. Fig. 3. 4. *the broad Tape-Worm.*

Cuvier le Regne animal p. 44. *Le Taenia large.*

Dieser Bandwurm, welcher Plater's *Taenia prima* ist, führt bei den Schriftstellern mit dem Kettenwurme einerlei Nahmen. Holländisch: *Lindworm;* Dänisch: *Baandworm, Baendelorm;* Schwedisch: *Binnike-Mask;* Englisch: *the Tape-Worm, Jointed-Worm;* Französisch: *le Ténia, le ver plat;* doch dieser insbesondere: *Ténia à épine, à anneaux courts, ou à mammelons ombilicaux.*

Wohnsitz. In den dünnen Därmen des Menschen in Pohlen, Rufsland und der Schweitz, auch in einigen Gegenden von Frankreich.

Beschreibung. Dieser flache Wurm, der in der Regel dünner, nicht schmähler, sondern öfters viel breiter ist, als der Kettenwurm, wird einige zwanzig Fufs lang. Goeze versichert jedoch, von Bloch eine ununterbrochene Strecke dieses Wurms erhalten zu haben, welche $60\frac{1}{4}$ Elle mafs; und Boerhaave (o) will einem Russen 300 Ellen abgetrieben haben. Seine gröfste Breite ist selten unter sechs Linien, steigt aber, wie mich Herr Rudolphi versicherte, selbst dergleichen Exemplare zu besitzen, bis auf einen Zoll. Die Farbe ist ursprünglich weifs, doch nie vollkommen weifs, geht aber in Weingeist gelegt, sehr bald ins Graue oder vielmehr Bräunliche über, daher der Nahme *Taenia grisea* von Pallas. Selbst der vom Herrn v. Sömmerring, welcher doch seinen Weingeist auf die bestmöglichste Art selbst distillirt, dem k. k. Naturaliencabinette überlassene, ist durch Weingeist grau geworden, wie solches der geneigte Leser aus der naturgetreuen Abbildung Taf. II. Fig. 1 zu ersehen belieben wird.

Am länglichen Kopfe Fig. 2. 3. 4. sieht man sehr deutlich die gleichfalls länglichen Eindrücke oder Gruben, welche Herr Rudolphi für die Nahrung einnehmenden Organe zu halten scheint. Allein ich glaube, dafs die eigentliche Mundöffnung, welche zum Nahrungskanale führt, in der Mitte zwischen diesen beiden

(o) Prael. ad institut. Tom. VI. p. 180

12

Gruben oder Eindrücken liegt. An der 4ten Figur sieht man wenigstens die Spur einer solchen einfachen Mundöffnung. Bei dem Bandwurme (*Bothr*) aus der Steinbutte (*Pleuronectes maximus*) ist sie sehr deutlich zu sehen. Wir haben zwar Bandwürmer, von Cuvier *Floriceps* (p) genannt, aus Haifischen und Rochen, welche vier solche dem Anscheine nach zur Aufsaugung der Nahrung bestimmte, wie Blumenblätter geformte Organe ausspreizen. Allein es fragt sich immer noch, ob diefs nicht die Organe sind, wodurch der Wurm sich festhält, um mit der, in der Mitte dieser Haltungswerkzeuge etwa befindlichen, Mundöffnung die Nahrung zu Erhaltung seines Körpers leichter aufsaugen zu können. Wenigstens ist Platz für eine solche Mundöffnung in der Mitte vorhanden. Hr. Rudolphi, der auf seiner letzten italiänischen Reise, diese Würmer im Leben zu beobachten Gelegenheit gehabt hat, wird uns wohl bald hierüber Aufschlufs geben.

Die Gränzen zwischen Kopf und Halse sind in den meisten Fällen deutlich genug bezeichnet, wie bei der 3ten und 4ten Figur zu sehen; doch geht auch zuweilen, wie die 2te Figur lehret, der Kopf ganz unvermerkt in den Hals über. Hals bei den Nestelwürmern nennen die Helminthologen denjenigen Theil, welcher unmittelbar nach dem Kopfe folgt, und als ungegliedert erscheint. Indefs sieht man sehr oft an dem, dem unbewaffneten Auge als ungegliedert erscheinenden Halse unter dem Mikroskop die deutliche Bezeichnung der Gliederung. Allein die Glieder können so stark in einander geschoben sein, dafs selbst bei sehr starker Vergröfserung sie als ein fortlaufendes Ganze erscheinen. Es können daher auch, nach meinem Dafürhalten, das Vorhandensein oder die Abwesenheit eines Halses nicht als charakteristische Merkmahle angenommen werden, um darauf die Verschiedenheit der Art bei den Nestelwürmern zu begründen. In der 2ten und 3ten Figur ist ein deutlicher Hals zu bemerken; in der 4ten Figur fehlt er beinahe ganz, und die Gliederung fängt unmittelbar hinter dem Kopfe an, und doch sind alle diese Würmer, Würmer einer Art. Der Wurm des Kopfs von Figur 3, war aber nur vier Fufs lang und das letzte abgerundete Glied zeigte deutlich, dafs es ein ganzer aber noch sehr junger Wurm war. Der Wurm des Kopfendes Figur 4 hingegen, von einer Petersburgerinn, war 24 Fufs lang, und das hinterste abgerundete Schwanzende nicht zu finden; wahrscheinlich waren von

(p) Herr Johann Natterer, der sich gegenwärtig auf einer von Sr. Majestät dem Kaiser von Oesterreich angeordneten naturhistorischen Reise in Brasilien befindet, hat schon vor mehreren Jahren dem k. k. Naturaliencabinette mehrere Arten dieser Würmer geliefert, und ihnen früher den Nahmen *Tuliparia* gegeben.

diesem Wurme früher schon mehrere Fuſs abgegangen. — Bisweilen aber läuft vom Kopfe an eine Strecke von zwanzig und mehr Zollen fadenförmig fort, ehe der Wurm breiter wird. Ein solches Exemplar verdankt unsere Sammlung der Güte des Herrn J u r i n e in Genf. Nach meinem Dafürhalten ist jedoch dieser lange Faden kein eigentlicher Hals zu nennen. Denn wenn der Wurm in einem Knaul abgeht, so findet man diesen Faden nicht. Spinnt er sich aber ab, so werden durch die eigene Schwere des Wurms nicht nur sein Hals, sondern auch seine vordersten Glieder so gedehnt, daſs man die Gliederung nicht mehr wahrnehmen kann. Weil nun der Hals zuweilen fehlt, andere Mahle wieder vorhanden ist, so heiſst es in der Definition *collo subnullo*.

Die Glieder sind durchgehends mehr breit als lang, obwohl sie in der Mitte manchmahl ein längliches Viereck bilden, wobei jedoch immer die längeren Schenkel des Vierecks auf die Breite fallen, wie aus den Abbildungen zu sehen. Bei ganzen Würmern werden jedoch gegen das hintere Ende zu, die Glieder wieder länglich. Fig. 1. — Bei jungen Würmern ziehen sich die Glieder öfters so zusammen, daſs man beim ersten Anblick selbst an einem Gegliedertsein zweifeln sollte, daher auch Z e d e r dieser Gattung den Nahmen *Rhytelminthus* und später *Rhytis*, Runzelwurm gegeben hat. Man sehe Figur I.

Auf den vollkommen ausgebildeten Gliedern sieht man in der Mitte eine deutliche Grube oder Oeffnung, öfters auch weiter rückwärts, d. i. gegen das Hinterende zu, eine zweite kleinere, Figur 9 Aus der gröſseren ragt manchmahl ein kleiner Zapfen hervor, — man sehe die vergröſserte Figur 8 — welchen auch B o n n e t nicht unbemerkt gelassen hat. Dieſs ist wahrscheinlich das männliche Zeugungsglied. Um diese Grube herum liegen die Eierstöcke wie Blumen geformt. Man kann sie am deutlichsten wahrnehmen, wenn man ein Stückchen des Wurms unter das Mikroskop mit drei Loupen bringt, und statt eines schwarzen Blättchens ein Glastäfelchen unterlegt, auf welches der Spiegel reflectirt.

An dem breiten Ende des Wurms findet man manchmahl eine Art Einschnitt, wie die 10. 11. 12te Figur zeigt, welchen mehrere Aerzte für das Kopfende gehalten haben, wie dann T u l p i u s (q) unter dem Titel *Genainum lati lumbrici caput* einen solchen abgerissenen Wurm abbildete, indem er die gespaltenen Hinterglieder als den Kopf betrachtete. Die Figur bildet einen ordentlichen Vogelskopf und ein *foramen superficiale* sieht aus, als wenn es das Auge in diesem Kopfe wäre. Le C l e r c hat ihn Tab. VIII A copirt. Allein dieser Einschnitt,

(q) Lib. II. Cap. 54. p. 161. 162.

12 *

oder diese zwei Lippen bilden sich bei dem Abreissen der Glieder und sind etwas ganz Zufälliges. Eben so erscheinen auch öfters eins oder mehrere Löcher in der Mitte der Glieder, welche aber gar nicht berechtigen, einen solchen Wurm für eine besondere Art zu halten, denn es scheint, dafs daselbst blofs der Eierstock geplatzt ist.

Zusätze.

Dafs bei den Menschen zwei verschiedene Arten von Nestelwürmern angetroffen werden, haben schon viele der älteren Aerzte bemerkt. Wer indefs der erste war, der diese Verschiedenheit bemerkte, will ich, da weder meine Leser, noch ich, einen Gewinn davon haben, ununtersucht lassen. Sennert und Tyson (r) wenigstens haben die Verschiedenheit gekannt. Dafs aber der Wurm unter dem *Genus Taenia* bis auf die neuesten Zeiten, selbst von unseren besten Helminthologen aufgeführt worden ist, daran ist Niemand Schuld als Bonnet, welcher zuerst ein angebliches Kopfende dieses Wurms zeichnen liefs. Unglücklicher Weise aber traf er gerade auf das Kopfende eines Kettenwurms, welchen er wegen der Kürze der Glieder am Halse einem Bandwurme, oder einer von ihm sogenannten *Taenia à anneaux courts* angehörig glaubte. Da nun ferner der Kopf des Kettenwurms gewöhnlich mit einem Hakenkranze zwischen den vier Saugmündungen abgebildet wird, dem von Bonnet beobachteten Kopfe aber gerade dieser Hakenkranz fehlte, wie ich dann selbst mehrere dergleichen Exemplare besitze: so wurde um so lieber diese Abbildung für die wahre anerkannt, als man eben in dieser Waffenlosigkeit zwischen diesem Kopfe und dem von der *Taenia Solium* einen wesentlichen Unterschied zu bemerken glaubte.

Im Jahre 1777, vier und dreissig Jahre später, als er die erste Abhandlung geschrieben hatte, berichtigte Bonnet selbst diesen Irrthum. Es scheint aber, dafs man diesen Aufsatz nicht gehörig studirt hat, denn man blieb immer in allen Beschreibungen und Abbildungen bei den zuerst von Bonnet gegebenen stehen. Herr Brera (s) copirte zwar eine der Abbildungen aus der zweiten Abhandlung, wählte aber gerade die schlechtere 4te Figur, welche von einem 15 Jahre in Weingeist gelegenen Exemplare genommen ist, indefs die 5te Figur bei Bonnet gar nicht schlecht ausgefallen ist, und im Wesentlichen von der Wahrheit nicht abweicht.

Als im Jahre 1811 das k. k. Naturalien-Cabinett die Nachricht von seiner grofsen Eingeweidewürmer-Sammlung an alle, ihr bekannten, ärztlichen und

(r) Philosophic. Transact. 1683. p. 113.

(s) Vorlesungen. Tab. 1. Fig. 7.

naturforschenden Gesellschaften versandte, wurde in einer Note gebethen, um gütige Mittheilung einer *Taenia lata* mit Kopfende, wenn irgend Jemand sich im Besitze eines solchen Wurms befinden sollte. Am 20ten März 1812 lief ganz unerwartet eine Schachtel vom Herrn Geheimenrath v. Sömmerring bei uns ein, enthaltend mehrere Gläser mit Bandwürmern, unter diesen eins mit dem hier Fig. 1. abgebildeten Wurme, den Herr v. Sömmerring vor mehreren Jahren sich selbst abgetrieben hatte. Wie grofs war nicht mein Erstaunen, als ich schon bei einer einfachen Vergröfserung die beiden länglichen Gruben am Kopfe bemerkte. Nun begriff ich auf der Stelle das Abweichende in dem ganzen Körperbaue der beiden verschiedenen im Menschen wohnenden Nestelwürmer; denn Thiere, die der Gattung nach, nicht, wie man bisher glaubte, blofs der Art nach, von einander verschieden sind, können sich nicht ähnlich sehen. — Halb ärgerte es mich doch, dafs ich nicht schon früher aus dem blofsen Baue der Glieder, — wo der Eingang zu den Genitalien in der Mitte der Glieder liegt, indefs er bei den Kettenwürmern am Rande der Glieder befindlich ist — den Wurm in die ihm gebührende Gattung verwiesen hatte. Denn kein einziger Helmintholog würde wohl, wenn er ein Stück eines solchen Wurms, auch ohne Kopfende, in einem Fische oder in einem Wasservogel gefunden hätte, einen Augenblick angestanden haben, ihn zu dem Genus *Bothriocephalus* zu zählen. Indefs tröste ich mich damit, dafs Andere auch nicht klüger waren. Seitdem habe ich selbst einmahl einen solchen Wurm mit Kopfende abgetrieben, auch einige aus der Schweiz erhalten.

Für d i e s e Gattung habe ich den Nahmen B a n d w u r m gewählt, und unser Wurm wird fernerhin den Nahmen b r e i t e r B a n d w u r m führen. Dagegen mufs aber den Tänien eine neue Benennung gegeben werden, und dafür scheint mir der Nahme K e t t e n w u r m, nach Z e d e r s Vorgange, der beste zu sein.

Ehe wir jedoch zu diesem übergehen, mufs ich noch erinnern, dafs unsere Sammlung eine Mifsgeburt eines breiten Bandwurms besitzt, welche ihr Herr v. Sömmerring durch einen Tauschhandel aus der Naturalien- und Curiositäten-Sammlung des Herrn Obristbergraths v. Voith zu verschaffen die Güte gehabt hat. Es ist diefs ein Fragment eines solchen Bandwurms, welches an der Stelle, wo es abgerissen ist, was vielleicht in der Mitte des ganzen Wurms geschehen sein möchte, auf jedem Gliede zwei solche auf der Oberfläche nicht hintereinander, sondern nebeneinander befindliche Vertiefungen dem Auge des Beobachters darbiethet, Fig. 11. 12. Es erstreckt sich jedoch dieses doppelte Vorhandensein der Vertiefungen nur auf eilf Glieder, dann folgen durchgehends einfache. Es ist

also nicht eine verwachsene Zwillingsmifsgeburt, sondern es scheinen sich blofs
bei der ersten Bildung diese Glieder gegen einander verschoben zu haben, und
auf diese Art verwachsen zu sein. Aufserdem ist an diesem Stücke noch merkwürdig, dafs an dem hinteren Ende desselben die Glieder durch eine so bedeutende Strecke gespalten sind, dergleichen eine auch Pallas (†) abgebildet hat.
Uebrigens ist dieser Wurm keine neue Species, sondern unser eben beschriebener *Bothriocephalus latus.* — Eine solche Verschiebung der Glieder findet man
auch bei einem anderen Specimen Fig. 9.

Herr Rudolphi bemerkt, dafs seines Wissens noch kein Bandwurm in einer menschlichen Leiche gefunden worden sei. Ich erinnere mich vor vielen
Jahren von einem Arzte in der Schweiz das Gleiche gehört zu haben, der ihn auch
defshalb für kein Thier hielt. Aerzte, in deren Vaterlande dieser Wurm zu
Hause ist, könnten uns wohl hierüber Aufschlufs geben.

Dieser Bogen sollte eben abgedruckt werden, als ich (den 17ten Junius) einem 26jährigen Schweizer aus dem Kanton Glaris einen solchen Wurm abtrieb,
der mir Gelegenheit gibt, noch einige Bemerkungen zu machen. Denn meine
erste hier in Wien mit diesem Wurme behaftete Schweizerin behandelte ich mit
meinem anthelmintischen Oehle, und bekam nichts von dem Wurme zu sehen.
Bei der von mir behandelten Petersburgerinn, wo ich den Wurm auf ein Mahl
ganz abtrieb, beschäftigte mich zu sehr der Kopf, als dafs ich den Gliedern viele
Aufmerksamkeit hätte schenken können; auch war der Wurm selbst so dick und
wohlgemästet, dafs man wenig an den Gliedern wahrnehmen konnte.

Dieser mein Schweizer lebt bereits seit 12 Jahren aufser seinem Vaterlande.
Erst im vorigen Jahr wurde er durch den Abgang einer Strecke des Wurms in
Kenntnifs gesetzt, dafs er der Nährvater eines solchen sei. Er hatte sich immer
wohl befunden, und nur die damahls gegen den Wurm unternommene, durch
wurmtödtende und stark abführende Arzeneien geführte, mehrere Wochen fort-
gesetzte Cur hatte ihn etwas geschwächt. Er hörte auf Arzeneien zu brauchen,
und befand sich vollkommen wohl, als er vor drei Tagen zu mir kam, mich an-
sprechend, ihm Gewifsheit zu verschaffen, ob er diesen Parasiten noch beherberge oder nicht; denn er hatte diese ganze Zeit her seine Ausleerungen nicht untersucht. Auch hat er, wie schon erinnert wurde, nie an krankhaften Zufällen ge-

(†) N. nord. Beiträge. I. Tab. III. Fig. 16.

litten, die sich etwa auf Rechnung des Wurms hätten schreiben lassen. — Da bei dem Versuche nicht die mindeste Gefahr für die Gesundheit dieses Mannes zu befürchten stand: so liefs ich ihn gestern früh vor dem Aufstehen 5 Quentchen ausgesuchte und frischgepülverte Farrenkrautwurzel auf ein Mahl nehmen, und eine Tasse schwarzen Kaffeh, so heifs als möglich, nachtrinken. — Eine Methode der Genfer Aerzte, wodurch sie das Erbrechen, welches die Farrenkrautwurzel leicht erregt, zu verhüthen suchen. — Zwei Stunden darauf nahm er in etwas Fleischbrühe, von halben Stunden zu halben Stunden, einen Efslöffel voll frisch ausgeprefstes Castoröhl, bis 5 Unzen verschluckt waren. — Als ich ihn um 2 Uhr Nachmittags besuchte, hatte er bereits mit sehr gutem Appetit zu Mittag gegessen und zwei reichliche, weiche, mit figurirtem Kothe gemischte, jedoch keineswegs wäfsrige Oeffnungen gehabt. Mehrere erfolgten auch nicht. Vom Abgange eines Wurms hatte er nichts gespürt, auch defshalb noch nicht nachgesehen. Indefs zeigte sich dieser sehr bald bei näherer Untersuchung des Leibgeschirrs. Die zusammenhängende Strecke desselben war 25 Fufs Wiener Mafs lang. Aufserdem waren noch zwei sehr schmahle Stückchen, die gegen das Kopfende zuliefen, von 6 bis 8 Zoll, vorhanden. Das Kopfende selbst konnte ich nicht finden. Auch war der Wurm am Hinterende nicht ganz (integer), sondern man sah deutlich, dafs früher schon einmahl ein Stück abgerissen war. — An diesem Wurm nun, den ich erst zum zweiten Mahl frisch abgegangen, und nicht zuvor in Weingeist gelegen, zu beobachten Gelegenheit hatte, habe ich folgende Bemerkungen gemacht, die ich auch meinen Lesern durch Abbildungen versinnlichen kann, weil glücklicherweise diese Tafel noch nicht auf Stein gezeichnet ist, und ich daher nur ein paar minder interessante Figuren verwerfen durfte, um diesen Platz machen.

Der Wurm, kaum seit einer Stunde abgesetzt, und mit Wasser wohl abgespült, war nichts weniger als vollkommen weifs, wie die Herrn Jördens und Brera von ihm behaupten, sondern genau von der lichtgrauen Farbe, wie ihn der Leser hier Tafel II. Fig. 5 und 7 abgebildet findet. Die Tänien sind in der Regel viel weifser. — Herr Doctor Gaede aus Kiel kam gerade dazu, als mein Zeichner die Abbildungen vollendet hatte, und kann die Wahrheit des Colorits und der Zeichnung bezeugen, indem er den Wurm selbst gesehen hat, noch ehe er in Weingeist gelegt wurde. — An den vordersten Gliedern bemerkte ich nichts Besonderes, was man nicht auch bei der Figur 1 mit Ausnahme der Farbe wahrnehmen könnte. Da hingegen, wo der Wurm anfing breiter zu werden, waren die Glieder in der Mitte durchscheinend, und man konnte deutlich die Eingänge

zu den Ceschlechtsorganen als kleine runde Grübchen wahrnehmen. An den Seiten sind diese Glieder undurchsichtig, trüb, und man unterscheidet darin einzelne rundliche Puncte. Vielleicht unbefruchtete Eier? Fig. 5. Tiefer hinab kommen befruchtete Glieder, wie man dergleichen Fig. 7. a. sehen kann. So zierlich
und regelmäfsig sehen sie freilich nicht aus, als die von Jördens und Brera
aus Bonnet copirten. Aber es ist nicht meine Schuld, dafs sie die Natur in diesem Wurme nicht anders gebildet hat, und ich lasse nur das zeichnen, was ich
wirklich selbst sehe. — Nach tiefer, mitunter auch zwischen den eben beschriebenen Gliedern, findet man auf manchen Gliedern kleine gelbliche Erhabenheiten oder Wärzchen Fig. 7. b. Oeffnet man mit einer schneidenden Nadel ein solches Wärzchen, so quellen die reifen Eier daraus hervor. welche man, stark
vergröfsert, Fig. 7. c. sieht. Diese Eier sind in der äufseren Form nicht ganz
gleich, wie auch die Abbildung zeigt. Da, wo diese reifen Eier liegen, ver-
schmählert sich der Wurm wieder; die Ränder, oder eigentlich die Seitentheile
der Glieder werden runzlich, und man sieht nicht mehr in ihnen die weifsen
Puncte oder Körnchen, wie bei Figur 5. Es scheint aber, dafs nicht alle Glieder
befruchtet werden, denn man sieht auf dieser Fig. 7. b. abgebildeten, aus 13 Gliedern bestehenden Strecke, nur noch 2 mit solchen Eiern gefüllte Wärzchen. Ein drittes
an der Spalte befindliche ist schon zur Hälfte entleert. — Ich sage: es scheint,
weil wohl Niemand, der sich viel mit Thieren aus dieser finsteren Welt, wo
weder Sonn' noch Mond hinscheint, beschäftiget hat, leicht Etwas mit Zuver-
sicht und Gewifsheit behaupten wird. — Es scheint daher, dafs, wenn das
Glied befruchtet ist, der ganze Vegetationsprocefs sich auf die Brut beschränkt.
Das befruchtete Glied selbst verkümmert, es schrumpft zusammen, wird schmähler, an den Seiten runzlich. Ist es bereits so weit gekommen, dafs es geboren
hat, so stirbt es ganz. So scheint wenigstens die durchlöcherte Stelle Fig. 7. c.
zu lehren, wo nach meinem Dafürhalten die Glieder durch Berstung sich ihrer
Eier entlediget haben. Sie sehen schon ganz braun aus, und wahrscheinlich
wäre dann in wenigen Tagen der Wurm an dieser Stelle abgerissen, und es
würde eine Strecke von 2 Fufs in der Länge abgegangen sein. — Ich wünsche,
dafs dieser Zusatz zu den Zusätzen meinen Lesern keine Langeweile möge gemacht haben. Denn schwerlich wird er sie beim Lesen so sehr interessirt haben,
als mich beim Beobachten.

V. Der Kettenwurm. *Taenia Solium.*

Taf. III. Fig. 1 — 14.

Taenia: capite subhemisphaerico, discreto; rostello obtuso; collo antrorsum increscente, articulisque anticis brevissimis, insequentibus subquadratis, reliquis oblongis, omnibus obtusiusculis; foraminibus marginalibus vage alternis.

Pallas Elench. Zoophyt. p. 405. n. 1. *T. cucurbitina.*

Desselben neue nord. Beitr. I. p. 46 — 57. Tab. II. Fig. 4 — 9. *T. cucurb.*

Bloch Abhandl. S. 20 — 28. Der Kürbiswurm.

Werner Verm. intest. p. 18 — 49. *T. Solium.* p. 49 — 54. Figur 47 — 57. *T. vulgaris.*

Goeze Eingeweidew. S. 269 — 296. Taf. 21. Fig. 1 — 7. 9 — 12. Der langgliedrichte Bandwurm; der kürbiskernförmige Bandwurm.

Gmelin Syst. Nat. p. 3064. N. 1. *T. Solium.* p. 3073. N. 3. *T. dentata.*

Batsch Bandwürmer. S. 117 — 123. Fig. 1 — 6. 9 — 11. 21 — 23. 54. Der Kürbisbandwurm. S. 184 — 187. Fig. 110 — 113. Der gezähnelte Bandw.

Carlisle in the Transact. of the Linn. Soc. Vol. II. p. 247 — 262. Tab. 25. Fig. 1 — 8. *Taen. Solium.*

Jördens Helminth. S. 40. Taf. III. Fig. 1 — 7. Der langgliedrichte Bandwurm. S. 47. Taf. IV.

Brera Vorlesung. S. 9. Taf. I. Fig. 1 — 3. 8. 10. 11. Der bewaffnete menschliche Bandwurm.

Desselben Memorie. p. 64 — 80. Tab. I. Fig. 1 — 14. 17. 22. *Tenia armata umana.*

Zeder Anleitung. S. 359. N. 48. *Halysis Solium.*

Rudolphi Entoz. II. P. I. p. 160. N. 56. *Taenia Solium.*

Bradley a Treatise. p. 75 — 83. Pl. III. Fig. 4 — 10. *Taenia osculis marginalibus. Tape Worm.*

Cuvier le regne animal. p. 43. *Le Taenia à longs anneaux.*

Olfers de vegetativis. p. 35 — 57. *T. Solium.*

Diese *Taenia secunda Plateri* führt, wie schon erinnert worden, mit dem vorher beschriebenen Wurme bei den Schriftstellern gleiche Nahmen. Doch bezeichnen ihn die Franzosen besonders durch: *Le Solitaire, le Ténia sans épine. T. à anneaux longs.*

13

Wohnsitz. In den dünnen Därmen der Menschen aller europäischen Nationen, mit Ausnahme der bei dem Bandwurme genannten, kömmt auch bei den Aegyptern sehr häufig vor.

Beschreibung. Einen ganzen, sowohl mit dem Kopfende als auch mit dem letzten Schwanzgliede versehenen, vollkommen ausgewachsenen Kettenwurm, hat wohl noch Niemand gesehen; indem gewöhnlich ehe noch die vordersten, dem Kopfende nächsten Glieder, sich vollkommen ausgebildet haben, die hinteren, mit reifen Eiern trächtigen, Glieder von freien Stücken abgesetzt, und auf dem gewöhnlichen Wege ausgeleert werden. Es läßt sich daher nicht wohl bestimmen, welche Länge der Wurm, blieben seine Glieder aneinander hängen, bis zur Vollendung des Ganzen, erreichen könne. Indefs sind 20 bis 24 Fufs lange Kettenwürmer aus dem Menschen nicht sehr selten. Längere finden sich jedoch in der kaiserlichen Sammlung nicht, obgleich sie in dem Besitze der Sammlungen von Lengsfeld und Geischlöger ist, — letztere verdankt sie der Güte des Herrn Dr. Novag — welche beide Aerzte sich ganz besonders auf das Abtreiben von Nestelwürmern gelegt hatten und jeden abgetriebenen Wurm oder Bruchtheil eines solchen sorgfältig verwahrten, um ihren geheimgehaltenen specifischen Mitteln mehr Credit zu verschaffen. Indefs spricht Reinlein häufig in seinem Buche von dergleichen Würmern, die 40 bis 50 Ellen gemessen haben sollten. Ja, in den Kopenhagner Abhandlungen (x) wird eine Tänia von 800 Ellen erwähnt. — Robin fand indefs bei der Leichenöffnung eines Mannes, dem kurz vor dem Tode einige Fufs von einem Kettenwurme abgegangen waren, gleich unter dem unteren Magenmunde ein Knäuel dieses Wurms, welcher sich durch den ganzen Darmkanal bis 6 oder 8 Zoll vom After ausdehnte, und bemerkt, dafs er mit dem abgerissenen, früher abgegangenen Stücke wohl dreifsig Fufs lang gewesen sein könnte. Wenn also dieser durch den ganzen Darmkanal sich erstreckende Wurm nicht gröfser war, so ist wohl zu vermuthen, dafs bei so gar grofsen Mafsen, mehrere Würmer zugleich vorhanden waren, wofern man überhaupt nicht sich beim Mafsnehmen geirrt hat, wie diefs wohl der Fall bei den 800 Ellen sein könnte. Denn wenn man die Länge des menschlichen Darmkanals zu 30 Fufs, und diese Ellen nur zu 12 Zoll d. i. zu 1 Fufs annimmt: so müfste sich solch ein langer Wurm doch wenigstens sechs und zwanzig Mahl wieder zurückschlagen oder sechs und zwanzigfach über einander liegen, wenn er in diesem dreifsig Fufs langen Darmkanale Platz haben wollte. Mit einer solchen Masse

(x) Act. havnicas. Vol. II. p. 148.

Wurm aber würde der Darmkanal so ziemlich ausgefüllt werden, und man sieht nicht ein, wo Raum bleiben sollte für den Speisebrei und den Darmkoth. — Oefters wird aber auch bei Schriftstellern, zumahl wenn sie die Solitär-Idee haben, zusammengerechnet, was der mit dem Kettenwurm behaftete Mensch nach und nach ausleerte, und dann kann freilich das Maß enorm werden. — Herr Hufeland (y) erzählt von einem halbjährigen gesunden, meist an der Mutter Brust genährten, reinlich gehaltenen, und gut gepflegten Kinde, welchem ohne die mindeste äußere Spur von Uebelbefinden bereits nach und nach mehr als dreißig Ellen Kettenwurm abgegangen sind. — Wenn nun dieses Kind bis zu seiner Volljährigkeit immer halbjährig eben so viel Wurm ausleeren sollte: so wird sich die ganze Summe belaufen auf 1440 Ellen. Daraus würde man jedoch noch nicht den Beweis führen können, daß es 1440 Ellen lange Kettenwürmer gibt.

Die Breite des Wurms ist sehr verschieden. Gegen das Kopfende zu beträgt sie öfters kaum eine Viertel-'oder Drittellinie, nimmt aber allmählig bis zu 3 — 4 ja selbst 6 Linien und darüber zu; wiewohl es auch darauf ankömmt, ob sich die Glieder im ausgedehnten oder zusammengezogenen Zustande befinden, wie diefs aus der 1ten Figur zu sehen ist. In der Dicke ist sich der Wurm auch nicht gleich, manchmahl ist er sehr dünn, beinahe durchscheinend, bisweilen aber ziemlich dick, wie die in der 6ten Figur gezeichneten Glieder lehren.

Der Kopf ist gewöhnlich sehr klein, Figur 1. doch manchmahl so grofs, dafs man ihn sehr leicht mit unbewaffnetem Auge erkennen kann, wie Figur 2. Aufser bei diesem Einzigen ist es mir jedoch nicht vorgekommen, dafs der bedeutend grofse Kopf, auf einem solchen kurzen dünnen Stiele gesessen hätte, der so jäh in den ziemlich breiten Hals übergeht. Man findet ihn verschiedentlich gestaltet, wenn man todte Exemplare, wie diefs meistens der Fall ist, untersucht. Es erklärt sich diese verschiedene Gestaltung, wenn man einen solchen Wurm noch lebend betrachtet, wie ich dazu Gelegenheit gehabt habe. Der Kopf und Hals des Wurms sind, wenigstens aufserhalb des menschlichen Körpers, in beständiger Bewegung. Bald zieht sich der Wurm zusammen, bald dehnt er sich wieder aus, hierdurch wird der Hals bald länger und schmähler, bald kürzer und breiter; und so ändert sich auch sein Verhalten zum Kopfe, so wie selbst dieser wieder in jedem Augenblick seine Form verändert. Wird nun der Wurm plötzlich getödtet durch Uebergiefsen mit kaltem Wasser oder Weingeist, so bleibt er in der Form, in welcher er sich gerade alsdann befindet; doch kann dieselbe auch

(y) Journal. Bd. 18. S. I. S. 111.

13 *

noch nach dem Tode durch Zusammenziehung mittelst eines sehr starken Weingeistes verändert werden. Der in der 3ten Figur vorgestellte Wurm ist in war-
mem, langsam erkaltetem Wasser gestorben. Wie sehr veränderlich aber der Kopf
bei Nestelwürmern überhaupt ist, kann man sich am besten überzeugen, wenn
man die Dreizack- oder Runzelwürmer aus dem Hechte, oder die Bandwürmer
aus dem Barben, die man bei der Untersuchung dieser Thiere meistens noch lebend erhält, genau beobachtet. Sechserlei verschiedene Ansichten des Kopfendes
von dem Runzelwurme hat Herr Rudolphi (z) gegeben. Ich habe deren neun
von eben diesem Wurme, und fünf von dem Bandwurme aus dem Barben zeichnen lassen. — Ich glaube, dafs die drei hier gegebenen vergröfserten Abbildungen
des Kettenwurmskopfes aus dem Menschen Figur 3. 4. 5 hinreichen werden, um
meinen Lesern eine richtige Idee davon zu geben.

An diesem veränderlichen Kopfe bemerkt man, allemahl vier Saugmündungen, welche gleichfalls bald mehr hervorstehen, bald mehr zurückgezogen sind.
Bei dem von mir beobachteten noch lebenden Wurme bemerkte ich, dafs er immer je zwei derselben, und zwar übers Kreutz einzog, während er die zwei
anderen weiter hervorstreckte. Bei zwei Kettenwürmern, welche ich in den ersten 24 Stunden nach dem sie abgegangen waren, zu sehen Gelegenheit gehabt,
befand sich in den Röhren dieser Saugmündungen eine schwarze Materie, von welcher noch etwas bei der 3ten Figur zu bemerken ist, welche sich jedoch nach einiger Zeit ganz auflöste, und verschwand. Diese schwarze Materie war nichts
anderes, als Koth aus den dicken Därmen, der sich daselbst hineingesetzt hatte.
Die Köpfe der Würmer aber bekamen dadurch das Ansehen, als wenn sie Augen
hätten, und es erklärt sich daraus, wie manche ältere Aerzte die Kettenwürmer
mit wirklichen Augen abbildeten. Auch vertheidiget noch Andry (a) seine Meinung von vier Augen gegen Mery, der sie für eben so viele Nasenlöcher hielt.
— Zwischen diesen vier Saugmündungen erhebt sich bei ganz ausgestrecktem
Kopfe Figur 3 eine gewölbte Hervorragung, auf welcher man jederzeit einen Kreis
bemerkt, in dessen Mitte sich eine kaum bemerkbare kleine Oeffnung befindet.
Auf diesem erwähnten Kreise sitzen öfters, aber nicht immer, kleine Häkchen
in zweifacher Reihe. In den meisten Beschreibungen und Abbildungen dieses
Wurms kommt zwar jederzeit dieser Hakenkranz vor. In der Wirklichkeit aber
verhält sich die Sache nicht also. Ich hatte bereits fünf oder sechs Köpfe dieser

(z) Entoz. Tab. IX. Fig. 6 — 11.
(a) Am angeführten Orte. S. 69.

Würmer, darunter den noch lebenden aufs genaueste untersucht, und konnte bei keiner Art von Vergröfserung, bei keiner Art von Beleuchtung diesen Haken-kranz gewahren. Ich schrieb defshalb an Herrn Rudolphi, der mir das Figur 4 abgebildete Kopfende übersandte, an welchem derselbe freilich sehr deutlich erscheint. Späterhin theilte mir auch Herr Dr. Görgen, vormahls Primararzt im hiesigen allgemeinen Krankenhause, einen dergleichen bewaffneten Wurm mit. Mir scheint, dafs der Wurm mit dem Alter den Hakenkranz verliert, wie dann ein solches Verschwinden der Haken bei Eingeweidewürmern, nicht etwas ganz Ungewöhnliches ist. Ganz besonders auffallend ist es bei dem *Echinorhynchus polymorphus mihi.* Auch besitzt unsere Sammlung eine sehr lange *Taenia serrata* aus einem Hunde, an deren Kopfende auch der dieser Species eigenthüm-liche Hakenkranz fehlt.

Der platte oder niedergedrückte Hals ist bald länger, bald kürzer; ganz fehlend habe ich ihn bei diesem Kettenwurme noch nicht gefunden. Auf den ungegliederten Hals folgt der gegliederte Körper. An diesem sind die ersten Glieder zwar öfters sehr schmahl, doch immer noch kürzer als breit. Bei immer zunehmender Breite wächst die Länge in Verhältnifs viel stärker, und die Glieder bilden bald gleichseitige Vier-ecke, die endlich in längliche Vierecke übergehen, deren Länge wohl das Dop-pelte der Breite beträgt. Doch gibt es hierin auch sehr viele Anomalien, und es folgen öfters auf die Glieder, die mehr lang als breit sind, wieder solche, die mehr breit als lang sind. Diefs kommt her von der ungleichzeitigen Zusammenzie-hung einzelner Strecken des Wurms, denn die Bewegungen des Wurms bestehen in einem Zusammenziehen und Ausstrecken der Glieder; bei dem ersteren wer-den sie breiter und kürzer, bei dem letzteren schmäler und länger. Ich habe hier einen Wurm, der ungefähr acht Fufs lang gewesen sein mochte, abbilden lassen, mit Auslassung grofser Strecken, die immer eine den vorhergehenden Gliedern gleiche Bildung hatten. Verschiedene Abweichungen in dieser Bildung der Glie-der findet man in den Figuren 7. 8. 10.

Indefs ist zu bemerken, dafs viele solche Unförmlichkeiten einzig von dem plötzlichen Tödten des Wurms, durch Uebergiefsen mit kaltem Wasser oder star-kem Weingeiste herrühren.

Längs des ganzen Wurms sieht man bei manchen Exemplaren Fig. 6 nahe an den Rändern zwei etwas gesättigtere weifse Linien herablaufen, die nach Herrn Rudolphi die Nahrungskanäle sind, welche von den Saugmündungen am Kopfe entspringen. Es sind eigentlich vier solche Kanäle, es werden aber die unten

liegenden durch die oberen gedeckt. — Ich habe einen sehr dünnen durchscheinenden Kettenwurm aus dem Menschen, bei welchem man jedoch nur einen in
der Mitte durchlaufenden Kanal wahrnimmt.

An den Rändern der mehr ausgebildeten Glieder bemerkt man, bald rechts
bald links, kleine warzenförmige Hervorragungen, welche in der Mitte eine deutliche Oeffnung haben. Man sieht sie an den mittleren Gliedern bei Figur 1 sehr
deutlich; besonders aber bei Figur 9. 10 12. 13. Man glaubte lange Zeit, dafs mit
diesen Seitenöffnungen sich der Wurm an die Wände der Därme ansauge, um mittelst
derselben seine Nahrung aufzunehmen. Allein die neueren Naturforscher sind alle
darin einig, dafs diese Oeffnungen, und die von ihnen fortlaufenden Kanäle zu den
Eierbehältern führen, welche man in verschiedener Gestalt, meist in dentriti-
scher Form bei dünnen oder etwas macerirten Würmern durchschimmern sieht,
(Figur 9) und eigentlich zu den Geschlechtsverrichtungen dienen. Bei manchen
Kettenwürmern, besonders bei denen aus Sumpf - und Schwimmvögeln, sieht man
öfters kleine Fäden aus diesen Oeffnungen heraushängen, welche wohl nichts anderes als das männliche Glied sind. Bei den Kettenwürmern aus dem Menschen
habe ich diese Fäden noch nicht zu beobachten Gelegenheit gehabt. Das Hervor-
treten dieser Seitenöffnungen ist an keine bestimmte Ordnung gebunden. Bald
sind deren 3, 4 auch mehrere auf der einen Seite in unterbrochener Reihe, denn
kommen wieder eine, zwei auf der andern Seite vor, u. s. f. — Wer über den
inneren Bau dieser Organe sich näher unterrichten will, lese darüber W e r n e r
nach, oder nehme selbst das Messer und Vergröfserungsglas in die Hand, indem,
wie schon erinnert worden, solche Beschreibungen und Abbildungen aufser meinem Zwecke liegen.

Z u s ä t z e.

Schon die ältesten Aerzte thun dieses Wurms Erwähnung, aber unter zwei
verschiedenen Nahmen, denn sie unterscheiden den *Lumbricum latum*, oder
Taeniam Solium — worunter wohl auch manchmahl der *Bothriocephalus latus*
verstanden wurde — von den *Vermibus cucurbitinis* oder Kürbiswürmern.
Von dem ersteren glaubten sie, dafs nur Einer in eines Menschen Körper wohnen könne, und die letzteren hielten sie für Würmer eigener Art, auch wohl,
wie A n d r y, für die Eier des grofsen Wurms. Sie irrten aber in beiden Stücken. Was das Erste betrifft, so ist es bereits durch viele Erfahrungen aufser allem Zweifel gesetzt, dafs sehr oft mehrere solche Würmer zu gleicher Zeit in

den Därmen eines Menschen hausen. De Haen (b) hat einer dreifsigjährigen Frau binnen wenigen Tagen achtzehn Stücke, die alle gegen das eine Ende fadenförmig ausliefen, abgetrieben. Zwei und drei bei einem Menschen sind mir häufig vorgekommen; bei jungen Hunden aber habe ich öfters 70 bis 80 Kettenwürmer beisammen angetroffen. — Rücksichtlich des zweiten Irrthums ist zu erinnern, dafs die Kürbiswürmer nichts anderes sind, als die hinteren mit reifen Eiern trächtigen Glieder eben dieses Wurms, welche sich vom Stamme losgelöst haben.

Ueber die eigentliche thierische Natur des Wurms hegte man auch lange verschiedene, mitunter sehr sonderbare Meinungen. So z. B. leugnete Linné geradezu den Kopf desselben; und selbst ein Blumenbach hielt einst dafür, dafs jedes Glied des Kettenwurms ein eigenes Thier sei, und dafs ein solches Thier sich wieder an ein anderes ansauge. Er sagt: (c) »die organischen Theile am »vorderen Ende des Bandwurms, mit denen er sich feste saugt, die man für Merk-»mahle des Kopfs angenommen hat, die finden sich an jedem vermeintlichen »Gliede des Bandwurms. Nur werden sie bei dem vordersten dieser Glieder, dem »ersten Wurme nähmlich, kenntlicher, weil er sie mehr ausbreitet. Er mufs »sich immer mehr ausbreiten, jemehr seines Gleichen sich hinten anhängen. Die »vordersten der Kette, die ältesten, sind immer kleiner, als die letzten, oft ei-»nem Faden ähnlich, der aber bei einer mäfsigen Vergröfserung eben so regel-»mäfsige Glieder zeigt. Sie müssen aber, was sie gesaugt haben, ihren Nach-»folgern überlassen.« — Lange blieb noch Herr Hofrath Blumenbach, wie diefs die früheren Ausgaben seines Handbuchs bezeugen, dieser Meinung zugethan, welche jedoch in den neuesten nicht mehr vorgetragen wird. — Carlisle ist der Meinung, dafs sich aus jedem einzelnen Gliede wieder ein neuer Wurm bilden könne.

Man darf indefs nur viele Thiere auf Helminthen untersucht und einige Mahle ganz junge Kettenwürmer gefunden haben: so wird aller Zweifel schwinden. So fand ich einige Mahle in den Därmen des Kormorans (*Pelecanus Carbo*) in grofser Anzahl ganz junge Kettenwürmer, denen Herr Rudolphi den Nahmen *Taenia scolecina* gegeben hat, welche nur drei bis vier Linien lang und am hinteren Ende abgerundet, also ganz (*integrae*) sind, bei denen man aber den Kopf mit vier Saugmündungen und einem Hakenkranz deutlich wahrnehmen kann.

(b) Ratio medendi. Vol. XII. p. 218.
·(c) Göttingische Anzeigen von gelehrten Sachen. 1774. St. 154. S. 1313.

Und obgleich diese Würmer selbst in der Vergröfserung ungegliedert erscheinen, so sieht man doch schon an den Seitenwänden die Fäden (*Lemnisci*) von denen oben gesprochen wurde, herausstehen. Diese Würmer mögen zum Beweise dienen, dafs der Kettenwurm und jeder andere Nestelwurm, als Embryo sich ganz auf einmahl bildet, und wie jedes andere Thier erst nur nach und nach zu seiner vollkommenen Gröfse gelangt, ohne, dafs es nöthig wäre, dafs sich neue Glieder erzeugten.

Ueber diese Erzeugung neuer Glieder ist viel gesprochen, auch viel gefabelt worden, defshalb ich mich etwas umständlicher darüber auslassen mufs. Eine solche Erzeugung neuer Glieder ist nur auf dreierlei Weise, oder an drei verschiedenen Stellen des Wurms denkbar. Entweder erstlich, es müssen sich am Kopfende neue Glieder ansetzen; oder es müssen sich zweitens an irgend einer Stelle des Körpers, oder an mehreren zugleich einzelne Glieder in mehrere theilen, deren jedes neuerzeugte nach und nach die Gröfse des alten annimmt; oder es müssen sich endlich drittens neue Glieder am Schwanzende ansetzen. — Was die erste Voraussetzung betrifft; so ist es nicht wahrscheinlich, dafs sich daselbst neue Glieder ansetzen, darum, weil man bei jungen Würmern einen Hals bemerkt, der bei den alten verschwindet oder sich in Glieder auflöst. Geschähe also der Ansatz neuer Glieder am Vorderende, so wäre es doch wohl natürlicher, dafs der Hals als solcher vom Kopfe aus Zusatz erhielt, und durch diesen Zusatz in seiner ursprünglichen Länge erhalten würde, während an der anderen Gränze ein Theil desselben sich zu Gliedern bildet, als dafs zuvor der ganze Hals in Glieder zerfällt, und dann erst neue aus dem Kopfe hervorgetrieben werden. Ich sagte zwar oben, dafs unsere Sammlung keinen Kettenwurm aus dem Menschen besitzt, der nicht mehr oder weniger Hals hätte; allein es finden sich unendlich viele aus anderen Thieren vor, denen er ganz fehlt; und da sich der Kettenwurm aus dem Menschen in allen übrigen Stücken mit andern Kettenwürmern gleich verhält, so wird er auch in diesem nicht davon abweichen.

Fände der zweite Fall Statt, dafs nähmlich an irgend einem Theile des Körpers einzelne Glieder in mehrere sich zertheilten, so hätte diefs schon längst beobachtet werden müssen, weil doch die verschiedenen Stadien, welche eine solche Bildung neuer Glieder durch Theilung eines alten voraussetzt, nicht hätten unbemerkt bleiben können. Man trifft zwar öfters verkrüppelte Glieder von ungleicher Länge auf beiden Seiten, aber Quereinschnitte oder Eindrücke in den Gliedern, welche eine bevorstehende Theilung eines Gliedes in zwei Glieder vermuthen liefse, — dergleichen Theilung der Wirbelknochen man wohl bei Wassersalamandern erkünstlen kann — sind meines Wissens noch von keinem Naturforscher beobachtet worden. .

Was den Ansatz von neuen Gliedern am Hinterende betrifft: so hat Andry hierüber eine Erfahrung bekannt gemacht, welche bei dem ersten Anblick alle Zweifel hierüber zu beseitigen scheint (d). Andry hatte einen Patienten, dem öfters schon 4 bis 6 Fufs lange Strecken von Kettenwurm, jedoch ohne Kopfende, abgegangen waren. Er trug ihm auf, das nächste Mahl durch den sich abspinnenden Wurm mittelst einer Nadel einen Faden durchzuziehen, dann den Wurm unterhalb des Fadens abzureifsen, und in den Darmkanal zurückgehen zu lassen. Diefs geschah. Nach Monathsfrist gab Andry ein Purgans und es wurde ein Kettenwurm mit Kopfende ausgeleert. Die unterhalb des Fadens befindliche Portion des Wurms war ungefähr einen Fufs lang, und zählte vierzig Glieder, da sie doch damahls, als der Versuch angestellt wurde, nur handbreit war und fünf Glieder zählte. Allein der ganze Versuch beweist, wie auch Herr Rudolphi bemerkt, gar nichts. Es trifft schon nicht das Verhältnifs der Zahl der Glieder mit dem des Längemafses überein. Denn wenn fünf Glieder vier Fingerbreit lang waren, welche wir nur zu 5 Zoll annehmen wollen: so müssen 40 Glieder zwei Fufs lang sein. Ueberdiefs aber mufs man bedenken, dafs bei dem ersten Mafsnehmen und Zählen der Glieder das Fehlen fast unvermeidlich war. Bei dem Durchstechen wurde der Wurm gereizt, er zog sich krampfhaft zusammen, wie diefs bei allen Thieren der niedern Classen der Fall ist. Er wurde abgerissen, und nun zog er sich noch mehr zusammen. Vermuthlich schätzte man nun nach den abgegangenen und abgesponnenen langgezogenen Endgliedern die Zahl der unter dem Faden befindlichen auf fünf. Eine Strecke von 40 Kettenwurmsgliedern kann sich aber allerdings so stark zusammenziehen, dafs die Länge derselben nicht mehr als eine Handbreite beträgt. Uebrigens gilt gegen diese Wahrnehmung das, was sogleich gegen eine Behauptung des Herrn Brera vorgebracht werden wird. Dieser hat nähmlich sich bemüht zu zeigen, wie der Kettenwurm die Glieder am hinteren Ende abstöfst, und wie sich daselbst wieder neue bilden, so

(d) Ich nahm diese Erfahrung aus Rudolphi Entoz. Vol. I. p. 337, da ich mir das Buch von Andry: Vers solitaires et autres de diverses espéces dont il est traité dans le livre de la génération des vers, représentés en plusieurs planches, avec le renvoisux pages, ou il en est parlé, ou qui y ont rapport : ensemble plusieurs remarques importantes sur ce sujet, à Paris 1718. 4. nicht habe verschaffen können.

14

dafs also immer der Wurm die nähmliche Anzahl von Gliedern behalten müfste. Er sagt: (e) »Seitwärts an dem einen der Ränder, wo die Glieder an einander »schliefsen, sprofst ein kleines Knöpfchen hervor, ganz von der Substanz wie die »Glieder selbst. Dieses Knöpfchen wächst, breitet sich aus, stöfst nach und nach »das nächste Glied ab, und nimmt nicht nur dessen Stelle ein, sondern erhält »auch seine Gestalt, so dafs das abgestossene Glied dadurch vollkommen ersetzt »wird.« Dem ist jedoch nicht also, es streiten dagegen Theorie und Erfahrung. Wäre der Fall so wie ihn Herr Brera setzt: so müfste immer zuerst nur das letzte zugerundete Glied abgehen, und da das neue Glied die ganze Form des abgestossenen annehmen soll, so müfsten lauter solche Endglieder abgehen. Es gehen aber vielen Menschen tagtäglich mehrere Glieder ab, woron kein einziges die Figur des Endgliedes hat. Auch ist es gar nicht wahrscheinlich, dafs bei Menschen, die vielleicht nur einen oder zwei Kettenwürmer beherbergen, täglich so viele neue Glieder sich erzeugen sollen. Und wenn nun ein solches Knöpfchen sich am zwanzigsten Gliede, von unten auf gezählt, bildet; so müssen ja nothwendig die übrigen neunzehn mit abgestossen werden, und für diese ist doch das neue Glied nicht als Ersatz zu rechnen. Uebrigens aber finden wir bei grofsen Würmern immer die hintersten Glieder mit reifen Eiern trächtig; auch sind es fast durchgehends die von freien Stücken abgehenden Glieder. Es müfsten also auch diese neu erzeugten Glieder gleich bei ihrer Entstehung mit solchen Eiern geschwängert sein, indefs bei den vorhergehenden Gliedern die Eier, ohne weiter zu kommen, liegen blieben, was alles gar nicht wohl denkbar ist.

Nach meinem Dafürhalten erzeugt sich der ganze Wurm auf einmahl, er sei nun der erste von selbst entstandene, oder ein späterer aus dem Eie entwickelter. Er nimmt allmählich an Gröfse zu, die einzelnen Glieder werden unterscheidbar, und zwar die hintersten zuerst. Haben diese eine gewisse Gröfse erreicht, sind die in ihnen enthaltenen Eier zur Reife gediehen, so trennen sie sich von selbst vom Stamme. Diefs kann bereits geschehen während die dem Kopfe, nächsten Glieder noch gar nicht unterscheidbar sind, und noch einen langen Hals bilden. Indefs kommt nicht minder endlich die Reihe an sie, und zuletzt geht auch der Kopf den Weg, den früher seine Glieder genommen haben. Wie viel Zeit dazu erfordert wird, kann ich nicht angeben, zweifle aber sehr, dafs der Wurm zehn und mehrere Jahre dazu brauche, wie man oft durch den fortwährenden Abgang einzelner Glieder ohne Kopfende verführt, annehmen zu müssen glaubt (f). Mir

(e) Memorie. S. 46 — (f) Man sehe hierüber Carlisle.

ist es wahrscheinlicher, dafs sich während dieser Zeit ein oder der andere dem Eie entschlüpfte Kettenwurm wieder entwickelt, oder auch ein neuer bei fortwährender Disposition von freien Stücken gebildet hat. — Im Herbste findet man bei den Hechten keine Runzelwürmer; im Frühjahre ist der ganze Darm davon voll. — Aus dem Umstande aber, dafs man den Kopf des Wurms nicht abgehen gesehen hat, darf man gar nicht schliefsen, dafs er noch im Darme zurück sei. Denn gewöhnlich zerreifst der Wurm beim Abgange, und meistens sehr nahe bei dem Kopfende; je näher er diesem abreifst, desto schwerer ist der Kopf im Kothe zu finden. Wenn man aber, wie gewöhnlich geschieht, mit einem Stück Holze im Nachttopf herumrührt, so geht der Kopf gewifs verloren. · Die beste Methode seiner habhaft zu werden, ist folgende: Man giefst behutsam so lange lauwarmes Wasser über den Koth, und läfst es vorsichtig wieder abrinnen, bis am Ende der Wurm und alles, was sein ist, rein auf dem Boden des Gefäfses liegen bleibt. Auf diese Art wurde ich auch des Kopfs des Bandwurms, den ich einer Petersburgerinn abtrieb, und der ungefähr einen Zoll vom Kopfende abgerissen war, habhaft, nachdem ich einige Eimer Wasser zum Abspülen des Koths verbraucht hatte. — Unter mehreren hundert mit dem Kettenwurme behafteten, von mir behandelten Menschen jeden Alters und Geschlechts, hat nicht ein Einziger das Kopfende des Wurms abgehen gesehen, und doch sind neun und neunzig unter hundert, so viel mir bekannt ist, bis zur heutigen Stunde befreiet geblieben.

Aufser den obenangezeigten und abgebildeten Verschiedenheiten im Baue der Glieder kommen auch manchmahl Kettenwürmer mit durchlöcherten Gliedern vor. Zwei solche habe ich abgetrieben. Der eine hatte nur wenige solche durchlöcherte Stellen, bei dem andern war fast die ganze abgegangene einige Fufs lange Strecke durchlöchert, von der ich in der 10ten Figur ein Stückchen habe abbilden lassen. — Masars de Cazeles hat einen ähnlichen Wurm abzeichnen lassen. Er hält ihn für eine neue Species, welches er aber bestimmt nicht ist, und es scheinen blofs an diesen Stellen die Eiersäcke geborsten zu sein, wodurch diese, etwa so zu nennende *Taenia fenestrata*, entstand.

Endlich aber besitzt unsere Sammlung noch ein sehr merkwürdiges Stück. Es ist diefs eine mehrere Fufs lange Strecke von Kettenwurm, deren zwei an dem einen Rande fest zusammen verwachsen sind. Die 12. 13. und 14te Figur stellen einen Theil davon vor. Es ist sehr Schade, dafs ich nicht das Kopfende davon erhalten konnte. Wahrscheinlich war es auch mit diesem Stücke unter den vielen einzelnen Gliedern zugleich mit abgegangen und aus Unachtsamkeit weggeschüt-

·4 *

tet worden. Denn nachher ging dieser Patientinn nichts mehr ab. — Die Sammlung besitzt einen kaum zolllangen bewaffneten Kettenwurm aus einer Katze, der
6 Saugmündungen statt 4 hat. Seine prismatische Figur mit Vertiefungen der
Länge nach, zeigt, dafs es eigentlich eine verwachsene Drillingsgeburt oder Dril-
lingsmifsgeburt ist.

Herr B r e r a will auch einen Bastardkettenwurm, d. i. ein Mittelding zwischen Bandwurm und Kettenwurm, welcher sich seiner Meinung nach, aus der
fleischlichen Vermischung beider Würmer ergeben haben soll, beobachtet haben.
Er gibt davon zwar eine Beschreibung, die jedoch nicht hinreicht, um meinem
Verstande ein deutliches Bild zu entwerfen. Eine Abbildung davon hat er leider
nicht gegeben, was auch Herr O l f e r s sehr bedauert, indem er übrigens diesen sogenannten Bastard für einen gemeinen Kettenwurm hält. — Auch ist es
eine schwer zu glaubende Sache, dafs ein Bandwurm und ein Kettenwurm sich
zugleich in dem Darmkanale eines und desselben Menschen sollen aufgehalten haben, defshalb auch Herr O l f e r s hinzusetzt: *dummodo observationi credendum.*

V I E R T E S   C A P I T E L.

Von den Ursachen der Erzeugung der Würmer im menschli-
chen Darmkanale.

Wenn wir als erwiesen annehmen, dafs die Eingeweidewürmer nicht von
aussen in den Körper kommen, auch nicht angeboren sind, also nothwendig einer
Urbildung ihr Dasein zu verdanken haben müssen: so können wir die nächste Ursache dieser Wurmbildung in nichts anderem suchen, als entweder in einer veränderten Beschaffenheit, Mischung der den Körper überhaupt oder einzelne Organe ernährenden Stoffe, oder auch in einem Uebermafse derselben, dem die
Darmwürmer wohl öfters so gut, wie jeder anderen Ursache, ihre Entstehung zu
verdanken haben mögen. — Die Ursache aber einer solchen veränderten Beschaffenheit, oder eines Mifsverhältnisses der den Körper ernährenden Stoffe kann nur
in einer relativen Schwäche einzelner Gebilde liegen, nicht in Schwäche im Allgemeinen. Denn so wenig als Schwäche überhaupt, da wo völlige Uebereinstimmung in allen Verrichtungen herrscht als Krankheit angesehen werden kann, eben
so wenig können wir sie als eine Ursache der Wurmerzeugung annehmen. Nur

durch Disharmonie in den Verrichtungen einzelner Gebilde wird Krankheit gesetzt. Eine ähnliche Disharmonie mufs Statt finden, wenn Würmer erzeugt werden sollen. Denn wird z. B. in dem Magen aus den genossenen Speisen nicht mehr und kein anderer Nahrungsstoff, als zum Ersatze des Ausgeschiedenen, oder zur Vergröfserung, zum Wachsthume des Körpers nöthig ist, bereitet; wird daselbst nicht mehr Stoff animalisirt, als in die aufsaugenden Gefäfse des Darmkanals aufgenommen werden kann, und wirklich aufgenommen wird; werden daselbst auch von Seite des thierischen Körpers nicht mehr Säfte aus seiner eigenen Masse ausgeschieden, als nöthig ist, um die von aussen aufgenommenen Stoffe zu animalisiren und zu homogenisiren ; so werden sich auch in dem Darmkanale keine Würmer erzeugen. Findet hingegen ein Mifsverhältnifs Statt, wobei nähmlich im Darmkanale mehr Stoff animalisirt wird, als aufgesogen werden kann, so ist nichts leichter, als diefs. Daher finden wir auch öfters Personen, die dem äusseren Anscheine nach vollkommen gesund und kräftig sind, und dennoch in ihren Gedärmen Würmer beherbergen. Hier scheint es, dafs der Magen und die Gedärme oder die sogenannten ersten Wege sich in einem Zustande gröfserer Lebensthätigkeit befinden, als wirklich zur Erhaltung des Körpers nothwendig ist, und dafs die Thätigkeit der aufsaugenden Gefäfse, welche nur so viel, als zum Ersatze des Verlustes nöthig ist, aufnehmen, zu jener in einem Mifsverhältnisse steht; dafs folglich von den Dauungsorganen mehr Stoffe animalisirt werden, als diese aufnehmen, wodurch dann dieser hier weilende lebendige Stoff bestimmt wird, zu einem selbstständigen Ganzen, zu einem Wurme sich zu bilden. Darum kann nun auch die Anlage (Opportunität) zur Wurmerzeugung, so wie zu manchen anderen Krankheiten, sowohl angeerbt, angeboren, auch erworben sein. Ja! es erklärt sich hieraus, warum Kinder mehr als Erwachsene, Frauenzimmer mehr als Männer zur Wurmerzeugung geneigt sind. Bei beiden herrscht in der Regel eine gewisse Schwäche in dem einsaugenden Systeme. — Man weifs, dafs oft Kinder, zumahl wenn sie nicht der Mutter Brust geniefsen, in den ersten Lebensmonathen, trotz der vielen Speisen, die sie zu sich nehmen, dennoch nicht gedeihen, an Gröfse und Stärke nur sehr wenig zunehmen. Diefs liegt gewöhnlich nicht an der geringen Ergiebigkeit an Nahrungsstoff der genossenen Speisen, sondern an der schlechten Verarbeitung dieser Speisen, an der nicht hinlänglichen Aufnahme des daraus bereiteten Nahrungssaftes. — Bei scrofulösen und atrophischen Kindern ist der freie Durchgang in den aufsaugenden ernährenden Gefäfsen gehemmt, oder doch sehr erschwert; es bleibt also im Darmkanale eine grofse

Menge Nahrungssaft zurück, worunter ich nicht blofs den Auszug aus den genossenen Speisen, sondern die Mischung dieses Auszuges mit den Säften des Körpers,
kurz einen schon animalisirten Saft verstehe; der, wenn er nicht, wie das zur
Ernährung Unbrauchbare durch den Stuhl ausgeleert wird, sich leicht der Wurmbildung hingibt. Solche Kinder sind auch, wie die Erfahrung lehret, gewöhnlich
mit Würmern behaftet.

Diese Vorstellungsart von der Erzeugungsweise der Darmwürmer scheint
mir wenigstens der Wahrheit näher zu liegen, als die Meinung des Aëtius (g),
des Paul von Aegineta, Riolans und Cabucinus, nach welcher der
Bandwurm nichts anderes sein soll, als die abgelöste innere Haut der dünnen
Därme, welche zu einem lebendigen Körper geworden sei. Aehnliche Theorien
findet man noch heut zu Tage.

Wenn indefs unter den vorgenannten Bedingungen sich häufig Darmwürmer
erzeugen: so folgt daraus noch keineswegs, dafs sie überall da, wo diese Bedingungen gegeben sind, sich nothwendig erzeugen müssen. Auch würde eine solche
Behauptung gegen alle Erfahrung streiten. Denn öfters treten alle die erwähnten Umstände ein, ja! es ergeben sich sogar alle Zeichen, aus welchen man auf
die Gegenwart von Würmern zu schliefsen sich berechtiget glaubt, und dennoch
sind keine vorhanden. Die Ursache ist leicht zu finden. Sie liegt unstreitig darin, dafs die genannten Bedingungen nur den einen, und zwar nur den für uns
erkennbaren Factor der Wurmbildung ausmachen. Diesen könnte man den materiellen nennen, den anderen, den ich mit gütiger Erlaubnifs meiner Leser,
einstweilen den geistigen nennen will, kennen wir nicht. Die Mitwirkung desselben ist aber unumgänglich erforderlich, wann sich aus dem formlosen animalisirten Stoff ein neues Thier, ein Wurm bilden soll. Diesen zweiten Factor, — der
jedoch nichts anderes ist, als der alles belebende Geist, der selbst schon in dem
formlosen animalisirten Stoffe waltet, aber nicht in der zur Hervorbringung eigenthümlichen Lebens erforderlichen Spannung, — näher kennen lernen zu wollen, bleibt für uns, so lang wir hienieden wallen, ein thörichtes Unternehmen.
Wir erkennen seine Gegenwart blofs aus seinen Wirkungen.

Zu den entfernteren Ursachen der Wurmerzeugung können wir vorzüglich rechnen: sitzende, unthätige oder wenig Aufwand von Muskelkraft er-
fordernde Lebensart; feuchte, dumpfe Wohnungen; eine Kost, woraus ein zäher,
schleimiger oder auch sehr ergiebiger Nahrungssaft bereitet wird, vorzüglich der

(g) Tetrabibl. III. Serm. I. Cap. XL. p. 597.

häufige Genufs von fetten, mehlichten und Milchspeisen. — Feuillée hält auch vieles Zuckeressen für eine Ursache des häufigeren Vorkommens von Würmern bei den Indianern. — Sitzende Lebensart ist wahrscheinlich eine der entfernteren Ursachen, warum Würmer häufiger bei Frauenzimmern vorkommen, als bei Männern. Noch geneigter macht dazu der beständige Aufenthalt in einer feuchten Wohnung, der durch Unterdrückung der freien Hautausdünstung mittelbar auf die Verrichtungen des einsaugenden Systems in den Gedärmen nachtheilig wirkt. Ist vollends die Nahrung so beschaffen, dafs die Wurmerzeugung dadurch begünstiget wird, so ist für ihre Bildung vollkommen gesorgt, nähmlich von Seite des materiellen Factors. — Es ist bekannt, dafs das Weiden der Schafe in sumpfigen Gegenden die gewöhnlichste Ursache der Leberegeln ist. Defshalb werden in wohlverwalteten Schäfereien die Schäfer zur Verantwortung gezogen, wenn dieses Uebel in einer Heerde einreifst, weil man beinahe mit Gewifsheit voraussetzen kann, dafs sie auf nasse Weiden getrieben, oder im Winter mit verschlämmtem nicht gehörig gereinigtem Futter genährt worden ist. In nassen Jahren richtet jedoch diese Krankheit auch ohne Verschulden des Schäfers grofse Verheerungen unter den Schafen an, und nur durch die zeitige Anwendung bitterer und stärkender Mittel, Enzian, Kalmus u s. w. kann man dem weiteren Umsichgreifen dieses Uebels einigermafsen steuern.

So wie aber Wurmkrankheiten epizootisch bei den Thieren vorkommen — denn aufser den Leberegeln wird auch nicht selten der Pallisadenwurm (Strongylus Filaria R.), der in den Luftröhren und deren Verästlungen seinen Sitz hat, eine Krankheitsursache der Schafe, die grofse Verwüstungen anrichtet, wie mir diefs aus mehreren rathfragenden Schreiben von Güterbesitzern bekannt ist — eben so können auch Wurmkrankheiten unter den Menschen epidemisch und endemisch herrschen. Denn wenn z. B. eine gewisse Beschaffenheit unseres Dunstkreises dazu beitragen oder selbst bewirken kann, dafs zu gewissen Zeiten oder in gewissen Gegenden Gallenfieber oder andere nicht ansteckende Krankheiten häufiger vorkommen: so können auch Würmer und Zufälle von Würmern erregt, zu gewissen Zeiten und in gewissen Gegenden, wann und wo solche entfernte Ursachen der Wurmerzeugung allgemein wirksam sind, als epidemisch oder endemisch angesehen werden. Wurmepidemien sind also unter gewissen Beschränkungen kein Hirngespinnst. Marie hat eine solche sehr merkwürdige in Ravenna und der Umgegend beobachtet, wo alle Kranke Würmer von oben und unten ausleerten. Indefs mufs man nicht Alles für Wurmepidemie halten, was da-

für ausgegeben wird. Auch will es mir nicht einleuchten, dafs Würmer eine Faul-
fieberepidemie hervorgebracht haben sollen, wie Herr Bernard zu glauben geneigt ist; sondern mir ist es wahrscheinlicher, dafs Wurmkrankheiten in jener
Gegend endemisch sind. Gewifs aber ganz falsch nennt Bonnevault ein ge-
wöhnliches Faulfieber, ein epidemisches fauligtes Wurmfieber, weil einige Kranke
auch Würmer ausleerten. Daher wird auch in dem *Journal de Medécine* in den
Bemerkungen über die Beschreibung eines fauligten Wurmfiebers von Dufour,
erinnert, dafs man nicht Wurmfieber, sondern lieber Fieber mit Würmern complicirt
sagen sollte. Wurmepidemien werden daher nur da vorkommen, wo Würmer zur
endemischen Constitution gehören. Dafs es aber Gegenden und selbst ganze Länder
gibt, in denen Würmer bei weitem häufiger vorkommen, als in anderen, lehrt die
Erfahrung. Daquin glaubt, dafs es nirgends mehr Würmer geben könne, als
in Savoyen bei Chambery, welche nicht nur bei der gemeinen Volksclasse, sondern auch bei Personen aus den höheren Ständen, wo also nicht schlechte Nahrung und dergleichen als Ursache anzuklagen sind, sehr häufig angetroffen werden, ohne dafs er hiervon einen Grund anzugeben wüfste. Aufser vielen anderen einzelnen Gegenden werden besonders Holland und die Schweiz als Wurm-
länder betrachtet. Bei den Bewohnern der letzteren dürfte es wohl etwas schwer
halten, das häufigere Vorkommen von Würmern zu erklären. Schwerlich möchte
die Ursache davon in der Beschaffenheit des Dunstkreises liegen, die in diesem
Gebirgslande ganz entgegengesetzt ist der des flachen Bataviens. Eben so wenig
wohl in der Beschaffenheit der Nahrungsmittel; denn es ist, wenigstens in den
gröfseren Städten, die Lebensart in dieser Beziehung von der in den benachbarten
Ländern nicht wesentlich verschieden. Vielleicht sind Milch und Käse die einzigen defshalb anzuklagenden, und zwar die erstere nicht sowohl wegen des häufigeren Genusses derselben, als vielmehr ihrer gröfseren Ergiebigkeit willen an
ernährenden Stoffen, weil sie daselbst ungewässert und unverfälscht gegeben wird.
Ich sage vielleicht, da ich diefs schlechterdings nur als eine hingeworfene
Idee betrachtet wissen will, und gern diese Meinung zurücknehme, wenn mir
irgend Jemand auf eine genügendere Art dieses häufigere Vorkommen von Würmern, und besonders von Bandwürmern, bei den Schweizern, von welchen letztern ihre Nachbarn fast gar nichts wissen, erklärt. Bei Deutschen, dem gröfsten Theile der Franzosen, bei Italienern und selbst Tyrolern findet man in der
Regel nur den Kettenwurm, indefs vielleicht nie ein ächter Schweizer, von einer
Schweizer Mutter geboren, je am Kettenwurme gelitten hat. Bei den Russen und

Pohlen kommt der Bandwurm auch vor, indefs Herr Rudolphi nach seiner Versicherung aus Schweden nur Kettenwürmer erhalten hat. Hier könnte nun wohl die Ursache in einer gewissen Eigenthümlichkeit der Völkerschaft, der Menschenrasse, wovon die eine und die andere abstammt und bei Russen und Schweden verschieden ist, liegen. Aber wie kommen die Schweizer zu dem nähmlichen Wurme, wie die Russen? diefs ist bis jetzt ein Räthsel, und wird es auch wohl noch lange bleiben.

Bei den Holländern mag allerdings die Beschaffenheit des Dunstkreises, des Klima's, die schon so viel Einflufs auf das Temperament dieser Nation äufsert, eine der häufigsten Ursachen des Vorkommens von Würmern sein. Aber man irrt, wenn man dieselbe in dem reichlicheren Genusse von Fischen sucht. Nach Herrn Rudolphi essen andere Küstenbewohner nicht weniger Fische, und leiden defshalb doch nicht besonders an Würmern. Der nunmehr verstorbene Professor v. Reinlein (h), war zehn Jahre hindurch Arzt der P. P. Carthäuser, die »weder Fleisch noch Milch speisen, sondern gröfstentheils Fische essen, und sah »keinen einzigen, der am Bandwurme gelitten hätte; auch konnte sich von den »ältesten Vätern keiner entsinnen, je einen am Bandwurme leidenden Mitbruder »gekannt zu haben.«

Uebrigens kann die Beschaffenheit der Nahrungsmittel allerdings viel zur Erzeugung von Würmern beitragen, und v. Reinlein erzählt uns auch hierüber ein paar merkwürdige Beispiele (i). »Vor zwei Jahren behandelte ich einen vier »und sechzigjährigen unverheiratheten Mann, der ein gutes körperliches Aussehen »hatte, eine ordentliche Lebensart führte, und einer sein ganzes Leben hindurch »fast nie unterbrochenen Gesundheit genofs. Vor sieben Monathen ungefähr rieth »ihm ein wohlmeinender Freund, bei dem nun eintretenden Alter seine vorige »Lebensart zu ändern, und lieber Milchspeisen zu geniefsen. Der gute Mann be-»folgte diesen Rath, und ertrug diese Veränderung mehrere Wochen hindurch »ohne Beschwerde. Allmählig aber fühlte er, besonders nach Tische, eine Span-»nung im Unterleibe, eine Beängstigung in der Gegend der Herzgrube, Herzklo-»pfen und Abnahme der Efslust: sein voriges gutes körperliches Aussehen ver-»schwand, und öftere Ueblichkeiten stellten sich ein. Ich fand die Darmweichen »und den Unterleib gespannt, und da man mir obige Symptome nebst der verän-»derten Lebensweise berichtet hatte, machte ich den gegründeten Schlufs auf eine »gastrische Krankheit; ich verordnete daher ein Abführungsmittel, aus fünf Un-

(h) Uebersetzung. S. 23. — (i) Ebendaselbst. S. 21.

I'5

»zen Wienertränkchen und sechs Drachmen Seignettesalz. Tags darauf besuchte
»ich ihn wieder. Der Bediente, welchen er schon zwei und dreifsig Jahre hatte,
»verwartete mich voll Neugierde, und zeigte mir in dem Leibstuhle nebst einer
»Menge Unrath mehrere sogenannte Kürbiskerne, welche er für Melonen.- Samen
»hielt. Auf meine Frage, ob er schon öfters so was in dem Leibstuhle seines
»Herrn bemerkt habe, erwiederte er: er habe in dem Leibstuhle, den er täglich
»ein, öfters auch zweimahl reinigte, viele Jahre nichts dieser Art gesehen, vor
»zwei oder drei Wochen aber habe er das erste Mahl hier und da eine Spur bemerkt,
»sei aber der Meinung gewesen, dieses rühre wo anders her. Ich richtete nun
»mein Heilverfahren gegen den Bandwurm, und war so glücklich ihn am sieben-
»ten Tage vollständig abzutreiben. Dieser Mann kehrte zu seiner vorigen Lebens-
»art zurück, und ist bis zur Stunde vollkommen gesund. — Nun frage ich, fährt
»R e i n l e i n fort, wo kann sich's ein Mensch von gesundem Verstande träumen las-
»sen, dafs der Keim dieses Wurms sechszig und mehrere Jahre hindurch im Kör-
»per dieses Mannes verborgen geblieben sei, und sich jetzt erst entwickelt habe..«
    Eine andere nicht minder interessante Beobachtung lautet also: »Ich kenne
»seit dreifsig und mehreren Jahren eine Dame, die noch sehr gut aussieht, und
»zwölf gesunde Kinder, sechs Knaben und sechs Mädchen, geboren hat. So oft
»diese Dame mit einem Mädchen schwanger war, wurde sie von einer unüber-
»windlichen Begierde zu fetten Milch- und Mehlspeisen hingerissen; dabei wurde
»sie immer von den gewöhnlichen Wurmzufällen gequält; ja sie schied auch bis
»zur Geburt mehrere Spulwürmer aus. Bei einer männlichen Frucht traten diese
»Erscheinungen nie ein; im Gegentheile fühlte sie die gröfste Abneigung vor ob-
»genannten Speisen. Sechs Geburten, unter diesen Erscheinungen vollendet, lehr-
»ten sie endlich in den folgenden Schwangerschaften das Geschlecht der Frucht rich-
»tig vorhersagen.«
    So bestimmt indefs diese beiden Erfahrungen für den reichlichen Genufs von
Milch- und Mehlspeisen als veranlassende Ursache der Wurmerzeugung zu sprechen scheinen: so können wir sie doch immer nur als den einen Factor oder vielmehr als die eine Hälfte des einen Factors, nähmlich des materiellen betrachten,
und es bleibt allzeit noch die Beschaffenheit des Körpers zu berücksichtigen. Nur
dann, wenn auch diese dazu geeignet ist, kann es zum wirklichen Erzeugnisse
kommen. — Das Erbsen- oder Linsengericht, womit der Taglöhner seinen Hunger stillt, ist doch wohl nicht minder blähend, als die Erbsen oder Linsensuppe,
von welcher der Hypochondrist kaum kostet. Jedoch empfindet der erstere hier-

von nicht die mindeste Beschwerde; sein Darmkanal bleibt unverstimmt, indefs der letztere durch etliche Cubikzolle Luft, die sich nicht leicht einen Ausgang zu verschaffen wissen, so geängstiget wird, als sollte er von dem Antichrist entbunden werden. So auch wirken die Nahrungsmittel rücksichtlich der Wurmerzeugung verschieden auf die verschiedenen Menschen, welche sie geniefsen In Tyrol ifst der Landmann das ganze Jahr hindurch nur vier oder fünf Mahl Fleischspeisen, und dennoch leiden meines Wissens die Tyroler nicht vorzugsweise an Würmern. Die Nahrung der Züchtlinge in dem hiesigen Strafhause besteht einzig in Mehl und Hülsenfrüchten. Dabei aber müssen sie arbeiten und angestrengt arbeiten, auch öfters in freier Luft, für deren gute Beschaffenheit überhaupt, so viel nur thunlich, gesorgt ist. Herr Regierungsrath v. G u l d e n e r, welcher vierzehn Jahre lang als Arzt diesem Hause vorstand, versicherte mich, dafs Würmer äufserst selten bei diesen Menschen vorkommen. — Die Milch und die Erzeugnisse aus derselben, Butter und Käse, wären wie gesagt, vielleicht noch die einzigen Nahrungsmittel, welche man vorzugsweise als zur Wurmerzeugung Gelegenheit oder Stoff hergehende betrachten könnte. Die Milch ist aber auch wohl dasjenige Nahrungsmittel, welches unter allen animalischen und vegetabilischen Substanzen, das reichhaltigste an Nährstoff ist. Die so leicht statt findende Erzeugung der Käsemaden spricht schon sehr dafür. Doch bleibt diefs nur eine Vermuthung, soll durchaus nicht als ein Beweis gelten.

Davon bin ich indefs fest überzeugt, dafs eine magere, wenig Nahrung gebende, Kost ganz und gar nicht zur Erzeugung von Eingeweidewürmern, wenigstens nicht von Darmwürmern geeignet ist, und diese keinen ärgeren Feind, als den Hunger ihres Wohnthiers kennen. Es sind von uns gegen zweihundert Karpfen, (*Cyprinus Carpio L.*) und ungefähr fünfhundert Schleien (*Cyprin. Tinca L.*) untersucht worden. Nur in sechs der letzteren wurden Würmer gefunden. Aus Karpfen haben wir zwar auch Würmer, aber nur aus jenen, welche ganz frisch gefangen von dem Neusiedlersee unter dem Nahmen Seekarpfen hierher zu Markte gebracht werden. In allen sogenannten Donaukarpfen nicht ein einziger Wurm. Die Schleien aber und Karpfen, womit gewöhnlich die Stadt Wien versehen wird, werden durchgängig in Teichen gezogen, von dort hierher gebracht und durch geraume Zeit in Fischbehältern in der Donau aufbewahrt, damit sie einen gewissen Schlammgeschmack, welchen sie im Teiche annehmen, verlieren. Bei dieser Auswässerung aber hungern sie ganz aus, und in ihrem Darmkanale findet man öfters auch nicht eine Spur des bei anderen Fischen ihrer Gattung gewöhnlichen

15 *

Schleims. Ihr Darmkanal ist wie ausgewaschen, indefs er bei anderen Fischen, die frisch in der Donau gefangen wurden, z. B. bei den Barben (*Cyprin. Barbus L.*) ganz dick mit Schleim überzogen, aber auch öfters ganz mit Würmern voll gepfropft ist. — Vor einigen Jahren wurden aus einem freien Wasserbehälter in Schönbrun einige Goldfische (*Cyprin. auratus L.*) gefangen und in Gläser mit reinem Wasser gesetzt. Die meisten starben nach wenigen Tagen. Bei einem derselben hatte sich ein Kratzer (*Echinorh. clavaeceps R.*) nicht nur durch den Darm sondern auch durch die Muskeln und die Haut durchgearbeitet; da er aber im Wasser auch keine Nahrung und aufser dem thierischen Körper seiner Welt Ende fand, so kehrte er, wahrscheinlich so lang noch sein hinteres Ende in dem Fischkörper steckte, wieder dahin zurück und bohrte sich von aussen ein. So an der äufsern Oberfläche des Fisches festhängend wird er noch in der Sammlung aufbewahrt. Bei anderen dieser Fische hatten sich diese Würmer blofs durch die Därme durchgewühlt und hingen entweder an der innern Bauchwand, oder an der äufseren Oberfläche der Därme fest. — In dem k. k. Naturaliencabinette werden das ganze Jahr hindurch viele Vögel aus verschiedenen Ordnungen und Gattungen, naturhistorischer Beobachtungen willen, gehalten. Fast nie wird in einem solchen durch längere Zeit eingesperrt gewesenen Vogel ein Darmwurm gefunden. Allein man kann auch bei aller angewandten Mühe ihnen die ganz gleiche Nahrung nicht verschaffen, welche sie im Zustande der Freiheit geniefsen.

Wenn also schlechte Nahrungsmittel gewöhnlich als eine Ursache der Wurmerzeugung angeführt werden: so darf man darunter nicht eine überhaupt zu wenig Nahrung gebende Kost verstehen, sondern nur eine solche, die zwar Nahrungsstoff in hinreichendem Mafse, ja für den gegebenen Körper im Uebermafse enthält, welcher Nahrungsstoff aber von demselben nicht gehörig genug verarbeitet, nicht ganz in seine Masse aufgenommen werden kann. Bei der nähmlichen Kost, bestehend aus Kartoffeln, Erbsen, Linsen, Bohnen und anderen aus Mehl bereiteten Speisen nährt sich der arbeitsame Landmann vortrefflich, indefs der müfsige und schwächliche Städter bei häufigem Genusse solcher Speisen von Würmern und anderen Uebeln gequält wird. Auch ist es blofs ein von neueren Schulen verbreitetes Vorurtheil, zu glauben, eine solche besonders aus mehlichten Vegetabilien bestehende Kost nähre weniger, als Fleischkost. Das von den Tyrolern, die doch gewifs ein kräftiger Schlag von Menschen sind, angeführte Beispiel, hebt wohl hierüber allen Zweifel.

In früheren Zeiten hat man auch geglaubt, der Same von Würmern werde durch den Genufs von wurmstichigem Obste in den Körper gebracht, indem man den Unrath der in solchem Obste lebenden Raupen für die Wurmeier hielt. Ein solcher Glaube bedarf aber wohl heute zu Tage keiner Widerlegung mehr.

Haben sich indefs einmahl Würmer in einem Körper von selbst erzeugt: so können sie sich, wenn auch die Ursachen, welche zuerst ihr Werden oder ihre Bildung veranlafsten, aufhören oder wegfallen, selbst wieder durch Begattung erzeugen und fortpflanzen, indem alle unsere Darmwürmer mit Fortpflanzungsorganen versehen sind. Doch müssen auch zu dieser Fortpflanzung die Umstände günstig sein; denn wir sehen z. B. gar öfters bei Kindern die Würmer, welche lange Zeit allen angewandten Mitteln trotzten, von selbst verschwinden, wenn jene zu einem reiferen Alter gelangen. Auch verlieren sie sich öfters eben so bei Erwachsenen, wenn diese das Klima verwechseln, oder die Lebensart verändern. Gleichfalls sind Krankheiten des Menschen nicht selten der Würmer Tod, wie ich hierüber unten Beispiele anzuführen Gelegenheit haben werde.

FÜNFTES CAPITEL.

Von der Erkenntnifs des Vorhandenseins von Würmern im Darmkanale, und von den durch sie verursachten Krankheitszufällen.

Als Zeichen, woraus man auf die Gegenwart von Würmern im Allgemeinen schliefst, werden folgende angegeben:

Das Gesicht solcher Menschen ist verändert, meistens blafs, selbst bleifarb, jedoch ist es zuweilen wieder roth und wechselt die Farbe oft plötzlich; einige geben dafür an, dafs nur Eine Wange geröthet werde.

An den Augen vermifst man das gewöhnliche Feuer; sie sind matt, die Pupille ist erweitert, und die unteren Augenlieder sind mit blauen Ringen umgeben.

In der öfters geschwollenen Nase empfinden die Kranken ein beständiges Jucken oder Kitzeln, welches sie zu unaufhörlichem Grübeln in derselben reizt. Auch bluten sie häufig aus derselben.

Sie klagen zuweilen über Kopfweh, auch über Sausen in den Ohren.

Die Zunge ist unrein; im Munde sammlet sich ungewöhnlich viel Speichel; der Athem ist übelriechend, besonders bei nüchternem Magen.

Die Efslust ist sehr ungleich, bald scheint sie ganz darnieder zu liegen, bald artet sie wieder in Heifshunger aus.

Uebelkeiten im Magen, Neigung zum Erbrechen, auch wirkliches Erbrechen, aber meistens blofs einer wasserhellen Flüssigkeit.

Bauchschmerzen, oft sehr heftige, vorzüglich in der Gegend des Nabels.

Schleimichter, öfters mit Blutstreifen gefleckter Stuhlabgang.

Trüber, lehmfarbiger, oder auch wie sehr verdünnte Milch aussehender Urin.

Dicker aufgetriebener, harter Bauch bei Abmagerung des übrigen Körpers.

Trägheit, Verdrossenheit, abwechselnde, meist übele Laune.

Herr Courbon Perussel will auch die Sprachlosigkeit als ein häufig vorkommendes Wurmzeichen beobachtet haben, und Herr Girandy aufser dieser sogar Delirien, Blindheit und Taubheit.

Endlich wirklicher Abgang von Würmern, jedoch nur selten durch Erbrechen, gewöhnlich mit dem Stuhle.

Ich darf wohl meine Leser nicht erst darauf aufmerksam machen, dafs diese Zeichen nur höchst selten alle beisammen angetroffen werden, und eben so wenig werde ich zu erinnern nöthig haben, dafs keins derselben, mit Ausnahme des letzten, als untrüglich das Dasein von Würmern verrathend, angesehen werden darf, indem jedes derselben auch auf andere Leiden deuten kann, wie dann z. B. die erweiterte Pupille, Neigung zum Erbrechen, Verdrossenheit des Geistes u. s. w. auch als Symptome der Gehirnhöhlenwassersucht erscheinen. — Wenn indefs nur mehrere dieser Zeichen vorhanden sind, und man keine Ursache hat, dieselben auf ein ursprüngliches Leiden in dem Kopfe, sondern vielmehr auf eine Störung der Verrichtungen im Unterleibe zu beziehen: so wird man selten fehlen, wenn man auf Wurmkrankheit schliefst. Ja! selbst da, wo das Kopfleiden unverkennbar ist, wird man immer sehr wohl thun, den Unterleib und die daselbst möglich stattfindenden Störungen in den Verrichtungen zu berücksichtigen. Denn es wird mir wohl Niemand widersprechen, wenn ich behaupte, dafs die Leiden des Kopfs gar sehr oft durch Leiden im Unterleibe bedingt sind und so umgekehrt. Wie ist man aber jederzeit im Stande so genau zu bestimmen, von wo das primäre Leiden ausging? In! selbst wenn diefs bestimmt wäre, so verdienen sie wegen dieser wechselseitigen Bedingungen beide berücksichtigt zu werden.

Ich habe gesagt Wurmkrankheit, nicht Würmer; defshalb, weil öfters bei dem Vorhandensein beinahe aller oben angegebenen Zeichen auf den fortgesetzten Gebrauch der bewährtesten wurmtödtenden und wurmtreibenden Mittel nicht ein einziger Wurm zu Tage gefördert, auch selbst nach etwa erfolgtem Tode des Patienten keiner im Darmkanale gefunden wird. Wurmkrankheit aber nenne ich diejenige Störung oder dasjenige Mifsverhältnifs in den Verrichtungen der zur Verdauung und Ernährung dienender Organe erster und zweiter Instanz, wodurch im Darmkanale Stoffe erzeugt und angehäuft werden, aus welchen sich unter begünstigenden Umständen Würmer erzeugen können, nicht aber nothwendig erzeugen müssen; kurz den materiellen Factor der Wurmerzeugung. Würmer im Darmkanale sind also keine ursprüngliche Krankheit, ja! sie sind selbst, wenige Fälle ausgenommen, wovon unten mehr, gar nicht als Krankheit zu betrachten, sondern sie sind vielmehr ein Erzeugnifs des angegebenen Krankheitszustandes der erwähnten Organe, oder des Mifsverhältnisses der Wirksamkeit dieser Organe zu einander, wodurch alle die obgenannten Zufälle verursacht werden können, ohne dafs gerade die Gegenwart von Würmern erfordert würde. Denn dafs nicht jedesmahl deutlich ausgesprochene Krankheit vorhanden sein müsse, wenn Würmer gegenwärtig sind, lehrt die Erfahrung nur allzuhäufig, nicht nur bei Menschen, welche bei vollkommenem Wohlbefinden (i) Würmer ausleeren, sondern ganz vorzüglich bei Thieren, die nicht an Krankheit gestorben, sondern gewaltsam getödet worden sind, in deren Darmkanal man öfters Würmer in sehr grofser Menge findet, ohne dafs man irgend eine sichtbare krankhafte Veränderung in irgend einem Organe, oder ein schlechtes Genährtsein wahrnehmen könnte, wie diefs schon in dem ersten Capitel erinnert wurde.

Indefs möchte ich vielleicht hier Manchem scheinen, mich eines Widerspruchs verdächtig zu machen, indem ich als Ursache der Wurmerzeugung irgend eine Störung, oder ein Mifsverhältnifs in den Verrichtungen der betreffenden Organe angenommen habe, und doch selbst als Thatsache zugeben mufs, dafs auch öfters Würmer da gefunden werden, wo man gar keine solche Störung in den Verrichtungen zuvor bemerkt hat. Dagegen gebe ich zu bedenken, dafs wohl öfters noch bedeutendere Unordnungen und Störungen in dem Körper Statt finden, ohne dafs sie sich durch ein deutlich krankhaftes Gefühl bemerkbar machten.

(i) Man unterscheide nur gut Wohlbefinden oder vielmehr Wohlempfinden von Wohlsein; denn öfters wird die Abnormität in den Verrichtungen oder das Uebelsein gar nicht empfunden, womit ich Anatomen, die sich viel mit Leichenöffnungen beschäftiget haben, gar nichts Neues sagen will.

Diefs hängt in vielen Fällen blofs von der Individualität des betreffenden Subjects ab. So z. B. fand ich vor einigen Jahren in der Leiche eines an einer Lungen- lähmung verstorbenen Mannes, dessen Arzt ich durch mehrere Jahre gewesen war, einen beträchtlich grofsen Stein in der linken Niere, ohne dafs sich derselbe im Leben nur durch das entfernteste Symptom zu erkennen gegeben hätte. Jeder geübte Arzt wird aus seiner Erfahrung Belege zu der obigen Behauptung lie- fern können.

Eben der Umstand aber, dafs nicht selten Würmer ohne vorhergegangene Be- schwerden abgehen, und die Erzeugung derselben doch immer einen von der ge- sunden Norm abweichenden — wann auch nicht allzeit als solchen empfundenen — Zustand voraussetzt, hat einige Naturforscher verleitet, anzunehmen: die Wür- mer seien selbst Heilmittel, bestimmt die, den Darmkanal belästigenden, Stoffe zu verzehren. Goeze, der ausfindig machen zu müssen glaubte, wie jedes Geschöpf mittelbaren oder unmittelbaren Nutzen für den Menschen habe, ja ei- gentlich nur des Menschen wegen da sei, hegte wirklich diese Meinung. Allein es würde wohl sehr schwer halten, diese Meinung streng zu beweisen. Denn wir finden fast überall da, wo Würmer im Darmkanale sind, auch Schleim in Ueber- flufs; und es ist selbst wahrscheinlich, dafs sie durch den Reiz, welchen sie ver- ursachen, auch eine vermehrte Schleimabsonderung veranlassen.

Abildgaard nimmt zwar an, dafs die Darmwürmer durch die Unwirksam- keit der Gedärme ursprünglich erzeugt werden, auf der anderen Seite aber wie- der heilbringend auf dieselben zurückwirken, indem sie an denselben saugen, sie reizen und dadurch die Bewegungen derselben befördern. — Herr Gau- tieri (k) geht noch weiter, indem er behauptet, dafs diese (vorausgesetzte) Schleimverzehrung der allergeringste Nutzen ist, den der menschliche Körper von den Würmern einerntet. Nach ihm trägt ihre Bewegung dazu bei, die Lun- gen besser zu entwickeln und die Eingeweide des Unterleibs herabzudrücken; ferner kratzen sich bekanntlich die mit Würmern behafteten Kinder in der Nase, dadurch wird nicht selten Niesen erregt, ein kräftiges Mittel zur Ausbildung der Lungen und Zusammendrückung der Gedärme, zur Beförderung des Herabstei- gens der Hoden, der Ausleerung des Harns, des Stuhls und der Würmer selbst. — Als Herr Gautieri dieses niederschrieb, scheint er nicht bedacht zu ha- ben, dafs, wenn der Aufenthalt der Würmer in dem Darmkanale so nutz- und.

(i) Am angeführten Orte. S. 86.

folgenreich für den Körper ist, ihre Ausleerung schlechterdings nicht als etwas Gutes angesehen werden dürfte.

Wenn indefs die Würmer, als lebendig und selbstständig gewordenes Erzeugnifs einer abnormen Thätigkeit, nicht geradezu als dem Körper Nutzen bringend angesehen werden dürfen: so geschieht ihnen doch gewifs von der anderen Seite sehr unrecht, wenn man sie als die heillosesten Geschöpfe, die von der Sonne beschienen worden sind — doch sie werden nie davon beschienen, — also die je gelebt haben, schildert, oder sie wie Herr Fortassin in seiner Dissertation über die menschlichen Eingeweidewürmer als die allergröfsten Feinde der menschlichen Gesundheit darstellt. Da ist keine Krankheit, die sie nach seinem Dafürhalten nicht sollten hervorbringen können. Er schreibt auf ihre Rechnung: Störung der Gehirnverrichtungen, Augenentzündungen, Brustkrankheiten, Brechen, Ekel, Aufstofsen, Koliken, Verstopfungen, Brand, Lähmung u. s. w. u. s. w., auch können sie nach ihm die bestimmende Ursache werden von periodischen Krankheiten, sowohl täglichen und monathlichen, als auch jährlichen; von convulsivischen und anderen Krankheiten. Kurz, wenn man alles das, was er hierüber sagt, als wahr annehmen will: so kann es auf der Welt nichts schlechteres geben, als die Eingeweidewürmer, es wäre denn diese seine Abhandlung über dieselben selbst. — Auch Marteau de Grandvilliers klagt sie als Ursache an von Apoplexien, profusen Schweifsen u. s. w. Aber auch von andern Aerzten, ob schon nicht so wüthenden Gegnern als Herr Fortassin, werden sie mancherlei Unbilden bezüchtiget. Denn nicht leicht wird man einen Fallsüchtigen, einen am Veitstanz oder an irgend einer anderen Nervenkrankheit Leidenden — Krankheiten, an denen so häufig die ärztliche Weisheit, sie sei *a priori* oder *a posteriori* construirt, zu Schanden wird — finden, dem nicht irgend einmahl von seinen vielen Aerzten Wurmmittel wären verordnet worden. Hat nun ein solcher Mensch das Unglück, dafs ihm einmahl ein Wurm, besonders ein Nestelwurm abgeht oder vielleicht vor zehn Jahren einmahl abgegangen ist: so müssen gewöhnlich ohne weiteres Würmer die Ursache seiner Leiden sein; und der Arzt glaubt sich hinlänglich gerechtfertiget, wenn er ein Jeremiasgesicht schneidet und unter jammervollem Achselzucken die Unzulänglichkeit der Kunst beklagt, welche der Hartnäckigkeit des fatalen Wurms nun einmahl nicht gewachsen ist. Ob aber wirklich Würmer die Ursache des Leidens sind, ist gewöhnlich, wofern nur erst einmahl welche abgegangen sind, eine Sache, die man gar keiner weiteren Untersuchung mehr unterworfen zu sein glaubt. Ich werde defshalb hier einige, theils von an-

16

deren Aerzten beschriebene, theils mir selbst bekannt gewordene Fälle anführen, wo es wenigstens äufserst problematisch ist, ob denn auch wirklich Würmer die Ursache der Krankheit oder gar des Todes waren.

Herr Courbon Perussel hat in dem *Journal de Medécine* mehrere solche Fälle bekannt gemacht. Hier nur einige: »Bericht über die Leichenöffnung eines Mannes, den man ermordet zu sein glaubte, und dessen Tod wahrscheinlich durch Würmer verursacht worden ist.« Ein fünf und zwanzig jähriger Mann von guter Leibesbeschaffenheit wurde am 13ten März geschlagen. Die Schläge schienen jedoch wenig Einflufs auf seine Gesundheit gehabt zu haben, da er seine Arbeiten bis zum 19ten fortsetzte, wo er anfing sich krank zu fühlen. Am 21ten wurde Herr Courbon gerufen, er fand den Kranken im Bette, sprachlos, doch mit Bewufstsein. Den 19ten und die folgenden Tage hatte er starkes Kopfweh und Neigung zum Erbrechen geklagt. Am Kopfe fand man keine äufsere Verletzung. Er verschrieb eine kühlende Ptisane. Am 3ten Tage starb der Kranke ohne die Sprache wieder erlangt zu haben Am 24ten wurde die Leiche untersucht. Nur am Rücken zeigten sich zwei leichte Excoriationen. Am Inneren und Aeufseren des Kopfs war nichts Krankhaftes zu finden. Lungen und Herz waren gesund. Die Eingeweide des Unterleibs schienen gleichfalls in natürlichem Zustande zu sein; bei der Oeffnung der Gedärme fand man viele lange und dicke Würmer. An einer Stelle waren sie ineinander verwickelt, und schienen den Darmkanal zu verstopfen. Herr Courbon zog deren 42 heraus; der üble Geruch hinderte ihn weiter zu suchen. Der Magen enthielt keinen Wurm, die dicken Därme nur wenige, und nirgends war eine Entzündung der Gedärme zu bemerken. --- In den Anmerkungen zu diesen Beobachtungen gesteht Herr Courbon selbst, dafs er bei keiner dieser Leichenöffnungen das Rückenmark und sogar in diesem Falle nicht einmahl die Hirnventrikeln geöffnet habe. --- Eine andere Beobachtung führt die Ueberschrift: »Bericht über die Oeffnung der Leiche einer Frau, von »der man glaubte, dafs sie durch ihren Mann ermordet worden wäre, deren Tod »aber Würmern zugeschrieben werden zu müssen scheint.« Die Leiche dieser 21-jährigen Frau hatte einige leicht geschundene Stellen (*Ecorchures*) am vorderen Theile des Halses, und eine kleine Excoriation an der rechten Wange. Der Kopf wurde abrasirt, der Schädel, das Hirn, und seine Häute waren ohne Verletzung; Lungen und Magen waren gesund, letzterer enthielt halbverdaute Speisen. Der Zwölffingerdarm war gleichfalls gesund, der Leerdarm aber voll Würmer; an einigen Stellen safsen sie bündelweise beisammen und schienen den Darmkanal zu verstopfen; Herr Courbon zog 104 Stücke heraus; die übrigen Därme hohlten keine dar. In keiner Membran konnte man einen entzündlichen Zustand wahrnehmen. Also war der Tod — so schliefst Herr Courbon — durch Würmer verursacht, und die Verletzungen im Gesichte und am Halse, meint er, könnte sich die Frau in einem convulsivischen Zustande selbst beigebracht haben. Doch wird bemerkt, dafs diese Frau einige Tage zuvor den Friedensrichter gebethen hätte: er möchte ihren Mann einsperren lassen, weil er sie mifshandle. Als ihr diefs der Richter abschlug, ging sie sehr bekümmert fort, mit der Aeufserung, dafs sie in Kurzem umgebracht werden würde. Allein könnte nicht der krankhafte Zustand dieser Frau auf ihre Einbildungskraft eingewirkt haben? Da nach Hippokrates *ubi aliqua parte dolent, neque dolorem sentiunt, iis mens aegrotat.* So fragt Herr Courbon. · Ich aber bezweifle sehr, ob einem deutschen Criminalrichter ein solches *Visum et repertum* oder hier vielmehr *Repertum et visum* genügen würde, um die Würmer als Mörder dieser beiden Personen zu verdammen. Eben so wenig glaube ich auch, dafs deutsche Aerzte ganz unbedingt Herrn Courbons Meinung im nachstehenden Falle beipflichten werden. Er ist überschrieben: »Plötzlicher Tod, wahrscheinlich durch Würmer verursacht.« Ein junges 19jähriges gesundes, obwohl noch nicht menstruirtes Mädchen befand sich am 5ten April, so wie die vorhergehenden.Tage noch vollkommen wohl. Am 6ten April um 11 Uhr wurde sie von Schaudern und Erbrechen ergriffen; um 12 Uhr verlor sie die Stimme und das Vermögen zu schlingen. Um 7 Uhr Abends besuchte sie Herr Courbon. Der Puls war rücksichtlich der Frequenz natürlich, schwach, ziemlich regulär. Die Pupille war erweitert und zog sich bei Annäherung des Lichtes beinahe gar nicht zusammen. Die Kranke sprach und antwortete nicht. Er wollte sie einen Löffel voll ätherischen Tränkchens nehmen lassen, aber kaum fühlte sie die Flüssigkeit im Munde, so bewegte sie sich heftig, stiefs einige Klagen aus, wobei sie sich stark anzustrengen schien. Er verschrieb ein Bad und wurmtreibende Mittel zu nehmen, wenn die Kranke würde schlingen können. Das Bad wurde nicht genommen und sie starb um 9 Uhr Abends, zehn Stunden nach dem Eintritte der Krankheit. Herr Courbon erklärt diesen Fall für eine Wurmkrankheit. — Einen nicht unähnlichen Fall erzählt Krause (l). »Ein 13jähriges Mädchen, das ein halbes Jahr zuvor von der Krätze geheilt worden war, klagte über einzelne abgehende Würmer, und davon abhängende Zufälle. Nachdem wenige Wurmarzeneien gebraucht

(l) In der Vorrede zu van Doeveren. S XIII.

16 *

»worden waren, starb sie eines Tags um Mittagszeit an ihrem Nährahmen sitzend »und nähend plötzlich, ohne vorhergegangene schreckende Zufälle; doch hatte sie »den Tag vorher über eine ungewöhnliche Schwachheit und Dunkelheit der Augen geklagt.«

◄ Herr Serres gibt uns sogar einen Fall überschrieben: *Affection vermi-neuse simulant la rage.* Ein 13jähriger Knabe wurde von einem tollen Hunde gebissen. Sechs Monathe nachher am 2ten September äufserten sich bei ihm alle Zufälle der Wasserscheue; am 4ten starb er. Bei der Leichenöffnung fand man im Gehirn und Rückenmark nichts merkwürdiges, Lungen und Larynx waren na-türlich beschaffen; der Magen enthielt nichts Aufserordentliches, aber die dün-nen Därme waren voll Spulwürmer (*Lombrics*), welche die ganze Höhle dersel-ben obliterirten; ihre Anzahl war ungeheuer. — Nicht nur Herr Serres, son-dern mit ihm auch Herr Bosquillon glauben, nicht das Wuthgift, sondern die Würmer wären die Ursache der Krankheit und des Todes gewesen, indem Wasserscheue öfters bei Kranken kurz vor dem Tode eintrete.

Geischläger berichtet, dafs einem scrofulösen Kinde kurz vor dem Tode zwei Spulwürmer abgegangen wären. Aber diefs beweist doch wahrlich nicht, dafs Würmer die Ursache der Krankheit und des Todes waren.

So wenig ich indefs geneigt bin, mit diesen Schriftstellern darin übereinzu-stimmen, dafs einzig die Würmer Ursache des Todes in den verschiedenen hier erwähnten Fällen waren: so läfst sich doch auf der anderen Seite nicht läugnen, dafs manchmahl ganz aufserordentliche Zufälle durch Würmer oder vielmehr durch die Wurmkrankheit veranlafst werden; und dafs sie, wenn sie auch nicht als die einzige Ursache betrachtet werden können, doch einen grofsen An-theil daran haben mögen. Oefters erregen sie ganz sonderbare Zufälle.

Der eben erwähnte Krause erzählt: »Mir ist ein sonst robuster Mann von »31 Jahren vorgekommen, der schon viele Jahre vorher und auch noch damahls »sehr oft gezwungen war, ein überlautes Lachen (*Cachinnum*) das er nicht ver-»hindern und unterdrücken konnte, unter gewissen Beängstigungen von sich zu »geben, und der davon Linderung bekam, wenn er sich in seinem Garten mit »dem Unterleibe auf die blofse Erde legte. Seine Aerzte hatten keine Würmer »vermuthet, und folglich lange vergeblich curirt. Da er mich um Hülfe ansprach, »fiel ich nach einigen gethanen anderen Fragen alsbald auf die Vermuthung von »Würmern, denn seine Gesichtsfarbe war blafs und seinen Augen fehlte der Glanz. »Ich erhielt auf die defshalb geschehene Anfrage die Antwort, wie er nicht nur in

»jüngern Jahren sehr von Würmern geplagt gewesen, sondern dafs ihm auch ein »paar Jahre vorher Würmer abgegangen. Kräftige Wurmarzneien befreiten ihn »wenigstens damahls von allen seinen Plagen; ob er aber hernach nicht neue Mit- »esser bekommen hat, kann ich nicht sagen; denn er war aus einer entfernten Stadt.«

Unter mehreren von G i r a n d y erzählten sonderbaren Fällen scheint mir folgender des Anführens werth. Ein junger Mensch von 16 Jahren hatte unter anderen sonderbaren Zufällen auch diesen, dafs er über nichts hinschreiten konn- te, auch wenn es nur ein Blatt Papier war. Wollte er sich selbst dazu zwingen, so wurde er ohnmächtig. Durch Wurmmittel und dadurch erzielten Abgang von Würmern wurde er geheilt.

Herr H u f e l a n d erzählt: (m) Ein Wurmpatient bekam zu Viertelstunden im nüchternen Zustande den Zufall, dafs er alles gelb sah, ohne dafs er im min- desten gelbsüchtig, oder seine Augenfeuchtigkeit verändert war. Dieser Zufall verlor sich völlig nach Fortschaffung der Würmer.

A c k a r d hat eine Dissertation, die mir aber nicht zu Gesichte gekommen ist, geschrieben über einen Fall, wo bei einem Menschen durch Würmer Wie- derkäuen veranlafst wurde.

D e l i s l e erzählt von einer jungen Person, welche ein ganzes Jahr hindurch Nestelwürmer und Spulwürmer von freien Stücken absetzte, dafs sie während dieser Zeit weder Vocal- noch Instrumentalmusik hören konnte.

Dagegen theilt uns D e s a r n e a u x die Geschichte eines jungen Menschen mit, der an den fürchterlichsten Convulsionen litt, die nur mit dem Tode endig- ten, wo auch Würmer vorhanden waren. Bei diesem wurden die Zuckungen zu- erst zufällig durch Gesang calmirt, und nachher durch den Ton der Geige so oft man wollte besänftiget.

Nach H a n n ä u s wurde ein 4jähriges Mädchen, welches das Vermögen zu sehen und zu sprechen verloren hatte, durch Wurmmittel wieder zur vorigen Gesundheit hergestellt.

H a n n e s hat ein eilfjähriges Mädchen, welches das Vermögen zu sprechen und zu gehen verloren hatte, durch Abtreibung von Würmern mittelst des Brech- weinsteins geheilt.

M a r c h a l d e R o u g e r e s hat 6 ausserordentliche Fälle von complicirten

(m) Journal. Band IV. Seite 252.

Wurmkrankheiten aufgezeichnet, die ich aber meine Leser bitte bei ihm selbst nachzulesen, und davon und darüber zu glauben, was ihnen beliebt.

Unerträgliche Schmerzen und Taubheit (*engourdissement*) aller Glieder, Beschwerlichkeit im Sprechen und Schlingen, heftiges Kopfweh und vieles Fieber waren die Zufälle, welche sich auf eine Aderlässe zwar etwas milderten, bald aber mit vermehrter Heftigkeit wiederkehrten, und bis zu Convulsionen stiegen. Die Ader wurde zum zweiten Mahle geöffnet. Die Kranke besserte sich aber erst vollkommen auf den von M u t e a u d e R o c q u e m o n t verordneten Gebrauch des Brechweinsteins, der sehr viele Galle und mehr als 30 Würmer nach oben und unten ausleerte.

Herr R e m e r heilte zweimahl eine Amaurose durch Ausleerung von Spulwürmern gänzlich, und R o z i e r e d e L a c h a s s a g n e einen plötzlich entstandenen Schwindel, der drei Tage lang zunahm durch einen Aufgufs von Sennesblättern und Tamarinden, worauf die Kranke zwei Spulwürmer ausbrach, mit augenblicklicher Nachlassung aller Zufälle.

R i c h a r d erwähnt einer durch einen Kettenwurm verursachten Diarrhoe, die durch Abführungsmittel, Farrenkrautwurzel und Schwefeläther geheilt wurde.

T h o m a s s e n a T h u e s s i n k heilte ein 6jähriges scrofulöses Mädchen von einem Veitstanz durch Mittel, welche sehr viele Würmer und Schleim abtrieben. Ebenderselbe beobachtete eine merkwürdige Metamorphose eines Quotidianfiebers in eine Epilepsie bei einem 20jährigen Kanonier. Weil er Würmer als Ursache vermuthete, verordnete er die S t ö r k'sche Wurmlattwerge, auf, deren Gebrauch ein ganzes Nest von Würmern mit vielem Schleim durch den Mund und viel Schleim durch den After ausgeleert wurden. Hierauf nahm das Fieber seinen alten Typus an, doch immer mit leichten Anwandlungen von Epilepsie. Ein wiederhohltes Abführungsmittel, ein Absud der Geoffrea, und China in Pulver führten die vollkommene Genesung herbei. — T h o m a s s e n zieht auch noch folgenden Fall hierher. Ein robuster sanguinischer Mann von 20 Jahren, dessen Mutter an der Manie gestorben war, hatte eine *Manie verminense*, von der er nur vollkommen geheilt werden konnte durch den Gebrauch der getrockneten Blätter der *Belladonna* 2 Grane früh und Abends. Da er das Mittel sehr gut vertrug, so stieg man auf 8 Gran täglich. Von einem Abgange von Würmern wird jedoch nichts erwähnt, auch sagt T h o m a s s e n überhaupt nicht, warum er diese als Ursache der Manie anzunehmen berechtiget war.

Herr Dr. S u c k zu Wolmar in Liefland beobachtete folgenden merkwür-

digen Fall einer durch Wurmreitz bewirkten Umstülpung des Augapfels. Ein 12-
jähriges Bauernmädchen wurde von den heftigsten Kopfschmerzen befallen, ver-
fiel nach fünf Stunden in ein *Delirium furiosum*, und verschied bald darauf
scheinbar nach einigen Convulsionen. Nach 24 Stunden erwachte sie wieder; sie
hatte keine Schmerzen mehr, aber die Augenhöhlen waren wie mit rohem Fleische
angefüllt, und das Sehloch verschwunden. Die Augäpfel hatten sich nach oben
herumgewälzt, so dafs der sonst auf der Orbita ruhende Theil mit seinen Muskeln nach vorne gewendet, zwischen den Augenliedern erschien, die Hornhaut
und Pupille aber unter der Decke der Orbita verborgen waren. Man schlofs auf
Würmer als Ursache. Es wurden wurmwidrige und darmausleerende Mittel gegeben, und nach-dem dreitägigen Gebrauche derselben gingen Askariden ab, noch
mehrere am 4ten Tage, wo die Augen convulsivisch zu zittern anfingen; und
bisweilen ein schmahler Rand des Weifsen sichtbar wurde. Am sechsten Tage bestand fast der ganze Stuhlgang aus Würmern, und nach diesem enormen Abgange waren beide Augen in ihre natürliche Lage zurückgekehrt, und das Gesicht wieder hergestellt.

Sylvester schätzt die Anzahl von Würmern auf 300, durch deren Ausleerung nach oben und nach unten heftige Convulsionen, die man einen Veitstanz
nennen möchte, geheilt wurden.

Dufau heilte auch einen Veitstanz, der aber früher schon einmahl sich von
selbst gestillt hatte, durch ausleerende Mittel, welche viele Würmer nach oben
und unten austrieben.

Herr Mönnich heilte bei einem 2 bis 3jährigen kurz zuvor ganz gesund
und stark erscheinenden Kinde, eine Lähmung der unteren Extremitäten und Schie-
len mit dem linken Auge nebst Entstellung des ganzen Gesichts durch Abtreibung
von 18 Spulwürmern und eines Klumpen Schleims.

De la Croix sah ein anhaltendes Erbrechen, Schluchzen und Convulsionen
verschwinden, als 7 lange Spulwürmer durch Erbrechen ausgeleert worden waren.

Ich selbst beobachtete folgenden Fall. Im Jahre 1816 wurde ein 9jähriger
Knabe zu mir gebracht, der schon seit 2 Jahren sehr häufige und heftige Anfälle von
Epilepsie hatte; dabei gingen ihm Kettenwurmglieder ab. Ich befreite ihn von dem
Kettenwurme und von jener Stunde an kehrten die epileptischen Zufälle nicht
mehr zurück. — Ein eilfjähriges Mädchen wurde von einem unaufhörlichen trockenen Hüsteln geplagt. Man bemerkte Abgang von Kettenwurmgliedern. Es
wurde dagegen gebraucht, eine grofse Strecke davon abgetrieben, und der Husten

legte sich etwa 2 Monathe lang, dann stellte er sich wieder ein, und wurde durch neues Abtreiben von Kettenwurm abermahls beseitiget. Diefs geschah 3 bis 4 Mahl, bis endlich ich vor 8 Jahren den Wurm ganz vertilgte, seit welcher Zeit sie von allem Hüsteln frei ist.

Herr Le Pelletier schreibt folgenden Fall den Würmern zu. Eine 36-jährige kachektische Frau, bekam plötzlich in der rechten Seite heftigen Schmerz, trockenen Husten, starke Beklemmung, heftigen Durst, Kopfweh, erhitztes Gesicht, Fieber. Man liefs ihr zur Ader, und reichte dann ein Brech- und Abführungsmittel. Sie erbrach einige Spulwürmer. Es wurde nun mit öhlichten, abführenden und wurmtödenden Mitteln fortgefahren, welche noch mehrere Würmer und eine Menge zäher und schleimicher Materie ausleerten, worauf die Frau genas. Ich würde die Krankheit *Pneumonie*, nicht Wurmkrankheit genannt haben.

Herr Sum cire will auch die Würmer als Ursache des Seitenstichs beschuldigen, weil das Helminthochorton einige Würmer abtrieb. Früher aber wurden Aderlässe gemacht. Auch gesteht er in seiner Abhandlung selbst, dafs das Helminthochorton öfters bei plötzlichen Koliken, auch ohne Würmer abzutreiben, Nutzen geleistet habe.

Leicht könnte ich hier die Zahl ähnlicher Beobachtungen aus älteren und neueren Schriftstellern vermehren. Allein sie sind insgesammt für die Schädlichkeit der Würmer nicht mehr beweisend, als die bereits angeführten. Und es sieht wohl jeder unbefangene Arzt auch ohne mein Erinnern ein, dafs in den meisten der hier erwähnten Fälle die Verschleimung des Darmkanals, die Anhäufung des Roths in demselben, kurz das Mifsverhältnifs seiner Thätigkeit zu der der übrigen Organe eben so gut als der sogenannte Wurmreiz Ursache der öfters ganz sonderbaren Erscheinungen sein können. Dafür sprechen die oben erwähnten Umstände, erstlich, dafs öfters Würmer in ziemlich beträchtlicher Menge vorhanden sind, ohne ihre Gegenwart durch irgend einen krankhaften Zufall zu verrathen; und zweitens, dafs öfters alle Zeichen von Würmern vorhanden sind, und doch keine gefunden werden. Die Würmer sind ja selbst das Erzeugnifs eines krankhaften, eines von der Norm abweichenden Zustandes. Dasjenige also, was zur Erzeugung von Würmern Anlafs geben kann, kann ja auch die erregende Ursache mancher sonderbaren Zufälle werden. Wie oft finden nicht Manie, Hypochondrie und manche andere krankhafte Gemüthszustände ihr Ursächliches in einem krankhaften Zustande der Eingeweide des Unterleibs, und werden auch durch den Mastdarm abgetrieben, ohne dafs man nur eine Spur von Würmern finden könnte. Wenn also in mehreren obenerwähnten Fällen öfters augenblickliche Nachlassung der Zufälle auf den Abgang von Würmern eintrat, so folgt daraus noch nicht, dafs sie die einzige Ursache dieser Zufälle waren. Selbst der von mir beobachtete Fall liefert noch keinen vollständigen Beweis, dafs der Kettenwurm die nächste Ursache der Epilepsie war; denn der Wurm wurde durch den fortgesetzten Gebrauch meines anthelmintischen Oehls abgetrieben, dessen Hauptbestandtheil Terpentinöhl ist. Die englischen Aerzte P e r c i v a l, L a t h a m und P h i l i p p s aber haben mit Terpentinöhl Epilepsien geheilt, wo keine Kettenwürmer vorhanden waren. Ich kann es daher nicht genug wiederhohlen, dafs man bei Bestimmung der Krankheitsursache, die Gegenwart der Würmer, oder gar noch den früheren Abgang derselben nicht zu hoch in Anschlag bringe.

Als ich noch in Jena studirte, wo ich damahls so viel von der Helminthologie verstand, als ich jetzt noch von der Heraldik weifs, wurde ich von einem leider längst verstorbenen Freunde, dem Dr. S c h l e u fs n e r, zu einer Frau geführt, die an mancherlei hysterischen Zufällen litt, aber das Unglück gehabt hatte, dafs ihr einmahl ein Kettenwurm abgegangen war. Man hatte also einzig und allein auf den Kettenwurm losgearbeitet, wobei auch nicht eine einzige der hochberühmten Methoden, den Kettenwurm abzutreiben, unversucht gelassen wurde. Ja! sie zeigte mir ein grofses Glas voll Quecksilber, welches sie eingenommen hatte, und das durch den Stuhl wieder abgegangen war, ohne auch nur ein Gliedchen von dem Kettenwurme mitzunehmen. Ich bedauerte die arme Frau sehr, bewunderte aber noch mehr die Hartnäckigkeit des Wurms. Jetzt, wo ich die Sache etwas besser einzusehen gelernt habe, bedauere ich die Frau noch mehr, wundere mich aber gar nicht mehr darüber, dafs ihr auf alle angewandten Mittel kein Wurm abging, indem ich fest überzeugt bin, dafs sie längst keinen mehr bei sich beherbergte. — Einem sehr guten Bekannten von mir, der noch hier in Wien lebt, ging vor 25 Jahren ohne vorhergegangene Beschwerde ganz unerwartet ein Kettenwurm ab. Er machte mit dieser Entdeckung seinen Arzt bekannt, der diefs als eine Sache von hoher Wichtigkeit betrachtete, und von einer grofsen zu unternehmenden Cur sprach, wozu jedoch mein Freund weder Zeit, noch grofse Lust hatte. Die Cur unterblieb also vor der Hand, und kurz darauf erhielt Patient Befehl sich nach den Niederlanden zu der Armee zu begeben. Während dieser mehrjährigen Abwesenheit vergafs er ganz seinen Kettenwurm, und hat auch seitdem nicht ein Glied mehr davon gesehen. Offenbar war es ein

17

grofses Glück für diesen Mann, dafs er nicht curirt wurde, wie diefs das gleich hier folgende Gegenstück beweisen mag. — Vor etwa 3 oder 4 Jahren wurde ich über den Gesundheits- oder Krankheitszustand, wie man es nennen mag, eines Geistlichen in Mähren zu Rathe gezogen. In dem Berichte wurde gesagt: dieser Mann habe beständig einer vollkommenen Gesundheit genossen, bis vor drei Jahren, wo ihm ein Kettenwurm abgegangen wäre. Seit dieser Zeit habe er nun alle erdenklichen Mittel von Aerzten und Afterärzten gebraucht, um sich dieses Ungeheuers zu entledigen, und keines sei vermögend gewesen, auch nur ein einziges Glied mehr von dieser Lernäischen Schlange abzutreiben. Uebrigens sei dieser vorhin starke und kräftige Mann ausgezehrt, wie ein mit Haut überzogenes Knochengerippe, und so schwach, dafs er kaum auf den Füfsen stehen könne. — Mein Rath war, wie sich leicht denken läfst, dafs er sich fürderhin aller wurmtreibenden Arzeneien enthalten möge, indem ich fest überzeugt sei, dafs er nicht durch Würmer, wohl aber durch Wurmmittel, besonders die lieben drastischen, krank gemacht worden wäre. Wie es ihm ferner ergangen ist, weifs ich nicht, da ich keine weitere Nachricht von ihm erhalten habe.

Allein, wenn auch die Würmer öfters unschuldig oder wenigstens nicht allein schuldig sind an verschiedenen dynamischen Leiden: so kann man doch nicht läugnen, dafs sie durch ihre grofse Anhäufung mechanisch den Darmkanal verstopfen und dadurch tödtliche Koliken erregen können. So lautet die Klage, und wir haben schon oben einige Fälle erzählt, wo man sie gern dieses Verbrechens schuldig erklärt hätte. Herr Daquin theilt uns folgende Beobachtungen mit. Ein Knabe von 10 bis 12 Jahren wurde am 14ten November ins Krankenhaus gebracht. Er hatte schon einige Tage über Bauchschmerzen geklagt. Er bekam ein öhliges und wurmtreibendes Tränkchen, welches nach oben und unten Schleim und gelbliche Materie ausleerte. Am 15ten klagte er über noch viel heftigeres Schneiden. Alles was er nahm, erbrach er wieder. Von Bruch war keine Spur zu finden, der Unterleib war weich und eingedrückt. Tief unter der Leber fühlte der Kranke heftigen Schmerz, wenn man ihn an dieser Stelle drückte. Das hierauf verordnete Mandelöhl wurde auf der Stelle wieder ausgebrochen, und die Leiden des Kranken dauerten fort. Nachmittags schien er vollkommen närrisch geworden zu sein. Er sprang aus dem Bette, zog sein Hemde aus, wälzte sich herum u. s. w. Er konnte schlechterdings nichts bei sich behalten. Am 16ten war er ohne Puls; ohne Bewufstsein, komatös und vollkommen amaurotisch. Um 1 Uhr nachmittags starb er. Bei der Leichenöffnung fand man den Körper ganz ausgemergelt, das

Netz beinahe ganz verzehrt. Bei der Oeffnung des Magens fand man einen dick aufgetriebenen Spulwurm, von der Länge eines Vorderarms, der mit dem einen Ende hoch in den Schlund hinauf, mit dem andern tief in den Zwölffingerdarm hinabreichte. Dieser Darm sowohl als alle übrigen dünnen Därme nebst dem Blinddarme waren mit Würmern so voll gepfropft, als wenn man sie mit Gewalt hineingedrängt hätte. Auch in den dicken Därmen fand man welche, jedoch weniger. Indefs wurde trotz der grofsen Menge von Würmern nicht die geringste Spur von Phlogosis in den Gedärmen gefunden. — Der Kopf ward nicht geöffnet. —

Bei dem ersten Anblick sollte man fast glauben, dafs die durch allzugrofse Anhäufung von Würmern verursachte Verstopfung die einzige und nächste Ursache des Todes gewesen wäre. Allein man bedenke doch, dafs diese Würmer nicht alle über Nacht entstanden, oder wenn diefs auch der Fall gewesen wäre, doch nicht so plötzlich zur vollkommenen Gröfse angewachsen sein konnten, um die Gedärme so ganz zu verstopfen. Uebrigens konnte auch die Verstopfung wohl defshalb nicht die nächste Ursache des Todes gewesen sein, weil er noch am 14ten Oeffnung gehabt hatte; und dann hätten ja doch auch, wie es in solchen Fällen gewöhnlich ist, Entzündung und Brand vorhergehen müssen. Aber es war auch nicht die leiseste Spur von Entzündung der Gedärme in der Leiche zu finden, und selbst im Leben konnte der Kranke den Druck auf den Unterleib ertragen. Auch war der Bauch eingedrückt, folglich hätten die Därme eine noch viel gröfsere Ausdehnung ertragen können. Die grofse Menge der Würmer, welche wohl schon lange mit diesem Knaben gezehrt haben mögen, wie aus der Abmagerung zu erhellen scheint, oder die durch sie verursachte Verstopfung der Gedärme, waren es also wahrscheinlich nicht, welche hier die Zufälle und sogar den Tod verursachten. Mehr möchte der einzelne Wurm, welcher im Magen gefunden wurde, wenigstens als Ursache des Erbrechens zu beschuldigen sein, wiewohl er die Lage, in welcher er angetroffen wurde, erst nach dem Tode des Knaben oder kurz vorher angenommen haben kann, indem er durch das unausgesetzte Erbrechen längst aus derselben hätte herausgerissen werden müssen. Wie aber auch durch einen solchen im Magen verursachten Reiz der Tod so schnell herbeygeführt werden konnte, begreife ich nicht, und es bleibt immer zu bedauern, dafs der Kopf nicht geöffnet worden ist.

Eher möchte die von Herrn Campenon erzählte Geschichte etwas beweisen, wo innerhalb 24 Stunden nach heftigen Kolikschmerzen der Tod erfolgte, und wo man bei der Leichenöffnung den ganzen Blinddarm und einen Theil des

17 *

Grimmdarms von einem Knäuel Spulwürmer (es waren deren 367 von 5 bis 6 Zoll Länge) so vollgestopft und ausgedehnt fand, dafs bereits Entzündung und Brand entstanden waren. In diesem Falle aber waren die Würmer nicht mehr in ihrer ursprünglichen Heimath, sondern bereits auf dem Abzuge begriffen, unglücklicher Weise drängten sie sich so sehr, dafs am Ende keiner mehr weiter konnte. Leicht begreiflich für Jeden, der weifs, wie es bei Retiraden oder schöner gesagt, bei rückgängigen Bewegungen zugeht.

Dafs indefs viele und zwar sehr viele Würmer lang im Darmkanale wohnen können, ohne besondere Zufälle zu verursachen, mögen folgende Beispiele darthun. — Einst verordnete ich einem Strumpfwirker in Apolda einem drei Stunden von dem berühmten Musensitze Jena entlegenen Städtchen die Störk'sche Wurmlattwerge. Als ich am nächsten Sonntage, wo ich gewöhnlich damahls die von der Hufeland-Loder'schen Klinik besorgten, Lungensüchtigen, Dämpfigen, Wassersüchtigen, Bleichsüchtigen, Gichtbrüchigen u. s. w. besuchte, wieder kam: so führte mich dieser Mann in seinem am Hause gelegenen sogenannten Garten, und zeigte mir die Haufen der in die Flucht geschlagenen Feinde, worüber ich hafs erstaunte. Wahrlich ich hätte nie geglaubt, dafs ein Mensch deren so viele bei sich beherbergen könnte, hätte ich sie nicht selbst gesehen; und doch hatte dieser Mann, so viel ich mich zu erinnern weifs, gar keine aufserordentlichen Beschwerden davon. — Hätte jedoch zufällig dieser Mensch durch eine Erkältung oder durch schlechtes Halbbier sich eine tödtliche Kolik zugezogen: so würden ohne weiteres die unschuldigen Würmer als seines Todes schuldig erklärt worden sein.

Dal' Olio erzählt von sich selbst, dafs er innerhalb zwei Wochen 450 handlange Spulwürmer durch den Mund ausgeleert habe (n).

Marteau de Grandvillers sah einen 23jährigen Soldaten, der binnen 6 Tagen 367 Spulwürmer von sich gab.

Wenn also eine grofse Menge von Würmern in irgend einem Theile des Darmkanals angehäuft gefunden wird: so ist es, gelinde gesagt, wenigstens sehr voreilig geschlossen, wenn man sie als Ursache der Krankheit oder des Todes erklären will. Ich glaube daher auch, dafs der von Muralto erzählte Fall von einer Kindbetterinn, welche einen Nabel- und einen Leistenbruch hatte, und an einem heftigen Ileus litt, und sich nach dem Gebrauche warmer Bäder besserte, worauf

(n) Brera Memorie. p. 215.

sogleich mehrere Würmer durch den Mund und After ausgeleert wurden, nicht den Würmern sondern wohl den Brüchen zuzuschreiben war.

Es läfst sich indefs nicht in Abrede stellen, dafs die Würmer, wenn sie den von der Natur ihnen angewiesenen Wohnsitz verlassen in anderen Organen weit beschwerlicher, werden können. Z. B. Wenn die Spulwürmer, die bei den Menschen nur in den dünnen Därmen daheim und zu Hause sind, nach dem Magen wandern: so erregen sie daselbst mancherlei unangenehme Zufälle, und ruhen und rasten gewöhnlich nicht eher, bis nicht eine kräftige Anstrengung des Magens sie durch Erbrechen von dannen schafft. In vielen der oben angeführten Fälle waren auch Würmer im Magen vorhanden; und Palmer irrt gewifs, wenn er glaubt, dafs sie sich lange, ohne Zufälle zu erregen, im Magen aufhalten können. Desarneaux hat einen fürchterlichen epileptischen Anfall beobachtet, der, wie sich aus der ganzen Geschichte ergibt, von einem einzigen Spulwurme, der in den Magen heraufgekommen war, erregt worden ist.

Indefs ist nur die Rede von menschlichen Darmwürmern, denn bei manchen Thieren gibt es auch Würmer, die jederzeit nur im Magen gefunden, also wohl auch nur allda erzeugt werden, und nicht mehr Beschwerden daselbst verursachen, als die Würmer in den Därmen solang sie ihren Geburtsort nicht verlassen. So lebt bei der Hausmaus ein ziemlich grofser Spulwurm in dem Magen, und ich fand deren ein Mahl 25, ein anderes Mahl 22 Stücke beisammen, die in Wasser gelegt, und nachher in Weingeist aufbewahrt, jeden der sie sieht in Erstaunen setzen, weil er nicht begreifen kann, wie sie alle in einem solchen engen Behälter Raum finden konnten.

Wenn indefs die Würmer von einem Theile des Nahrungskanals in den andern übersiedeln, wenn sie den von der Natur ihnen zum Aufenthalt angewiesenen Ort verlassen: so liegt doch wohl das Bestimmende zu einer solchen Wohnungsveränderung gewifs weniger in ihnen selbst, als in den Verhältnissen aufser ihnen. Wenn die zu ihrer Ernährung dienenden Säfte im Darmkanale eine veränderte Beschaffenheit annehmen, wenn sich der Darm krampfhaft zusammenschnürt, so mag sich der Wurm allerdings daselbst nicht behaglich finden; er zieht also von dannen, und schlägt er zufällig den Weg nach oben ein: so kommt er in den Magen und zwar zu seinem eigenen Schaden, denn der Magen, der sich mit einem solchen Gaste nicht wohl vertragen kann, ruht gewöhnlich nicht eher, bis er ihn durch Erbrechen ausgeworfen hat.

Aber ganz gewifs hat man Unrecht sie zu beschuldigen, dafs sie die Därme durchbohren und dadurch nicht selten den Tod verursachen. Hierau hat zwar schon **Felix Plater** der ältere, der auch über die Entstehung der Darmwürmer mit den unsrigen übereinstimmende Ideen hat, gezweifelt, indem er meint, daſs zu einem solchen Durchbohren entweder ein gespitzter Rüssel oder Zähne erforderlich wären, dergleichen er aber an diesen Thieren nicht habe bemerken können, und daſs durch bloſses Saugen sie- wohl schwerlich so etwas zu leisten im Stande sein möchten. Gleiche Meinung vertheidigen **Bianchi** und **Wichmann** (n), welcher die *Lumbrici effractores* zu den pathologischen Fabeln zählt. Herr **Rudolphi** aber, dessen Untersuchungen über diesen Gegenstand noch etwas weiter gehen, hat die Unmöglichkeit einer solchen Durchbohrung der Gedärme und der allgemeinen Bedeckungen durch Würmer bei Menschen sattsam dargethan, indem er zeigte, wie sich auch hiervon jeder Unbefangene selbst überzeugen kann, daſs es ihnen schlechterdings an den hierzu nöthigen Organen fehlt. Ja! er hat sogar nachgewiesen, daſs selbst diejenigen Würmer, wie z. B. die Hakenwürmer, welche sich durch den Darm durchbohren können, jedoch bei Menschen sich nicht vorfinden, wegen der Langsamkeit und Allmählichkeit, womit dieses geschieht, nicht einmahl eine Entzündung im Darme hervorbringen (o).

Da uns indeſs noch täglich solche durch die Würmer verübte Gräuelthaten erzählt werden: so will ich einige wenige — denn aller zu erwähnen würde ein ganzes Buch füllen — hier anführen, damit diejenigen meiner Leser, die etwa nur von Hörensagen damit bekannt sind, in etwas nähere Kenntniſs, was es eigentlich damit für eine Beschaffenheit hat, gesetzt werden.

Gramann erzählt: Eine Frau fühlte einen Abscefs — so nennt er es — von der Gröſse einer welschen Nuſs in der Schamgegend, der zwei Wochen lang von einem Wundarzte mit erweichenden Mitteln behandelt wurde, und endlich borst. Sogleich drangen Koth und kurz darauf fünf runde Würmer hervor. Von Stunde zu Stunde kamen derselben mehrere nach. Der hinzugerufene **Gramann** erklärte sogleich den Fall für eine Durchbohrung der Därme durch die Würmer. Auf die Anwendung bitterer Mittel gingen binnen 4 Tagen über 100 spannenlange Würmer ab, wobei Patientinn jedesmahl in der Wunde die Empfindung hatte,

(n) Am angeführten Ort. S. 84.

(o) Man darf hier nicht etwa das von mir selbst oben erwähnte Beispiel von den Goldfischen gegen mich anführen, bei denen die Kratzer sich durchgebohrt hatten, und die darauf abstanden: denn diese Fische starben zuverläſslich nicht an dieser gewaltsamen Verletzung, sondern sie starben, wie die Würmer selbst, des Hungertodes, einer der natürlichsten unter allen natürlichen Todesarten.

als wenn etwas bisse. Innerhalb 3 Wochen wurde sie vollkommen hergestellt. — Einen ähnlichen Fall, wobei jedoch nur 3 Würmer abgingen, hatte er früher schon beobachtet. —

Vollgnad berichtet: Eine Frau, welche früher schon an Zufällen litt, die auf die Gegenwart von Würmern zu schliefsen berechtigten, deren sie auch schon welche ausgebrochen hatte, wurde als sie bei einer Arbeit den Arm stark in die Höhe streckte, plötzlich durch ein schmerzhaftes Gefühl erschreckt, indem es ihr schien, als wenn bei dem Nabel etwas abrisse, und in die Weichengegend herabfiele. Sie mufste das Bette suchen, und bemerkte bald darauf an der letzt benannten Stelle eine Geschwulst, die nach und nach bis zu der Gröfse einer Mannsfaust anwuchs. Unter fortwährenden fürchterlichen Schmerzen, wobei sie jedoch ein gewisses Nagen, und ein nicht dunkeles Gefühl, als wenn etwas Lebendes sich bewegte, zu bemerken glaubte, borst am 3ten oder 4ten Tage diese Geschwulst. Mit vieler stinkenden Materie kam auch ein spannenlanger, mit einem Rüssel versehener, einem *Lumbricus* ähnlicher, Wurm hervor. Es flofs noch mancherlei aus der Wunde, bis die Frau in der dritten Woche starb. — Wäre dieser fatale Wurm nicht gewesen, und hätte sonst keine andere Ursache des Todes Statt gefunden, die Frau würde heute noch leben.

Schelhammer sucht die obenangeführte Meinung von Plater durch folgenden Fall zu widerlegen. Eine 46jährige Bäuerinn, die lange Zeit an heftigen Bauchschmerzen gelitten hatte, bekam in den Weichen eine Geschwulst, die sich entzündete und in Brand überging. Nach dem Bersten der Geschwulst kamen zuerst übelriechender Eiter und dann binnen 8 Tagen 24 Spulwürmer, gröfsere und kleinere, aus der Wundöffnung heraus. Manche Würmer zeigten sich mit dem Kopfe zuerst, manche mit dem mittleren Theile des Körpers, welche dann mit Vorsicht so doppelt liegend aus der Wunde gezogen werden mufsten. Durch den Mund genommenes Oehl flofs nach kurzer Zeit wieder durch diese Oeffnung aus. Die Wunde heilte zwar einmahl zu, brach aber wieder auf, und als Schelhammer diese Frau sah, hatte dieser Zustand bereits 18 Jahre gedauert. Wenn nun Schelhammer aus diesem allen schliefst, dafs wirklich eine Darmdurchlöcherung hier Statt gefunden hat, so wird ihm hierin wohl Niemand Unrecht geben; dafs aber diese Durchlöcherung durch die abgegangenen Würmer bewirkt worden ist, hat er nicht bewiesen, sondern der von ihm selbst erwähnte Umstand, dafs mehrere dieser Würmer mit dem mittleren Theile des Körpers vorankamen, beweist sogar gegen ihn.

Eben so wird jeder meiner Leser Marcus beipflichten, in sofern er seine an einem Veitstanz leidende Kranke gegen den Verdacht, als sei sie eine von dem Teufel Besessene gewesen, zu retten sucht; aber sehr problematisch bleibt es, ob die kurz vor dem Tode abgegangenen und nachher unter den brandig gewordenen Eingeweiden gefundenen 41 Spulwürmer Ursache der Krankheit oder des Todes waren.

Herr Lüdücke nennt einen Fall: tödtliche Durchbohrung der Gedärme durch Würmer verursacht, gewifs mit Unrecht also. Denn schon vor mehreren Monathen war die Geschwulst in der Leistengegend aufgebrochen, und erst 12 Tage vor dem Tode kam ein Wurm aus der Wunde zum Vorschein.

Eben so sehr irrt meiner Meinung nach Herr Godot. Ein sehr grofser Leberabscefs wurde geöffnet. Bei dem 8ten Verbande kam daraus ein Spulwurm hervor, dem bald darauf noch einige folgten. Herr Godot glaubt, die Würmer hätten den Magen durchbohrt; mir ist es wahrscheinlicher, dafs der Eiter ihn durchfressen hat.

Hünerwolf überschreibt folgende Beobachtung: *De Ileo lethali a vermibus.* Eine 30jährige Frau erbrach nach vorhergegangenen sehr heftigen Bauchschmerzen 16 sehr derbe Spulwürmer und gab bald darauf den Geist auf. Bei der Leichenöffnung fanden sich einige durch Brand verursachte Löcher in den dünnen Därmen. — Von daselbst vorgekommenen Spulwürmern wird nichts erwähnt.

Auch in dem von Herrn Fischer (p) erzählten Falle, wo ein Spulwurm in der Beckenhöhle gefunden wurde, ein anderer aber zur Hälfte aus dem Blinddarme heraushing, waren die Därme entzündet, und die Löcher im Darme waren wahrscheinlich durch bereits eingetretenen Brand verursacht. — Wichmann sagt: »Ich habe runde Löcher in den Gedärmen alter Leute gefunden, bei denen »man in ihrer Lebzeit so wenig, als nach ihrem Tode eine Spur von Würmern »entdeckte.«

Ich habe mich gleich anfangs erklärt, dafs ich meine Leser blofs in die Kenntnifs einiger solchen Mordgeschichten setzen wollte — man findet dergleichen noch bei Le Beau, Borellus, Girard, Göckel, Heister, Marteau, Moulenq, Offred: Schmiedt, Tulpius u. m. a. — und überlasse es ihrem eigenen Urtheile, wieviel sie davon auf Rechnung der Würmer schreiben wollen. Indefs kann ich mich nicht enthalten, hier die eigenen Worte eines deutschen

(p) Taen. hydatigen. p. 40.

Veterans in der Medizin herzusetzen. Sie sind ein Zusatz (q), welchen er zu einer in seinem Magazine erzählten, den obigen ähnlichen, nur noch viel verwickelteren Krankengeschichte machte. Er lautet also: »Vorstehende *hist. morbi* ward mir zur *Consultation* vorgelegt: Bei aller Genauigkeit in derselben kann sich nur so viel erkennen: die Fistel *quaestionis* läuft schräge zwischen den »Bauchmuskeln herunter. Immer dünkt mich, dafs Anfangs der Darm im *annulo abdominali* eingeklemmt, und dafs der e r s t e Wundarzt e i n e n B r u c h »vor einen Abscefs g e h a l t e n, ein Fall, der sich oft ereignet, und dergleichen schon H e i s t e r und mehrere angemerkt. — Der Darm wurde also f a u l: »und nun kamen aus dem Geschwür Spulwürmer, welches g a r o f t s c h o n ist »beobachtet worden.«

B a l d i n g e r.

Herr Medizinalrath H i r s c h glaubt zwar in den Bemerkungen, zu einem von ihm erzählten den obigen ähnlichen Falle, dafs die Würmer gar nicht aus dem Darmkanale gekommen sein möchten. Er drückt sich darüber folgender-»mafsen aus: »Bei dem ungeheuren Convolut der Würmer, das sich in den Ge-»därmen dieser Frau vorzüglich zur Zeit der Schwangerschaft angehäuft hatte, wo »der Druck der Gebärmutter die Annäherung der Würmer an die Wände der Ge-»därme beförderte, und durch den doppelten Reiz der Saugadern zur gröfseren »Thätigkeit angespornt wurden, scheint es mir keine Unmöglichkeit gewesen zu »sein, dafs die Einsaugung der feinsten Plastik dieser Zoogeniten mittelst der »Sauggefäfse der Gedärme habe erfolgen können. — So wie nun das in die fei-»nen Sauggefäfse Aufgenommene schnell zu seiner Ausbildung gelangt, so wirkt »es auch zerstörend auf dieselben, und gelangt nach deren Trennung in Höhlen, »welche von dem gewöhnlichen Aufenthaltsorte der Würmer, als nähmlich von »den Gedärmen verschieden sind. An diesem Ablagerungsplatzé dient den Wurm-»larven der thierische Hauch und das Ausschwitzende der aushauchenden Gefäfse »zur Nahrung, durch die sie bald zur eigenen Fortpflanzung gedeihen, und nun »ein Convolut bilden, das befremdende Einwirkung auf die Structur der umge-»henden Theile äufsern mufs.«

Allein Herr Hirsch würde wohl zu dieser gezwungenen und gesuchten Erklärung des Hervorkommens der Würmer aus der Wunde nicht nöthig gehabt haben, seine Zuflucht zu nehmen, hätte er nicht zu viel Gewicht auf den Umstand gelegt, dafs kein künstlicher After zurückgeblieben ist, welchen er als eine ge-

(q) Neues Magazin für Aerzte. Bd. 6. St. 1. S. 57.

18

wisse Folge einer Durchlöcherung des Darms ansieht. Solche Heilungen bei eingeklemmten brandig gewordenen Brüchen sind ja nicht etwas so Unerhörtes. Ich selbst habe während meiner akademischen Laufbahn einen solchen Fall beobachtet. Bei einer Frau in Apolda brach ein vernachlässigter, eingeklemmter und brandig gewordener Bruch auf. Aus der Wundöffnung flofs deutlich zu erkennender Koth, jedoch ohne Würmer. Da indefs doch immer noch mittelst Klystieren Koth durch den After abging, so wollte ich mit Hülfe zweier Freunde den Darm mit einigen Stichen an die Bauchhaut oder die allgemeinen Bedeckungen anheften, um die etwaigen Ergiefsungen des Koths in die Bauchhöhle zu verhüthen und das Leben der Frau zu fristen, sei es auch mit Beibehaltung einer Kothfistel, dergleichen eine doppelte der Mann schon seit langer Zeit im Hodensacke mit sich herum trug. — *Nobile par conjugum!* — Allein der Versuch mifslang, und wir konnten trotz der Erweiterung der Wundöffnung, des zerrissenen Darms nicht habhaft werden. Indefs was geschah? Die grofse Heilkünstlerinn, Natur genannt, besorgte ohne unser Zuthun die Heilung. Die Frau genas und keine Kothfistel blieb zurück.

Selten sind allerdings solche Fälle, aber, wie gesagt, nicht unerhört. Needham in North-Wolsham schnitt einem Knaben von 13 Jahren, der durch einen Wagen überfahren worden war, wodurch ein grofser Theil der Därme nebst Mesenterium aus dem After trat, 57 Zoll brandig gewordene Därme ab, und — der Kranke genas.

Auch in den oben angeführten Fällen von Borell, Marteau bei Nabelbrüchen, von Göckel und Moulenq bei Leistenbrüchen, vernarbten die Wunden gänzlich, ohne eine Fistel oder einen künstlichen After zurückzulassen.

Roudier erzählt einen Fall von einem solchen brandig gewordenen Bruche, durch dessen Oeffnung 19 Spulwürmer und aller Koth ausflossen, so dafs nichts mehr durch den After abging und dennoch wurde der Kranke geheilt.

Bei Baillie findet man mehrere Beispiele von widernatürlichen Aftern, welche nach vorhergegangenem Brande heilten.

Wir werden daher wohl nicht irren, wenn wir annehmen, dafs auch in dem von Herrn Hirsch erzählten Falle die Würmer aus dem nähmlichen Kanale kamen, aus welchem sie bei allen ähnlichen Fällen kommen, dafs sie sich aber dabei ganz leidend verhielten. Doch wird diefs letztere nicht allgemein zugegeben, und wenn man sie nicht des Durchbohrens der Därme beschuldigen kann, da es ihnen hierzu an Werkzeugen fehlt: so bezüchtiget man sie als Ursache der

Einklemmung der Brüche selbst. R i c h t e r zählt sie mit unter die Ursachen der Einklemmung der Brüche. Die Erklärung der Art und Weise, wie diefs geschehen soll, stimmt mit der von Herrn W e d e k i n d überein, welcher letztere in einer eigenen Abhandlung »Von der Einklemmung der Brüche, die durch Würmer verursacht wird.« Klage gegen sie vorgebracht hat.

Herr W e d e k i n d gibt selbst zu, dafs das häufigere, ja beinahe endemische Vorkommen von Brüchen und Würmern in der Grafschaft D i e p h o l z, wo er damahls Physikus war, ein und derselben Ursache zuzuschreiben, und in der Lebens- und Ernährungsweise der dortigen Einwohner zu suchen sei. Hierauf sucht er mit vielem Scharfsinne zu erweisen, wie die Würmer auf zweierlei Art die Einklemmung der Brüche bewirken können. Einmahl nähmlich durch consensuellen Reitz — krampfhafte Einklemmung. Zweitens durch Verstopfung oder Zusammenschnürung der im Bruche enthaltenen Gedärme. Die erstere Art ist nach ihm eine Folge des Wurmreitzes. Was ist Wurmreitz? Ein ärztliches Wort, wie so viele andere, womit man glaubt etwas gesagt zu haben, ohne jedoch weder sich selbst noch anderen gehörige Rechenschaft darüber geben zu können. Wie, auf welche Art reitzen die Würmer, besonders die Spulwürmer, denn von diesen ist doch wohl hier ausschliefslich die Rede? Ich weifs es nicht. Alle Spulwürmer, die ich in selbst ganz frisch getödteten noch warmen Thieren gefunden habe, lagen frei und lose, gewöhnlich in Schleim eingehüllt im Darme und berührten von weitem nicht die Flockenhaut desselben. Ich begreife daher nicht, wie sie einen solchen Reitz verursachen können. Die Empfindung eines Kriechens im Leibe, welches die Kranken haben sollen, beweist gar nichts, sonst müfsten wir auch einer jeden hysterischen Frau glauben, dafs ihr öfters die Gebärmutter in den Hals steigt. — Ich habe seit mehr als zehn Jahren viele hundert mit Würmern behaftete, oder mit Würmern behaftet sich glaubende Personen zu behandeln gehabt, und ich habe immer gefunden, dafs diejenigen, welche wirklich Würmer in ihrem Darmkanale nährten, am wenigsten über dergleichen Empfindungen klagten, zumahl, wenn sie noch nicht viele Mittel dagegen gebraucht hatten; jene hingegen, von welchen etwa einmahl Würmer abgegangen waren, von denen sich längst keine Spur mehr zeigte, oder solche, denen die Aerzte in den Kopf gesetzt hatten, dafs sie an Würmern leiden müfsten, gewöhnlich das gröfste Geschrei erhoben über das Kneipen, Beifsen, Saugen, Kriechen u. s. w. des Wurmes.

Wenn man solche Kranke genau erforscht, so erfährt man gewöhnlich bald,

18 *

dafs der Wurm jetzt im Grimmdarme, plötzlich im Zwölffingerdarme, jetzt wieder im Leerdarme, dann im Magen, nun im Mastdarme, und eben so schnell wieder im Halse, in den Schultern und, Gott weifs wo, sein Wesen treibt. Wie in aller Welt aber soll dann der, seiner Natur nach, sich so langsam bewegende Wurm, so schnell seinen Aufenthaltsort verändern können? Er ist ja keine Heuschrecke, und wenn er auch ihre Springfüfse hätte, so würde es ihm doch unmöglich werden, in dem langen gekrümmten Darmkanale so schnell von einer Stelle zur anderen kommen zu können. — Und warum soll dann das Weitersichfortbewegen eines weichen Wurms deutlicher und lebhafter empfunden werden, als die Fortbewegung eines harten Kirschenkerns, deren öfters hunderte den Weg durch den Darmkanal passiren, ohne ihren Durchzug durch irgend ein erregtes Gefühl bemerkbar zu machen.

Keines dergleichen krankhaften Gefühle berechtiget uns daher auf die Gegenwart von Würmern zu schliefsen, sondern nur, wenn die oben erwähnten Umstände Statt finden, auf Wurmkrankheit überhaupt. Denn es gibt Menschen, die öfters in grofser Anzahl Würmer in ihren Gedärmen hegen, und dennoch nie über dergleichen Empfindungen klagen. — Man wird zwar dagegen einwenden, dafs diefs wohl bei gesunden Därmen der Fall sein könne, bei krankhaft gereiztten sich hingegen anders verhalte. — Allein alsdann liegt ja auch offenbar die Krankheitsursache nicht zunächst in den Würmern, die vielleicht schon Jahre lang hier hausten, sondern in irgend etwas anderem, welches diese gesteigerte Reitzbarkeit des Darmkanals hervorbrachte. — Vielleicht in den gegen die Würmer gebrauchten Mitteln?

Die zweite Art der Einklemmung der Brüche ist, nach Herrn Wedekind diejenige, welche die Würmer, »entweder durch Verstopfung, oder durch Zusammenschnürung der im Bruchsacke enthaltenen Gedärme hervorbringen.« Er schliefst dabei folgendermafsen: da die Würmer schon für sich durch Verstopfung des Darmkanals ein Miserere hervorbringen können, so wird ihnen diefs um so leichter, wenn sie in einem Bruche liegen. Allein bei diesem Schlusse ist der Vordersatz blofs postulirt, nicht erwiesen, und ich verweise daher meine Leser auf das, was ich oben über die von Würmern verursachten Verstopfungen des Darmkanals gesagt habe. Wenn aber der Vordersatz nicht richtig ist, so ergibt sich die Unrichtigkeit der Schlufsfolge von selbst.

Allein Herr Wedekind vertheidiget, wie man diefs an ihm gewohnt ist, seinen Satz mit sehr vielem Scharfsinn. Er sagt: die Würmer im Bruche erzeu-

gen zuerst durch ihren Reitz eine Zusammenschnürung eines Darms, und die Einklemmung ist erst Folge der Entzündung. Er sucht diefs daraus zu beweisen, weil
die Kolik im Bruche immer der Entzündung vorhergehe. Diefs einstweilen auf
Treu und Glauben angenommen, kommt es mir aber doch vor, als wenn es mit
den Vorderfätzen nicht so ganz seine richtige Bewandnifs hätte. Denn Spulwürmer können sich vermöge des Baues ihrer Frefswerkzeuge höchstens an die Zot-
tenhaut der Därme ansaugen. — Jedoch gebe ich diefs nur als Möglichkeit zu;
denn einen solchen an der Flockenhaut oder gar sogenannten Nervenhaut festsitzen-
den Spulwurm niemahls gefunden zu haben, ist von mir kurz zuvor erinnert worden. — Dafs aber dadurch, wenn ein Wurm oder auch deren zwei und drei sich
daselbst ansaugen, eine solche Strictur in dem Darme hervorgebracht werden
soll, dafs ein Ileus entstünde, ist mir im mindesten nicht wahrscheinlich. —
Mir stehen zu viele Beispiele zu Gebothe, als dafs ich solches glauben könnte. Kratzer graben sich öfters zu hunderten in die Därme der Fische, der Sumpf- und
Schwimmvögel — ja! auch der Schweine — so tief ein, dafs man den Sitz eines
jeden einzelnen Wurms auf der Aussenseite des Darms durch eine kleine Erhabenheit erkennen kann. Im Storche haust ein Doppelloch, welches sich tiefe Gruben
in die Därme gräbt. In dem Hechte lebt in ungeheurer Anzahl die *Tricuspidaria*, die sich gleichfalls daselbst fest einbohrt, und wo jede solche eingebohrte
Stelle nach etwaigem Losgehen des Wurms durch eine warzenähnliche Erhabenheit mit einer Vertiefung in der Mitte sich dem Auge des Beobachters zu erkennen gibt. Bei einem an Rhachitis und beinahe allgemeinem Knochenfrafse verstorbenen, von Herrn Sanitätsrath Gölis mir zur Untersuchung gütigst über-
lassenen Kinde fand ich einen noch lebenden fest mit seiner Mundöffnung an die
innere Darmwand angesaugten Kettenwurm, aber daselbst weder eine Strictur,
noch eine Entzündung, noch eine andere krankhafte Veränderung. Eben so verhält sich jederzeit die Sache bei den oben angeführten Thieren. Wie sollen also
die Spulwürmer, die, wie gesagt, gerade am wenigstens dazu geeignet sind, solch
Unheil anrichten können? Wird man daher wohl nicht ungezwungener die Sache
erklären, wenn man dasjenige, was nach Herrn Wedekind's eigenem Dafürhalten zur Erzeugung der Würmer und zur Bildung der Brüche zugleich Gelegenheit gibt, auch als das Ursächliche der Koliken und der Einklemmung betrachtet?
Uebrigens kommt es mir vor, dafs ein Bruch, der einen oder auch mehrere lebendige Spulwürmer enthält, leichter zurückzubringen sein sollte, als einer,
der blofs verdickten Koth enthält. Durch den die *Taxis* unternehmenden Fin-

ger des Wundarztes gedrückt, wird der Wurm das gefafste Stück Darmhaut —
was jedoch hier blofs vorausgesetzt, nicht zugestanden wird — nicht nur loslas-
sen, und dadurch also die Ursache der Strictur gehoben werden, sondern es wird
auch der Wurm den Weg wieder dahin suchen, wo er hergekommen ist. Dadurch wird also, wenn sonst kein Hindernifs vorhanden ist, der Weg für den
Speisebrei oder den Koth vollkommen wieder frei werden. — Todte Würmer
mögen sich freilich nicht viel besser verhalten als verdickter Koth, doch immer
noch etwas besser wegen ihrer glatten Oberfläche und wegen ihres cylindrischen
Baues, der sich an beiden Enden in das Konische verliert.

Doch was nützt es den Würmern, wenn ich ihre Sache auch noch weiter
vertheidigen wollte. Ein jeder damit Behaftete wünscht ihrer los zu werden.
so gut wie der Militäreinquartirunggebende, wenn auch die Truppen noch so
gute Mannszucht halten. Wir müssen also schon ein eigenes Capitel schreiben
über die Mittel, durch welche man sie abtreiben kann, und dieses folgt hier
zunächst.

SECHSTES CAPITEL.
Von den Mitteln gegen die Würmer.

Es gibt wohl nicht leicht eine Beschwerde, oder irgend ein Leiden des menschlichen Körpers, gegen welches so viele Mittel wären gerühmt worden, als eben
gegen die Würmer. Dieser Umstand sollte allerdings ein böses Licht auf die
Würmer werfen, weil gerade die unheilbarsten Krankheiten, wie Lungenschwind-
sucht, allgemeine Scrofelsucht u. s. w. diejenigen sind, gegen welche man, wegen Unzulänglichkeit der alten Mittel täglich nach neuen hascht, die man dann auch
nicht ermangelt als untrüglich anzurühmen, welche aber bald wieder, gleichfalls
wegen Unzulänglichkeit anderen neuen eben so ephemeren Platz machen müssen;
da hingegen die Behandlung der Lungenentzündung z. B. noch eben so einfach ist im
neunzehnten Jahrhundert, als sie es unter Hippokrates war. — Es ist jedoch nicht
die Hartnäckigkeit, womit die Würmer den seit langen Zeiten bewährten Mitteln
widerstehen, Ursache, warum eben diese Mittel ganz unverschuldeter Weise in
übelen Ruf gekommen sind, und öfters anderen Arzeneikörpern ein Rang unter

den Wurmmitteln angewiesen worden ist, den sie nicht verdienen. Die Ursache liegt offenbar darin:

1) Dafs man bei Anwendung dieser Mittel nicht zu gleicher Zeit auf die Ursache der Wurmerzeugung Rücksicht nahm, und auch diese zu beseitigen suchte. Wenn also einige Zeit nach wirklichem Abgange von Würmern aufs Neue welche zum Vorscheine kamen: so wurde das zuerst angewandte Mittel bei Seite gesetzt, und ein neues versucht. Auch fehlt man öfters darin, dafs man den Gebrauch der Mittel nicht lange genug fortsetzt. Dianyere beobachtete einen Fall, wo man alle Ursache hatte, Würmer zu vermuthen. Es wurden zwei bis dreimahl wurmtreibende Mittel mit abführenden verbunden gegeben, ohne dafs dadurch auch nur ein einziger Wurm abgetrieben worden wäre. Bei der Leichenöffnung fand man bis 60 Spulwürmer knäuelweise verwickelt in verschiedenen Stellen der Därme. Er gibt daher die wurmtreibenden Mittel anhaltend fort, und nur zwei bis dreimahl in 24 Stunden. Die Mittel reicht er entweder kurz vor, oder bald nach der Mahlzeit, damit, wie er meint, die ausgehungerten Würmer desto besser anbeifsen; überdiefs sucht er durch Zusatz von süfsen Sachen ihnen das Gift schmackhafter zu machen. Hierauf gibt er Abführungsmittel, und wenn er nicht zu Ende zu sein glaubt: so fängt er seine Methode von vorne an. Eine, bis auf das Versüfsen und vermeintliche Aushungern der Würmer, gewifs nicht schlechte Methode.

2) Eine zweite Ursache möchte wohl darin zu suchen sein, dafs man die Mittel öfters da reichte, wo man blofs aus allgemeinen Zeichen, die, wie wir gezeigt haben, alle trügen können, Würmer vermuthete, ohne von ihrer wirklichen Gegenwart volle Ueberzeugung zu haben; oder auch, dafs man nach wirklichem Abgange von Würmern die Fortdauer der gleichzeitigen Zufälle, deren Ursache jedoch weit tiefer lag, immer noch in dem Vorhandensein der Würmer suchte. — Ich erinnere hier nur an die von mir oben erwähnte Geschichte der mit dem Kettenwurme behaftet gewesenen Frau in Jena, und des Geistlichen in Mähren.

3) Eben so unverdienter Weise sind Mittel als wurmtreibende in Ruf gekommen, die es eigentlich, wenigstens directe, nicht sind. Es traf sich nähmlich, dafs bei Behandlung irgend einer Krankheit Würmer abgingen. Nun wurde das Mittel, welches eben gegeben worden war, als dasjenige ausposaunt, welches unfehlbar die Würmer austreibt. Hier kann nun wieder der Fall dreierlei sein: entweder die Würmer gingen ganz zufällig ab, wie diefs oft bei den damit Behafteten

geschieht, oder die Krankheit selbst trieb sie aus; (daher die Beschreibungen so vieler Wurmfieber-Epidemien, in Gegenden, wo Würmer als endemisch herrschend angesehen werden müssen, und wo bei Krankheiten, in denen ein Verderbnifs der Säfte im Darmkanale Statt findet, die Würmer das Weite suchen) oder endlich das Mittel hob die krankhafte Anlage, Opportunität, welche die Veranlassung zur Wurmerzeugung gab, aus dem Grunde. Die alten Würmer gingen ab, und keine neuen erzeugten sich wieder. So führt unter anderen van Doevern S. 329 den *Cortex Simarubae* als Wurmmittel auf, weil Hempel bei einer am 15ten Tage der Blatterkrankheit entstandenen Diarrhoe auf dessen Gebrauch viele grofse Spulwürmer abgehen gesehen hat.

Man sollte nun freilich glauben diese letzteren Mittel wären die eigentlichen wahren Wurmmittel; allein es ist dem doch nicht ganz also. Denn man mufs unterscheiden zwischen solchen Mitteln, welche vorhandene Würmer abtreiben, und solchen, welche die Erzeugung neuer verhüthen, und zwar dadurch verhüthen, dafs sie die Ursache der Wiedererzeugung heben. — Ein Arzt in Brünn, dessen Nahmen mir leider entfallen ist, erzählte mir, dafs er einige Mahle durch längere Zeit wurmtreibende und abführende Mittel gegeben habe, ohne dadurch den Abgang der Würmer zu bewirken, welcher erst dann erfolgte, als er Eisen und andere stärkende Mittel gab. — Allein defshalb möchte ich doch die Cur eines verschleimten mit Würmern bevölkerten Darmkanals nicht mit Eisen und derlei Mitteln anfangen, so wenig als ich die Behandlung einer Lungenentzündung, oder mit den Erregern zu reden, einer hypersthenischen Pneumonie, mit Darreichung der *Senega* oder gar des Kampfers beginnen möchte.

Um die Mittel, welche die Eingeweidewürmer am schnellsten tödten, kennen zu lernen, glaubte man am sichersten zu verfahren, wenn man sie aufserhalb des thierischen Körpers der Einwirkung verschiedener Arzeneikörper aussetzte. Schon Redi stellte dergleichen Versuche an, ihm folgten Bagliv, Andry, Le Clerc, Torti, Coulet, Arnemann und Chabert. Allein alle diese Versuche sind nicht wohl geeignet, um zu einem bestimmten Resultate zu führen. Denn man mufs bedenken, dafs der gröfste Theil der Eingeweidewürmer sehr bald stirbt, wenn er aus seinem natürlichen Wohnorte entfernt wird; wiewohl auch hier Ausnahmen Statt finden, da der Nadelwurm (r) (*Spiroptera Cystidicola Л.*) aus der Schwimmblase der Forelle wohl acht Tage lang sich im kalten Wasser lebend erhält. Der freien Einwirkung der Luft ausgesetzt

(r) Ein neues Genus.

sterben alle ohne Ausnahme sehr bald und schrumpfen zusammen. Bei den Eingeweidewürmern des Menschen aber können diese Versuche noch um so viel weniger als rein betrachtet werden, da man dazu nur Würmer anwenden kann, die entweder durch den Stuhl abgegangen waren, und auf alle Fälle schon ermattet sind, oder im Cadaver gefundene. Im letzteren Falle ging gewöhnlich Krankheit voraus, wobei die Würmer immer auch leiden können, und dann wird der gestorbene Mensch erst nach völligem Erkalten, meist erst nach 24 Stunden geöffnet, wo der Wurm gleichfalls schon anfangen muß abzustehen. — Endlich muß man erwägen, daß die angewandten Mittel, ehe sie mit den Würmern in Berührung kommen, erst durch den Magen gehen müssen, wo sie grofse Veränderungen erleiden, und daß folglich der Wurm im Darme nicht so rein damit übergossen werden kann, als in einer Glasschale. — Diefs sind kleine Bemerkungen, welche, wie ich glaube, berücksichtiget zu werden verdienen, wenn man auf diese Art Versuche mit Arzeneimitteln gegen die Würmer anstellen will. — Uebrigens haben die Versuche von Redi und Arnemann gelehrt, daß die fetten Oehle gar nicht so nachtheilig auf die Eingeweidewürmer wirken, als man aus der tödtlichen Wirkung, welche diese Oehle auf Insecten und besonders deren Larven äufsern, zu erwarten berechtiget zu sein glaubte. Bei den Insekten werden dadurch die Luftlöcher (*Spiracula*) verschlossen. Die Eingeweidewürmer haben aber keine dergleichen Luftlöcher. *Ergo!* Aus Arnemanns Versuchen geht auch hervor, daß das gegen den Bandwurm so sehr gerühmte Ricinusöhl gar nicht als wurmtödtend wirkt, sondern blofs als schlüpfrig machendes Abführungsmittel betrachtet werden mufs. Denn in solches Oehl gelegte Spulwürmer aus dem Schweine lebten 36 und die aus dem Menschen 44 bis 48 Stunden. In keinem der übrigen zum Versuche angewendeten Oehlen, mit Ausnahme des Mandelöhls lebten sie so lange (s). — Am schnellsten und sichersten werden nach diesen Versuchen die Würmer getödtet durch Kälte, Weingeist oder geistige Substanzen überhaupt, und durch die stinkenden Oehle. Die Schwierigkeit der Anwendung der beiden ersteren im lebenden Menschen, wird jedem meiner Leser von selbst klar sein. Was aber die empyreumatischen Oehle anlangt, so findet ihre Anwendung nicht nur sehr gut Statt, sondern sie haben auch bereits ihre Nützlichkeit durch die Erfahrung bewährt, wie wir weiter unten sehen werden.

(r) Die Schrift von J. Arnemann Commentatio de oleis unguinosis. Götting. 1783. 4. Sect. IV. habe ich nicht gelesen, und das hier Angeführte aus Rudolphi gezogen. Entoz. Vol. pag. 487 — 488.

10.

Betrachten wir nun die Mittel, welche im lebenden Menschen gegen die Würmer versucht und angewendet worden sind. Man kann sie wohl füglich folgendermafsen eintheilen: 1. in *mechanisch wirkende*; 2. in *specifisch wirkende*; 3. in *abführende*; 4. in *stärkende Mittel*.

I. Von den mechanisch auf die Würmer wirkenden Mitteln.

Das Zinn, sowohl gefeilt als gekörnt, steht unter diesen oben an. Es wurde zuerst von Alston, dann von Pallas (s) und Bloch (t) empfohlen. Das Zinn mufs ganz frei sein von aller Beimischung von Blei oder Arsenik. Es wirkt ganz mechanisch und zwar die Zinnfeile zerstörender auf die Würmer als das gekörnte; durch Ersteres können aber auch leicht die Gedärme beleidiget werden, daher auch Pallas das gekörnte zum Gebrauche vorzieht. Bei den specifischen Methoden die Nestelwürmer abzutreiben, wird dieses Mittels nochmahls erwähnt werden.

Die Juckfaseln, die Kühkrätze *Stizolobium* oder gemein *Dolichos pruriens* werden besonders von Chamberlaine empfohlen. Herr Rudolphi schreibt allen acht Arten von *Stizolobium* dieselbe Eigenschaft zu. Es werden blofs die Haare oder Borsten, welche auf der Hülse, die den Samen enthält, sitzen, gebraucht. Diese Borsten bringen auf der Haut des Menschen ein ganz unerträgliches Jucken hervor. Nichts desto weniger bedient man sich in beiden Indien schon seit langer Zeit derselben als eines wurmtreibenden Mittels, ohne dafs man irgend eine nachtheilige Wirkung davon gesehen hätte. Das Mittel wird aber jederzeit in Schleim oder dickem Zuckersafte gehüllt genommen; dazu kommt noch, dafs der Magen und die Därme durch ihren natürlichen Schleimüberzug, der bei Wurmkrankheiten gewöhnlich noch stark vermehrt ist, gegen die mechanische Einwirkung dieser feinen Borsten geschützt werden. — Man sollte nun glauben, die Würmer, welche in diesem Schleim hausen, wären auch dagegen geschützt. Dem scheint jedoch nicht also zu sein, denn nicht nur nach den vieljährigen Erfahrungen von Chamberlaine, sondern auch nach den Zeugnissen vieler anderer Aerzte treibt es jedesmahl Würmer ab, wo welche sind. Diefs gilt besonders von den Spulwürmern, denn dafs es ihm gegen Nestelwürmer nicht volle Genüge geleistet habe, gesteht Chamberlaine

(s) N. nord. Beiträge. I. St. 55.

(t) Preisschrift. S. 56.

selbst. — Er läfst von diesen Borsten mit gemeinem Syrup (*Syrupus hollandi-cus*) eine Lattwerge machen, — die Verhältnisse gibt er nicht an — und läfst davon Kinder bis zum 6ten oder 8ten Jahre einen Theelöffel voll, bis zu 14 Jah-ren einen Kinderlöffel voll, allen über diesem Alter einen Speiselöffel voll zwei-mahl des Tags nehmer, und zwar Abends bei Schlafengehn und in der Frühe, eine Stunde vor dem Frühstück. Ueberdiefs gibt er jeden dritten oder vierten Tag ein Abführungsmittel. Auch von P a l m e r wird dieses Mittel und zwar als ein mechanisch wirkendes gerühmt. — Ich selbst habe keine Erfahrungen über dieses Mittel, habe auch noch nicht nöthig gehabt, darnach zu greifen.

G e p ü l v e r t e H o l z k o h l e n. Nach P a l l a s (u) werden diese in Island als ein Wurmmittel gebraucht; und er selbst hat ein grofses Stück Nestelwurm da-mit abgetrieben.

D i e g e l b e R ü b e n oder M ö h r e n, werden auch in verschiedenen Ge-genden Deutschlands früh nüchtern roh genossen, oder auf dem Reibeisen gerie-ben als wurmtreibendes Mittel betrachtet.

Dafs diese mechanisch wirkenden Mittel die Würmer reitzen und zum Abgange geneigt machen, unterliegt wohl keinem Zweifel. Denn so werden z. B. bei Vö-geln, die im Sommer sich von Insecten nähren, öfters in dieser Jahrszeit Würmer im Darmkanale gefunden; hingegen im Herbste, wo sie sich von Körnern nähren und überdiefs kleinen Sand verschlucken, sind sie gewöhnlich ganz frei von Wür-mern. — Es könnten daher wohl auch noch mehrere andere Körper als mecha-nisch wurmtreibende in Gebrauch gezogen werden, wenn vielleicht nicht bei dem einen oder anderen zu befürchten stünde, dafs sie nachtheilig für den Kranken selbst werden könnten. Ueberhaupt aber glaube ich, dafs man sie ganz entbeh-ren kann ; es wird dadurch ja nur das lebendig gewordene Erzeugnifs der Krank-heit fortgeschafft, nicht die Krankheit selbst gehoben. Ich wenigstens bin seit mehr als zehn Jahren, in welcher Zeit ich mehr als ein halbes Tausend Wurm-kranke zu behandeln gehabt habe, noch immer ohne dieselben ausgekommen.

II. Von den Mitteln, welche specifisch auf die Darmwürmer wirken.

D a s k a l t e W a s s e r wird von R o s e n s t e i n und P a l l a s empfohlen. Es unterliegt keinem Zweifel, dafs die Kälte sehr nachtheilig, ja tödtend auf die

(u) Neue nord. Beiträge. I. S. 57.

Eingeweidewürmer wirkt. Wenn man daher das Wasser ganz kalt dahin bringen könnte, wo sie sich aufhalten: so wäre diefs wohl das einfachste Mittel, um sie los zu werden; allein ihr Sitz ist bei dem Menschen nicht im Magen, sondern in den Därmen. In dem Magen aber wird das Wasser schon erwärmt und kommt also nicht mehr kalt bis zu dem Wohnsitze der Würmer. Da sich indefs die Erfahrung nicht ableugnen läfst, dafs schon öfters auf das Trinken von kaltem Wasser und zwar vielem kalten Wasser, sowohl Spulwürmer als Nestelwürmer abgegangen sind: so hat Herr Rudolphi auf eine sehr sinnreiche Art das Wie dieser Wirkung des kalten Wassers zu erklären gesucht. Er glaubt nähmlich: dafs der Eindruck, welchen das kalte Wasser auf den Magen macht, sich auf die Därme fortpflanze; — ich stelle mir diese Wirkung als eine Art gewaltsamer Erschütterung vor — dafs ferner die Würmer durch den Genufs von vielem Wasser ganz überschwemmt und so leichter von demselben fortgespült werden, da sie, in Wasser gelegt, alle mehr oder weniger dasselbe absorbiren, wodurch sie aufgetrieben und gewissermafsen steif werden, in welchem Zustande sie dem weiteren Andrange des Wassers nicht mehr widerstreben können. — Salziges Wasser wirkt noch sicherer. Pallas (x) sagt: Bei London ist in dem kleinen Dorfe St. Chat, ohnweit Sadlerswells, ein öffentliches Wirthshaus und Garten mit einem etwas mineralischen Quell, Battlebridge-Wells genannt, dessen mit wenigem Glaubersalz geschwängertes Wasser, als ein kräftiges Mittel wider den Bandwurm bekannt ist. Man zeigt daselbst eine Sammlung von mehr als funfzig Flaschen mit Bandwürmern verschiedener Art, meist die breiten und häutigen, welche vom Gebrauche dieses Wassers ganz abgegangen sind. — Die von Rosenstein mitgetheilte Autonosographie einer Dame dient jedoch nicht dazu, um die kalten Mineralwasser als ein Radicalmittel gegen Nestelwürmer zu empfehlen. Denn diese Dame brauchte den Brunnen viele Jahre hintereinander, und noch immer gingen ihr Stücke von diesem Wurme ab. — Van Swieten (y) glaubt, dafs Klystiere von kaltem Wasser gegen Madenwürmer von Nutzen sein könnten. — Herr Collegienrath Löffler rühmt Eispillen als ein sicheres Mittel gegen Würmer, welche etwa im Magen ihr Unwesen treiben.

Baldrianwurzel. *Radix Valerianae sylvestris*, macht einen der Hauptbestandtheile der Störk'schen Wurmlattwerge aus, wozu die Vorschrift folgende ist: (z)

(x) Neue nord. Beitr. I. S. 64.
(y) Commentar. T. 17. §. 1371.
(z) Ann. med. I. p. 103 u. 164. p. 228 u. 366.

Rc. Salis polychrest.

Pulv. Rad. Jalapp.

Valerian. sylv. sive Phu aa ℨj.

Oxymel. scillit. ℥jv.

M. S. Viermahl täglich Erwachsenen ein Loth, jüngern ein bis zwei Quentchen.

Bei L a g e n e' s als untrüglich empfohlener Verfahrungsart gegen Nestelwürmer ist der Baldrian eigentlich das einzige wurmwidrige Mittel, denn das übrige besteht aus lauter abführenden Arzeneien. — Jedem Arzte sind die grofsen arzeneilichen Kräfte dieser Pflanze bekannt, und bei Wurmkrankheiten verdient sie ganz besonders anempfohlen zu werden. Denn einmahl ist sie um ihres eigenthümlichen Geruchs willen schon an und für sich ein gutes Wurmmittel, und zweitens sind öfters da, wo man gegen Würmer zu Felde zu ziehen hat, mehr oder weniger Verstimmungen im Nervensysteme vorhanden, gegen welche sie sich von jeher als ein treffliches Mittel bewährt hat.

Z w i e b e l, *Allium Cepa* und K n o b l a u c h, *Allium sativum* sind beide längst als Hausmittel gegen die Würmer bekannt. R o s e n s t e i n liefs ein Stück Knoblauch ohne ihn viel au köuen in den nüchternen Magen nehmen, und er hat zwei Beispiele aufgezeichnet, wo sich der Knoblauch selbst gegen Nestelwürmer hülfreich zeigte. Doch erinnert er, dafs wenn er Würmer treiben solle, man nicht daran gewöhnt sein dürfe. Auch scheint er in diesem Falle wirklich nicht auf die Würmer zu wirken, fo dafs sogar C r a n z die vielen Würmer, welche man in einer Leiche fand, auf Rechnung des langwierigen Genusses des Knoblauchs schreibt, welcher jedoch gegen diese Beschuldigung von E m h a r d in Schutz genommen wird. — Auch die Milch, worin Knoblauch gesotten worden ist, wird häufig gegen Würmer zu trinken gegeben. Nach E m h a r d hat B i n n i n g e r einen Agonisirenden durch solche Knoblauchs - Milch, welche Würmer ausleeren machte, wieder ins Leben gerufen. In meinem Knabenalter mufste ich selbst eine geraume Zeit hindurch solche Milch trinken. Wenn sie mich jedoch nicht von meinen Würmern befreite, so lag die Ursache wohl ganz allein darin, dafs die Würmer unmöglich einen stärkeren Abscheu gegen den Knoblauch haben können, als ich damahls dagegen hatte, und dafs folglich manche Tasse voll dieser Milch einen anderen Weg, als den nach meinem Magen nahm. Ich führe diefs blofs defshalb an, damit man nicht gleich einem bewährten Wurmmittel die Wirksamkeit abspreche, wenn es nicht hilft, sondern erst genau untersuche, ob es der Kranke

auch vorschriftsgemäfs genommen hat. Denn dafs dieses versäumt wird, ist nirgends häufiger der Fall, als bei Wurmkrankheiten. Einmahl, weil die dagegen
gerichteten Arzeneien fast ohne Ausnahme einen widerwärtigen Geruch oder Geschmack haben; und dann, weil doch meist das Leben nicht geradezu auf
dem Spiele steht, und man sich daher um so leichter einige Nachlässigkeit in Be-
folgung der ärztlichen Vorschriften erlaubt. Als ich anfing mich des Chabert'-
schen empyreumatischen Oehls gegen den Kettenwurm zu bedienen, bereitete ich
es selbst, und vertheilte es meinen Kranken unentgeltlich. Bei mehreren wollte
das Mittel nicht helfen. Die Ursache war bald gefunden. Sie hatten es nicht
genommen. Auch diefs hat seine natürliche Ursachen. Erstlich ist bei gewissen
Leuten das Vertrauen schon nicht grofs auf Arzeneien, welche nichts kosten, und
zweitens denken sie: wenn wir sprechen, diese Arzenei hat uns nicht geholfen,
so wird uns der Arzt schon eine andere geben, und diese könnte dann leicht besser schmecken. Seitdem ich das Mittel in der Apotheke bereiten lasse, und viele
Kranke doch ihr Geld nicht umsonst wollen ausgegeben haben, nehmen sie fleifsiger
und sie genesen. Mein Freund, Herr Dr. Albers, wird sich noch zu erinnern
wissen, wie er einmahl in Jena drei Töpfe voll der Störk'schen Wurmlattwerge
unter dem Bette eines auf Kosten der Klinik besorgten Knaben fand. Dergleichen
Fälle sind nicht selten. Man verzeihe mir indefs diese Abschweifung; es ergab
sich gerade die Gelegenheit dazu. — Bagliv (a) sah einen jungen Menschen
von 20 Jahren, der eines Morgens Knoblauch zerschnitt, wovon ihm der Geruch
so stark in die Nase kam, dafs er bald daran erstickt wäre. Einige Minuten
darauf fing er an sich heftig zu erbrechen, und gab einen runden (?), in einen
Knäuel gewickelten Wurm von 30 Ellen von sich.

Der Zittwersame, Wurmsame *Artemisia judaica L. Semen San-
tonici, S. Cinae*, und der Same oder vielmehr die reifen Blüthen
vom Rainfarren, *Tanacetum vulgare*. Der Wurmsamen ist ein altes bewährtes Mittel, besonders gegen Spulwürmer. Indefs kann er füglich durch den
Rainfarren ersetzt werden. Uebrigens kommt aber viel dabei auf die Beschaffenheit des einen und des anderen an. Wenn man feines Pulver verschreibt, welches vielleicht schon Monathe lang in der Apotheke gestanden ist, und das den
gröfsten Theil seines fragranten Geruchs verloren hat: so wird man wenig Wirkung davon sehen. Ich selbst habe als Kind manche Dosis solchen Pulvers in
Zwetschgenmus eingerührt hinabwürgen müssen, und meine Würmer kehrten

(a) Am angeführten Orte. S. 696.

sich wenig daran. Als ein Knabe von 13 oder 14 Jahren etwa, da mich doch meine blasse Gesichtsfarbe, von der man sagte, dafs sie von den Würmern herrühre, zu verdriefsen anfing, bequemte ich mich täglich früh nüchtern eine hohle Handvoll ganzen Wurmsamen etwas weniges zu käuen und so zu verschlucken. Nun wurde ich gänzlich von meinen Würmern befreiet und zwar ohne Rückfall, wozu jedoch auch das veränderte Sein im Leben oder die Lebensperiode das ihrige beigetragen haben mag. Ich verschreibe daher den Wurmsamen nie anders als gröblich gestofsen, in welcher Form er vielleicht noch als mechanisch wirkendes Mittel zu betrachten ist. — Dem überzuckerten Wurmsamen (*Confectio Semin. Cinae*) traue ich keine grofse Wirksamkeit zu, man müfste ihn dann in ungeheurer Menge geben; und auch dann kann er nach meinem Dafürhalten nur mechanisch wirken, denn bei dem Ueberzuckern in einem heifsen Kessel geht der Geruch verloren, und überdiefs wird, wann sich im Magen der Zucker aufgelöst hat, das ganze Samenkorn als solches sich erhalten und wieder ganz durch den After abgehen.

Das Wurmmoos, Helminthochorton. *Conferva Helminthochortos*, auch *Corallina corsicana* genannt, eine Conferven-Art aus Korsika. Nach Sumeire soll ein Grieche Stephanopoli dieses Mittel zuerst aus Korsika gebracht, und 1777 eine Denkschrift darüber haben drucken lassen. Seitdem ist das Helminthochorton, welches in Korsika schon lange gegen Würmer, besonders gegen Spulwürmer im Gebrauche war, ein Lieblingsmittel der französischen Aerzte. Man kann es als Pulver zu einem Scrupel bis zu einer halben Drachme nehmen lassen; doch gibt man es am gewöhnlichsten im Absude, etwa ein halb Loth auf vier Unzen Colatur, so des Tags über zu nehmen. Man läfst auch wohl eine Gallerte daraus bereiten. Vielleicht hängt seine Wirksamkeit von dem anklebenden Meersalze ab.

Wurmtreibender Gänsefufs. *Chenopodium anthelminticum*. Die Samen sollen in Amerika als ein Mittel besonders gegen Rundwürmer häufig im Gebrauche sein (b).

Angelinarinde. *Cortex Angelinae*. Eine Unze dieser Rinde wird mit drei Pfunden Wasser bis auf ein Pfund eingekocht, wovon der Kranke alle Morgen eine auch zwei Unzen nimmt. Es soll dieses Mittel Bauchgrimmen verursachen, aber viele Würmer abtreiben (c).

(b Brera Vorlesung. S. 97.
(c) Ebendaselbst. S. 98.

Die Lindenkörner, *Grana Tiliae*, gehören mehr zu den Abführungs-
als zu den eigentlichen Wurmmitteln (d).

Die indianische, wilde Nelkenwurzel. *Spigelia anthelmia* und
S. marilandica. Die erstere wurde schon seit langer Zeit in Amerika benutzt,
die letztere hat Bergius als noch wirksamer empfohlen. Beide haben auch
eine narkotische Kraft, und in zu grofsen Gaben genommen, erregen sie Schwindel, Dunkelheit vor den Augen, convulsivische Bewegungen des Augapfels u. a.
Zufälle, daher man bei ihrem Gebrauche behuthsam sein mufs. Van Swieten
erklärt sie für eine Pflanze solch giftiger Natur, dafs ihr die Franzosen nach einer
berüchtigten Giftmischerinn den Nahmen Brainvillers gegeben hätten. Doch
gibt er zu, dafs sie, indem sie starke Ausleerungen nach oben und unten bewir-
ke, die Würmer sicher abtreibt. Nach meinem Dafürhalten könnte man sie wohl
ganz entbehren. Die Blätter nicht nur, sondern auch die Wurzeln werden in
Gebrauch gezogen und zwar sowohl in Pulverform, zu 10 Gran für Kinder, als
auch im Aufgusse zu einem halben Quentchen. Browne läfst zwei Handvoll
in zwei Pfund Wasser bis zur Hälfte einkochen, und mit Citronensaft und Zucker
wohlschmeckend machen. Hiervon nimmt der Kranke 4, 6 bis 8 Loth jede 6te
oder 12te Stunde drei Tage hindurch; dann bekömmt er ein Abführungsmittel.
Wozu diefs, da sie nach Van Swieten ohnehin purgirt, weifs ich nicht. Ich
habe keine Erfahrung darüber. Auch von Rosenstein (e) wird sie gelobt.

Surinamische, Wurmrindenbaum, *Geoffraea surinamensis.* Die
Rinde des Baums ist im Gebrauche. Bondt, Eggert und Schwartze haben über ihre wurmtödtende Kraft eigene Dissertationen geschrieben. Ich besitze
nur die letztere, welche ich der Güte des Herrn Professors Osiander verdanke.
Die darin mitgetheilten Beobachtungen, wo diese Rinde die Taenia ganz abgetrieben haben soll, wollen mir aber nicht genügen. Die Art und Weise, wie Herr
Schwartze sie zu geben vorschreibt, ist folgende:

Rc. Pulv. gross. Cort. Geoff. sur. Unc. ij.

infund.

Aq. font. comm. Libr. ij.

Spir. Vin. rect. Unc. jv.

Stet vase clauso in digest. per sex dies; dein coque leni
igne donec post colaturam remaneat Libr. l.

(d) Van Doeveren. S. 299.
(e) Am angeführten Orte. S. 564.

Diesen abgesottenen Aufgufs oder aufgegossenen Absud gibt er drei Tage hintereinander so, dafs davon in den ersten zwei Tagen früh im nüchternen Magen dreimahl von Stund zu Stund zwei Löffel voll genommen werden. Am dritten Tage wird der Rest Becherweise genommen. Am 4ten Tage wird ein Purgans aus Jalappe und Calomel gegeben.

Sabadillsamen, *Semen Sabadilli.* Als Läusepulver sind die gestofsenen Samenkapseln und Samen seit undenklichen Zeiten unter dem Volke bekannt. Läuse und Würmer gehen auch in der Achtung, welche man für sie hegt, so ziemlich *al pari.* Jeder wünscht sie los zu sein. — Seeliger hat diese Samen mit Nutzen gegen den Kettenwurm gegeben, täglich zu einer halben Drachme in einer schicklichen Conserve zu einem Bolus gemacht und mit Honig genommen, und darauf alle fünf Tage ein drastisches Purgans. Da die Sabadillsamen schon ohnehin drastische Wirkung äufsern, so ist dieses Mittel nur mit äufserster Vorsicht anzuwenden, und Kindern dürfte man wohl nicht mehr, als 3 oder 4 Gran auf einmahl geben. — Auch in Klystieren gegen Madenwürmer wird es empfohlen; verursacht aber auch bei dieser Anwendungsart öfters Ekel und Erbrechen. Wer diese Samen anzuwenden gedenkt, dem empfehle ich einen Aufsatz von Schmucker (f), der diesem Mittel sehr das Wort spricht, darüber nachzulesen.

Wallnüsse, *Iuglans regia.* Die grüne Schale der unreifen Wallnüsse wird entweder in Aufgufs gegeben, oder man bereitet ein Extract davon und läfst dieses in einem aromatischen Wasser aufgelöst nehmen. Hippokrates und Dioskorides haben schon beobachtet, dafs auf den Gebrauch dieses Mittels Nestelwürmer abgingen. Von Andry wird es ganz besonders empfohlen. — Rosenstein (g) läfst zwei Quentchen des Extractes in vier Quentchen Zimmtwasser auflösen, und gibt davon Kindern von 2 bis 3 Jahren 50 Tropfen und nach 6 oder 8 Tagen Merkurialpillen zum Abführen.

Stinkender Asand, Teufelsdreck, *Ferula Asa foetida.* Ein sehr gebräuchliches Mittel gegen Würmer, wahrscheinlich, weil es stinkt, welches ich sehr oft fruchtlos gegen den Kettenwurm habe anwenden gesehen, obwohl Mellin (h) Nestelwürmer auf dessen Gebrauch abgehen sah. — Meistens wird es in Pillenform gegeben. Rosenstein liefs 1 Gran schwere Pillen machen, und gab einem Kinde zwei Tage hintereinander alle 3 bis 4 Stunden fünf Stücke,

(f) Vermischte chir. Schrift. Bd- III.
(g) Am angeführten Orte. S. 536.
(h) Materia med. S. 90.

20

und den dritten Tag ein Abführungsmittel aus Rhabarbar. — Andere verbinden gleich die Abführungsmittel mit dem Asande. Le Clerc ließ ihn in Essig oder Wasser auflösen.

Der Kampfer, *Camphora.* Baldinger, Le Clerc, Hirschel, Möbius, v. Pauliz, Prange, Zacharias Vogel, Wedel rühmen die wurmtreibende Kraft dieses Mittels sehr. Nach Herrn Brera (i) zieht der berühmte Moscati im Allgemeinen den Kampfer allen andern Wurmmitteln vor, zumahl wenn es sich um die Abtreibung von Spulwürmern handelt. Rosenstein sagt (k): da die Würmer den Kampfer nicht vertragen können, und dieser so_ wohl als der Essig in hitzigen Fiebern nützlich ist; so schickt sich in solchen Fällen ein Trank sehr gut, welcher eine Quente Kampfer enthält mit 15 Tropfen Branntewein abgerieben, ein Loth zerstossenen Zucker gut gemischt, und in zehn Loth gutem Weinessig aufgelöst, wovon der Kranke einen Eßlöffelvoll jede oder alle zwei Stunden einnimmt. — Arnemann meint jedoch, ob, wenn in bösartigen Fiebern auf den Gebrauch des Kampfers Würmer abgehen, nicht vielleicht die Fieberanfälle das Meiste dazu beitragen.

Die Farrenkrautwurzel, *Polypodium Filix mas.* Die wurmtödtende Kraft der Farrenkrautwurzel war schon einem Galen (l) und Plinius (m) bekannt. Auch hat sie ihren Ruf bis auf unsere Zeiten behauptet, und macht noch immer von den meisten gegen die Nestelwürmer gerühmten specifischen Mitteln einen Hauptbestandtheil aus. In der That ist sie auch ein bewährtes Mittel gegen den Bandwurm (*Bothriocephalus*) keineswegs aber gegen den Kettenwurm (*Taenia*). Denn ob sie gleich fast jedesmahl Stücke davon abtreibt: so sichert sie doch nicht gegen baldige Wiederkehr, und gewöhnlich zeigen sich nach Verlauf von drei Monathen wieder neuerdings Glieder dieses Wurms. Indeß kann man sie doch auch bei dem Kettenwurme benutzen als Prüfungsmittel in Fällen, wo man von dessen Gegenwart keine bestimmtere Beweise hat, um sich hierüber Gewißheit zu verschaffen. In dieser Absicht lasse ich früh nüchtern zwei oder drei Quentchen Pulver dieser Wurzel, und einige Stunden darauf ein leichtes Abführungsmittel, gleichviel welches, nehmen. Man muß aber folgende zwei Umstände wohl berücksichtigen. Erstlich muß die Farrenkrautwurzel ge-

(i) Vorlesungen. S. 99.
(k) Am angeführten Ort. S. 571.
(l) De Simplic. medicam facult. lib. VIII. p. 512.
(m) Lib. XXVII. cap. IX. p. 430.

sund, das untere bereits zu alte, und das obere, noch grüne Ende abgeschnitten, von der Rinde gut gereiniget und frisch gestofsen worden sein. Zweitens kann der Versuch leicht täuschen, wenn dem Kranken kurz zuvor, auf den Gebrauch wurmwidriger Mittel, oder auch von freien Stücken mehrere Ellen vom Kettenwurme, entweder mit dem Kopfende, oder nahe bei demselben abgerissen, abgegangen sind. In diesem Falle wird, wofern nur Ein Wurm vorhanden war, nichts abgehen, und doch ist es möglich, dafs nach Wochen von freien Stücken abermahls Kettenwurmsglieder mit dem Stuhle ausgeleert werden. Die Ursache sieht wohl jeder von selbst ein. Wenn aber bei jedesmahliger Untersuchung des Stuhlganges durch 2 Monathe oder drüber, nichts von Wurm abgegangen ist, und man, wegen etwaiger Fortdauer der Zufälle sich, oder vielmehr dem ängstlichen Patienten, doch Gewifsheit verschaffen möchte, ob dieser Feind noch im Darme hauset, so wird man gewifs nicht leicht durch dieses Probemittel irre geführt werden; denn geht nichts darauf ab, so ist zehn gegen eins zu wetten, dafs auch kein solcher Wurm mehr da ist. — Die älteren Aerzte nahmen Anstand, den Frauenzimmern die Farrenkrautwurzel zu geben, aus Furcht die Schwangeren möchten abortiren, oder die Nichtschwangeren unfruchtbar werden. Indefs hat Spiegel schon den Ungrund dieser Behauptung, rücksichtlich des Unfruchtbarwerdens, durch widerlegende Beispiele dargethan. Ich selbst aber habe einer jungen Frau, welche, ohne es selbst zu wissen, zum ersten Mahle im zweiten Monath schwanger war, die Filix gegeben, um sie von ihrem Bandwurm zu befreien, und sie kam zur gehörigen Zeit mit einem wohlgebildeten Kinde nieder.

Das Steinöhl, *Petroleum.* Wird von Clerc, Rosenstein, Wedel und vielen anderen ganz besonders gegen den Kettenwurm empfohlen. Hasselquist (n) sah in Aegypten; wo der Kettenwurm so häufig ist, dafs in Cairo dreiviertel der Einwohner besonders Juden und gemeine Leute, damit behaftet sein sollen, bei einem französischen Wundarzte Foumace drei Stücke Kettenwurm, welche dieser zu verschiedenen Mahlen einem Frauenzimmer mit diesem Mittel abgetrieben hatte. Das eine Stück war 40, das andere 15 und das dritte 10 französische Piken lang. Die Breite war, wie der kleinste Finger. Das Steinöhl wird dagegen zu 20 bis 50 Tropfen drei Tage hintereinander gegeben, und dann ein Abführungsmittel. Die angeführte Geschichte dieses Frauenzimmers beweist jedoch gerade, dafs es kein Mittel ist, welches gänzliche Befreiung verschafft. Einige geben das Steinöhl mit Terpentinöhl verbunden.

(n) Am angeführten Orte. S. 587.

20 *

Das Terpentinöhl, *Oleum Terebinthinae*, wird von den Engländern gegen Nestelwürmer, besonders gegen den Kettenwurm empfohlen. Fenwick gibt früh nüchtern auf einmahl zwei Unzen, und wenn kein Stuhlgang darnach erfolgt, noch eine bis zwei Unzen nach. Ueble Folgen will man nie davon bemerkt haben. Er erzählt sechs Fälle, wo es sogleich den Kettenwurm abtrieb. — Dafs auf den Gebrauch grofser Gaben von Terpentinöhl oder Steinöhl so gut, wie durch die Farrenkrautwurzel, Kettenwürmer abgetrieben werden, ist Thatsache, die sich schlechterdings nicht leugnen läfst. Ob aber bei einer solchen schnell beendigten Kur der Kranke auf immer von seinem Uebel befreiet wird, ist meines Wissens noch nicht hinlänglich durch Erfahrungen bestätiget. Denn in allen diesen Wahrnehmungen heifst es immer nur, nach so viel Stunden gingen so viele Ellen Bandwurm oder Kettenwurm ab. Ob aber nicht nach drei Monathen wieder neuerdings von freien Stücken Glieder des Wurms abgingen oder nicht, darüber erfahren wir in allen diesen Berichten nicht viel. Doch wird von dem Metzger in Durham gesagt, dafs bei ihm nach vier Monathen wieder die alten Beschwerden zurückgekehrt wären; und der Schuhmacher aus Wedford mufste das Mittel viermahl brauchen. Auch Herrn Osann's dritte Patientinn mufste das Terpentinöhl wegen jedesmahliger Wiedererscheinung eines Wurms dreimahl nehmen; die beiden ersteren Beobachtungen desselben aber scheinen mir nicht viel zu beweisen. Und wenn auch diese grofsen Gaben des Mittels nicht gerade üble Folgen für den Gesundheitszusand der Wurmbehafteten haben: so verursachen sie doch öfters, laut dieser Berichte, heftige Unruhe, Schmerzen im Unterleibe, Schwindel, Uebelkeiten, Erbrechen, Brennen in der Harnröhre und im Mastdarme.

Das Kajeputöhl wird von Herrn Rudolphi empfohlen.

Dippels-Öhl, *Oleum animale Dippelii* hat Montin in dem obenerwähnten Falle, durch lange Zeit fortgesetzt, mit Nutzen gegeben; und Herr Rudolphi liefs in Ermangelung des Chabert'schen Oehls 5 bis 10 Tropfen in einer Theeschale voll Fleischbrühe täglich dreimahl nehmen, worauf alsobald nicht nur Spulwürmer, sondern auch grofse Strecken von Tönien abgingen. Doch hält Herr Rudolphi selbst für noch wirksamer

Das Chabert'sche Oehl, *Oleum empyreumaticum Chaberti*. Chabert gibt dazu folgende Vorschrift: Ein Theil stinkendesHirschhornöhl und drei Theile Terpentinöhl werden miteinander gemischt, und so vier Tage lang stehen classen. Dann destillirt man die Mischung aus einer gläsernen Retorte im Sandbade und zieht Dreiviertel davon ab. Das Uebergegangene wird zum Gebrauche verwendet. Man thut wohl es in lauter kleine Fläschgen, etwa eine bis anderthalb Unzen haltend, einzufüllen, gut zu verstopfen und mit Rindsblase zu verbinden. Denn durch öfteren Zutritt der Luft bekömmt es eine schwarzbraune Farbe, wird dick und zähe, und dadurch dem Kranken nur noch widerwärtiger. Von seiner Wirksamkeit und Anwendungsart werden wir weiter unten zu sprechen Gelegenheit haben.

Das laufende Quecksilber, *Mercurius vivus.* Wasser, worin man Quecksilber gekocht hat, ist ein altes Hausmittel gegen die Würmer. Bagliv (o) schreibt vor, eine Unze Quecksilber mit drei Unzen Graswurzelwasser und eben so viel Portulakwasser zu übergiefsen, öfters umzurütteln, und dieses Wasser zu decantiren, welches nach dem Zeugnisse des Georg Bateus das wirksamste Wurmmittel sein soll. — Allein von reinem Quecksilber löst sich schlechterdings nichts in Wasser auf. Die wurmtreibende Eigenschaft kann demnach nur dem gemeinen käuflichen und gewöhnlich unreinen d. i. mit Blei vermischtem Quecksilber zukommen, und da man von solcher Beimischung das Zuviel zum voraus nicht kennt: so bleibt es ein unsicheres Mittel. — Specifisch auf die Würmer wirkend ist aber das Quecksilber bestimmt nicht. Man hat Beispiele, dafs es Leute bis zur Salivation genommen haben, und dennoch ihrer Würmer dadurch nicht los wurden. — Scopoli ist überzeugt, dafs man nirgends mehr Spulwürmer antrifft als bei den Arbeitern in den Quecksilberbergwerken in Idria. Er gibt zwar auch Quecksilber zum Abtreiben der Würmer, betrachtet es jedoch nur als Abführungsmittel. Als solchem wird auch seiner weiter unten nochmahls erwähnt werden. Den Sublimat aber zu geben, um die Würmer zu tödten, ist Giftmischerei.

Der mekonsaure Baryt treibt, wie sich aus den neuesten Versuchen des Herrn Sertuerner in Einbeck ergibt, bei Menschen und Thieren Würmer ab. Da aber die Mekonsäure eines der stärksten Gifte ist: so möchte sie wohl nie einen Rang unter den Wurmmitteln erhalten, so wenig als die von Hill vorgeschlagene Arsenikalsolution.

Viele der hier abgehandelten Mittel werden auch äufserlich, um Würmer abzutreiben angewendet, und zwar öfters nicht ohne Nutzen. Man mufs aber nur ja nicht glauben, dafs dadurch die Würmer, von denen man fälschlich meint, dafs sie sich an die Gedärme fest angesaugt hätten, gezwun-

(o) Am angeführten Ort. S. 59.

gen würden, loszulassen. Denn erstlich findet solche Festansaugung bei Spulwürmern schon gar nicht Statt. Wenigstens habe ich unter vielen tausend und abertausend Spulwürmern, die ich in Leichen von Menschen und Thieren und öfters ganz frisch getödeten Thieren gefunden habe, nicht ein einziges Mahl einen Spulwurm festanhängend gefunden. Herr Rudolphi hat das Gleiche beobachtet. Zweitens findet man öfters bei Thieren andere Rundwürmer, vorzüglich aber Kratzer, ferner Saugwürmer und auch Nestelwürmer fest den Därmen anhängend, oder auch selbst in denselben eingebohrt, ohne dafs man an diesen Thieren während des Lebens eine Aeufserung des Schmerzes wahrgenommen hätte. Selbst der Kettenwurm des Menschen saugt sich fest an dem Darme an, wie mich diefs Leichenöffnungen gelehrt haben. Aber unter mehreren hundert solcher Patienten, welche ich zu behandeln gehabt habe, erinnere ich mich nicht eines einzigen, welcher solche Klage geführt hätte, aus welcher zu vermuthen gewesen wäre, dafs sich an dieser, oder jener Stelle ein Wurm ansauge. Denn in den meisten Fällen findet man doch nur einen, zwei oder drei Kettenwürmer beisammen, und da der Wurm sich nur mit seinem kleinen Kopfende ansaugen kann; so müfste dieser Schmerz nur immer von einem kleinen Puncte ausgehen. Allein diese Klage ist mir, wie gesagt, noch nie vorgekommen. Alle klagten, wenn sie etwas zu klagen hatten, über die allgemeinen, oben angeführten Zufälle. Mehrere aber kamen mir vor, die gar nichts klagten, und da doch auch bei diesen der Kettenwurm sich an der inneren Darmhaut angesaugt haben wird: so mag man wohl mit Recht voraussetzen, dafs dieses Ansaugen keine solchen fürchterlichen Schmerzen verursachen kann, als man wohl öfters bei Menschen, die an Koliken und Krämpfen im Unterleibe leiden, wahrnimmt. Endlich aber, wie diefs auch Herr Rudolphi erinnert, lassen Würmer, die sich einmahl an den Darm fest angesaugt haben, selbst dann nicht leicht los, wenn man sie in Weingeist getödet hat; und man kann täglich in unserer Sammlung solche Darmstücke, oder Magen sehen, wo sich Rundwürmer, Kratzer, Saugwürmer und Nestelwürmer festgesetzt haben und noch fest sitzen.

Wenn also die äufserliche Anwendung solcher Mittel sich bei sogenannten Wurmkoliken wirksam zeigt: so schreibe man diefs lieber auf Rechnung ihrer Einwirkung auf das Nervensystem und besonders auf die wichtigen Nervengeflechte des Unterleibs. Der auf solche Einreibungen etwa erfolgende Abgang von Würmer kann auch nicht zum Beweise dienen, dafs diese Ursache der Leiden waren. Denn die angewandten Mittel können allerdings den Würmern zuwider sein, und sie bestimmen ihre Wohnstätte zu verlassen, da manche Arzeneikörper in die Haut eingerieben, eben dieselben Wirkungen hervorbringen, als wenn sie durch den Mund genommen werden. Die äußerliche Anwendung wurmwidriger Mittel ist daher besonders zu empfehlen in Fällen, wo die Kranken durchaus nichts einnehmen wollen. Ich werde deßhalb hier einige von verschiedenen Schriftstellern gerühmte Formeln äußerlich anzuwendender Wurmarzeneien mittheilen.

Herr R u d o l p h i rühmt bei solchen sogenannten Wurmkoliken besonders Ein-Einreibungen von Cajeputöhl und warme Bäder, kümmert sich aber wenig darum ob Würmer da sind, oder nicht; und das mit Recht.

R o s e n s t e i n empfiehlt Steinöhl mit Knoblauch äußerlich an die Stelle einzureiben, wo seiner Meinung nach die Würmer sich durchzubohren suchen. M e l-l i n setzt noch frische Ochsengalle hinzu.

Nach dem Berichte des C r a t o v o n K r a f t h e i m hat sich J o h a n n N ä-f i u s einer Salbe aus ein Loth schwarzem Bergöhl und anderthalb Quentchen neuem Wachs wider die Würmer öfters mit Nutzen bedient.

L o w e r und S c h e n k rühmen wider die sogenannten Herzwürmer den Knoblauch äußerlich in Gestalt eines Umschlags mit Leinkraut, Rainfarren, Wermuth und Weinessig gekocht, aufgelegt.

V a n D o e v e r e n empfiehlt das *Unguentum Agrippae* und das *Unguentum Arthanitae sive de Cyclamine*, beide zu gleichen Theilen und damit den Nabel beschmiert (p).

Herr B r e r a schlägt folgende zwei Einreibungen vor (q).

1. Nimm Ochsengalle eine Drachme.

   Venedische Seife eben so viel.

   Mache daraus mit genugsamem Rainfarrenöhl ein Liniment.

2. Digerire vier und zwanzig Stunden in einem warmen Orte (r) in genugsamer Menge Magensaft oder gereinigtem Speichel

   Ochsengalle zwei Unzen.

   Pulverisirte Aloe eine halbe Unze.

   Präparirtes Coloquintenmark eben so viel.

Mache die Auflösung mit genugsamer Menge reinen Fettes zu einer Einreibung.

(p) Am angeführten Ort. S. 343.

(q) Vorlesung. S. 129.

(r) In der deutschen Uebersetzung steht zwar in einem warmen Oehle. Ich halte diefs für einen Druckfehler. Das italienische Original habe ich nicht zur Vergleichung.

Derselbe gibt auch noch folgende Vorschrift zu einem Knoblauchsspiritus, womit man diese Linimente verstärken kann

Nimm Vitriolnaphthe sechs Unzen.

Gestofsenen Knoblauch eine Unze.

Geschabten Kampfer eine Drachme.

Mische alles wohl.

Endlich noch folgendes Pflaster:

Nimm Teufelsdreck.

Bleipflaster.

Gelbes Wachs jedes zu gleichen Theilen.

Gereinigtes Mutterharz halb so viel.

Koche daraus ein Pflaster nach den Kunstregeln.

Auch in Form von Klystieren werden mehrere der obgenannten Mittel angewendet. Wir werden von denselben zu sprechen Gelegenheit finden, wenn von Behandlung der einzelnen Wurmgattungen die Rede sein wird.

III. Von den abführenden Mitteln.

Wenn die Würmer durch die bereits angeführten Mittel getödtet worden sind, so ist, wofern diese nicht schon für sich die Darmabsonderung vermehren, nöthig, dafs man, nicht sowohl die getödeten Würmer, denn diese gehen wohl alsdann von selbst, sondern vielmehr den in solchen Fällen fast immer widernatürlich angehäuften Schleim fortzuschaffen suche. Diesen Zweck zu erreichen dienen nun alle unter dem Nahmen Purgantien bekannten Mittel.

Unter den Neutralsalzen werden vorzüglich das Glaubersalz, *Sulfas Sodae*, und der vitriolisirte Weinstein, *Sulfas Lixiviae* in dieser Absicht gegeben. Auch die Mineralwasser, welche viel Glaubersalz enthalten, haben sich nützlich bewiesen. Herr Weigel rühmt das Glaubersalz sogar als ein sicheres Mittel gegen Nestelwürmer. Man sehe hierüber unten seine Methode gegen die Nestelwürmer.

Auch Küchensalz, *Marias Sodae* in grofser Menge in Wasser genommen. Mellin (s) erzählt aus den Abhandlungen der Londner Aerzte folgenden Fall: »Ein Mann der vier Jahre lang viele Beschwerde im Unterleibe klagte und sich ganz dabei abzehrte, verschluckte endlich auf den Rath eines Freundes zwei Pfund

(s) Am angeführten Ort. S. 93.

Küchensalz, in zwei Mafs Brunnenwasser aufgelöst in einer Stunde. Es folgte Beklemmung auf der Brust, und endlich brach er Schleim und Würmer weg, und bekam reichlichen Stuhlgang, mit welchem ebenfalls eine Menge Würmer und Schleim abgingen. Wasser und Buttermilch hoben seinen Durst und Harnstrenge, und er befand sich nachher wohl: doch nahm er als Vorbauungsmittel 3 oder 4 Tage vor dem Neumond und Vollmond ein halb Pfund aufgelöstes Salz.«

Brechweinstein, *Tartarus emeticus* wird bei Wurmkrankheiten sehr von Mellin (t) gelobt. Nach ihm trieb Ludovici zufälligerWeise einen Nestelwurm damit ab. Marci heilte ein eilfjähriges Mädchen von einer heftigen convulsivischen Krankheit, deren Ursache Nestelwurm war, nachdem schon viele Mittel fehlgeschlagen hatten, mit dem Brechweinstein. Bronzet und Hirschel haben ebenfalls glückliche Fälle aufgezeichnet. In einer Fallsucht von Spulwürmern war auch Aulber bei Scheid, bei einem 11jährigenKnaben mit einem Mittel, welches anderthalb Gran Brechweinstein, etwas Jalappenharz und Spiesglanzzinnober enthielt, glücklich. Armstrong und Tode ziehen Brechweinstein in Wurmkrankheiten und Fallsuchten allen Mitteln vor. — Auch viele französische Aerzte als Mutean de Rocquemont, Le Pelletier u. a. bedienen sich ausschliefslich des Brechweinsteins gegen Würmer. — Bei den sogenannten Wurmepidemien, nach dem Begriffe, den wir davon oben aufgestellt haben, mag dieses Mittel allerdings sehr zweckmäfsig sein. Denn in diesen Fiebern sind die gastrischen Secretionen verdorben und müssen ausgeleert werden. Der Brechweinstein bewirkt diefs nach oben und nach unten, und bei dieser Gelegenheit ziehen dann auch die Würmer, die ohnehin in solch schlechter Herberge nicht länger weilen mögen, von dannen.

Das salzsaure Quecksilberoxyd, *Mercurius dulcis*, welches so oft gegen Würmer gegeben wird, wirkt bestimmt nicht anders, als wie andere Abführungsmittel, wenn es Würmer abtreibt. Clossius sagt ausdrücklich, viele angestellte Versuche hätten ihn von der Unwirksamkeit der Mercurialmittel in Wurmkrankheiten überzeugt. Denn ein lang fortgesetzter Gebrauch desselben in kleinen Gaben, wobei die Darmabsonderung nicht vermehrt wird, könnte leicht eher einen Speichelflufs herbeiführen als die Würmer tödten. Wenn auf den Gebrauch des Calomels bei scrofulösen Kindern, Würmer abgehen, so kann diefs entweder zufällig sein, oder es rührt daher, dafs bei der nunmehr verbesserten Constitution des Kranken den Würmern der Aufenthalt nicht mehr länger gefällt.

(u) Am angeführten Ort. S. 20.

11

Uebrigens müssen wir doch auch annehmen, dafs dem Leben der Würmer ein Ziel gesetzt ist; hat es der Wurm erreicht, so wird er gleich dem Unrathe durch den Stuhl ausgeleert. Ist nun gerade der Darmkanal nicht mehr geeignet, ferner dergleichen Parasiten zu erzeugen: so wird der Mensch frei davon bleiben. Ein jeder Arzt wird Menschen genug kennen, die in ihrer Kindheit von Spulwürmern geplagt wurden, von denen sich in reiferen Jahren keine Spur mehr blicken liefs, ohne dafs man gerade sagen könnte, zu dieser oder jener Zeit sind die letzten abgegangen, oder dieses und jenes Mittel hat den Menschen davon befreiet. — Wenn es also einem Arzte gelingt die Scrofelkrankheit zu heilen: so wird es nicht leicht fehlen, dafs er nicht auch den Kranken zugleich von seinen Würmern befreiet hätte, die Heilmittel mögen nun gewesen sein, welche sie wollen.

Mit der salzsauren Schwererde mag es daher wohl gleiche Bewandnifs haben, welche nicht nur Herr Hufeland (y), sondern nach seinem Zeugnisse auch Willis, Bucholz, Stark, Müller und Sulzer als bewährt gegen die Würmer gerühmt haben.

Die ausgepreſsten fetten Oehle. Passerat de la Chapelle empfahl zuerst das Nufsöhl als ein sicheres Mittel gegen den Kettenwurm. Er läfst fünf Unzen solches Oehl früh nüchtern und dritthalb Stunden darauf vier Unzen Alicantewein nehmen, und damit 14 Tage lang fortfahren. Binet bestätiget aus Erfahrung die guten Wirkungen dieses Mittels. Indefs dürfte es schwerlich bei uns Deutschen grofsen Eingang finden; denn bald verträgt der Magen die grofse Menge Oehl, bald der Beutel den Alicantewein nicht. Postel de Franciere, der übrigens über die Natur des Kettenwurms und dessen Wohnsitz sehr unrichtige Begriffe hat, beurtheilt die Wirkungsart des Mittels nicht ganz schlecht. Er sagt: das Oehl verschliefst die Sauggefäfse des Wurms, — was freilich erst erwiesen werden müfste, — macht den Darm schlüpfrig und in so grofser Menge gegeben, wirkt es abführend. Der Alicantewein mufs aber wieder gut machen, was das Oehl verdorben hat; aufserdem dient er auch als Prophylacticum gegen die Wiedererzeugung des Wurms.

Häufiger aber im Gebrauche ist das Castoröhl, *Oleum Ricini*. Dünant und Odier empfahlen dasselbe zuerst zum Abtreiben des Bandwurms statt des aus lauter drastischen Mitteln bestehenden Nufferschen Bissens. Eigentlich war es Odier, der es zuerst in dieser Absicht anwandte und Dünant kam ihm blofs in der Bekanntmachung zuvor, was auch Odier nicht ganz ungerügt lassen

(y) Ueber die salzsaure Schwererde. S. 89 f. f.

konnte. — Des käuflichen Oehls soll man sich aber nie bedienen, denn es ist meistens ranzig oder wird es sehr bald, gerade dann, wann es auf die zweckmäfsigste Art bereitet worden ist. Diese besteht darin, dafs man die Körner von der äufseren Schale, welche einen äufserst scharfen und brennenden Geschmack hat, wohl reiniget, und dann kalt ausprefst. Da aber eben wegen der vielen schleimichen und wäfsrigen Theilchen das Oehl um so leichter dem Verderben unterliegt, so ist nöthig, dafs es zu dem jedesmahligen Gebrauche von dem Apotheker frisch bereitet werde. Ein solches frisch ausgeprefstes Oehl wirkt als ein gelindes, kein Grimmen verursachendes, Abführungsmittel. Eine specifische Kraft aber gegen die Würmer besitzt es gar nicht, wie wir bei den Versuchen von Arnemann gesehen haben. Es kann daher auch durch Mandelöhl, oder irgend ein anderes fettes Oehl, worin man etwas Jalappenharz aufgelöst hat, ersetzt werden.

Die übrigen Abführungsmittel. Wenn es sich um Abtreibung von Würmern handelt, so gebe ich den Sennesblättern und der Jalappe in diesem Falle vor allen andern den Vorzug.

Die Sennesblätter lasse ich lieber in Substanz d. i. in Pulverform, als im Aufgusse nehmen, weil ich glaube, dafs sie vielleicht zum Theil noch unzersetzt in den Darmkanal gelangen, und daselbst wegen ihres unangenehmen Geschmacks den Würmern zuwider werden; und wenn auch diefs nicht der Fall sein sollte: so kommt doch wenigstens das in dem Magen davon bereitete Extract mehr concentrirt in den Darmkanal, als wenn es im wäfsrigen Aufgusse dahin gelangt.

Die Jalappenwurzel ist bei Wurmkrankheiten unstreitig eines der kräftigsten und wirksamsten Abführungsmittel, welches vielleicht noch aufserdem unter allen anderen die meisten anthelminthischen Eigenschaften besitzt. Wepfer (y) rühmt sie als ein vorzügliches wurmtreibendes Mittel. Auch Van Swieten (z) hat sich ihrer mit Nutzen bedient, und auf ihren Gebrauch mehrere Ellen von Nestelwürmern abgehen gesehen. — Des Jalappenharzes bediene ich mich niemahls, so sehr auch Arnemann (a) für die bestimmtere Wirksamkeit desselben fechten mag. Seine Gründe stützen sich darauf, dafs man bei Darreichung der Wurzel, die in ihrem Harzgehalte verschieden sein kann, nicht eigentlich weifs, wieviel man des Harzes gegeben hat. Indefs erwächst mir hieraus kein

(y) Cicut. aquat. hist. p. 224.
(z) Loco cit. §. 1372. p. 540.
(a) Am angeführten Ort. p. 4-6.

Grund, das Harz dem Pulver vorzuziehen, denn ich weifs ja nicht so genau zum Voraus, wieviel dieser oder jener Darmkanal davon vertragen kann. — Bei Darreichung des Pulvers der Jalappenwurzel kann mir höchstens, wenn ich mit Vorsicht zu Werke gehe, widerfahren, dafs es seine abführende Eigenschaft nicht, in dem von mir beabsichtigten Grade äufsert, und diesem Uebel, wenn es eins ist, läfst sich leicht dadurch abhelfen, dafs ich die Gabe verstärke. — Bei Darreichung des Harzes verhält sich die Sache anders. Wenn durch irgend einen Diätfehler, durch einen kalten Trunk, das Harz auf eine Stelle präcipitirt wird, und an dem Magen oder Därmen fest anklebt, so entsteht heftiges Schneiden und Grimmen im Bauche, was, wenn es auch nicht gefährlich wird, doch den Arzt und den Kranken sehr beunruhigen kann.

Eben so wenig bedarf ich, um Würmer aus dem Darmkanale fortzuschaffen, die Aloe, die Gratiola, den Helleborus, das Gummi Guttae, das Scammonium, oder andere dergleichen drastische Purgantien. Die Aloe gebe ich zwar auch öfters, aber nur bei der Nachcur, in sehr kleinen Gaben, und nicht als Purgans, sondern vielmehr als Tonicum. Werlhof, und mit ihm mehrere andere halten zwar das Gummi Guttae für ein specifisches Mittel gegen die Nestelwürmer. Ganz besonders macht Bisset grofs Rühmens davon, was er jedoch meines Dafürhaltens nach, gar nicht Ursache hätte. Er reichte es einem Seemann in sehr grofsen Gaben, worauf sehr lange Strecken des Wurms abgingen. Aber nach einigen Monathen zeigten sich wieder Glieder des Wurms. Mehrmahls wurde das Mittel wiederhohlt, und der Erfolg war immer derselbe. Endlich reichte er das Mittel noch einmahl im October und am 15ten December, wo er die Beobachtung niederschrieb, war dem Kranken noch nichts wieder abgegangen. Wer weifs aber, was am 15ten Januar geschehen ist?

IV. Die stärkenden Mittel.

Wenn die Würmer durch die wurmwidrigen Mittel getödtet und durch abführende aus dem Körper geschafft worden sind, so ist es öfters von Nutzen, um die Wiedererzeugung derselben zu verhüthen, den Darmkanal durch die Anwendung stärkender Mittel gegen Rückfälle zu sichern. Indefs mufs ich gestehen, dafs ich bei meiner Behandlungsweise dergleichen Kranken nur in selteneren Fällen eine solche Nachcur zu unternehmen mich bestimmt sehe. Die zu diesem Zwecke dieulichen Arzeneien sind die bitteren Mittel und das Eisen, und letzteres zwar sowohl in seiner metallischen Gestalt, wie auch als Oxyd und Mittelsalz. Selbst die eisenhaltigen Mineralwässer können zu diesem Behufe verwendet werden. Werlhof erzählt einen Fall, wo er einer Frau zweimahl des Tags Eisenfeile gab, worauf viele *Ascarides*, wahrscheinlich Pfriemenschwänze — ausgeleert wurden. Später brauchte sie das Pyrmonter Wasser, wobei ihr anfangs einzelne Stücke, und endlich ein ganzer Kettenwurm abgingen, worauf, wie mit einem Zauberschlage, alle Leiden endeten.

Ueber die specielle Anwendung dieser stärkenden Mittel hier eine Anleitung geben zu wollen, wäre ganz am unrechten Orte. Denn erstlich muß sich die Anwendung derselben ganz nach der Individualität des Kranken richten; und zweitens wissen meine Leser ohnehin — denn diefs Buch ist nur für Aerzte geschrieben — wie sie mit diesen Mitteln zu verfahren haben.

Diefs sind nun die vorzüglichsten Wurmmittel im Allgemeinen. Wer daran nicht genug hat, der findet noch einen grofsen Vorrath derselben bei van Doeveren und ganz vorzüglich bei Le Clerc. Aus des letzteren grofsem Wurmarzneischatze will ich meinen Lesern, deren wohl die wenigsten dieses Buch besitzen, nur ein kleines Pröbchen geben.

Medicamenta simplicia adversus Lumbricos, petita ex Animalibus.

Alcis ungula,

Anseris adeps,

Apri urina,

Avium, quarumcunque *pennarum com-*
bustarum cinis,

Bezoar,

Bovis talus ustus, ejus et *Stercus*
ustum cum *Castoreo* suffitum,

Butyrum,

Caprinum stercus, aridum tritum, ex melle potui datum Tineas omnes radicitus eximit. *Plin. Valer.*

Caseus veteratus,

Castoreum,

Cantharides,

Cervi cornu et medulla,

Ebur,

Fel variorum animalium,

Gallinae adeps, item ejus *Ovorum*
putamen contritum,

Hominis urina, et *ossa,* praesertim combusta,

Ichneumonis pilorum suffitus,

Lumbricit terreni, Pisces, muria conditi,
Lumbrici intestinorum human. ex- Secundinae mulieris primiparae pul-
 siccati, contriti, ore assumpti, vis,
Mel, Scorpiones,
Monocerotis, et Rhinocerotis cornua, Vermiculi spongiae Bedegar,
Maris stercus, triduo bibitum, Viperae.

Meine ganze Wurmapotheke zählt nicht die Hälfte von Arzeneikörpern, als
hier nur allein aus dem Thierreiche aufgeführt sind.

SIEBENTES CAPITEL.
Von der speciellen Behandlung der verschiede-
nen Wurmarten.

Wir gehen nun zu der Behandlung oder zu den Methoden über, welche gegen die einzelnen verschiedenen Arten der Darmwürmer zu richten sind, wobei
wir auch noch nachzuhohlen haben, was sich über die Zeichen, wodurch die
eine oder andere Art insbesondere ihre Gegenwart zu erkennen gibt, sagen läfst.

Der Peitschenwurm, *Trichocephalus dispar*, hat seinen Sitz vorzüglich im Blinddarme, doch wird er auch in den übrigen dicken Därmen gefunden.
Mir ist aber nicht ein einziges Zeichen bekannt, aus welchem sich auf seine Gegenwart schliefsen liefse. Indefs wird man schwerlich eine Leiche mit Genauigkeit untersuchen, ohne einen oder einige derselben zu finden, was auch schon
Wrisberg (b) bemerkt hat. Meistens trifft man nur einige wenige an; doch
hat Herr Rudolphi einmahl in einem weiblichen Cadaver deren über Tausende
gefunden. Bei einigen Klauenthieren z. B. Cameelen und Schafen trifft man Peitschenwürmer öfters in ungeheurer Menge. — Meines Wissens hat sie noch Niemand bei lebendigem Körper abgehen gesehen. Vor 10 Jahren ungefähr behandelte ich ein sechsjähriges Mädchen, das mit dem Kettenwurme behaftet war.
Während der Behandlung gingen auch Spulwürmer und Pfriemenschwänze ab,
und ein einziges Mahl ein Peitschenwurm, später keiner mehr. Und seitdem ist
mir auch bei so vielen von mir behandelten Wurmkranken der Abgang eines Peit-

(b) In der Vorrede zu Roederer und Wagler.

schenwurms nicht wieder vorgekommen, — Da nun diese Würmer fast bei allen Leichen gefunden werden, die doch gewifs dem gröfsten Theile nach solche sind, bei denen man im Leben auch nicht im mindesten berechtiget war, auf Würmer zu schliefsen, so scheinen sich diese Bewohner des Blinddarms so ruhig zu verhalten, dafs man gar nicht Ursache hat, sich mit ihrer Fortschaffung zu befassen. Sollte sich jedoch ihre Gegenwart durch Abgang offenbaren, und wären Zufälle vorhanden, welche auf ihre Rechnung geschrieben werden können, so würde ich ganz so gegen sie verfahren, wie gegen die gleich abzuhandelnden Pfriemenschwänze.

Der Pfriemenschwanz, *Oxyuris vermicularis.* Der gewöhnlichste Sitz dieser Würmer ist der Mastdarm, doch habe ich sie schon im ganzen Verlauf der dicken Därme, selbst im Blinddarme gefunden. Unter allen ungebethenen Gästen, welche sich bei dem Menschen zu Tische setzen, ist wohl keiner lästiger, als dieser. Selbst die so übelberüchtigten Nestelwürmer werden nicht leicht so beschwerlich, wobei es noch überdiefs etwas problematisch bleibt, ob die geklagten Leiden wirklich vom Nestelwurme herrühren oder nicht. Dagegen lassen sich die Neckereien dieses Wurms gar nicht läugnen. Dennoch gibt es auch Fälle, wo diese Würmer zu Tausenden beisammen wohnen, ohne ihre Gegenwart auf irgend eine unangenehme Weise ihrem Nährvater zu erkennen zu geben. Vor mehreren Jahren hatte ich einen jungen Menschen von etwa 12 Jahren am Nervenfieber zu behandeln. Auf ein gegebenes Klystier ging eine unzählige Menge dieser Würmer ab. Der Kranke hatte vorher nichts von ihnen empfunden und spürte auch nach seiner Genesung nie mehr etwas von ihnen. — Auch selbst diejenigen, welche sich nicht so friedlich betragen, halten sich des Tags über meistens ruhig. Kaum aber kömmt der Abend herbei, so fangen sie auch schon an, ihr Unwesen zu treiben, und ein unerträgliches Jucken im Mastdarme zu verursachen. Auch die Bettwärme und jede Erhöhung der Temperatur des Körpers scheint für sie ein Aufruf zu sein, den Herbergsvater an ihre Gegenwart zu erinnern. Am häufigsten kommen sie bei Kindern vor, doch bleiben Erwachsene nicht allemahl verschont. Ich habe selbst einen 80jährigen Greis gekannt, der bis zu seinem Tode dergleichen Würmer fütterte. — Bei Kindern geht die Wirkung des erregten Juckens öfters so weit, dafs Nervenzufälle entstehen, welche an Eclampsie gränzen. — Bei Mädchen kriecht der Wurm öfters in die Scheide und gibt durch das erregte Kitzeln an diesen Theilen nicht selten Gelegenheit zur Onanie. Ja, mir sind Beispiele von Frauenzimmern bekannt, bei welchen es diese Würmer beinahe bis zur Nymphomanie gebracht hätten. Scharff kannte eine 50jährige Frau, welche durch lange Zeit an unerträglichem Jucken und Brennen in der Scheide litt, verursacht durch diese Würmer, deren ihr zu verschiedenen Mahlen eine ungeheure Menge abging. — Beckers behandelte eine 70jährige Weibsperson, die ziemlich locker gelebt hatte, und welche durch ein unerträgliches Jucken an den Schamlefzen und in der Scheide so ungeheuer geil gemacht wurde, dafs sie vollkommen einer Messaline glich. Einspritzungen aus bittern Kräutern bereitet, schafften viele Pfriemenschwänze fort, und die Zufälle hörten auf. — Diefs mag ein Wink für Aerzte sein, bei Krankheiten dieser Theile auch auf diese unsere Würmer Bedacht zu nehmen. —

So wie aber diese Schmarotzer-Thiere unter allen, die auf Kosten unseres Körpers leben, zu den lästigsten zu zählen sind, so gehören sie auch zugleich auf der anderen Seite zu denjenigen, welche sich am schwersten vertilgen lassen. Ihr Nahme ist Legion, und wenn man auch Tausende derselben erschlagen hat, und nun gegen fernere Angriffe sich sicher dünkend einige Zeit die Waffen aus der Hand legt, rücken neue Cohorten mit verstärkter Macht wieder an. Der in den dicken Därmen enthaltene Koth und Darmschleim, hinter welche sie sich verkriechen, dienen ihnen statt Verhau und Brustwehre. Greift man sie durch wurmwidrige Arzeneien von oben an: so werden diese auf dem langen Marsche durch die dünnen Därme so entkräftet, dafs die Würmer ihrer nur spotten. Geht man ihnen mit dem schweren Geschütze von hinten zu Leibe, so werden zwar die in dem Mastdarme stationirten Vorposten dabei erliegen müssen; aber das heftigste Klystierbombardement erreicht doch die im Blinddarme gelagerten nicht, und so lang nur noch wenige in irgend einem Schlupfwinkel zurück bleiben, so wachsen sie bald, wegen ihrer schnellen Vermehrung, zu grofsen Heeren wieder an.

So schwer sie indefs gänzlich durch Arzeneimittel auszurotten sind, — denn oft verlieren sie sich im reiferen Alter von selbst — so mufs man doch Etwas gegen sie unternehmen, sei es auch, dafs man nur zeitliche Hülfe leistete, da auch palliative Linderung dem Leidenden etwas Erwünschtes ist. Die Methode, welche ich bisher, jedoch mit ungleichem Erfolge, gegen sie angewendet habe, besteht in folgendem Verfahren. Ich lasse die Latwerge Nro. 1. früh und Abends zu einem Kaffehlöffel voll nehmen, in der Absicht sie aus den oberen Gegenden der dicken Därme abwärts zu treiben. Ich setze auch die Jalappe gern in solcher Dosis zu, dafs ein ganz leichtes Abführen erfolgt. Aufserdem lasse ich täglich zwei kleine Klystiere aus bittern Kräutern, Samen u. s. w. etwa nach der Formel N. 2

geben. Die Klystiere werden aber erst gesetzt, wenn zuvor Oeffnung erfolgt ist, denn sie sollen so lange als möglich in dem Darme gehalten werden. Bei nicht sehr reitzbaren Subjecten lasse ich einen Löffel voll frischer Ochsengalle beimischen. Mit diesen Mitteln wird einige Wochen lang fortgefahren, worauf dann meistens auf längere Zeit, zuweilen auch für immer, Ruhe ist. Wenn sie ihr Wesen gar zu toll treiben, so schafft ein Klystier ganz aus Oehl bestehend augenblickliche Hülfe.

Pallas (c) hat das durch sie verursachte unerträgliche Jucken durch Tabakrauch vertreiben gesehen. Klystiere von kaltem Wasser hat van Swieten vorgeschlagen. — Wenn sie sich in die Scheide verkrochen haben: so sind Einspritzungen von kaltem Wasser etwa mit einem kleinen Zusatze von Essig das wirksamste Mittel sie von da zu vertreiben. — Unlängst sagte mir Herr Dr. v. Vest aus Grätz, dafs er sich gegen diese Würmer keines anderen Mittels bediene, als der Schwefelblüthen, früh nüchtern zu 10 bis 15 Gran genommen, und damit einige Zeit lang fortgefahren. Seitdem ist mir nur ein einziger von diesen Quälgeistern geplagter Mann von etwa 50 Jahren vorgekommen, dem ich sie auch sogleich verordnete. Mit welchem Erfolge, weifs ich nicht, denn Patient kam, so wie viele andere, nicht wieder. Ich habe aber Herrn Dr. Fechner, von dem ich wufste, dafs er sich schon lange mit einem solchen Patienten herumgezogen hatte, dieses Mittel zum Versuche angerathen. Er versicherte mich jedoch, dafs dieser nähmliche Patient anderer Zufälle willen lange Zeit Schwefelblüthen mit Weinsteinrahm genommen habe, ohne dadurch seine Pfriemenschwänze zu verlieren, und es hätten ihm zuletzt Klystiere von stinkendem Hirschhornöhle in einem Aufgusse von bitteren Kräutern noch die besten Dienste geleistet. — Leicht möchte auch diefs eins der besten Mittel sein, denn das Chabertsche Oehl läfst sich, um des Terpentinöhls willen, nicht wohl als Klystier anwenden. Man könnte es aber zur Unterstützung der Klystiere durch den Mund nehmen lassen. Auch habe ich mir vorgenommen, dieses Mittel, welches sich so kräftig wirkend gegen den Kettenwurm beweist, auch gegen diese Würmer zu versuchen. Aber mit Ausnahme desjenigen, bei dem ich die Schwefelblüthen versuchen wollte, ist mir seit Jahr und Tag nicht ein einziger mit Pfriemenschwänzen Behafteter vorgekommen. Sie scheinen überhaupt hier Landes weit seltener als Spulwürmer und Kettenwürmer vorzukommen, — oder werden vielleicht nicht so sehr beachtet.

(c) De infest. viventib. S. 253.

22

Der Spulwurm, *Ascaris lumbricoides.* Der Sitz desselben sind die dünnen Därme; zuweilen verkriechen sie sich in den Magen, wo sie, wie gezeigt worden ist, allerhand üble Zufälle erregen, meist aber bald durch das, aus dem von ihnen selbst erregten Reitze, verursachte Erbrechen ausgebrochen werden. In den Leipziger Commentarien (d) wird ein Fall erzählt, wo sich drei derselben durch den gemeinschaftlichen Gallengang bis in die Gallenblase verkrochen hatten. — Doch ist hier zu bemerken, dafs diejenigen grofsen Rundwürmer, welche man zuweilen in den Nieren gefunden, oder durch die Harnröhre abgehen gesehen hat, nicht zu dieser Gattung, sondern zu den Pallisadenwürmern gehören.

Von dem Spulwurme insbesondere, gelten alle oben angeführten Zeichen des muthmafslichen Vorhandenseins. Eben so werden als Waffen gegen ihn, die im allgemeinen gerühmten Arzeneikörper benützt. Der eine Arzt hat mehr Vorliebe für dieses, der andere für jenes Mittel. In welcher Gabe und in welcher Verbindung sie gegeben werden, ist gröfstentheils oben bemerkt worden; übrigens kann man sich defshalb in jeder *Materia medica* Raths erhohlen. Keines dieser Mittel ist ganz zu verwerfen. Die Hauptsache beruht jedoch darauf, wenn man bei der Behandlung solcher Kranken glücklich sein will, dafs man nicht blofs die Würmer, sondern auch ganz vorzüglich die Ursachen, welche zu ihrer Erzeugung Gelegenheit gegeben haben, berücksichtige.

Meine Methode gegen sie zu verfahren ist sehr einfach. Wenn mir ein Kind gebracht wird, bei dem sich mehrere der oben angehenen Zeichen der Wurmkrankheit wahrnehmen lassen, so verordne ich ihm, unbekümmert, ob die Würmer durch wirklichen Abgang ihre Gegenwart geoffenbart haben oder nicht, die Latwerge Nro. 1. und lasse davon anfangs nur früh und Abends einen Kaffehlöffel voll nehmen. Nach drei bis viertägigem Gebrauche fängt gewöhnlich die Stuhlausleerung an reichlicher und weicher zu werden, wobei fast immer viel Schleim, manchmahl auch Würmer mitabgehen. Ereignet sich diefs nicht, so lasse ich entweder die jedesmahlige Gabe etwas verstärken oder dreimahl des Tages nehmen. — Bei dem Gebrauche dieses Mittels, wenn man sich anders in der Diagnose nicht geirrt hat, und die Krankheit wirklich in Störung, vorzüglich in Unthätigkeit der Verrichtungen im Unterleibe ihren Grund hat, so geht die Besserung des Kranken wirklich sichtlich von Statten. Am meisten bemerkt man diefs au der Wiederkehr der verlornen, dem Knabenalter eigenthümlichen Munterkeit.

(d) Commentarii de rebus in scientia naturali et Medicina gestis, Tom. XIV. Lipsiae 1767. p. 664. in der Note.

— Wenn der erste Topf voll von dieser Latwerge nicht hinreicht den Kranken gänzlich herzustellen, so lasse ich auch wohl noch einen zweiten nehmen, immer jedoch die Gabe so mäfsigend, dafs wohl vermehrte Koth- und Schleimausleerung, schlechterdings aber kein wäfsriges Abführen, erfolgt. — Lieber lasse ich, wenn es die Umstände als nothwendig zu erheischen scheinen, zwischen durch einmahl ein kleines Abführungsmittel, etwa die Pulver Nro. 3 nehmen. Denn durch eine solche nur ein Mahl Statt findende, stärkere Ausleerung, wird der Darmkanal weniger geschwächt, als wenn ihm durch einige Wochen hindurch täglich die zu einer guten Verdauung nöthigen Säfte entzogen werden. Mehr wie zwei solcher Töpfe voll, erinnere ich mich nicht, zur Verscheuchung aller Zufälle nöthig gehabt zu haben. Ob während des Gebrauchs Würmer abgehen oder nicht, ist mir ganz gleichviel. Ja bei Manchen habe ich erst nach vollkommener Genesung einzelne Spulwürmer abgehen gesehen. — Habe ich es aber mit einem sehr leukophlegmatischen Subjecte zu thun, so lasse ich, um etwa einen baldigen Rückfall zu verhüthen, einige Zeit lang Gebrauch von den Tropfen Nro. 4 machen.

Rücksichtlich der Diät verbiethe ich den zu häufigen Genufs grober Mehlspeisen, der Hülsenfrüchte und der fetten Speisen, auch vieles trockenes Brot-Essen. Andere Mittel gegen die Spulwürmer anzuwenden nöthig gehabt zu haben, bin ich nie in den Fall gekommen.

Der Bandwurm, *Bothriocephalus latus* und der Kettenwurm *Taenia Solium*. Ich nehme beide zusammen, weil die Aerzte bei Anpreisung ihrer specifischen Mittel meistens gar nicht auf die grofse Verschiedenheit, welche zwischen beiden Statt findet, Rücksicht genommen haben. Beide leben in den dünnen Därmen, so sehr auch Postel de Franciere behaupten mag, dafs sie nur im Blinddarme wohneten, worüber er mit Robin und Binet in eine gelehrte Fehde gerieth. — Zeichen und Zufälle, von ihnen zeugend, sind keine andere als die bei den Spulwürmern. Sie verrathen aber sehr bald und viel eher ihre Gegenwart durch den Abgang einzelner Glieder. Wenigstens ist diefs der Fall bei dem Kettenwurme. Ueber den Bandwurm kann ich aus Mangel eigener hinreichender Erfahrung nichts mit Bestimmtheit sagen. Gewöhnlich geht er nicht in einzelnen Gliedern, sondern in gröfseren Stücken ab.

Da diese Würmer in der Regel nicht auf die Anwendung der allgemeinen Wurmarzeneien weichen, obwohl sie auch manchmahl ganz von selbst sich verlieren: so sind von Aerzten und Nichtärzten eine Menge, meist sehr zusammengesetzter, specifisch wirken sollender und oft lange geheim gehaltener Mittel gegen

22 *

dieselben gerühmt worden. Wir wollen sie der Reihe nach durchgehen, und zwar in alphabetischer Ordnung, damit sich keiner beleidiget finden kann.

Alstons Methode.

Er sagt: »Erwachsenen Personen gebe ich zwei Unzen reines Zinn, wie es an sich selber ist, durch ein sehr klares Haarsieb geschlagen und hernach mit acht Unzen von dem gewöhnlichen Syrup (e) vermischt, so wie es in der Vorschrift verordnet ist, nachdem ich den Kranken den vorhergehenden Donnerstag mit einer Infusion von Sennesblättern und Manna laxirt habe, welche mit einem Decoct von der *Rad. Gramin.* bereitet worden, um die Gedärme auszuleeren. Den Freitag des Morgens gebe ich dem Kranken nüchtern eine Unze von dem Pulver in vier Unzen Syrup ein. Den Sonnabend des Morgens lasse ich ihn eine halbe Unze von dem Zinn in zwei Unzen Syrup nehmen, und eben so viel Sonntags früh. Den Montag wird er mit eben der vorigen Infusion wieder laxirt. Ob es gleich wahrscheinlich ist, dafs nichts auf den Tag ankömmt, so habe ich doch anfänglich geglaubt, dafs ich in allen Stücken der Vorschrift — es war ein marktschreierisches Recept, worin der Freitag vor dem Mondwechsel dazu bestimmt wird — folgen müfste, und da ich sah, dafs die Arzenei wider Vermuthung gut anschlug, so habe ich niemahls etwas daran geändert.

Pallas rühmt dieses Mittel sehr, doch ist auch ihm ein Fall vorgekommen, wo der Wurm nachher wieder zum Vorschein kam. Ich selbst habe es, ehe ich meine jetzige Methode befolgte, mehreren mit dem Kettenwurme Behafteten gegeben. Aber es blieb nicht Einer derselben von dem Wurme befreiet und sie kamen nach drei Monathen sämmtlich wieder, mir durch die neuerdings abgegangenen Glieder die Unzulänglichkeit des angewandten Mittels zu beweisen.

Becks Methode.

Herr Lange hat dieses Mittel des Herrn Geheimen Raths v. Beck, kais. Rufs. Leibarztes bekannt gemacht (f).

(e) *Common treacle*, worunter in diesem Falle gar nichts anders als der *Syrupus hollandicus*, welcher sich bei der Raffination des Zuckers wegen der vielen schleimichten Theile nicht mehr krystallisirt, verstanden wird; nicht aber Theriak, wie in der deutschen Uebersetzung und in Mellins *Materia medica* steht. Denn eine solche Gabe Theriaks möchte den Menschen wohl eher tödten, als der Wurm etwas davon zu kosten bekämmt.

(f) Hufelands Journal. Band 17. St. 2. S. 153.

Rc. Mercurii dulcis scrup. unum
Cornu Cervi usti
Cinnabaris Antimonii aa grana decem.

M. f. Pulv. D. S. *A.*

Rc. Ol. Amygdal. dulc. uncias duas.
D. S. *B.*

Rc. Radic. Filicis mar. drachm. unam.
Jalapp.
Gummi Guttae.
Herb. Cardui benedict.
Eburis usti aa drachm. semis.

M. f. Pulv. subtiliss. divid. in iij part. aeq. D. S. *C.* oder Specificum.

Der Bandwurmkranke nimmt um 4 oder 5 Uhr Nachmittags das Pulver unter A in einem Eßlöffel mit Wasser oder Haferabsud ein. Zur Nacht, nach dem Genusse einer Suppe zwei Unzen Mandelöhl. Den andern Morgen nüchtern nimmt er ein Pulver von den dreien des Specificums mit einem Eßlöffel *Syrupus Persicorum* und Theewasser. Dieses Pulver verursacht gemeiniglich, im Verlaufe zweier Stunden, zwei oder dreimahliges Erbrechen. Man muß schwaches Theewasser oder Bouillon nachtrinken. Den Abgang muß man sowohl jetzt als auch des Nachts untersuchen, und wenn der Bandwurm nicht ganz, mit Kopf und Schwanz, abgegangen ist, nach zwei Stunden das zweite Pulver einnehmen. — Endlich nimmt man auch das dritte. Hilft das alles nicht, so setzt man ein Klystier von Bitterkräuterabsud mit englisch Bittersalz geschwangert, und wenn der Wurm noch nicht abgehen sollte, gibt man in Zeit von drei Stunden folgende drei Pulver:

Rc. Pulv. Radic. Jalapp. drachm. unam.
Herb. Gratiolae scrup. unum.

M. f. Dos. tres. D.

Diese Methode möchte sich wohl gegen den Bandwurm hülfreich bezeigen; gewiß aber nicht gegen den Kettenwurm. Die Verbindung aber der Farrenkrautwurzel mit Purgantien taugt durchaus nichts.

Buchanan's Methode.

Buchanan erhielt das Recept zu diesem indischen Mittel von **Dr.** Russel. Ein halbes Pfund frische Rinde der Wurzel des Granatapfelbaums wird mit drei Pinten Wasser bis auf zwei Pinten eingekocht.

Seca Dana und *Putas Papara* in Pulver von jedem ein halbes Quentchen. Man nimmt zuerst ein wenig Zucker in den Mund, dann das Pulver und hierauf eine Theeschale voll von der Abkochung, so lange sie noch warm ist. Man wiederhohlt diefs in kurzen Zeiträumen bis alles genommen ist. Die Wirkung ist Erbrechen und Abführen.

Putas Papara ist der Same von *Erythrina Monosperma*; *Seca Dana* der Same von *Convolvolus Nil*, und wird von den Aerzten des Landes als Purgans gebraucht. — Buchanan hält das Decoct für das Wirksamste bei der ganzen Vorschrift.

Clossius Methode.

Dieses Mittel wurde früher schon in Fritze's Annalen beschrieben. Clossius Sohn machte es nochmahls in Baldingers Magazin bekannt, so wie er es mündlich von seinem Vater erfahren, und in seinen hinterlassenen Papieren gefunden hat. »Zu seinem Probiermittel kam er durch Zufall. Er hatte in Holland eine an einem aufgetriebenen Leibe lange krank gelegene Dame zu besorgen, der er, — warum weifs ich genau nicht mehr — Terpentin auf folgende Art gab.

Rc. Terebinth. venet. Drachm. I.

Solv. in Vitell. ovor, q. s.

Add. Aq. Menth. piperit. Unc. IV.

S. Nach und nach zu nehmen.

Den nähmlichen Abend wurde er schnell gerufen, weil, der Aussage nach, die Dame in den letzten Zügen läge. Er fand sie auch wirklich ohnmächtig, mit kaltem Schweifs auf der Stirne. Sie erhohlte sich endlich und sagte: Sie fühle, dafs sich ihr Unterleib senke, und empfände einen Trieb zum Stuhlgehen. Nach der Ausleerung war der dicke Leib fast ganz verschwunden, in dem Abgange fand man einen weifsen Klumpen, der sich bei genauer Untersuchung als einen Bandwurm, jedoch ohne Rüssel auswies. Nach einiger Zeit wurde der Leib fast eben wieder so dick, als vorher, er gab jetzt das drastische Mittel, trieb den Bandwurm glücklich ab, und es erfolgte kein Rückfall mehr.«

In der Folge gab nun Clossius überall, wo er Nestelwürmer vermuthete, sein Probiermittel, wobei er jedoch die Gabe des Terpentins nach dem Alter, der Reitzbarkeit u. s. w. des betreffenden Subjects einrichtete.

»War auf diese Art die Gegenwart des Bandwurms offenbar, so schrieb er dem Kranken, ehe er sein drastisches Mittel gebrauchte, eine gewisse Diät vor. Vier Wochen vorher durfte der Kranke nichts essen, als scharfe, gesalzene Speisen, Käse, gesalzene Fische, Würste, Pöckelfleisch, Schinken u. s. w. und mufste überdiefs mehr Wein, als gewöhnlich, trinken. Einige Tage, ehe das drastische Mittel gegeben wurde, nahm der Kranke alle Abend einen Gran Opium oder Laudanum liq. S. Auf diese Weise versicherte er mich, hätte er oft nur eine Gabe des drastischen Mittels nöthig gehabt, um den Bandwurm gänzlich abzutreiben.«

Wörtlich lautet es also:

    Rc. Mercurii dulcis gr. xij.

      Lap. canc. ppt. gr. xij.

      Specif. cephal. M. gr. vj.

M. f. pulv. S. Nro. 1.

    Rc. Ol. amygdal. dulc. unc. fs.

    S. Nro. 2.

    Rc. G. guttae gr. xxxvj.

      Rad. angel. gr. viij.

      Pulv. card. bened.

       epilept. ana scrup. j.

M. f. pulv. subtiliss. div. in iij. p. aeq.

    S. Nro. 3.

Der Kranke nimmt des Nachmittags um vier oder fünf Uhr das Präparirpulver Nro. 1. in einem Löffel voll Wasser, und trinkt Abends um Schlafenszeit nach einem leichten Nachtessen das Mandelöhl Nro. 2.

Den folgenden Morgen früh nimmt er, aufser oder im Bette, — besser im Bette, wie sich aus den Anmerkungen ergibt — ein Päckchen von den drei Pulvern Nro. 3 in einem Schälchen Thee, oder in Oblaten gewickelt, mit ein wenig Thee oder laulichtem Wasser. Dieses Pulver erweckt insgemein in Zeit von zwei Stunden zwei bis dreimahl Erbrechen und einige Stühle. Diese müssen erleichtert werden, indem der Patient während des Erbrechens oder Stuhlgangs eine dünne Brühe, oder ein paar Tassen schwachen Thee trinkt. Nach zwei Stunden wird der Nachtstuhl untersucht, und findet sich der Wurm nicht ganz darinnen, so wird die zweite Gabe von Nro. 3 auf gleiche Art, und mit der nähmlichen Wirkung, wie die erste, gegeben. Wenn endlich nach zwei und einer halben Stunde von der zweiten Gabe der Wurm noch nicht abgetrieben ist, so wird die dritte Gabe von Nro. 3 genommen, welche niemahls fehlt, den Wurm ganz herauszubringen, der, wenn er den nähmlichen Tag, sonderlich bei Zeiten, kömmt, deutliche Zeichen des Lebens gibt, wo nicht, so kömmt er gewifs den folgenden todt mit einem natürlichen Stuhlgange.«

In den Anmerkungen wird gesagt: »Es gebe Kranke, die von dem Mittel weder brechen noch purgieren, und bei welchen dennoch der Wurm innerhalb 24 Stunden mit einem natürlichen Stuhlgange weggehe.« Eine Bemerkung, welche mich nicht befremdete, da ich auch glaube, beobachtet zu haben, dafs sehr kleine Gaben der Aloe und überhaupt der drastischen Mittel, mehr auf wäfsrige Darmabsonderung wirken als gröfsere Gaben.

Indefs habe ich vorsätzlich den ganzen Aufsatz copirt, und nicht blofs die Recepte abgeschrieben, weil es bei Anwendung solcher heroischer Mittel doch auch viel auf die zu beobachtende Diät und andere Nebenumstände ankömmt, wenn man nicht, auf irgend eine Autorität sich stützend, der Mörder, Statt der Arzt des Kranken werden will. Ueberhaupt, glaube ich, sollte man, wenn über die Wirksamkeit oder Unzulänglichkeit irgend einer Heilmethode — nicht nur gegen Würmer, sondern gegen jede andere Krankheit — entschieden werden soll, diese Methode auch ganz so anwenden, wie sie von dem Erfinder vorgeschrieben worden ist. Gewöhnlich wird aber so viel daran gekünstelt, so viel nach der modernen Form zugeschnitten, dafs am Ende nichts übrig bleibt als das blofse Skelet. — Allerdings verdanken wir es den Fortschritten, welche die Scheidekunst gemacht hat, dafs nun kein Arzt mehr *Tartarus vitriolatus*, *Arcanum duplicatum*, *Sal polychrest. Glaser*. zusammen vorschreibt, weil diefs ein und dieselbe Sache unter drei verschiedenen Nahmen ist. Allein es gibt auch Zusammensetzungen von andern Arzeneikörpern, die nicht gerade ein solches chemisches Neutrale bilden, und doch in der Zusammensetzung ganz verschieden wirken, als jedes einzelne für sich. So verschieden die Wirkung ist der Neutralsalze von den Wirkungen der Säuren und Kalien, aus denen sie zusammengesetzt sind, so verschieden ist, z. B. die Wirkung des Opiums und der Mineralsäuren, wenn sie in Verbindung gegeben werden, von der, wenn man jedes für sich darreicht. Mit anderen weniger heterogenen Verbindungen ist es gewifs mehr oder weniger der

Fall. Daher machen auch unsere Surrogate von exotischen Arzeneimitteln so wenig Glück. Man sucht gewöhnlich nur die Wirksamkeit des Mittels in der am meisten hervorspringenden Eigenschaft desselben. Diese Eigenschaft findet man in einem anderen inländischen Producte, und glaubt nun, es müsse dasselbe ganz ersetzen, beachtet aber dabei nicht die Beimischung anderer Bestandtheile, weil man sie für unwesentlich ansieht, indefs vielleicht gerade dadurch das Mittel so modificirt wird, dafs es diese und keine andere Wirkung hervorbringt. — Vanille, Pfeffer, Zimmet sind bei uns unter dem Nahmen Gewürze bekannt. Wie verschieden aber ist nicht ihre Wirkung auf unseren Geschmacksinn, der doch auch zu unserer Menschlichkeit gehört. Soll etwa diese Verschiedenheit minder sein in der Totaleinwirkung auf den menschlichen Organismus? Wer kennt ein Surrogat des eigenthümlichen Geschmacks des Ingwers? Ich nicht; und doch ist dieses Gewürz in manchen Pharmakopoeen bei der Vorschrift zu dem englischen sauern Elixir ausgelassen.

Desault's Methode.

Herr Brera (g) theilt uns hierüber folgendes mit: »Der berühmte Arzt Desault in Bourdeaux hatte wahrgenommen, dafs die Bandwürmer (sicherlich waren es die bewaffneten) sich zuweilen so fest an die Därme anklammerten, dafs ihre Ablösung und Austreibung sehr erschwert wurde. Das brachte ihn auf einen sehr sinnreichen und zugleich kühnen Gedanken: nähmlich dem Bandwurmpatienten abwechselnd eine Mercurialfriction auf den Unterleib zu machen, und eine Purganz zu geben, in welcher versüfstes Quecksilber in herzhafter Dosis enthalten war.«

Nach meinem Dafürhalten ist diefs eine reine Purgiermethode, und ich verspreche mir gar nichts davon, zumahl ich Leute gesehen habe, bei denen man mancherlei Quecksilberpräparate nicht nur brauchte, sondern mifsbrauchte, und die dennoch dadurch ihren Kettenwurm nicht los wurden.

Richard de Hautesierk's Methode.

Er schlägt folgende Mittel zu Tödtung des Kettenwurms vor :

Bolus Gummi Guttae.

Rc. , Gummi Guttae gr. x.

Semin. Colocynth No. iij.

(g) Vorlesungen S. 118. wo Venel Precis de Matiére medicale augmentée de notes etc. par Carrere à Paris 1718. Tom. II. p. 337 citirt wird.

25.

cum Amygdal. amar. Nro. j. triturentur et cum Syrupo Absynth. f.
Bol. ij. für eine Gabe, welche alle 8 Tage zu wiederhohlen ist.

Pilulae foetidae.

Rc Aloes soccotrinae.

Asae foetidae aa Unc. j.

Salis Absinthii Semi unc.

Olei Roris marini drachm. ij.

cum Elix. ppt. f. Pil. gr. x pond.

S. früh und Abends jedesmahl 2 Pillen und 6 Unzen vom Decoct der
Farrenkrautwurzel nachzutrinken.

Opiata jovialis.

Rc. Stanni purissimi.

Mercurii vivi aa Unc. j.

Stanno liquefacto, adde Argentum vivum, postquam mixtura refrixerit,
in pulverem cum Concharum ppt. Unc. j. redigatur.

Rc. Hujus Pulveris.

Conservae Absinthii aa Unc. ij.

cum Syrup. Absinth. f. Opiata.

Die Gabe ist zu 2 Quentchen zweimahl im Tage.

Bei diesen Vorschriften ist zu bemerken, dafs in Frankreich die Drachma in
72 Grane getheilt wird, mithinwo von Granen die Rede ist, jedesmahl ein Sechstel
abgezogen werden mufs, um unserem Gewichte gleich zu kommen.

Herrenschwand's Methode.

Herrenschwand, der sein Mittel vielleicht nicht aus den löblichsten Ab-
sichten lange geheim hielt, theilte endlich zwar öfters das Recept dazu verschiedenen Aerzten mit; doch kamen diese Vorschriften nicht miteinander überein. Ja,
Pallas sagt: dafs man bei chemischer Untersuchung der Herrenschwand'-
schen Arzenei in Petersburg nicht nur Mercurius sondern auch Arsenik, mit einer
absorbirenden Erde verbunden, darin gefunden haben soll. Herrenschwand
selbst gibt in seiner Abhandlung folgendes Verfahren an. »Alles, was ich als das
kräftigste angeben kann, den Bandwurm von beiden Arten, und ohne Nachtheil

der Gesundheit zu vertreiben, ist dieses: man nehme, wenn der Magen in gutem
Stande ist, zwei Tage hintereinander des Morgens nüchtern, und des Abends nach
einem leichten Nachtessen, in Wasser oder in Oblaten ein Quentlein pulverisirte
männliche Farrenwurzel, hat man diese nicht, so kann man die weibliche gebrauchen, sie muſs aber im Herbst eingesammelt und im Schatten getrocknet werden. Dieses vorläufige Mittel wird wenig oder gar keine Beschwerde machen.
Den dritten Tag nehme man Morgens nüchtern folgendes Pulver:

    Rc. Gummi Guttae. gran. xij.

      Sal. Absinth. neutr. gran. xxx.

      Sapon. Starkei gran. ij.

    Misce intime D. ad chart.,

welches in zwei oder drei Stunden ein oder zwei Mahl leicht Brechen macht, und
eben so viel Oeffnungen verschaffet; man kann diese Ausleerungen dadurch erleichtern, wenn man auf jede derselben ein Glas voll laues Wasser oder einige
Schalen Thee nachtrinkt. Drei Stunden darnach nehme man in einer Schale Fleischbrühe, eine Unze amerikanisches Ricinus-Oehl, welches viel besser ist, als das
hiesige, doch kann man dieses auch gebrauchen, wenn man jenes nicht hat.
Nach einer Stunde wiederhohle man die Dosis dieses Oehls, und wenn der Wurm
noch nicht abginge, so nehme man zwei Stunden nach der zweiten Dosis eine
dritte. Dieses Mittel führet gelinde ab, und der Wurm wird sich bald in dem
Nachtstuhle befinden. Sollte er aber etwas säumen abzugehen, so gebe man dem
Kranken auf den Abend ein Klystier von gleich viel Wasser und Milch, worin man
drei Unzen Ricinusöhl gethan, und insgemein wird dieses Klystier den ganzen
Wurm mit dem Faden abführen.«

In dieser Vorschrift ist keine *Gratiola*, kein *Mercurius dulcis*, kein *Scammonium* u. s. w. enthalten, welche doch in den früher von ihm gegebenen Recep-
ten Bestandtheile seines Mittels ausmachten. Es scheint daher, daſs ihm bei der
Taenia Solium alle früheren Methoden fehlgeschlagen haben, daher er nun sein
Heil in dem von Odier benutzten Ricinusöhl suchte, welches aber hier auch
nichts hilft.

Hufelands Methode.

Der Herr Staatsrath macht dieselbe in seinem Journale, Band 10, Stück 3,
Seite 178 bekannt. — Alle Morgen nüchtern läſst er dem Kranken eine Abkochung
des Knoblauchs mit Milch trinken, Früh, Nachmittags und Abends einen Eſslöffel

23 *

voll Ricinusöhl nehmen, und täglich eine halbe Unze *Limatura Stanni* mit *Conserva Rosarum* verzehren, den Unterleib täglich einige Mahle recht stark mit *Petroleum* einreiben, viel salzige und scharfe Speisen geniefsen, und Abends ein Klystier von Milch nehmen. Diese Methode mufs durch mehrere Wochen, und zwar so lang fortgesetzt werden, bis das Kopfende erschienen ist. Wenn diefs nicht erfolgen will, so werden die nähmlichen Mittel in stärkeren Gaben gereicht. Endlich wird auch noch das Pyrmonter und Driburger Wasser empfohlen.

Es wird nicht gesagt, dafs diese Methode schon öfters geholfen habe. Indefs erhellet doch daraus, dafs Herr Hufeland auf die Methoden, welche den Kettenwurm binnen 3 Stunden austreiben sollen, nicht viel hält, und das mit Recht.

Lagene's Methode.

In seinem Briefe an Doctor Minaur versichert Lagene feierlich, dafs er nie aus seinem Mittel gegen die breiten Würmer ein Geheimnifs gemacht habe. Ja, er hält es, wie billig, unter der Würde, selbst gegen die Pflicht des Arztes, irgend eine Arzenei, von welcher er glaubt, dafs sie leidenden Menschen nützlich sein könne, geheim zu halten. — Sein Verfahren gegen die Nestelwürmer ist folgendes: »Nachdem der Kranke Abends zuvor ein Klystier aus einem Feigenabsud genommen hat, wird folgendes Pulver

Rc. Radic. Valerian. s. recent. pulv. drachm. j.

Putamin. Ovor. calcinat. et ppt. gr. xx.

M.

in einem Glase weifsen Wein früh nüchtern gereicht. — Der Kranke bleibt zugedeckt im Bette liegen, wobei er gewöhnlich ein wenig schwitzt. Drei Stunden lang bekommt er weder zu essen noch zu trinken; hierauf gibt man ihm eine Suppe, und er beobachtet eine strenge Diät während der Zeit der Behandlung. Das Pulver wird drei Tage hintereinander gegeben. Den vierten Tag bekömmt er folgendes Abführungsmittel.

Rc. Mercurii dulcis. gr. x.

Panaceae mercurial. gr. jv.

Diagrydii sulfurat. gr. xij.

Syrup. Flor. Persicor. q. s. ut f. Bolus D.

S. Früh nüchtern zu nehmen.

Zwei Stunden nachher nimmt der Kranke ein Glas voll von nachstehender Tisane:

Rc. Fol. Senn. mund. unc. semis
infund. in Aq. fervld. libr. ij.
add.
Salis Tartari fixi gr. viij.
diger. per noct. et col. ad usum.

Eine Stunde nach dem ersten Glas voll dieser Tisane gibt man eine Fleischbrühe. Alsdenn fährt man mit der Tisane fort, oder setzt dieselbe aus, je nachdem sie mehr oder weniger abführend wirkt, und behandelt den Kranken so wie
einen, der zum Abführen eingenommen hat. Abends gibt man das nähmliche
Klystier wieder. Bei starken Personen und solchen, die eine belegte Zunge oder
andere Zeichen von Unreinigkeiten im Magen haben, fange ich die Cur damit
an, dafs ich zum Brechen gebe, indem ich den Brechweinstein in sehr vielem
Wasser (en *lavage*) Gläservollweise nehmen lasse. — Ich wiederhohle gewöhnlich das wurmtreibende Pulver noch 3 Tage lang, mit darauf folgendem Abführungsmittel; einige Mahle selbst habe ich das Mittel zum dritten Mahle wiederhohlt, was aber selten geschieht.

Die vorgeschriebenen Gaben sind für einen Erwachsenen. Man ändert dieselben nach Alter und Umständen ab. — Bandwürmer und Kettenwürmer mögen
wohl auf den Gebrauch dieser Mittel abgehen; ganz befreiet davon wird aber gewifs keiner dadurch.

Methode von Lieutaud.

Reinlein (h) führt folgendes von Lieutaud in seinem Précis de la matiére médicale, Tom. I. p. 452 gerühmte Mittel an.

Rc. Diagryd.
Cremor. tartar. aa scrup. semis.
Antimon. diaphor. gr. xij.
Pulv. rad. Filic. mar.
Mori fructu nigro aa drachm. semis.
M. f. Pulv. D. S. Auf ein Mahl.

Rc. Pulv. Sabin.
Semin. Rutbae aa gr. viij.
Mercurii dulc. gr. jv.
Olei essent. Tanacet. gutt. vj.
M. f. cum Syrupo Persicor. Bolus.

S. Morgens auf ein Mahl zu nehmen, und ein Glas weinigten Aufgusses der
Pfirsichkerne darauf zu trinken.

(h) Uebersetzung. S. 179.

Methode von Mathieu.

Dieses Mittel, welches Herr Mathieu lange Zeit geheim hielt, wurde von dem Könige von Preufsen gekauft, und dann in Formey's Ephemeriden und aus diesen in Hufeland's Journal bekannt gekannt. Es lautet also:

A. Rc. Limat. Stann. anglic. pur. unc. j.

Rad. Filicis mar. drachm. vj.

Pulv. Semin. Cinae unc. dimidiam.

Pulv. Rad. Jalapp. resinos.

Salis polychrest. aa drachm. j.

M. f. cum Mellis communis sufficiente quantitate Electuarium.

B. Pulv. rad. Jalapp. resinos.

Salis polychrest. aa scrup. ij.

Scammon. Alepp. scrup. j.

Gummi Guttae gran x.

M. f. cum Melle communi Electuarium.

Bei der Anwendung dieses Mittels gegen den Bandwurm ist es nöthig, den Kranken mehrere Tage zuvor eine sparsame Diät führen zu lassen, und demselben salzige Speisen, als: Hering etc. auch dünne Brotsuppe und leichte Gemüse zur Speise anzuempfehlen. — Zur Kur wird von der Latwerge *A* alle 2 Stunden ein Theelöffel voll dem Kranken gereicht, und damit 2 bis 3 Tage fortgefahren, bis derselbe Empfindungen des Wurms in den Gedärmen bemerkt. (?) — Sodann bekömmt der Kranke von der abführenden Latwerge *B* ebenfalls alle 2 Stunden einen Theelöffel voll, bis der Wurm abgeht. Sollte dieses Abgehen des Wurms nicht erfolgen, so gibt man einige Efslöffel voll frisches Ricinusöhl nach, oder setzt ein Klystier von diesem Oehle. Alter, Geschlecht und Constitution ändern die Gaben.

Aus diesem Mischmasch ein Geheimnifs zu machen, lohnte sich wahrlich nicht der Mühe, und sich sechs Friedrichsd'or dafür bezahlen lassen, heifst mehr als bürgerlichen Gewinn nehmen.

Die Nuffer'sche Methode.

Die Wittwe Nuffer zu Murten im Kanton Bern hatte 20 Jahre hindurch mit einem von ihrem Manne ererbten geheimen Mittel gegen den Bandwurm grofses Aufsehen erregt, und Grofse und Kleine wallfahrteten nach Murten um sich ihre

Nestelwürmer austreiben zu lassen. Glücklicher Weise für Madame N u f f e r befand sich unter diesen ein russischer Fürst B a t a l i n s k y, der daselbst einen 4 Ellen langen Bandwurm zurückliefs. Jedoch 6 Monathe nachher zeigte sich dieser Gast wieder aufs neue bei ihm. Er beschied die Wurmabtreiberinn nach Paris, wo sie ihm abermahls einen 8 Ellen langen Wurm abtrieb. Mehrere andere Personen wurden von ihr mit gleichem Erfolge behandelt. Die Sache machte grofses Aufsehen und kam bis zu den Ohren des Königs, der eine prüfende Commission anordnete, und auf den von dieser erstatteten Bericht, das Geheimnifs um 18000 Livres kaufte und öffentlich bekannt machen liefs.

Madame N u f f e r übergab den verordneten Aerzten L a s s o n e, M a c q u e r, G o u r i e z de la M o t t e, A. L. de J u s s i e u, J. B. C a r b u r i und C a d e t die von ihr selbst bereiteten Mittel nebst folgender Anweisung:

»Besondere Vorbereitung wird nicht erfordert, nur darf der Kranke nach dem Mittagessen nichts mehr geniefsen, als um 7 oder 8 Uhr Abends die Suppe Nro. 1. Eine Viertelstunde nachher kann er ein Glas Wein und ein Zwieback nehmen. Im Falle er des Tags über keine Oeffnung gehabt haben sollte, oder überhaupt zu Verstopfungen geneigt wäre, welches selten der Fall bei den am Bandwurme Leidenden ist, so nimmt er das Klystier Nro. 2 und sucht es den so lange als möglich bei sich zu behalten, worauf er sich schlafen legt.«

»Des andern Morgens sehr in der Frühe, ungefähr 8 oder 9 Stunden, nachdem er die Suppe genossen, nimmt er noch im Bette liegend das Specificum Nro. 3 und um den Uebelkeiten oder Neigungen zum Erbrechen, welche öfters sich einzustellen pflegen, vorzubeugen, käuet er Zitronen oder etwas Aehnliches, ohne jedoch etwas niederzuschlucken; (i) auch mag es genügen, wenn er den Geruch von Essig in die Nase zieht. Erfolgt ohnerachtet dieser Vorsichtsmafsregeln das Erbrechen dennoch, so mufs er, sobald die Uebelkeiten vorüber sind, eine zweite Gabe nehmen, und suchen darauf einzuschlafen.

»Nach Verlauf von 2 Stunden steht er auf, um den purgirenden Bissen Nro. 4 zu nehmen, trinkt eine oder zwei Schalen voll leichten grünen Thee nach, und geht im Zimmer auf und ab. Sobald das Abführungsmittel anfängt zu wirken, trinkt der Kranke von Zeit zu Zeit eine Tasse leichten Thee, bis der Wurm abgeht; alsdann und nicht eher darf er eine Schale Fleischbrühe und bald darauf

---

(i) Die Aerzte in Genf und der französischen Schweiz lassen in dieser Absicht eine Tasse voll schwarzen Kaffeh so heifs als möglich nachtrinken.

B r.

eine zweite oder auch eine Suppe nehmen, wenn er sie lieber mag. Er ißt zu Mittag, wie man gewöhnlich pflegt, wenn man zum Abführen eingenommen hat; nach Tische legt er sich aufs Bette, oder macht einen kleinen Spaziergang, ißt wenig zu Abend und keine unverdaulichen Speisen.«

»Die Heilung ist alsdann vollkommen, aber sie ergibt sich nicht bei allen gleich. Derjenige, welcher nicht den ganzen Bissen bei sich behalten hat, oder wenn dieser nicht genug abführt, nimmt nach Verlauf von 4 Stunden 2 bis 8 Quentchen Sedlitzer oder auch Epsomersalz in einem Becher siedenden Wassers (eau bouillante). Die Gabe ist nach dem Temperament und den Umständen verschieden.«

»Wenn der Wurm nicht in einem Knäuel abgeht, sondern sich abspinnt, — was vorzüglich dann geschieht, wenn er in zähem Schleim verwickelt ist, von dem er sich nicht loswinden kann — so soll der Kranke auf dem Leibstuhle sitzen bleiben ohne an dem Wurme zu ziehen, und leichten Thee, etwas heiß trinken; manchmahl reicht diefs nicht hin, und nun läfst man Bittersalz nehmen, ohne dafs der Kranke aufsteht, bis er des Wurms nicht los ist.«

»Es geschieht selten, dafs die Kranken, welche das Specificum und das Abführungsmittel bei sich behalten haben, den Wurm nicht noch vor der Essenszeit von sich geben. Dieser ungewöhnliche Fall ereignet sich nur dann, wenn der getödtete Wurm in grofsen Knäueln in den Därmen zurück bleibt, so dafs die am Ende des Purgirens gewöhnlich sehr dünnen Materien zwischen durchgehen, und ihn nicht mit sich fortnehmen. Der Kranke kann alsdann zu Mittag speisen, und man hat gefunden, dafs das Essen, wenn man zugleich ein Klystier gibt, zum Abgange des Wurms beiträgt.«

»Bisweilen geht der Wurm schon auf das Specificum ab, ehe noch der Bissen genommen worden ist. Alsdann gibt Madame N u f f e r nur zwei Drittel davon, oder statt dessen Bittersalz.«

»Die Kranken dürfen sich nicht beunruhigen lassen durch aufsteigende Hitze oder Uebelkeiten, welche sich zuweilen einstellen, während der Wirkung der Mittel; vor oder nach einer starken Ausleerung; oder wenn so eben der Wurm abgehen will. Diese Zufälle sind vorübergehend und verlieren sich von selbst, oder auf das Riechen an Essig.«

»Diejenigen, welche das Specificum und den Bissen weggebrochen haben, geben öfters an diesem Tage den Wurm nicht von sich. Madame N u f f e r läfst sie nun Abends wieder die Suppe, auch nach Erfordernifs das Klystier nehmen.

Geht der Wurm in der Nacht nicht ab, so gibt sie des andern Morgens schon in der Frühe abermahls das Specificum, und 2 Stunden nachher 2 bis 8 Quentchen Bittersalz. Das Verhalten des Kranken ist, wie Tags vorher, nur dafs er den Bissen nicht bekömmt.«

»Madame Nuffer bemerkt am Ende, dafs bei sehr grofser Hitze ihr Mittel sich weniger wirksam zeigt; auch hat sie immer vorgezogen es im September darzureichen: lag jedoch die Wahl der Jahrszeit nicht bei ihr, und mufste sie Kranke in heifsen Sommertagen behandeln: so gab sie das Specificum sehr in der Frühe. Unter Beobachtung dieser Vorschrift hat sie keinen Unterschied, weder in der Wirkung noch in den Folgen bemerkt.«

»Der Bandwurm (*Ver solitaire*) (k) ist der einzige, gegen welchen das Nuffersche Mittel mit sicherem Erfolge angewendet wird; obwohl sie es auch als sehr nützlich gegen den Kettenwurm (*Ver cucurbitain*) betrachtet. Sie macht jedoch die Bemerkung, dafs dieser letztere viel schwerer auszurotten ist, und dafs man zur Heilung, die Behandlung mehr oder weniger oft wiederhohlen müsse, nach Mafsgabe der Constitution des Kranken.«

Nachdem nun an 5 Personen, wovon einer den Bandwurm und zwei den Kettenwurm hatten, die 2 anderen aber nur glaubten, an Nestelwürmern zu leiden, Versuche mit den von der Nuffer selbst bereiteten Mitteln angestellt worden waren, und sich in dem ersten Falle die Wirksamkeit, in allen fünf aber die Nichtgefährlichkeit des Mittels erprobt hatte, wiederhohlten die Commissarien diese Versuche mit Mitteln die sie selbst bereitet hatten, und wozu ihnen Madame Nuffer folgende Vorschriften ertheilte.

Nro. 1. ist eine Suppe oder Panade aus anderthalb Pfund Wasser, 2 bis 3 Unzen frischer Butter, 2 Unzen weifsem Brote und der nöthigen Menge Salz bestehend, welches alles zusammen fleifsig umgerührt und wohl verkocht wird.

Nro. 2 Ein Klystier, wozu man eine kleine Handvoll Malvenblätter, eben so viel Eibischblätter nimmt, welche man in gehöriger Menge Wasser sieden läfst, ein wenig Salz zusetzt und nach dem Durchseihen 2 Unzen Olivenöhl beimischt.

Nro. 3. Das Specificum. Zwei oder drei Quentchen Farrenkrautwurzel (*Polypodium Filix mas* L.) im Herbste eingesammelt und fein gepülvert. Man

(k) So nennen die Berichterstatter vorzugsweise den Bandwurm (*Bothr*) zum Unterschiede von dem *Ver cucurbitain*, worunter sie *Taenia Solium* verstanden haben wollen.

24

nimmt sie in 6 Unzen Farrenkraut- oder Lindenblüthenwasser; auch in gemeinem Wasser.

Nro. 4. Purgirender Bissen.

Re. Panaceae mercurialis.

Scammonei aa gr. x. (l).

Gummi guttae gr. vj — vij.

tritur. misc. et f. c. s. q. Confect. Hyacinth. Bolus.

Diefs ist eine treue Uebersetzung der von Madame Nuffer den königlichen Commissarien übergebenen Behandlungsweise und Vorschriften. Ich habe sie deshalb ihrem ganzen Inhalte nach gegeben, weil sie beinahe überall, wo ihrer Erwähnung geschieht, in einer anderen Gestalt erscheint. — Die Berichterstatter machen auch die Bemerkung, dafs die Farrenkrautwurzel, wie wir alle wissen, schon von den ältesten Zeiten her, als ein Mittel gegen die Nestelwürmer sich bewährt gezeigt habe, und von Zeit zu Zeit von den vorzüglichsten Aerzten angerühmt worden wäre, dafs sie aber wieder, so wie viele andere Mittel, in Vergessenheit gerathen sei, weil der Erfolg nicht immer der Erwartung entsprochen habe, welches wohl daher rühren möge, dafs man entweder das Mittel oder die Art und Weise es zu geben nicht gehörig beschrieben habe, oder auch, weil man um scheinbare Verbesserungen anzubringen, von dem vorgeschriebenen Wege abgegangen sei. — Nach meinem Dafürhalten lag aber wohl die Hauptursache darin, dafs man die beiden Gattungen von Würmern nicht gehörig zu unterscheiden wufste, und zum Theil noch heut zu Tage nicht allemahl zu unterscheiden weifs. Zwar trifft diese Bemerkung die Berichterstatter nicht, welche am Schlusse ausdrücklich erinnern, dafs man mehrere Versuche an verschiedenen mit der *Taenia Solium* behafteten Personen mit diesem Mittel angestellt habe, und dafs es selbst mehrere Mahle hintereinander gegeben, immer seine Wirkung verfehlt habe. — Nichts destoweniger sieht man noch täglich deutsche Aerzte, welche in der Regel doch nur Kettenwürmer abzutreiben haben, dieses Mittel verordnen. Ja, vor einigen Jahren wurde uns sogar im Oesterreichischen Beobachter die ganze Nuffer'sche Verfahrungsart mit Panade, Klystiere u. s. w. als ein ganz neu entdecktes Geheimnifs aufgetischt, nachdem zuvor einige Zeitlang ein Nichtarzt sein Unwesen damit in der Stadt getrieben hatte. Der einzige Unterschied .in der Vorschrift liegt darin, dafs der von Petersburg gekommene französische Wun-

(1) In manchen Vorschriften steht gr. xij, wegen des oben erwähnten Unterschieds des Grangewichts in Deutschland und Frankreich. In der Schweiz hat man deutsches Gewicht.

dermann, statt des purgierenden Bissens das von Herrn Odier substituirte Ricinusöhl reichte. — Allerdings trieb er jedesmahl in wenigen Stunden — und diefs setzte die Welt in Staunen — gröfsere oder kleinere Portionen von Kettenwurm aus. Aber ehe noch 3 Monathe verstrichen, gingen ohne Arcanum schon von selbst wieder einzelne Glieder des Wurms ab. Ich selbst habe nachher mehrere Personen zu behandlen bekommen, die das Mittel zwei und drei Mahl genommen hatten, ohne befreiet zu bleiben.

Zwar blieben auch die mit dem Bandwurme Behafteten auf den Gebrauch des Nufferschen Mittels nicht immer frei, wie diefs der Fürst Baratinsky und ein von Odier beobachtetes Beispiel beweisen. Indefs hilft es doch in den meisten Fällen, wenn es auf die hier vorgeschriebene Weise gegeben wird. Denn es ist sehr gefehlt, wie auch die französischen Berichterstatter bemerken, wenn man die Abführungsmittel zugleich mit der Farrenkrautwurzel reicht. Diese soll den Wurm erst tödten oder bestimmen, von der Darmhaut loszulassen, ehe er abgeführt werden kann. Bei der Verbindung beider Mittel hingegen reifst das Purgans auch das wurmtödtende Mittel mit sich fort, ehe es auf diesen gehörig einwirken kann. Diese Bemerkung macht schon Sennert (m). Wird hingegen das Purgans später gegeben, so nimmt es den getödteten, oder wenigstens an der Darmhaut nicht mehr fest anhängenden Wurm leicht mit sich fort, zumahl wenn man zuvor den Darmkanal schlüpfrig zu machen gesucht hat. Diefs geschieht nun hier durch die fette Panade, welche meines Erachtens auch noch den Vortheil gewähren mag, dafs der drastische Bissen den Darm weniger beleidiget. Denn die Berichterstatter sagen, dafs sie bei allen von ihnen angestellten Versuchen nicht die mindesten übelen Folgen gesehen, und dafs alle Patienten sich am folgenden Tage vollkommen wohl befunden hätten. Bei den ersten Versuchen hatten sie den Bissen nicht ganz gegeben, dadurch wurde aber die Wirkung sehr verspätet, so dafs der Wurm erst in der Nacht oder am anderen Morgen abging. Die ganze Dosis gegeben, trieb ihn schnell ab und ohne Nachtheil für die Gesundheit.

(m) Ideoque fortioribus medicamentis opus est ut interficiantur (Sc. lumbrici lati). Quapropter etsi in teretibus purgantia cum interficientibus commodo admisceantur; praestat tamen, nulla iis purgantia primum admiscere, cum purgantia non sinant medicamenta vermes interficientia diu in intestinis haerere, sed eä cito per alvum secum educant. — Si vero prius exhibeantur medicamenta, quae ipsum debilitant, totus rotundus factus ad pilae figuram exit et homo sanus evadit. A. a. O. Solche Regeln werden aber mit der Zeit vergessen.

24 *

Odier's Methode.

unterscheidet sich nur dadurch von der Nuffe'schen, dafs Herr Odier statt des purgirenden Bissens drei Unzen Ricinusöhl vorschreibt, wovon er alle halbe Stunden einen Speiselöffel voll in etwas Fleischbrühe nehmen läfst. Ehe das Nuffe r'sche Mittel bekannt gemacht wurde, hatte er schon früher das Ricinusöhl allein wider den Bandwurm, aber nicht wider den Kettenwurm mit günstigem Erfolge gegeben.

Methode von Rathier.

Rc. Pulv. Herb. Sabin. gr. xx.
— Semin. Ruth. gr. xv.
Mercurii dulcis. gr. x.
Olei dest. Tanaceti. gr. xij.
Syrup. Flor. Persicor. q. s. ut f. Mass. ex qua form.
Bol. Nro. ij.

Von diesen Bissen wird der eine in der Frühe, der andere auf den Abend in Pfirsichblüthsyrup genommen. Eine halbe Stunde darnach trinkt man einen Becher voll Wein, in dem man 12 Stunden lang 20 Pfirsichkerne hatte weichen lassen. — Nichts anders als eine verstärkte Gabe des von Lieutaud angegebenen Mittels.

Methode von Schmucker.

Die Art und Weise wie Schmucker den Sabadillensamen gegen Würmer verordnet, ist mit seinen eigenen Worten folgende:

»1. Ich lasse die gelben, länglichen Beutel, worin dieser Samen, welcher schwärzlich aussieht, sammt den Fächern, worin dieser spitze Samen enthalten ist, nehmen, und alles zu einem sehr feinen Pulver stofsen.

»2. Ich nehme 5 Gran von dem Sabadillsamenpulver, und lasse mit so viel Honig, als nöthig, eine grofse Pille daraus machen, und zwar so, damit man gewifs bestimmen kann, wieviel der Patient von dem Pulver bekömmt. — — — — — Diese Pillen nun nenne ich Wurmpillen.

»Die Patienten lasse ich allemahl zuvörderst mit der Rhabarbar und dem Glaubersalze laxiren, und zwar in verhältnifsmäfsiger Quantität nach ihrem Alter und Constitution; darauf gebe ich den folgenden Morgen bei einem Erwachsenen, und besonders, wenn er sehr über Uebelkeiten klagt, eine halbe Drachme Sabadillpulver, und eben so viel Fenchelzucker zusammengerieben, und lasse sofort eine bis zwei Tassen Chamillen- oder Fliederblumenthee nachtrinken. Dieses Pulver verursacht meistens ein Erbrechen, und wenn Würmer im Magen sind, so kommen selbige gleich mit heraus, wie hiernächst meine Bemerkungen besagen. Eine Stunde nachher kann etwas dünne Habergrütze getrunken werden. Finden sich Würmer im Magen, so werden sie von diesem Pulver gereizet, dafs sie in die schrecklichsten Bewegungen gesetzt werden, welche die Uebelkeiten und das Erbrechen vermehren, und damit herausgeworfen werden: ich habe frische Regenwürmer, auch wann ich sie habe bekommen können lebende Spulwürmer in ein Glas gethan, und von dem Sabadillpulver übergeschüttet, wornach sie die heftigsten Convulsionen bekamen, und sehr bald starben.«

»Den andern Morgen bekömmt der Patient eine gleiche Portion von diesem Mittel, worauf wieder ein Erbrechen erfolget. Kommt kein Wurm mehr zum Vorschein, so lasse ich den dritten Morgen nur die Hälfte dieses Pulvers nehmen, und die andere Hälfte des Abends, und eben so den 4ten Tag. Den 5ten Morgen lasse ich ein Laxans aus einer halben Drachme Rhabarbar und 8 Gran Resina ppt. nehmen, wornach die noch lebendigen, oder todten Würmer abgeführt werden: sind diese nicht mehr vorhanden, so wird gewifs vieler Wurmschleim fortgebracht, worauf man acht geben mufs. Den 6ten Morgen werden 3 Stück von den grofsen Wurmpillen gegeben, und beim Schlafengehn wieder: allemahl wird etwas von dem bekannten Thee nachgetrunken. Das Laxans wird um den 5ten Tag genommen; gehet dann noch starker Wurmschleim ab, so werden Tages darauf Morgens und Abends, 3 von diesen Wurmpillen genommen, bis kein Wurmschleim mehr kömmt, die Feces natürlich werden, und der Patient keine Empfindung im Unterleibe mehr hat, wie er vorher verspüret.«

»Ich habe diese Cur an 20 Tage brauchen lassen, bevor der Wurmschleim gänzlich ausgerottet wurde; während der Cur mufs fast kein Fleisch genossen werden, hingegen viele Vegetabilien und Milchspeisen.«

»Dieses ist die Cur für erwachsene Personen von 20 Jahren und drüber. — Kindern von 2 bis 4 Jahren gibt man 2 Gran Sabadillpulver und so fort.«

Schmucker hat mit diesem Mittel auch Nestelwürmer abgetrieben. — Ich habe es nie versucht.

Weigel's Methode.

Eine halbe, höchstens ganze Unze *Sal mirabile Glauberi* wird in zwei Pfund Brunnenwasseraufgelöst, und dann alle Abend eine Tasse voll genommen, wobei zugleich des Tags über zweimahl 30 Tropfen *Elixir. Vitrioli* Mynsichti, oder 10 Tropfen *Elix. acidum* Halleri in einer halben Tasse allenfalls mit Zucker versüfstem Wasser genommen werden. Diese Mittel werden nach Befinden mehrere Monathe fortgesetzt. Es werden auch einige Beispiele angeführt, wo das Mittel geholfen haben soll.

Aufserdem ist noch zu erinnern, dafs Herr Kortum die Stutenmilch als ein Mittel gegen Nestelwürmer preist. Es hatte nähmlich eine 30 bis 40jährige Jungfer, die gegen alle Arzeneien einen Abscheu hegte, auf Anrathen einer Bäuerinn Stutenmilch getrunken. Darauf bekam sie heftiges Kneipen, setzte aber doch das Mittel fort, und nun ging ihr ein Nestelwurm halbverfault ab. — Diese einzelne Wahrnehmung möchte doch nicht wohl hinreichen, um wirksamere Wurmmittel zu verdrängen.

Ein anderes, neues Mittel lesen wir in dem allgemeinen Anzeiger der Deutschen, Jahrgang 1817. Nro. 295. S. 3532 gezogen aus der Londner Zeitung *The News* vom 5ten October d. J. Einem jungen Menschen, der seit langer Zeit kränkelte, und unerachtet aller angewandten Mittel sich nicht bessern wollte, wurde von einem Hufschmid gerathen, täglich Morgens eine gewisse Menge Wasser, worin der grüne Flachs ungefähr 10 Tage gefault hat, zu trinken Er that es, und in kurzer Zeit befreite ihn dieses Mittel von einem $3\frac{1}{2}$ Fufs langen Nestelwurm.

Alle diese Methoden sind indefs unzureichend zur radicalen Austreibung des Kettenwurms, wie diefs schon der Umstand beweist, dafs man täglich nach neuen hascht. In der Schweiz sucht Niemand mehr nach einem neuen Mittel gegen den Bandwurm. Ja man geht nur in die Apotheke um das Mittel gegen den Bandwurm zu begehren, wo man nebst der Anleitung zur Bereitung der Panade, 3 Quentchen Filix und 3 Unzen Ricinusöhl um einen Laubthaler erhält. Zeigt sich nun auch in dem einen oder anderen Falle der Wurm wieder, nun so gibt man das Mittel noch ein Mahl, und dann ist gewöhnlich Ruhe. — Anders verhält es sich mit dem Kettenwurme, wo auch die mehrmahlige Wiederhohlung eines Mittels, welches ihn weder immer ganz austreibt, noch die Ursachen seiner Wiedererzeugung aus dem Grunde hebt, nichts fruchtet.

So wenig ich indefs auf alle hier angeführten Methoden, in sofern sie zur Befreiung vom Kettenwurme dienen sollen, halte: so habe ich doch nicht unterlassen wollen, sie meinen Lesern, meist aus den Originalen selbst gezogen, mitzutheilen, theils um der Vollständigkeit des Buchs selbst willen, theils um zu verhüthen; dafs nicht irgend ein Geheimnifskrämer uns ein vielleicht längst bekannt gewesenes aber bereits wieder vergessenes Mittel, als seine eigene, neue Erfindung verkaufen möge. Und da es auch möglich ist, dafs ein Arzt auf einen Patienten stöfst, der durchaus die von mir hier anzugebenden Mittel nicht nehmen will — wie mir dann selbst ein solcher in der Person eines Arztes vorgekommen ist, der lieber alle 3 Monathe einen Theil seines Wurms mit Filix und Ricinusöhl wegpurgiren, als das Wurmöhl nehmen will — so mag er aus diesem Schatze der hier angegebenen Methoden eine wählen, die ihm und seinem Kranken am meisten zuzusagen scheint.

Meine Methode.

Den Bandwurm habe ich in Wien nur drei Mahl auszutreiben Gelegenheit gehabt; das erste Mahl bei einer gebornen Schweizerinn, welche ich mit dem Wurmöhle behandelte, und welche auch ganz vom Wurme frei blieb, ohne dafs in den Stuhlausleerungen der Abgang desselben bemerkt worden wäre; das zweite Mahl im Jahre 1812 bei einer Petersburgerinn, welcher ich die Filix mit dem Ricinusöhle gab, weil es mir darum zu thun war, den Wurm ganz zu erhalten, was mir auch glückte. Den dritten Fall habe ich bereits oben erzählt.

Mit dem Kettenwurme Behaftete aber habe ich binnen mehr als 10 Jahren über 500 behandelt, von jedem Alter, Geschlecht und Stande. Es waren 2 Kinder von anderthalb Jahren darunter. Vier davon mufsten das Mittel zum zweiten Mahle nehmen, 3 im Jahre 1814 und einer 1817. Ueberdiefs kam vor mehreren Jahren noch ein fünfter vor, bei dem sich, nachdem er zwei Jahre lang ganz frei geblieben war, nach dieser Zeit neuerdings ein Kettenwurm erzeugt hatte, der aber nach dem abermahligen Gebrauche des Mittels seitdem nichts wieder davon gespürt hat. Alle übrigen blieben meines Wissens bis jetzt vom Wurme befreiet.

Man wird mich zwar fragen, ob ich dann alle diese Menschen nach dem Verlaufe von 3 oder 4 Monathen wieder gesehen, und mich erkundiget habe, ob ihnen denn seitdem nichts vom Wurme abgegangen sei? Hierauf mufs ich antworten: Die wenigsten habe ich nach Verlauf dieser Zeit wieder gesehen, wenn sie mir nicht etwa zufällig in den Wurf kamen. Aber woher weifst du, dafs sie freigeblieben sind? wird man weiter fragen. Diefs weifs ich einmahl daher, weil sie nicht wieder gekommen sind; denn ist der Mensch von seinen Leiden durch den Arzt befreiet worden; so ist er ihm dafür Dank schuldig, das Danken ist aber eine Sache, welche viele Menschen gern vermeiden, wenn es möglich ist. Plagte sich hingegen der Kranke vergebens mit Arzeneieinnehmen; so dient es ihm zu einer Art von Rache, die er an dem Arzte nimmt, wenn er ihm unter den Bart sagen kann: du hast mir Hülfe versprochen, und solche nicht geleistet, wie mir diefs mit allen jenen widerfuhr, die ich nach Alston's Methode behandelt hatte. Zweitens aber schliefse ich von der nicht unbedeutenden Anzahl derer, die ich öfters seither wieder zu sehen Gelegenheit hatte, auf jene, welche ich aus dem Gesichte verloren habe, von deren Befinden ich jedoch auch öfters Kunde erhalte, und zwar durch die Wurmbehafteten, welche mir von ihnen zugeschickt werden, die sich dann abermahls unsichtbar machen, und mir gleichfalls die Nachricht von ihrer Heilung durch neu zugewiesene Patienten verkünden lassen.

Die Cur beginne ich mit der Latwerge Nro. 1, welche ich auf die oben bei Behandlung der mit Spulwürmern Behafteten, angegebene Art nehmen lasse. Ist die Latwerge zu Ende, so gebe ich das wurmtreibende Oehl, jeden Morgen und jeden Abend zu zwei Kaffehlöffeln voll in einem Mundvoll Wasser. Diese Medicin hat einen Geruch, den manche Personen nicht lieben, indefs ist der Geschmack gar nicht unangenehm. Um dieses Geruchs willen ist zu rathen, sich nach dem Einnehmen nicht auszugurgeln, sondern lieber ein paar Mundvoll Wasser mit einem gewissen Drücken nachzutrinken. Auf diese Art spült man die etwa im Halse klebenden Partikeln des Oehls vollends hinunter, da man sie bei dem Ausgurgeln leicht hinter den Gaumensegel in die Nase hinaufjagt, wo man dann lange den Geruch nicht los werden kann. Um den Geschmack aus dem Munde zu vertreiben, kann man etwas Zimmt oder eine Gewürznelke nachkäuen. Doch hüthe man sich vor solchen Dingen, welche Aufstofsen (*Ructus*) verursachen; z. B. überzuckerte Pomeranzenschalen und dergleichen, weil dann immer der liebliche Geruch der Arzenei als der hervorstechende mit eructirt wird.

Die Gabe von 2 Kaffehlöffelnvoll zweimahl täglich, vertragen in der Regel Personen jedes Alters und Geschlechts recht gut. Indefs geschieht es doch zuweilen, dafs einige davon überreizt werden, und bald nach dem Einnehmen leichten Schwindel bekommen. In diesem Falle vermindert man die Gabe um etwas weniges. Oefters geschieht auch diefs nur im Anfange, und Patient verträgt das Mittel in der Folge leichter. — Manche können es in nüchternem Magen sehr gut vertragen; diejenigen aber, denen es zu viel Uebelkeiten verursacht, müssen es eine Stunde oder anderthalb nach dem Frühstücke nehmen. — Zuweilen stellt sich auch Brennen bei dem Harnlassen oder bei der Stuhlverrichtung ein. Gegen diese Zufälle hilft ein Glas Mandelmilch oder ein Löffelvoll einer Oehlemulsion.

Wenn der Kranke dritthalb bis drei Unzen dieses Oehls verschluckt hat, wozu

ungefähr 10 bis 12 Tage erfordert werden, so lasse ich ihn ein leichtes Abführungsmittel, etwa die Pulver Nro. 3 nehmen. Hierauf wird wieder mit dem
Wurmöhl fortgefahren. — Ich pflege gewöhnlich 4 bis 5 Unzen dieses Oehls nehmen zu lassen, in hartnäckigen Fällen aber, d. i. in solchen, wo der Wurm schon
seit langer Zeit dem Gebrauche verschiedener Mittel widerstanden hat, lasse ich
auch 6 bis 7 Unzen nehmen. — Die Cur ist freilich etwas langweilig, aber sicher,
ohne Beschwerde und ohne sonstigen Nachtheil für die Gesundheit des Körpers.
Dafs jedoch die Cur in die Länge gezogen werden mufs, wenn man einen Menschen gänzlich von dem Kettenwurme befreien will, scheint die Erfahrung zu bestätigen. Lengsfeld und Geischlöger, beide Wiener Aerzte, welche ihre
Wurmmittel als Geheimnisse bewahrten, liefsen ihre Kranken gewöhnlich einen
Monath lang Arzencien brauchen. Auch Dianyere hat bemerkt, dafs man die
Warmmittel lange fortgesetzt anwenden müsse, wenn sie gänzliche Befreiung bewirken sollen. — Die Verfahrungsweise der beiden angeführten Wiener Aerzte
hat mich bestimmt, das Wurmöhl in kleinen Gaben und lange fortgesetzt zu geben. Es ist möglich, dafs dadurch die Disposition zur Wurmerzeugung gehoben
wird. Es kann aber auch sein, dafs die Eier des Wurms, welche im Schleime
des Darmkanals hie und da verschüttet liegen, von dem Oehle nicht angegriffen
werden, wie z. B. auf eine beim Kochen nicht aufgeplatzte Linse der Magensaft
gar nicht einwirken kann, und diese ganz so, wie sie verschluckt wurde, mit dem
Stuhle wieder abgeht. Gibt man daher das Mittel in gröfserer Gabe auf einmahl,
so mag es wohl die bereits gebildeten Würmer tödten, läfst aber die Eier derselben unbeschädiget zurück. Wird hingegen der Gebrauch des wurmtödtenden
Mittels lange fortgesetzt, so entschlüpft indefs der Wurm dem Eie, und das Mittel kann seine volle Wirkung auf ihn äufsern. Wenigstens ist es so möglich.

In der Regel findet bei meiner Behandlungsweise der Täniosen im Allgemeinen keine Nachcur Statt. Wo jedoch eine vorherrschende Neigung zu Schleim-
und Wurmerzeugung vorhanden ist, pflege ich die stärkenden Tropfen Nro. 3
einige Wochen lang nachnehmen zu lassen.

Während der Cur lasse ich keine besondere Diät beobachten, auch wird der
Kranke nicht gezwungen Heringe und Pöckelfleisch zu essen, jedoch verbiethe ich
den zu häufigen Genufs von gröberen Mehlspeisen, Hülsenfrüchten, fetten Speisen, kurz von alle dem, was zu Schleimerzeugung und folglich zu Wurmerzeugung
im Darmkanale Anlafs gibt.

Noch mufs ich Etwas erinnern. Man ist gewohnt nach dem Gebrauche der

25

üblichen, gröfstentheils unverdienterweise, hochberühmten Nestelwurmsmittel, den Wurm in langen Strecken abgehen zu sehen. Diefs ist selten der Fall bei dem Gebrauche meines Mittels. Denn seine Wirkung besteht eigentlich darin, dafs es den Wurm tödtet und seine Wiedererzeugung verhütbet. Diesemnach geht gewöhnlich in den ersten Tagen der Wurm halb oder auch ganz verweset oder verdauet ab; und man hat öfters grofse Mühe, um in den abgegangenen Schleimlappen die ursprüngliche Form des Kettenwurms zu erkennen. — Auch ist es mir ganz gleichviel, ob man im Abgange das Kopfende des Wurms findet oder nicht. Denn es können sogar 2 oder 3 Kopfende abgehen, und der Kranke ist doch nicht von seinen Gästen befreiet, indem man deren mehrere zugleich beherbergen kann. — Das einzige sichere Kriterium, dafs der Gastgeber von aller Einquartirung völlig befreiet ist, besteht darin, dafs im Verlaufe von drei vollen Monathen nichts mehr vom Wurme abgeht, es sei in einzelnen Gliedern oder längeren Strecken. Wenn in späterer Zeit nach 2—3 Jahren sich wieder Spuren vom Wurme zeigen; so sind diefs ganz gewifs neu erzeugte Würmer, und auf keinen Fall Abkömmlinge derjenigen, gegen welche das Mittel gebraucht worden ist. —

ACHTES CAPITEL.

Von den aufserhalb des Darmkanals im Menschen wohnenden Würmern.

VI. Der Fadenwurm. *Filaria Dracunculus.*

Taf. IV. Fig. 1.

Filaria: longissima, margine oris tumido, caudae acumine inflexo.

Gmelin Syst. Nat. p. 3059 Nro. 1 *Filaria medinensis.*
Jördens Helminth. S. 94. Nro. 2. Tab. I. Fig. 1. Der Hautwurm. *Fil. med.*
Rudolphi Entoz. Vol. II. p. 56. *Fil. medinens.*
Brera Memor. p. 289. Spec. 2. *Fil. medinens.*
Bradley a Treatise on Worms. p. 105. *The Guinea Worm.*
Cuvier le Regne animal. T. IV. p. 30. *Le ver de Médine ou de Guinée.*

Nahme und Geschichte des Wurms und verschiedene Meinungen über die Natur desselben.

Diesen Wurm, den man früher gar nicht zu den Eingeweidewürmern rechnete, und welcher zuerst von Gmelin unter die Zahl derselben aufgenommen wurde, nannten die Griechen Δρακοντιον, welches die römischen Schriftsteller durch *Dracunculus* übersetzten. Galen (n) schlug vor, die Krankheit Δρακοντιασις zu nennen. Aëtius (o) nennt ihn *Dracunculus Leonidae*; die Araber nennen ihn *Ark*, *A'rk* oder *Irk Almedini*. *Ark* heifst nach Golii *Lexicon arabicum*, welches ich mir, wegen eigener Unkunde in der arabischen Sprache, habe nachschlagen lassen: *Radix*; *Origo*; *Stirps*; *Genus*; *Vena*; *Arteria*; *et simile quid*. Herr Kunsemüller übersetzt es durch Vermis und sagt, dafs das Wort auch die Bedeutung von *Nervus* habe. — *Almedini* wird der Wurm genannt von der Stadt *Medina*, wo er häufig vorkömmt. — *Almedini* heifst aber auch vorzugsweise die Stadt oder Civitas, weil Mahomed von Mekka sich dahin geflüchtet hatte.

Durch diese mehrfache und schwankende Bedeutung des Haupt- und Beiwortes hat der Wurm von den verschiedenen Uebersetzern der Araber verschiedene Nahmen erhalten; ja, sie wurde sogar die Veranlassung zu verschiedenen Meinungen über die eigentliche Natur desselben. — Die meisten Uebersetzer haben *Ark* durch *Vena* gegeben. Daher bei Halyabbas *Vena saniosa*, woraus Veit von Cauliac durch einen Lese- oder Schreibfehler *Vena famosa* und *Vena meden* gemacht hat; bei Rhases *Vena medeme* oder *Vena civilis*; bei Ebn Sinah oder Avicenna nach Gerard und Velsch, *Vena medinensis*, nach Bertapalia *Vena civilis vel medena*; nach Kämpfer und Cartheuser aber *Nervus medinensis*; bei Alsaharavius oder Albucasis *Vena cruris* oder *exiens*; nach Pedemontanus *Vena egrediens*; bei Avenzoar *Vena mediana* und *halalnachalaidini*, welches Velsch durch *serpens pulposus seu musculosus Medinensis telae araneae in modum convolutus* übersetzt hat. Montanus nennt ihn *Vena Eudimini*. Zu Haleb heifst er noch jetzt nach Niebuhr *A'rk el insil*, was mit *Vena exiens* oder *egrediens* übereinkömmt; nach Ebendemselben, Cartheuser und Kämpfer in Persien *Pejunk* und *Naru*; nach den beiden Letzteren und Velsch an den afrikanischen Küsten, in Guinea, Nigritien *Ikon*; in Mekka nach Niebuhr *Farentit*

(n) Am angeführten Ort. Introduct. Cap. 18.

(o) Am angeführten Ort. S. 800.

25 *

in Indien nach Dubois *Naramboo* oder *Narapoo chalandy*; in der Bucharei nach Sam. Gottl. Gmelin *Irschata*. Kämpfer nennt ihn *Dracunculus Persarum* und Linné *Gordius medinensis*. Bei den deutschen Schriftstellern kommt er unter folgenden Nahmen vor: der Medinawurm, der guineische Fadenwurm, Hautwurm, Beinwurm, Pharaonswurm, der guineische Drache; und Warenius schlägt vor ihn den Schnadernspulwurm zu nennen; bei den Holländern heißt er: *Haidworm*, *Beenworm*, *Traad-worm*, *Guineeische Draakje*; bei den Engländern: *The Hairworm*, *Guinea-Worm*; bei den Franzosen: *le Dragonneau*, *le Ver de Guinée*, *la Veine de Medine*, nach Lahat: *le Ver cutané*; bei den Portugiesen in Amerika: *Culebrilla*; bei den Schweden *Onda-Betel*; *Tagelmatk*.

Der Erste, so viel uns bekannt ist, welcher dieses Wurms erwähnt, war Agatharchides von Knidus gebürtig, Geschichtschreiber und Philosoph, der ungefähr 140 bis 150 Jahre vor Christi Geburt zu Zeiten des Ptolomäus Alexanders lebte, dessen Lehrer oder Hosenpauker, wofern Ptolomäus Hosen getragen hat, er gewesen sein soll. Plutarch gibt davon in seinen Tischreden Nachricht, wo er sagt: »Die Völker am rothen Meere waren, wie Aga-»tharchides erzählt, mit vielen seltsamen und unerhörten Zufällen geplagt; »unter andern kamen Würmer wie kleine Schlangen (Δρακοντια μικρα) gestaltet an »ihnen hervor, welche Arme und Beine zernagten, und wenn man sie berührte, sich »wieder zurückzogen, in die Muskeln wickelten, und da die unleidlichsten Schmer-»zen verursachten.« Alles diefs pafst vollkommen auf unseren Wurm, und stimmt ganz mit dem überein, was die neuesten Beobachter darüber aufgezeichnet haben, und Cromer sagt: wenn der Wurm beunruhiget wird; so verursacht er die unleidlichsten Schmerzen, welche die Gichtschmerzen weit übertreffen. Allein zufälligerweise setzt Plutarch hinzu: »Dieses Uebel war vorher ganz unbekannt, und »auch nachher hat man es bei keinem anderen Volke gefunden, sondern diese al-»lein waren damit geplagt, wie mit noch anderen Zufällen mehr.«

Durch diesen Zusatz wurden Licet, Nieremberg und Reies verleitet, die von Agatharchides beschriebene Plage, als eine mit unserem Fadenwurme gar nichts gemein habende zu betrachten, und anzunehmen, Agatharchides habe diese Erzählung von Moses genommen, und es müßten unter diesen kleinen Drachen die feurigen Schlangen verstanden werden, von welchen die Kinder Israels, als sie sich am rothen Meere gelagert hatten, ihres Murrens wegen heimgesucht worden sind. Bartholin hingegen ist geradezu der Mei-

nung, dafs diese feurigen Schlangen nichts anderes waren, als unsere Fadenwürmer. Sennert will jedoch diefs durchaus nicht zugeben, indem die feurigen
Schlangen die Juden von aufsen angefallen hätten, und nicht in ihnen gewachsen
wären. — Doch überlassen wir es den Herren Theologen, zu entscheiden, wer
eigentlich diese hebraischen Schlangen waren. Uns mag der Umstand, dafs noch
heut zu Tage die Küstenbewohner des rothen Meers von diesen Würmern häufig
heimgesucht werden, genügen, um anzunehmen, Agatharchides habe unter
seinen kleinen Drachen nichts anders, als unseren Fadenwurm gemeint.

Nach Agatharchides haben unter den Aerzten Soranus und Leoni-
das seiner zuerst wieder erwähnt, obwohl ersterer ihn nicht für einen Wurm,
sondern für einen Nervenbündel hält. — Galen, der ihn nicht selbst gesehen
hatte, war so bescheiden, nichts darüber entscheiden zu wollen. Die griechi-
schen und arabischen Aerzte aber, die den Wurm selbst zu sehen Gelegenheit hatten, hielten ihn fast durchgängig für ein lebendiges Thier. Durch schlechte
Uebersetzer und solche Aerzte, die ihn nie gesehen hatten, und nur nach diesen
Uebersetzungen urtheilten, entständen indefs allerhand sonderbare Meinungen.
Pareus erklärt ihn für eine Geschwulst und Abscefs aus hitzigem Geblüte entstanden, worüber er jedoch von Velsch und Andern gewaltig hergenommen
wurde. Aldrovandus und Montanus sind dergleichen Meinung mit Pareus. La Faye hält ihn für ein Apostem, wobei das Blut seine Flüssigkeit verloren habe; Gui de Cauliac für eine verlängerte Blutader; Pollux für
verdorbene Nervensubstanz; Tagautius für schwarze Galle oder dahin gehörig. Wierus glaubt sogar, diese Würmer wären einerlei mit dem, was man in
Oberdeutschland Mitesser nennt. Fielitz, der allerdings einen solchen Wurm
gesehen und behandelt zu haben scheint, hält ihn für kein lebendiges Thier, ohne
jedoch zu erklären, was es eigentlich sein möchte. Ja, er zweifelt sogar, dafs
die Engerlinge wirkliche Thiere, oder, wie er sagt, lebendige Fleischwürmer
sind; und ob er sie gleich selbst einmahl gesehen zu haben vorgibt: so hält er sie
dennoch die Balggeschwülste oder Hautdrüsen. Ungegründet aber ist gewifs die Vermuthung von Meyer, der gegen Fielitz behauptete, dafs der von Letzterem
beobachtete Wurm ein Gordius aquaticus gewesen sein könnte. —

Wenn indefs mehrere Aerzte, welche die Krankheit blofs von Hörensagen
kannten, ohne sie selbst beobachtet zu haben, solche schiefe Urtheile darüber
fällten, so mag diefs immer noch hingehen. Unbegreiflich aber ist es, wie Herr
Larrey, der in Aegypten doch Gelegenheit hätte finden können, sich mit diesem

Gegenstande näher bekannt zu machen, behaupten kann; dieser Wurm wäre nichts anderes, als ein Erzeugnifs der Operation, die man anwendet, um den Wurm auszuziehen, und dasjenige, was man für einen Wurm halte, todtes Zellgewebe; die ganze Krankheit aber nichts anderes als ein einfacher Furunkel. Den vorzüglichsten Beweis zu Unterstützung seiner Meinung nimmt er daher, dafs er selbst zwei Fälle ohne Ausziehen des Wurms, einzig durch Eiterung befördernde Mittel geheilt habe. Allein wie wenig diefs beweiset, und wie verträglich eine solche Heilung mit dem Bestehen des Wurms, als solchem, sei, wird in dem Verlaufe dieser Abhandlung dem Leser selbst klar werden. Uebrigens streiten gegen die Larrey'sche Behauptung die Beobachtungen eines Kämpfer, der den Wurm zweimahl lebendig auf einen Zug aus dem Hodensacke gezogen hat; eines Bajon's, Gallandat's und Dubois, welche deutliche Lebenszeichen an dem Wurm gesehen zu haben versichern. Peré und Kämpfer sagen, dafs er abgeschnitten, oder abgerissen einen weifsen Saft von sich gebe. — Endlich lehrt die Erfahrung, dafs nicht nur in verschiedenen warmblütigen Thieren, sondern auch in Amphibien und Fischen, ja sogar in Insecten und deren Larven sich Fadenwürmer erzeugen. Warum sollten wir also an der thierischen Natur oder an der Selbstständigkeit des in dem Menschen vorkommenden zweifeln?

Obgleich jedoch die meisten Aerzte und Naturforscher, welche den Wurm selbst zu beobachten Gelegenheit gehabt haben, darin übereinkommen, dafs er ein lebendes, für sich bestehendes Thier ist; so weichen ihre Meinungen doch sehr voneinander ab, wenn es darauf ankommt, zu bestimmen, in welche Classe und Ordnung von Thieren er gereihet werden soll. Einige halten ihn für eine Insecten-Larve, andere verwechseln ihn mit dem Wasserfaden (Gordius aquaticus.)

Die Bekenner der ersteren Meinung glauben, dafs ein Insect ganz unvermerkt sein Ei unter die Haut lege, aus welchem nachher die Larve kröche und zu dieser, für Insecten-Larven ganz ungewöhnlichen, Länge im Verhältnifs zur Dicke anwachse. Dagegen läfst sich erinnern:

1) Dafs noch Niemand das Insect gesehen hat, welches nur muthmafslich, der Erzeuger solcher Larven sein könnte, und doch sollte es von diesen Insecten so viele Arten geben, als es verschiedene Arten von Fadenwürmern gibt, indem kein vernünftiger Grund vorhanden ist, warum wir nicht die Fadenwürmer anderer Thiere für gleichen Ursprungs mit denen des Menschen halten sollten. Wir finden aber bei Thieren aller Classen Fadenwürmer. Unter den Säugthieren hauset bei dem Affen ein Fadenwurm, der dem des Menschen sehr ähnlich ist. Man fin-

del ihn auch bei Pferden, Schweinen, Hirschen und Ochsen, — In der Brust-
und Bauchhöhle der Raubvögel und der Rabenarten kommen Fadenwürmer ziemlich häufig vor. Bei der Mandelkrähe (*Coracias Garrula* L.) liegen sie im Zellgewebe unter der Haut des Halses; an verschiedenen anderen Stellen bei anderen
Vögeln. Man findet sie bei Fröschen und Schlangen, nicht minder bei Fischen,
wo sie z. B. bei dem Krefslinge (*Cyprinus Gobio*) und den Pfriellen (*Cyprinus
phoxinus*) um die Leber herumliegen. Ja, selbst bei den Insecten und ihren
Larven sind sie keine Seltenheit. — Alle diese Fadenwürmer sind, wie schon gesagt, der Art nach (*Specie*) von einander verschieden, es müfste also, wären
sie Insecten-Larven, eben so viele verschiedene Insecten geben, als es verschiedene Fadenwürmer gibt; und da ferner die Thiere bei denen sie gefunden werden, theils im Wasser theils in der Luft leben: so müfsten auch diese Insecten
in diesen beiden verschiedenen Elementen wohnen, denn wie könnten sonst der
Fisch und der Vogel zugleich davon heimgesucht werden. Und doch ist weder
da noch dort das vollkommene Insect je gefunden worden, folglich mag es auch
wohl gar nicht existiren.

2) Jedes Insect legt im freien Naturzustande seine Eier nur dahin, wo nicht
nur die Larven eine angemessene Nahrung, sondern auch Gelegenheit finden, von
da aus zu einem Orte zu gelangen, wo sie ihre vollkommene Verwandlung ab-
warten können. Die Bremsen (*Oestri*) liefern hierzu einen merkwürdigen Beleg.
Ihre Larven können, wie manche andere Insecten, z. B. Läuse und Flöhe, nur
auf Unkosten ihrer Mitgeschöpfe ihr Leben fristen. Die Bremsen legen also ihre
Eier in verschiedene Thiere, und zwar jede Art derselben in die für sie bestimmte
Thiergattung und da wieder an verschiedene aber immer an diejenigen Stellen,
von wo aus es den Larven leicht wird vor ihrer Verpuppung in die Erde zu gelangen, um allda ihre vollkommene Verwandlung abzuwarten (p). — Ganz anders verhält sich die Sache bei den Fadenwürmern. Nie ist noch, wenigstens
bei dem Menschen, ein solcher Wurm von freien Stücken lebendig aus dem Körper gekommen, und diejenigen, welche lebend ausgezogen würden, starben
bald. Auch finden wir nicht eine einzige Beobachtung, welche uns die Vermuthung erlaubte, dafs diese vorgeblichen Larven innerhalb des Körpers sich ver-
puppen, — wie z. B. die Ichneumons-Larven — und nun als vollkommenes Insect denselben verlassen. Sie gehen also immer als solche zu Grund. Mithin findet
die Anwendung von der Fortpflanzungsweise der Bremsen auf diese Würmer kei-

(p) Man sehe hierüber Bracy Clark.

neswegs Statt, und der menschliche Körper kann nicht der von der Natur zur Ausbrütung der Eier dieser Insecten bestimmte Ort sein, denn sonst hätte diese ganze
Art schon längst aussterben müssen.

3) Wollte man aber annehmen, dafs diese Insecten rücksichtlich der schlechten Vorsorge für ihre Nachkommenschaft eine Ausnahme unter allen übrigen machen könnten, und dafs sie zwar die zur Fortpflanzung ihrer Gattung bestimmten
Eier an einen, uns bis jetzt noch unbekannten Ort absetzten, und nur gewissermafsen aus Laune zuweilen das eine, oder andere Ei in einen thierischen Körper
legten, wo es nothwendig als Larve zu Grunde gehen mufs: so begreift man wieder nicht, warum jede Art sich eine eigene Thierart zum Grabe ihrer Jungen
wählt. Wenn nun schon das Insect als Larve umkommen soll, so kann es ja wohl
gleichviel sein, ob in einem Säugthiere oder in einem Vogel. — Kurz es ist und
bleibt eine unerwiesene Hypothese, dafs unser Wurm eine Insecten-Larve sei;
und ich hoffe blofs darum Entschuldigung zu verdienen, mich so lange bei der
Bestreitung dieser Meinung aufgehalten zu haben, weil sie noch keine ganz ver-
lassene ist. Selbst Herr B r e r a setzt ans Ende seiner Definition: *An haeruca?*
ist also zweifelhaft über die Natur des Thiers.

J ö r d e n s widerlegt zwar die Meinung derjenigen, welche den Wurm für
eine Insecten-Larve halten, glaubt aber dagegen, dafs er mit dem Wasserfaden
(*Gordius aquaticus* L.) einerlei sei, doch kann man nicht recht klug darüber
werden, wie er eigentlich glaubt, dafs der Wurm in den Körper gelange. Seine
Worte hierüber sind folgende: (q) »Wahrscheinlicher ist daher die Meinung der-
»jenigen, welche den Hautwurm mit dem Fadenwurm verwechseln, beide im
»Wasser leben, nur nicht durch den Mund in den Körper gelangen lassen, und
»behaupten, dafs er noch sehr klein und unausgebildet beim Waschen oder Ba-
»den, beim Herumgehen mit nackenden Füfsen im Wasser in die Haut dringe,
»und unter derselben sich zu einer ungewöhnlichen Gröfse entwickele. Denn es ist
»nicht gedenkbar, dafs ein im ausgewachsenen Zustande so langer Wurm, ohne
»Schmerzen und ohne dafs es der Kranke gewahr werden sollte, sich in die Haut
»einfressen oder einbohren, und zwischen Muskeln und Haut mit einer solchen
»Geschwindigkeit fortrücken könnte, dafs er nicht gleich zu erhaschen, und wie-
»der auszuziehen wäre. Er mufs daher nothwendig zur Zeit seines Eintritts in
»dieselbe aufserordentlich fein sein, und kann durchaus kein stumpfes, sondern
»nur ein borstenförmiges Kopfende haben, welches alleine geschickt ist, leicht.

(q) Am angeführten Orte. S. 99.

»und unbemerkt in die Hautporen einzudringen. Doch kann dieses nur in sandich-
»tem Boden und im Staube, nicht aber im Wasser geschehen, dessen Bewegung so
»leichten Körperchen nicht verstatten würde, an der Haut einen festen Punct zu fassen.«
Jördens scheint am Ende des Paragraphen ganz vergessen zu haben, was
er am Anfange desselben gesagt hat. Auch begreift man nicht, wie die zarten
Kindlein dieser Wasserthiere in den dürren Sand kommen sollen.

Aufser Jördens gibt es noch viele Andere, welche unseren Wurm mit
dem Wasserfaden für einerlei halten und glauben, dafs er theils durch das Trinken des Wassers, theils durch das Baden in demselben in den menschlichen Körper gelange. Allein Löffler, der selbst in den Gegenden war, wo dieser Wurm
die Menschen heimsucht, hat genaue Nachforschungen defshalb angestellt, und
nie erfahren können, dafs irgend Jemand einen solchen Wurm im Wasser gesehen hätte. Auch Lind hat das Wasser genau untersucht, und auch nicht eine
Spur von Würmern oder deren Eiern darin entdecken können. Dagegen sagt
Pallas (r) vom Waldeisce: »Nirgends habe ich so häufig als hier den sogenann-
»ten Haarwurm (Gordius aquaticus) bemerkt, doch habe ich in diesen Gegen-
»den nicht erfahren können, dafs man denselben jemahls bei Menschen unter der
»Haut wahrgenommen hätte.« Wenn also dort, wo die Menschen von unserem
Wurme geplagt werden, man keinen ähnlichen in dem Wasser findet, und da
wo der Wasserfaden sehr häufig vorkommt, die Menschen von solchen Würmern
verschont bleiben, so widerlegt sich die Meinung von der Einerleiheit beider
wohl von selbst. Es bleibt uns also auch bei diesem Wurme nichts Anderes übrig,
als anzunehmen, dafs er gleich anderen Eingeweidewürmern von freien Stücken,
d. i. durch Urbildung in dem Körper entstehe, und als ein Wurm eigener Art betrachtet werden müsse, der nur in dem menschlichen Körper sich bilden kann.

Indefs findet doch eine besondere Eigenthümlichkeit rücksichtlich seiner Erzeugung Statt. Nicht unter allen Himmelsstrichen, nicht in allen Welttheilen
wird derselbe gefunden. Doch befällt er in jenen Ländern, wo er einheimisch
ist, nicht nur die Eingebornen, sondern auch die Fremden, die dahin kommen,
von welcher Nation sie auch immer sein mögen. In Europa kommt er nie ursprünglich vor, wohl aber hat ihn schon mancher Europäer von fernen Landen
dahin mitgebracht. Bei Cromer (s) zeigte sich der Wurm erst, nach dem er von
seinen Reisen wieder in die Schweiz zurückgekommen war.

(r) Reisen durch Rufsland. I. S. 3.
(s) Siehe Wepfer in den Eph. Nat. Cur.

26

Das eigentliche Vaterland dieses Wurms ist nach Herrn Kunsemüller in der heifsen Zone; doch nicht überall in den tropischen Ländern, sondern vorzüglich im steinigten Arabien, am persischen Meerbusen, am Ganges, am kaspischen Meere, in Oberägypten, Abyssinien und Guinea ist er zu Hause. Am häufigsten findet man ihn nach Löffler in den englischen und holländischen Besitzungen in Afrika, doch nicht überall in gleichem Mafse. Von 220 Sclaven, die zu Capmonte, Messerade und la Hou gekauft wurden, hatte nur Einer einen solchen Wurm in der grofsen Zehe, und von 600 zu Angola gekauften Afrikanern hatte ihn nicht ein einziger. Auch Sloane behauptet, dafs die Schwarzen, welche von Angola und Gamba nach Jamaika kommen, nie daran leiden. Nach Bosmann trifft man ihn auf der ganzen Küste von Guinea, doch vorzüglich zu Cormantia und Apam; nach Linschot auf der Insel und Stadt Ormuz, besonders häufig im Kastell Mourre; nach Lachmund und Arthus nur selten zu Acra. Im Kastel Jöris de Minna und in der Gegend ist er so gemein verbreitet, dafs Hemmersan sagt: »Ja, wenn einer vorbeisegelt wird ihm anfangen die Haut zu jucken.« Dagegen weifs man nach Arthus 25 Meilen weiter gegen Norden gar nichts davon. Nach M. Gregor hatte das 86te englische Regiment bevor es im September 1799 nach Bombay kam, nicht einen einzigen mit dieser Krankheit behafteten Mann. Es blieb auch frei bis zur Zeit der Passatwinde, wo gegen 500 Mann davon befallen wurden. Das 88te Regiment, welches vom Junius 1799 bis Octob. 1800 nur eine englische Meile davon auf der Insel Coulabah lag, blieb frei; und nur erst dann, als es das 86te in Bombay ablöste, meldete sich der erste Kranke dieser Art. Nach dem es aber zu Bombay etwa 2 Monathe geblieben und wieder eingeschifft worden war, nahm die Krankheit in demselben bald so stark überhand, dafs von 360 Mann 161 davon ergriffen wurden. — Ueberhaupt scheint Bombay ganz vorzüglich die Erzeugung dieses Wurms zu begünstigen. Das Schiff, worauf sich Paton befand, war am 15ten August 1804 von Bombay nach China abgesegelt. Während der Ueberfahrt wurde ein Mann mit dem Fadenwurme befallen. Dieser wurde am 5ten Januar ans Land gesetzt. An demselben Tage segelte das Schiff von Canton ab, und nun kam kein Mann mehr ans Land, bis es am 2ten April nach St. Helena kam, woselbst am 30ten May der Wurm sich zum ersten Mahle bei einem Manne zeigte, der nicht am Lande gewesen war. In St. Helena ist übrigens der Wurm nicht bekannt und keines der daselbst vor Anker liegenden Schiffe hatte einen solchen Kranken aufzuweisen. Von 200 Menschen wurden nach und nach 26 von diesem Uebel ergriffen. — Mir scheint es, dafs sie die Krankheit in Bombay geholt haben.

Endemisch ist er in Senegal, in Gabon u. s. w. selten in Congo nach Pe ré. Nach Dubois ist er in Ostindien zuweilen epidemisch und öfters leidet in Lattimumculum und in den Districten von Karnatik und Madura (1) die Hälfte der Einwohner eines Dorfes daran, vorzüglich im November, December und Januar. Auch Sloane bemerkt, dafs er in einem Jahre häufiger vorkomme, als in anderen; und Kämpfer sagt: je heifser die Jahrszeit, je häufiger der Wurm. In Jemen, auf der Halbinsel von Indien und zu Gambron oder Bender Abbas in Persien ist er nach Niebuhr sehr gemein. — In Amerika kommt der Wurm nur bei Negern vor, die erst kürzlich aus Afrika dahin gekommen sind, mit Ausnahme der Insel Curaçao, wo ihn nach Dampier Weifse und Schwarze bekommen. Auch der verstorbene Freiherr v. Jacquin erzählte mir, dafs wohl der vierte Theil aller dasigen Einwohner, Schwarze und Eingeborne, daran leiden, und dafs sich selbst bei einem seiner europäischen Reisegefährten, der zuvor nie in Asien oder Afrika gewesen war, zwei solche Würmer erzeugt hätten. Auch bemerkt er, dafs man in allen umliegenden Inseln nichts von diesem Wurme wisse.

Ueber die Ursachen der Erzeugung dieses Wurms sind die Meinungen der Schriftsteller abermahls einander sehr widersprechend. Ein grofser Theil derselben sucht sie in dem schlechten Wasser. Dahin gehören Bernier, Bruce, Chardin, Dampier, Dubois, Gallandat, Linschot, Lister und Niebuhr, nach welchem Letzterem man zu Jemen das Wasser durch Leinwand trinkt, um sich gegen den Wurm zu schützen. Nach Arthus lassen sich aus demselben Grunde die Bewohner der Insel Ormuz das Wasser achtzehn Klafter tief aus dem Meere holen; und Gallandat behauptet, dafs diejenigen, welche in Guinea kein Wasser trinken, von dem Wurme verschont bleiben. — Andere klagen als Ursache an: den Palmwein, den Genufs gewisser Fische, das indische Getreide, das Brot, welches die Indianer *Kaukiens* nennen, unmäfsigen Beischlaf u. s. w.; noch andere die Landwinde und Abenthaue. Mercurialis meint, er käme vom Heuschrecken-Essen. Dr. Kier glaubt, dafs die Eier, woraus sich der Wurm erzeugt, durch Wind und Regen in den Körper gebracht würden, sagt aber nicht, wie die Eier in den Wind und Regen kommen. Er, Heath und Anderson behaupten, dafs die Officiere, welche nicht mit entblöfsten Armen und Füfsen

(1) Am angeführten Orte steht zwar *Madéra*, was ich jedoch für einen Druckfehler halten mufs, da wohl Karnatik und Madura aber nicht Karnatik und Madeira an einander gränzen.

26 *

herumgingen oder auf der Erde schliefen, davon verschont blieben. — Einige
halten die Krankheit sogar für ansteckend, und Lind warnt die Europäer, mit
den Behafteten nicht in einem Gemache zu liegen oder mit dergleichen Negern
näheren Umgang zu pflegen. Auch M. Gregor und mit ihm Ninian Bruce
sind geneigt, die Krankheit für ansteckend zu halten. Allein der Umstand, dafs
sich, nachdem die Kranken von den Gesunden waren abgesondert worden, nun
weniger neue Fälle auf den Schiffen ereigneten, läfst sich auch dadurch erklären,
dafs bei dem gröfsten Theile derjenigen, welche sich diese Krankheit in Bombay
geholt hatten, dieselbe bereits ausgebrochen war. — Wie wenig indessen
aus den angeführten Ursachen sich die Entstehung dieses Wurms erklären läfst,
darüber mag folgendes dienen. Arthus sagt: Personen, welche alle die obgenannten Ursachen vermieden, bekamen dessen ungeachtet den Wurm, und andere, die sich allen denselben ungescheut aussetzten, blieben verschont. Auch
Anderson (u) behauptet gegen Dubois, dafs Menschen, die an Flüssen wohnen, eben so gut davon befallen werden, als andere, die ihr Wasser aus Cisternen holen. Als der Baron v. Jacquin nach Curaçao kam, wurde ihm gesagt,
dafs man daselbst vom Wassertrinken diesen Wurm bekäme. »Wohl (sagte der
obenerwähnte Reisegefährte), da bleibe ich verschont, denn ich will nicht einen
Tropfen Wasser trinken.« Ob er nun gleich auch Wort hielt, was ihm nicht
schwer geworden sein soll, so war doch gerade Er der Einzige aus der ganzen
Gesellschaft, welcher von dem Wurme heimgesucht wurde, indefs Jacquin,
der nie geistige Getränke nahm, also nothwendig an Wasser sich halten mufste,
frei davon blieb. Cromer, der einzig der ungesunden Luft alle Schuld an der
Erzeugung dieses Wurms beimifst, erzählt, dafs ein holländischer General in Angola (x) sich nicht frei davon erhalten konnte, unerachtet er keine anderen Speisen und Getränke genofs, als solche, die er mit aus Europa gebracht hatte. —
Dagegen blieb Chardin verschont, obwohl er 5 bis 6 Mahle diejenigen Gegenden in Persien durchreiste, wo der Wurm sehr häufig vorkommt. N. Bruce
sagt daher nicht mit Unrecht, die Entstehung dieses Wurms sei noch in tiefes
Dunkel gehüllt.

Beschreibung des Wurms. Zu der oben gegebenen Definition läfst sich
wegen des äufserst einfachen Baues des Wurms wenig mehr hinzusetzen, auch

(u) Man sehe Dubois.

(x) Dieser General mufste sich doch wohl zuvor an einem anderen Landungsplatze aufgehalten haben,
da nach Löffler und Sloane unser Wurm in Angola nicht vorkömmt.

mag die Abbildung den Lesern den deutlichsten Begriff davon geben. Sie ist von einem sehr kleinen Wurme genommen, und von einer Originalzeichnung des Herrn Rudolphi copirt. Zwar besitzt unsere Sammlung auch einen solchen Wurm, welchen sie der Güte des Herrn Professors Fenger in Copenhagen verdankt. Allein er ist durch den Weingeist ganz braun gefärbt und zur Abzeichnung nicht geeignet. — Der Wurm ist weifs von Farbe, durchaus gleich dick bis gegen das Hinterende, welches verschmächtiget und etwas gekrümmt ist. Kämpfer sagt, dafs er am Kopfe mit einem kleinen Rüssel versehen sei, welchen die Perser den Bart nennen, und der unter dem Mikroskop wie Haare erscheinen soll. Fermin, Hemmersan und Lachmund wollen 2 Fäden, Haärlein oder Hörner am Kopfende bemerkt haben. Allein vielleicht rührten diese von Verletzung des Wurms her, oder es waren anklebende Zasern von Zellengewebe. Da sich aber öfters Fälle ereignen, dafs der abgerissene Wurm an einer entfernten Stelle wieder ausbricht: so ist es auch möglich, dafs zuweilen der Wurm mit dem Schwanzende zuerst kommt, und dafs diese beiden Fäden nichts anderes sind, als das zweifache männliche Zeugungsglied. Der von Kämpfer beobachtete Fall, wo der in der Kniekehle ausgebrochene Wurm in der grofsen Zehe dem Anziehen Widerstand leistete, läfst dergleichen etwas vermuthen. Uebrigens irrten sich gewifs Andry (y) und Gallandat, wenn sie glaubten, dafs er an jedem Ende einen Kopf habe, also ein *Animal biceps* sei. — Seine Länge wird äufserst verschieden angegeben. Albucasis sagt, dafs er 3 bis 10, ja 20 Spannen lang würde; Barere, zuweilen 6 Ellen; Dampier, 5 bis 6 Ruthen; Dubois, länger als eine Elle und dick wie die A Saite an der Violine; Herr Ludwig Frank, 4—6 Fufs; Gallandat, 8—12 Fufs; Gmelin, viele Ellen; Hemmersan, eine bis anderthalb Ellen, bald dünn wie ein Faden, bald dick wie ein Bindfaden; derjenige, welchen Grundler aus Malabar geschickt erhielt, war 3½ rhein. Fufs lang, Bindfadendick und gelblich gefärbt, was wohl vom Weingeiste herrühren mochte. Zwei Ellen lang und dick wie ein Strohhalm war der von Isert; über 2 Fufs lang hat sie Kunsemüller nie gesehen. Heath, welcher 74 dergleichen Kranke beobachtet hat, wovon mehrere 2, 3, 4 auch 5 Würmer hatten, gibt die geringste Länge zu 9 und die höchste zu 42 Zoll an. Bajon hat einen gesehen, der 6 Ellen lang war, und Bruce sagt, dafs er selten unter anderthalb, nie über 6 Fufs lang gefunden würde. Cromer bei Wepfer gibt das Mafs zu 2 Ellen, Labat zu 6 Ellen und Lister zu 6 bis 7 Ellen an. Nach Schö-

(y) Am angeführten Ort. S. 55.

ler übersteigt er nie die Länge von 2 bis 3 Ellen. Hutcheson und Forbes haben bei einem Kranken drei und eine halbe englische Elle aus Einem Geschwüre, im Ganzen aber binnen 8 Wochen über 50 Ellen aus mehreren Geschwüren gezogen. Arthus aber behauptet, dafs öfters durch das nähmliche Loch gleich ein zweiter Wurm zum Vorscheine komme; und Herr Rudolphi, indem er die Länge zu 2 — 8 — 12 Fufs angibt, macht den sehr bedeutenden Zusatz: »wofern »nicht das Mafs von mehreren zugleich genommen ist.« Indefs ist es, der Analogie nach zu schliefsen, auch wohl möglich, dafs diese Würmer die gröfste hier angegebene Länge erreichen können, denn wir haben Fadenwürmer aus kleinen Heuschrecken, die 15 Zoll messen.

Der gewöhnliche Sitz dieses Wurms ist das Zellengewebe unter der Haut. Herr Rudolphi vermuthet, dafs er auch in inneren Theilen des Körpers, wie der Fadenwurm bei den Affen, den man in der Bauchhöhle findet, vorkommen könne; doch ist diese, an sich gar nicht unwahrscheinliche, Vermuthung bis jetzt noch durch keine Beobachtung beurkundet. — Am meisten werden die äufseren Gliedmafsen damit befallen, besonders die unteren, wo der Wurm am häufigsten um den inneren oder äufseren Knöchel herumliegt, obwohl auch alle übrigen Theile des Körpers ihm zum Wohnorte dienen können. Aus dem Hodensack hat ihn Kämpfer zweimahl auf einen Zug lebendig ausgezogen. Baillie (z) sah einen Hoden mit einem kleinen fest an ihm hängenden Balge, welcher einen solchen Wurm enthielt. Peré hat ihn am Kopfe, Halse und Rumpfe beobachtet. Bajon hat ihn zweimahl unter der äufseren Haut des Augapfels gesehen, und einmahl glücklich ausgeschnitten. Auch der Wurm, den Mongin einer Negerinn durch einen Einschnitt aus dem Auge zog, scheint der ganzen Beschreibung nach ein solcher Fadenwurm gewesen zu sein. — Nach einer von M. Gregor gegebenen Tabelle von 131 Fällen brach der Wurm aus: 124mahl an den Füfsen, 33mahl an dem Unterschenkel, 11mahl am Oberschenkel, 2mahl im Hodensacke, 2mahl an den Händen. — Bald liegt er mehr oberflächlich, und ist deutlich durch das Gefühl unter der Haut wahrzunehmen, so dafs man ihn für ein varicöses Gefäfs halten sollte; bald aber liegt er tiefer zwischen den Muskeln. Cromer sah ihn bei Leichenöffnungen um die Nerven und Sehnen herumliegen. Meistens ist er kreis_ oder auch schlangenförmig gewunden auf einen kleinen Raum beschränkt, besonders ist diefs der Fall, wenn er an den Knöcheln sitzt; manchmahl liegt er auch der Länge nach ausgestreckt an den Armen oder Füfsen. Ueber die ganze Ober-

(z) Am angeführten Orte. S 439.

fläche der Bauchhöhle und einen Theil der Brusthöhle schlangenförmig gewunden liegend, fand ihn Peré. Kämpfer beobachtete einen Fall, wo er unter dem Knie hervorkam; so oft man an dem Wurme zog, wurde jedesmahl die grofse Zehe, als wenn sie an einer Schnur gezogen würde, schmerzhaft bewegt, wo dann auch der Rest des Wurms ausschwor. Bei einem Anderen brach der Wurm an der Wade durch, die Mitte desselben lag um den Knöchel, und das Ende bahnte sich endlich durch die Fufssohle einen Ausweg.

Obgleich Chardin sagt, niemahls gehört zu haben, dafs man mehr als einen Wurm auf einmahl bekomme, so wird doch das Gegentheil von allen übrigen Schriftstellern versichert. Bajon behauptet sogar, dafs man selten nur Einen antreffe. Bosmann spricht von 9 und 10, und bei Arthus liest man, dafs er öfters 10 bis 12 auf einmahl aus verschiedenen Theilen des Körpers heraushängen gesehen habe. Andry (a) führt ein Beispiel von einem Menschen an, welcher 23 hatte. Ein Koch auf dem Schiffe von Hemmersan hatte deren 50, wo immer 3 und 4 zugleich herauskamen. Pouppe-des-portes (b) spricht sogar von 50.

Von der Erkenntnifs der Gegenwart eines solchen Faden-wurms.

Gallandat, einer der besten Schriftsteller über diesen Gegenstand, sagt: Wenn Jemand in jener Gegend klagt, über ein empfindliches Jucken an irgend einem Theile des Körpers besonders an den Füfsen, so darf man den Wurm schon vermuthen. Gewifsheit erlangt man, wenn sich eine Geschwulst erhebt, die die Gestalt eines Furunkels annimmt; wenn er nach geöffneten Abscesse erscheint, so bleibt kein Zweifel mehr. — Das glauben wir auch. — Allein der Wurm kann lange im Körper verborgen sein, ohne dafs er die mindesten Beschwerden verursacht. Höchstens hat der Kranke das Gefühl, als wenn etwas unter der Haut kröche. Dampier war 5 bis 6 Monathe und Isert schon 8 Monathe lang von der heimathlichen Gegend des Wurms entfernt, als er bei ihnen zum Vorschein kam, ohne, dafs weder der Eine noch der Andere während dieser Zeit irgend eine Ungemächlichkeit empfunden hätte. Arthus, Bernier und Labat setzen den Zeitraum des unbemerkbaren Verborgenseins auf ein Jahr bis 15 Monathe —

(a) Am angeführten Ort. S. 54.

(b) Sur les maladies de St. Dominique bei Kunsemüller.

wie diefs auch bei den oben angeführten Kranken von Paton durchaus der Fall gewesen zu sein scheint, — Cromer sogar auf Jahre. Kämpfer führt ein Beispiel an, wo der Wurm erst im dritten Jahre hervorbrach, ohne dafs der Kranke während dieser ganzen Zeit Beschwerden davon gehabt hätte. Indefs kommen nicht alle so glücklich durch. Nach Peré magern öfters die Kranken ab, und sterben hektisch ohne Fieber, wobei sie die Efslust bis zum letzten Augenblick behalten. Auch Herr L. Frank sagt: Manche Personen sterben aus Entkräftung, wenn nicht zeitig Rath geschafft wird. Bajon will zwar das Magerwerden nicht bemerkt haben, aber Peré belegt seine Behauptung mit einer Beobachtung, auf die wir weiter unten zurückkommen werden, und welche die Sache aufser Zweifel setzt. Auch bezeugt diefs die Krankengeschichte von Drummond, die ich der sonderbaren Zufälle wegen ganz, von ihm selbst erzählt, hierher setzen will. 'Gegen Ende November 1791 fühlte ich eine ungewöhnliche Steifigkeit und Wehthun an dem unteren Theile der Zwillingsmuskeln am rechten Fufse, da wo die Flechsen dieser Muskeln sich zur Bildung der Achillessehne vereinigen. Dieses Wehthun war nie heftig, und verursachte mir folglich keine besondere Beschwerden, noch verhinderte es mich am Gehen. Einige Tage nachher beobachtete ich an diesem Theile eine Geschwulst, womit aber weder ein vermehrter Schmerz, noch eine Veränderung der Farbe verbunden war. Wenige Tage nach Erscheinung der Geschwulst, zeigte sich auf der innern Seite des Fufses, ohngefähr einen Zoll über dem innern Knöchel, am fleischigen Theile des Fufses und hinter der Tibia, eine kleine röthliche Blatter mit einem schwarzen Puncte in der Mitte; zu gleicher Zeit fühlte ich auch sehr genau unter der Haut eine feste, runde Substanz, und ich konnte das Thier auf eine beträchtliche Weite mit meinem Finger fühlen, denn es erstreckte sich in Windungen schief gegen den hinteren und oberen Theil des Fufses. Ohnerachtet ich nun genau das Uebel kannte, so hielt ich es doch nicht nöthig, irgend Etwas, um die Fortschritte des Thiers zu endigen, defshalb anzuwenden. Und wirklich wufste ich auch gar kein Mittel zur Erreichung dieses Endzwecks. Ich machte den Schlufs, dafs der Wurm einen Ausweg suchen, und es klüger sein würde, ihn darin nicht zu stören. In der Nacht vom 17ten December aber, einige Tage nach Erscheinung der Blatter, und nachdem ich mich völlig wohl zu Bette gelegt hatte, erwachte ich um zwei Uhr des Morgens mit einem unerträglichen Jucken über den ganzen Körper. Diese Empfindung war so heftig, dafs ich mich vom stärksten Kratzen nicht enthalten konnte. Bald darauf empfand ich eine sehr starke und stechende Hitze im

Gesichte, und im Spiegel sah ich, dafs mein Gesicht dunkelroth und die Muskeln desselben geschwollen und convulsivisch angegriffen waren. An denjenigen Theilen des übrigen Körpers, die sehr juckten, entdeckte ich mit den Fingern eine Verdickung, als wäre sie in der Haut selbst, und dieselbe gleichsam mit harten Knoten angefüllt. Während mich die Erklärung dieser Zufälle, von denen ich weder etwas gehört, gelesen oder selbst gesehen hatte, verwirrte, wurde ich mit heftigen Kolikschmerzen befallen, womit sich Würgen, Erbrechen und Laxierstühle verbanden. Der Magen schüttete etwas Galle und eine sauere Materie aus. Da nun durch das Erbrechen bei allem heftigen Würgen, nur so sehr wenig Galle wegging oder durch Stühle ausgeleert wurde, so konnte man die Zufälle nicht von einer ungewöhnlichen Menge oder Schärfe dieser Feuchtigkeit herleiten. So viel ich mich erinnere, dauerte das Erbrechen, mit wenigem Nachlafs, über eine halbe Stunde, während welcher Zeit die Schmerzen mit gleicher Heftigkeit fortdauerten. Auf diese Zufälle folgte ein heftiger Frost von einigen Stunden, und glich einem ungewöhnlich starkem Frost von Wechselfiebern. Nach Endigung des Erbrechens legte ich mich zu Bette, und wurde mit Decken wohl zugedeckt. Der Frost liefs allmählich nach, und ich schlief ein. Auf den Frost folgte aber, wie ich befürchtete, gar keine widernatürliche Wärme, sondern ich fühlte des Morgens beim Wiedererwachen meine Füfse nur feucht. Während der Nacht war die Blatter geborsten, und an deren Stelle erschien eine harte weifse Substanz, aber so tief, dafs man sie nicht anfassen konnte. Das Thier hatte in der Nacht seine Lage verändert, und sich tief unter die Muskeln vergraben. Diefs war aber so vollkommen geschehen, dafs ohnerachtet ich den 17ten den Wurm mit dem Finger ausgebreitet fühlen konnte, so war doch am Morgen des 18ten nicht die kleinste Portion davon zu bemerken, noch konnte man bei der genauesten Untersuchung die geringste Spur davon entdecken. Von dem in der Nacht erlittenen Anfalle fühlte ich, einige Schwäche ausgenommen, den Tag über keine Beschwerden und ich hatte auch nach diesen bedenklichen Zufällen nachher gar keinen Rückfall wieder. In der Nacht vom 18ten entstand eine den Knöchel umgebende beträchtliche Entzündung, und ich mufste den 19ten das Gehen aufgeben, und mich zu einer Horizontallage bequemen. Den 22ten brachte ich einen kleinen Faden quer durch die Oberfläche der Wunde, so dafs ich damit die Extremität des Thiers, welches sich hart anfühlte, und fest im Fleische fixirt war, berührte. Durch diesen Reiz verursachte das Thier einen beträchtlichen Ausflufs von einer wäfsrigen Flüssigkeit. An der Stelle der Blatter blieb eine beschwerli-

27

che Wunde mit einem blutigen ichorösen Ausfluß, der bis zum Anfange des Februars 1792 anhielt. Die Oeffnung heilte alsdann bis auf einen kleinen Punct zu. Jetzt zeigte sich das Thier wieder, und ich war im Stande, dasselbe mit einem Faden zu befestigen. Wir rollten nun den Wurm auf ein Stück Stecken, zogen täglich 2 mahl auf die gewöhnliche Weise daran und in 20 Tagen war die Ausziehung vollendet.«

»Der Wurm war über 2 Ellen lang und von der Dicke eines Rabenkiels. Nachdem die Hälfte herausgezogen war, verminderte sich die Dicke allmählich. Ich bemerkte auch, daß sein Fortgehen durch das Auflegen von Aloeblättern, so heiß als man es leiden konnte, und auf den harten schmerzhaften und angeschwollenen Theil des Fußes gelegt, befördert ward. Die nähmliche Wirkung hatte auch ein hartes Reiben; weßhalb eine fettige Substanz in den Theil eingerieben ward, um dadurch die Friction länger und mit weniger Schmerz ertragen zu können. Der Wurm hatte sich an verschiedenen Stellen des Fußes in harte Knoten gewunden, auf welche wir hauptsächlich die Frictionen anbrachten. Es schien, als ob diese Mittel, vorzüglich das Reiben, den Wurm anreizten, schneller seinen Aufenthalt zu verlassen, als er sonst gethan haben würde. Durch die Anwendung der großen Wärme auf den leidenden Theil ward die Ansammlung einer Feuchtigkeit um das Thier befördert, und es folglich dadurch minder fest und leichter herauszuziehen.«

»Wegen der ganz sonderbaren Zufälle in der Nacht des 17ten Decembers bin ich zu glauben geneigt, daß solche von der veränderten Lage des Thiers herrührten, und daß man dieselben vielleicht dadurch hätte verhindern können, wenn man den gesunden Theil der Haut durchschnitten, und sich des Wurms mit einem Faden bemeistert hätte. Vielleicht wäre durch diese Operation sogleich der größere Theil des Thiers, wo nicht ganz, ohne weitere Beschwerde oder Gefahr herausgezogen worden « So weit Drummond.

Wenn der Wurm zum Abgange reif ist, so erscheint an der Stelle, wo er durchbrechen will, eine kleine Pustel, öfters ohne alle vorhergegangene Zufälle, manchmahl aber spürt der Kranke zuvor mehrere Tage hindurch eine Unbehaglichkeit mit Kopfschmerzen, Magenweh und Ekel, und eine oder zwei Tage vorher wird der Schmerz an der Stelle fixirt, wo der Wurm hervorkümmt, es entstehen kleine Blasen, die sehr jucken. Dieses Jucken ist am heftigsten an der Stelle, wo der Wurm durchbrechen muß, bis der Schmerz gänzlich sich daselbst festsetzt. Endlich schwillt der Theil an, und zwar manchmahl sehr stark. Er entzündet sich und geht in Eiterung über. In diesem Fall erscheint der Wurm entweder mit dem Eiter, oder erst dann, wann die Eiterung auf dem Puncte ist, aufzuhören. Manchmahl schwillt die Stelle, unter der sich der Wurm befindet zu einer Blase an, die mit einer durchsichtigen Feuchtigkeit gefüllt ist; manchmahl bemerkt man eine blofs einfache Erhärtung ohne beträchtliche Entzündung. So berichtet Dubois darüber. Nach Kämpfer geht gewöhnlich ein ephemeres, öfters auch ein drei Tage lang anhaltendes Fieber der Bildung der Pustel voraus. Liegt der Wurm über ein Gelenke hinweg, z. B. von dem Oberschenkel nach dem Unterschenkel über das Knie, so wird die Bewegung des Gliedes erschwert, öfters auch ganz gehemmt. — Diefs sind die Zufälle, welche dem Hervorbrechen des Wurms vorangehen. Da aber die Zufälle in dem weiteren Verlaufe der Krankheit mit der Behandlung in genauer Verbindung stehen, öfters ganz davon abhängen; so finde ich es am zweckmäfsigsten beide mit einander abzuhandeln.

Von dem ferneren Verlaufe der Krankheit und deren Behandlung.

Wann sich nach 2 oder 3 Tagen Eiter in der Pustel gebildet hat, so bricht sie entweder von selbst auf, oder sie wird, was am gewöhnlichsten geschieht, mit einer Lanzette geöffnet. Zugleich mit etwas Blut und Eiter oder auch dünner Jauche, tritt das Kopfende des Wurms einen auch zwei bis drei Zoll lang hervor. Behuthsam zieht man dieses Ende an, worauf dann öfters noch einige Zolle nachfolgen. Folgt aber der Wurm nicht leicht, so darf man ja nicht mit Gewalt anziehen, weil er sonst abreifst, was sehr übele Folgen haben kann. Das Herausgezogene wird um ein Röllchen Leinwand, oder ein dünnes Stäbchen von Holz gewickelt, und mit einem Heftpflaster oder mit einer Compresse über der Wunde befestiget. Avenzoar, Rhases u. a. bedienten sich eines Stückchen Bleies einer Drachme schwer; aber schon Paul von Aegina widerräth den Gebrauch desselben, weil es durch sein Gewicht den Wurm leicht abreifst. Andere wählen dazu ein eingekerbtes Stückchen Holz, in welches sie den Wurm einklemmen, und Velsch hat ein ganzes Armamentarium von solchen Instrumenten in Kupfer abgebildet; allein mit einem Röllchen aus einem schmalen Streifen von Leinwand gemacht, erreicht man seinen Zweck eben so gut. — Das behuthsame Anziehen wird täglich zweimahl wiederhohlt bis der ganze Wurm herausgewunden ist. Die Dauer der Zeit, in welcher dieses bewerkstelliget wird, ist sehr ungleich.

27 *

Wir haben schon gehört, dafs Kämpfer ihn zu 2 verschiedenen Mahlen auf einen Zug aus dem Hodensacke zog; auch Dubois sagt, dafs er manchmahl auf einmahl hervorbreche. Isert war in acht Tagen völlig davon befreiet, obgleich sein Wurm 2 Ellen mafs, und die Dicke eines Strohhalms hatte. In Afrika, sagt er, pflegt diefs eine Cur von einigen Monathen zu sein. In den gewöhnlichsten Fällen werden 3 bis 4 Wochen zum gänzlichen Herauswinden erfordert. Wenn aber immer wieder neue Würmer zum Vorscheine kommen, so kann die Cur wohl mehrere Monathe dauern. Wenn der ganze Wurm herausgewunden ist, wird die verletzte Stelle, wie ein einfaches Geschwür behandelt, und heilt gewöhnlich sehr schnell und leicht. — Löffler hat öfters noch eine andere Methode befolgt. Wenn der Wurm an der Oberfläche der Haut zu fühlen war, — was jedoch Schöler niemahls bemerken konnte — so machte er in der Mitte dieser Stelle einen Einschnitt, um daselbst den Wurm blofs zu legen, klemmte ihn zwischen ein gespaltenes Stückchen Holz, und zog nun bald gegen das eine, bald gegen das andere Ende zu, wodurch er das gänzliche Ausziehen in der Hälfte der Zeit bewerkstelligte. M. Gregor sagt, dafs auch die indischen Aerzte dieses Verfahren beobachten, welches gleichfalls von N. Bruce und Peré empfohlen wird. Als Letzterer einst in St. Domingo ein Schiff untersuchen mufste, das von Guinea kam, fand er darin einen kleinen Neger von 10 bis 12 Jahren, der so abgemagert war, dafs er gar nicht stehen konnte. Bei genauer Untersuchung ergab sich, dafs ein Fadenwurm nicht nur den ganzen Bauch, sondern auch einen grofsen Theil der Brust bedeckte. Der Schiffswundarzt hatte die gebildeten Erhabenheiten für Hautvenen gehalten. Wegen seiner Abmagerung, wobei er nicht im mindesten den Appetit verloren hatte, waren ihm eine Menge Mittel vergebens gereicht worden, so dafs ihn endlich der Chirurg als unheilbaren Auszehrenden sich selbst überliefs. Peré kaufte um eine Kleinigkeit dieses lebendige Gerippe und liefs es zu sich bringen, um es wo möglich von seinem Wurme zu befreien. Er fing damit an, dafs er da, wo er die Mitte des Wurms vermuthete, die Haut, ohne jedoch dabei den Wurm zu fassen, mit einer kleinen Zange aufhob, in welche er einen 4 Linien langen Einschnitt machte. Nach zurückgezogenen Wundlefzen sah man einen weifsen Körper, wie eine Violinsaite. Peré zog ihn ganz langsam an, wodurch er eine Art Handhabe bildete. Wenn der Wurm auf der einen Seite dem Zuge nicht mehr folgen wollte, liefs er ihn halten und zog auf der anderen, indem er dem Kranken immer eine solche Lage gab, dafs die umliegenden Theile sich in einem Zustande der Nachlassung oder Erschlaffung befanden; denn wenn

die Muskeln sehr gespannt sind, läßt sich der Wurm nicht auszichen. Endlich
nach weniger als 4 Stunden gelang es ihm, den Wurm ganz herauszuhohlen. Der
Kranke empfand gar keinen Schmerz, und sah mit der gröfstmöglichen Gleich-
gültigkeit zu, wie man den Wurm herauswand. — Ohne dafs irgend ein Arzeneimittel verordnet worden wäre, nahm der Kranke augenscheinlich zu und
wurde wieder fett, so zwar, dafs Peré, als er 3 Monathe später nach Frankreich
abreisen mufste, ihn um 1200 Livres verkaufen konnte.

Diese beiden einfachen Methoden reichen in den gewöhnlichen Fällen hin,
die Fortschaffung des Wurms zu bewirken, und man bedarf weder innerer noch
äufserer Arzeneien. Wenn aber der Wurm in den fleischigen Theilen sitzt, wenn
er schon vor dem Ausbruche starke Entzündung, Geschwulst und Schmerzen erregte, wenn er dem Anziehen stark widersteht, oder wenn er endlich gar abreifst,
dann wird allerdings ärztliche Hülfe erfordert, und ich werde kürzlich die Mittel
anführen, durch welche die Aerzte geglaubt haben die Heilung zu beschleunigen.

Die Araber, ihre Abschreiber und Nachbether empfehlen durchgängig an-
feuchtende Mittel, Aderlassen, Abführungsmittel, besonders die Myrolobanen
und ganz vorzüglich die Aloe innerlich und äufserlich und überdiefs noch mehrer-
lei Salben. Neuerlichst wird die Aloe wieder von Anderson gerühmt. »Ich
habe, sagte er, in meiner Praxis nichts wirksamer gefunden, als Breiumschläge
aus der *Aloe littoralis.* Dieses Mittel ist mir von einem Indianer mitgetheilt
worden, die seifenartige Eigenschaft dieses Mittels scheint durch die Erschlaffung
der entzündeten Hautdecken dem Brande vorzubeugen, und das Hervorkriechen
des Wurms zu befördern.« Aëtius (c) empfiehlt, um das Zurücktreten des
Wurms zu verhindern, das Unterbinden des Gliedes und aufserdem Bähungen mit
Lorbeeren und Oehl; Bajon Merkurialeinreibungen und bittere Ptisanen; wenn
aber der Wurm nicht leicht geht, und man das Abreifsen und Verfaulen desselben zu fürchten hat; so räth er, das Geschwür des Tags über einige Mahle mit
geistigen Sachen zu bähen, z. B. mit der *Tinctura Myrrhae* und *Aloes* auch
mit *Aqua vulneraria*, welche ihm gute Dienste geleistet hätten. — Bancroft
gibt als die beste und sicherste Methode an, einen Umschlag von Zwiebeln und
Brot in Milch gekocht auf die Geschwulst zu legen, und wenn sich der Kopf des
Wurms zeigt, solchen ohne ihn herauszuziehen mit ein wenig Baumwolle zu um-
winden, und dem Patienten innerlich eine Mischung aus gepülvertem schwarzem
Pfeffer, gestofsenem Knoblauch und Schwefelblüthen, von jedem eine Unze, in

(c) Tetrabibl. quart. Serm. II. Cap. 85. p. 90.

ein Quart Rum gethan, zu geben, wovon er Früh und Abends eine halbe Tasse trinken mufs, wornach man den Wurm in einem, oder ein paar Tagen unter dem Umschlage zusammengewickelt findet. Griffith Hughes, welcher schon früher dieselbe Vorschrift gegeben hat, ist von der Vortrefflichkeit und sicheren Wirkung derselben so überzeugt, dafs er am Ende ausruft: rund wenn der Mensch tausend solche Würmer im Leibe hätte, so wird dadurch ein jeder in einen Knauel zusammengezogen, stirbt und bricht dann in Gestalt einer Beule auf der Oberfläche der Haut auf. — Auch Hillary rühmt das Gleiche von einer ähnlichen Mischung. Seine Vorschrift ist folgende: Nimm Schwefel und Knoblauch von jedem eine Unze, schwarzen Pfeffer eine halbe Unze, Kampfer zwei Quentchen, gemeinen Weingeist zwei Pfund, mische und digerire alles zusammen. Nach dem Durchseihen lafs den Kranken täglich zwei bis drei Mahl 2 Löffel voll davon nehmen. — Barere empfiehlt: gebrannte Blätter der Baumwollenstaude mit ein wenig Aoüaraöhl, welches aus der Aoüarapalme bereitet wird, zu einem Liniment gemacht. Auch führt er an, dafs einige glauben, durch Aufgiefsen von Tabakssaft aus Pfeifen das Herausziehen des Wurms zu erleichtern. — Dampier, dem am eigenen Knöchel ein solcher Wurm safs, hatte bereits zwei Fufs davon herausgewunden, als er mit einem Freunde zu einem Neger ging, der des Letzteren Pferd behandelte. Der Neger strich mit der Hand über den Knöchel hin und her, legte ein Pulver auf, welches Dampier für Tabak hielt, und befahl den Verband in drei Tagen nicht zu öffnen. Den anderen Tag war der Verband losgegangen, der Wurm abgerissen und die Wunde zugeheilt. Dampier fürchtete üble Folgen, empfand aber keine. Herr Ludw. Frank sagt, dafs bei Versuchen, die in Europa mit Herausziehen dieses Wurms angestellt wurden, man das Einblasen von Tabaksrauch nützlich gefunden hätte, indem der Wurm davon stürbe. — Dubois hat folgendes Mittel durch einen indischen Arzt kennen gelernt: Man nehme von guter *Asa foetida* sieben *Panamd'or*, beiläufig $\frac{3}{4}$ einer Pagoda, ferner von der in ganz Indien wohlbekannten Frucht, die von den Tamuls *Katricahe* und von den Portugiesen *Beringelle* (*Solanum Melongena* Linn.) genannt wird, endlich von *Sesamöhle*, welches die Tamuls *Halla Vennie* nennen, so viel als erforderlich ist, um die obbenannte Frucht darin zu backen. Man zerstofse die *Asa foetida*, und nachdem man die Frucht *Beringelle* in 5 gleiche Stücke mit dem Messer so getheilet, dafs die Stücke vermittelst des Stengels noch an einander hängen, so gibt man in jedes Stück der Frucht ein Drittel der *Asa foetida*. Man bindet es darauf mit einem Faden zusammen, und läfst das Ganze in Sesamöhle über dem Feuer backen. Dann gibt man dem Kranken eine Portion beim Schlafengehn, eine andere den Tag darauf in der Frühe, und die letzte am Abend des zweiten Tags. Mit eben dem Oehle, worin man die mit *Asa foetida* gefüllte Frucht gebacken, reibt man jenen Theil des Körpers, wo der Wurm gelagert ist, drei Tage hindurch dreimahl des Tags. — Im Anfange der Krankheit gebraucht, widersteht es der Entwicklung des Wurms; der ausgebildete bricht bald hervor. In jedem Falle läfst der Schmerz darauf, binnen 3 bis 4 Tagen, nach, es wäre dann die Krankheit sehr hartnäckig; wo man das Mittel wiederhohlen mufs; man wendet es aber nie ohne guten Erfolg zum zweiten Mahle an. — Um diesem Mittel mehr Eingang zu verschaffen, erinnert Herr Dubois, dafs die Braminen, welche ihre Speisen stark mit Asand würzen, nie an diesem Wurme leiden. — Gallandat glaubt, man müsse bei der Behandlung verschiedenen Indicationen Genüge leisten. Innerlich 1) den Zuflufs des Bluts nach den afficirten Theilen vermindern; daher Blutlassen nach der Heftigkeit der Zufälle u. s. w. 2) Blutverdünnen durch gewöhnliche Ptisanen mit *Spirit. Nitri dulcis* oder *Spir. Vitriol. dulc.*; mäfsiges und kühles Regimen. 3) Abführungsmittel stärkere oder schwächere. Durch die Anwendung dieser Mittel werde die, öfters Gefahr drohende, Entzündurg gemindert. Aeufserlich 1) erweichende und schmerzstillende Umschläge, die drei bis viermahl des Tags erneuert werden müssen, um den Schmerz zu mildern, und die Eiterung zu befördern. 2) Nach Eröffnung des Geschwürs und nachdem man den Wurm aufgewunden hat, soll man den Eiter durch gelinden Druck ausleeren, die Wunde mit in Rosenhonig getauchten Leinwandfasern verbinden, und mit einem Pflaster bedecken. 3) Wenn der angegriffene Theil neuerdings Entzündung droht und der Wurm zu sehr widersteht, die inneren Mittel und Umschläge fortsetzen, und fleifsig Rosenhonig auftröpfeln, täglich zweimahl anziehen und verbinden. — Merkurialpillen, die er bis zur vollkommenen Salivation nehmen liefs, trugen nichts dazu bei, dafs das Ausziehen geschwinder gegangen wäre, auch erschienen bei dieser Behandlung nach 5 bis 6 Wochen wieder neue Würmer, die deutliches Leben äufserten. Von dem Sublimate aber in Branntwein nach Van Swieten behauptet er, dafs auf dessen Gebrauch 1) der Wurm geschwinder und leichter gehe, 2) dafs Schmerz und Entzündung geringer wären, 3) die Würmer nie abreifsen, 4) die Cur vor dem 20ten Tage geendiget sei, und 5) kein Wurm ein Lebenszeichen von sich gebe. — M. Gregor glaubt, Einreibungen von Salben, besonders von Merkurialsalben, müfsten von Nutzen sein. Elektrische Schläge durch den befallenen

Theil geleitet, nutzten nichts. — Hemmersan schreibt: »die Mohren heilen sich
selbst. Wenn der Wurm eines Fingerslang heraus ist, schneiden sie ihn ab,
schmieren Palmöhl darauf, und binden ein grünes Laub auf dasselbige anstatt des
Pflasters; auch die hernach zusammengesetzte Geschwulst, so sie aufschneiden und
die unreine-Materie heraus haben laufen lassen, heilen sie gleichergestalt, waschen es mit Wasser von Pfeffer und anderen Kräutern mehr, scharf zugericht,
damit es aufbeist, thun darnach das Palmöhl und ein Laub darauf, zur Linderung. Dieses Remedium brauchen sie zu allen ihren offenen Schäden.« Isert
schreibt seine schnelle Heilung dem Umstande zu, dafs er, obgleich hinkend,
fleifsig herum lief und viel im Wasser watete. — Kämpfer räth in dem Falle,
wo der Wurm auf das Anziehen nicht folgen will, und der Kranke an einer anderen äufseren Stelle das Anziehen schmerzhaft empfindet, den Wurm auszulas-
sen, und der Natur die Heilung heim zu stellen, wo dann gewöhnlich an der zweiten Stelle der Wurm sich einen Ausweg bahne. Die von einigen vorgeschlagene
Methode, welche durch häufiges Aufgiefsen von kaltem Wasser die gesunden Theile
gegen Verderbnifs zu schützen, den Zuflufs aus dem Körper zu mindern, und
das Zurückbleiben eines Geschwürs zu verhindern suchen, findet er in einem heifsen Klima so abgeschmackt nicht. Uebrigens empfiehlt Kämpfer Ausleerungen
von Säften im Anfange der Krankheit und strenge Diät im Verlaufe derselben, damit nicht durch zu vielen Zuflufs sich das Geschwür verschlimmere; warnt aber gegen
Anwendung von fetten Sachen, weil sie in einem heifsen Klima leicht Gangrän
herbeiführen können, und hält Kataplasmen für eins der besten Mittel, gibt jedoch auch zu, dafs das gemeine Volk, welches blofs durch Auflegen von gebra-
tenen Zwiebeln die ganze Cur besorge, nicht übel fahre. — Linschot läfst
Butter, und Leiter Zwiebeln mit Reisblättchen in Milch gesotten auflegen. —
Löffler behauptet, dafs die Einreibungen von Quecksilbersalbe gar nichts
nutzen, ja durch Vermehrung der Geschwulst und des Schmerzens schaden.
Zweckmäfsiger scheint ihm das *Linimentum volatile* mit *Laudano liquido*,
wodurch die Geschwulst zertheilt und der Schmerz gelindert werde. Der von
Gallandat gerühmte Sublimat blieb nach seinen Versuchen ohne Wirkung,
die Sclaven verloren darauf den Appetit, und wurden mager. Auch die Aloe
nutzte nichts; bessere Wirkungen sah er von dem Gebrauche gelinder Abführungsmittel. — Paulus von Aegina empfiehlt blofs warme Bähungen, und nach
allem bisher Vorgetragenen und dem bei weitem Mehrerem, was ich über diesen
Wurm gelesen habe, scheint sich mir zu ergeben, dafs diese das zweckmäfsigste

Mittel sind, um das schnellere Ausziehen und Aufwinden des Wurms zu befördern. Wenn der Wurm auf eine kleine Stelle beschränkt ist, wie diefs gewöhnlich der Fall ist, wenn er kreisförmig um die Knöchel herumliegt; so mögen wohl Zusätze, wie die Aloe oder gebratene Zwiebeln, wodurch die Eiterung befördert wird, von Nutzen sein. In den beiden von Herrn Larrey beobachteten Fällen verhielt sich wahrscheinlich die Sache so, und er konnte daher leicht den Wurm, ohne ihn auszuwinden, durch Eiterung zerstören. Vielleicht hat er aber Furunkeln zu behandeln gehabt, denn in Unterägypten kommt der Wurm nicht vor, und es ist ja auch in jenen Ländern nicht durchaus nothwendig, dafs jeder Furunkel einen Wurm enthalten mufs. Kämpfer erzählt, dafs öfters Bartscheerer und unwissende Menschen, wenn sie die Pustel zu früh öffnen, eine Sehne anstatt des Wurms fassen, und dadurch viel Unheil anrichten, wie er dann selbst zwei Personen gekannt hat, die durch ein solches Versehen waren lahm gemacht worden. Leicht mag es aber auch der Fall sein, dafs in jenen Gegenden, wo man den Wurm unter dergleichen Pusteln zu finden gewohnt ist, solche unwissende Menschen ihn auch da vermuthen, wo er wirklich nicht ist.

Innere Arzeneien werden nach meinem unmafsgeblichen Dafürhalten wohl nicht viel nützen, es sei dann, dafs sie zur Abspannung der etwa zu straffen Faser dienen. Der. stinkende Asand scheint mehr ein Schutzmittel als ein Heilmittel zu sein. — Aderlassen wird gewifs nur in seltenen Fällen erfordert, wenn nähmlich mehrere Würmer zugleich hervorbrechen, starke den Brand drohende Entzündung vorhanden ist, und es die Constitution des Kranken erheischt.

Noch bleibt mir übrig, etwas über die Folgen zu sagen, welche das Abreifsen des Wurms nach sich zieht. Zu rohe Behandlung, zu starkes gewaltsames Anziehen sind die gewöhnliche Ursache dieses Abreifsens; doch ereignet es sich auch zuweilen bei aller möglichen angewandten Vorsicht. Die Folgen hiervon sind öfters sehr traurig, und obgleich der Kranke nicht plötzlich stirbt, wie Avenzoar sagt, so sind doch die Fälle nicht selten, wo dieses Abreifsen den Brand und den Tod nach sich zog, wie diefs Bancroft, Chardin, Gallandat, Labat und Lister bezeugen. Dubois hat zwar nie den Brand darauf entstehen gesehen, wohl aber Verkürzungen und Verunstaltungen der Beine. Wenn aber auch nur in seltenen Fällen der Tod darauf erfolgt, so kommen doch die meisten Schriftsteller darin überein, dafs dadurch die Krankheit schwieriger und langwieriger gemacht wird. Besonders werden dadurch schwer zu heilende Fisteln erzeugt. Man hat also immer ein besonderes Augenmerk darauf zu richten, dieses

28

Abreifsen zu verhüthen. Bei dem berühmten Reisenden James Bruce zeigte sich ein solcher Wurm, als er schon wieder in Cairo war, wo man die Behandlung der Krankheit nicht kennt. Alle allgemeinen Mittel, die man anwandte, waren vergebens, bis man endlich das Auswinden unternahm. In 8 Tagen zog man ohne Schmerz oder vorhandenes Fieber 3 Zoll des Wurms aus. Bruce schiffte sich nun nach Frankreich ein, der Schiffs-Chirurg zog einmahl zu schnell an und rifs den Wurm ab. Es entstand sehr heftige Entzündung und Geschwulst. Der Brand stand zu befürchten. Ein Lazarethchirurg heilte ihn endlich durch Erweiterung der Wunde, nachdem die Krankheit 52 Tage gedauert hatte, wovon er 35 unter den heftigsten Schmerzen zubringen mufste. Doch fühlte sich Bruce noch ein ganzes Jahr lang unwohl, und erst durch die Bäder von Poretta in den Gebirgen von Bologna wurde er gänzlich hergestellt. — Rhases schon hat das Aufschlitzen der Wunde nach dem Abreifsen empfohlen. Gallandat aber widerräth es sehr, nicht nur als unnütz, sondern selbst als gefährlich, indem die Erfahrung lehre, dafs dadurch die Entzündung und Geschwulst vermehrt und das Eintreten des Brands befördert werde. Eine Frau in Afrika hatte am linken Ellenbogen einen Wurm, der trotz aller Vorsicht abrifs. Es kam Entzündung mit Fieber und Delirien hinzu, so dafs die Kranke in der gröfsten Gefahr schwebte. Auf den Gebrauch erweichender Umschläge, Aderlässen und kühlender Abführungsmittel legten sich die Zufälle, während der Wurm sich einen andern Ausgang suchte und bahnte. In einem anderen Falle war der Wurm gleichfalls abgerissen; nach zwei Wochen bildete er sich einen neuen Weg beinahe ohne alle Entzündung. Das völlige Auswinden wurde glücklich bewerkstelliget, und Gallandat sah das Ende des Wurms deutlich sich bewegen. Dadurch wird aber eine seiner eigenen Behauptungen widerlegt. Er sagt nähmlich weiter oben: »Wenn der Wurm abreifst und lebend bleibt, so ist viel Gefahr. Ist der Wurm beim Abreifsen todt, so gibt es blofs eine Fistel, die man mit der Zeit heilen kann. — Hunter behauptet gerade das Gegentheil, indem er sagt, so lang der Wurm lebt, verursacht er wenig Beschwerden: ist er todt, so reitzt er wie ein fremder Körper, und es entsteht Eiterung in dem ganzen Raume, den der Wurm einnimmt. — In einem dritten von Gallandat erzählten Falle, wo der im Hodensacke sitzende Wurm abrifs, erfolgte der Tod. — Hemmersan erzählt von sich: »Ich hab selbsten, als ich da zu Land gewesen derselben 3 bekommen, zwei am rechten, einen am linken Bein. Den ersten rechten an der Fufssohle, so dafs ich nicht gehen konnte, endlich ist er entzwei gerissen und vertrocknete. Darauf

bekam ich den anderen unter dem Knorren — vielleicht war es derselbe —
so sich in die Zehen hineingezogen, und mir mit grofsen Schmerzen und Geschwüren sind geheilt worden. Den dritten bekam ich auch unter dem Knorren
am linken Fufs. Als er ¼ Ellen heraus war, rifs er ab, und begab sich herauf
ins Bein, davon ich sehr geschwollen, und ich 4 Monath daran krank gelegen.«
— Lister hatte auch einen solchen Wurm, von dem durch 40 bis 50 Tage
immer nur ein wenig heraus kam, ohne dafs es ihm grofse Beschwerde machte;
als aber ⅝ Ellen heraus waren, rifs der Wurm auf zu starkes Anziehen ab, zog
sich zurück, und machte so heftige Geschwulst an der Wade, dafs die Haut bersten zu wollen schien. Er wurde schlaflos, hatte heftiges Fieber und mufste 30
Tage lang das Bette hüthen. Der Wurm kam an verschiedenen Gegenden des
Fufses heraus; der Chirurg legte solche Sachen auf, welche den Wurm tödteten,
und so wurde er geheilt. — Cromer bekam auf das Abreifsen des Wurms solche heftige Schmerzen, dafs er unter beständigem Wachen und unauslöschbarem
Durste vier Wochen lang das Bette hüthen mufste.

Diese Beispiele mögen zur Genüge zeigen, dafs das Abreifsen des Wurms keine
gleichgültige Sache ist, und hiermit denke ich dieses Capitel zu beschliefsen. Doch
sei mir zuvor noch eine Bemerkung erlaubt. — Ich habe über diesen Gegenstand,
da es mir an eigenen Beobachtungen mangelt — so viele Schriftsteller, als mir
möglich war zu verschaffen, nachgelesen und fleifsig benutzt. Nichts desto weniger wird man manches von Jördens bei diesem Wurme angeführte Buch hier
vermissen. Ich habe jedoch alle diese Bücher nachgeschlagen, obwohl sie in der
Abhandlung nicht genannt wurden, theils weil sie entweder nur mit wenigen
Worten des Wurms und seines Daseins gedachten, oder wenn sie auch weitläufti-
ger sich darüber ausliefsen, doch keine eigene Erfahrungen darüber zu geben hatten,
sondern nur von anderen abschrieben; theils auch, weil sie gar nicht einmahl
von unserem Wurme handelten. Zu den ersteren gehören: Actuarius, Blumenbach, Borellus, Castelli, Döveren, Fallopius, Freind, Gor-
räus, Gruner — der blofs die Einerleiheit der *Vena medinensis* und des
Dracunculus beweist. — Heurnius, Ingrassias, Klein, Lange,
Leoni, Lesser, Linné in seinen *Amoenitatibus*, Lorrey — eine zwar
ziemlich vollständige Abhandlung, aber meist nach Kämpfer — Manardus,
Mead, die *Onomatologia hist. nat.*, Pollux, Sauvages, Schenk, Veiga, Vogel, Woyt. — Diejenigen Schriftsteller aber, welche unseres Wurms
gar nicht gedachten, sind: Bauhin, welcher *Serpigo* Haarwurm nennt; Con-

28 *

220

stantini, welcher von einem kleinen und grofsen Haarwurm spricht, wovon der erstere ein *Herpes miliaris*, der zweite ein *Erysipelas exulceratum* ist; Donat, welcher berichtet, dafs einem Menschen mit dem Urin ein geflügelter Drache abgegangen wäre, Ettmüller, welcher blofs erinnert, dafs auch Velsch über Mitesser geschrieben, und diese Abhandlung seiner *Exercitatio de Vena medinensi* angehängt habe; Hannow, dem ein Wasserfaden (*Gordius aquaticus*) gebracht worden war, womit er verschiedene Versuche anstellte; Hasselquist, der vom Kettenwurme spricht, der in den Göttingischen Anzeigen Nestelwurm genannt wird; Joel, der ausdrücklich sagt, dafs seine *Vermes subcutanei* (Haarwürm) mit dem, welchen Aegineta *Dracunculus* nenne, gar nichts gemein hätten; Le Gentil und Oldendorp, welche von den Tschicken oder *Pulex penetrans* Linn. sprechen; Paracelsus, der blofs sagt, dafs da, wo Aposteme sind, auch Würmer wären und umgekehrt; Plater (f), welcher an der angeführten Stelle von *Phlyktänen*, nirgends von *Filarien* handelt, Scholz, bei welchem eine Geschichte von Kindern vorkommt, welche Mitesser hatten; Schwenkfeld, der unseren Wurm mit dem Wasserfaden verwechselt; endlich Spiegel, der blofs erzählt, dafs er in einem Distelfinken unter der Haut der Hüften einen *Dracunculus*, der schlangenförmig beisammen lag, und etwa einen Fufs lang war, gefunden habe. — Eben so falsch wird von Herr Brera (g) behauptet, dafs Sömmerring in einem arabischen Schafe eine *filaria medinense* gefunden habe, da doch Sömmerring in der angeführten Stelle (h) blofs sagt: »Einen ähnlichen Wurm fand ich im Magen eines arabischen Schafs.« Ein Aehnlicher ist aber noch kein Gleicher. — Auffallend ist es bei Herrn Brera (i) folgende Stelle aus dem Plinius *»Nascuntur — — — sicut intra hominem taeniae tricennum pedum, aliquando et plurium longitudines* hierherbezogen und auf folgende Art verunstaltet zu sehen: »*Nelle Opere di Plinio trovasi pure fatto cenno di alcune sottili linee, o meglio tenie della lunghezza di tre piedi* — 27 hat Hr. Brera davon abgeschnitten, dagegen einen Zusatz gemacht, wovon Plinius nichts geträumt hat — *che in alcuni paesi penetrano la pelle degli nomini.* — Doch genug über solche unrichtige und selbst vorsätzlich verdrehte Citaten. Ich habe sie blofs anführen

(f) Praxeos Tom. III.
(g) Memorie. S. 249.
(h) Baillie. S. 103. Note 218.
(i) Memorie. S. 141.

wollen, um meine Leser behuthsam im Glauben zu machen, und dadurch sie zu vermögen, jeden angeführten Schriftsteller hübsch selbst nachzuschlagen, um sich zu überzeugen, ob er auch wirklich das gesagt hat, was ihm ein Anderer gern unterschieben möchte. Wahrscheinlich ist Herr Brera mit der Stelle aus dem Plinius durch Herrn Kunsemüller, der sie gleichfalls citirt, irre geleitet worden, nur hat er das Citat durch das Eindringen der Tänien unter die Haut ein bischen besser aufzuputzen gesucht. Solches Talent wird bei Dichtern und Romanschreibern sehr geschätzt, steht aber bei den Naturforschern in schlechtem Credit.

VII. Der Fühlwurm. *Hamularia subcompressa R.*
Taf. IV. Fig. 2.

Hamularia: subcompressa, antice attenuata.

Treutler Auctuar. p. 10 — 13. Tab. II. Fig. 3 — 7. *Ham. lymphatica.*

Jördens Helminth. S. 51. Tab. VI. Fig. 9 — 12. *Ham. lymph.*

Zeder Naturgesch. S. 45. *Tentacularia subcompressa.*

Brera Memorie. p. 225. Tab. IV. Fig. 1 — 3. *Amularia linfatica.*

Rudolphi Entoz. II. 1. p. 82. *Hamularia subcompressa.*

Herr Treutler fand im Jahre 1790 bei Oeffnung der ausgemergelten Leiche eines durch Onanie, venerische Ausschweifungen und Merkurialcuren geschwächten, durch erbliche Anlage zu Abzehrung und Wassersucht prädisponirten 28jährigen Mannes, in den widernatürlich vergröfserten Bronchialdrüsen kleine, mehr oder weniger als einen Zoll messende, Würmer, welche lang gezogen, rundlich, von der Seite etwas eingedrückt, schwarzbraun; mitunter weifsgefleckt, nach dem Vorderende zu etwas weniges verschmächtiget, gegen das Hinterende halbdurchsichtig, nach dem Tode an beiden Enden eingekrümmt waren. An dem nicht deutlichen Kopfe, welcher sich in eine stumpfe Spitze endigte, bemerkte man zwei hervorragende Häckchen, welche das Thier aufheben konnte. Das gleichfalls undeutliche Schwanzende lief stumpf zu. Aufser diesen beiden Häckchen war an dem ganzen Thiere nirgends eine Spur eines äufseren Organs wahrzunehmen.

Da es nun Herrn Treutler schien, dafs diese Würmer verschieden wären von jenen, welche man in den Bronchien von Iltissen und Füchsen findet; so hat er hieraus ein neues *Genus Hamularia* gebildet, dessen Merkmahle er folgender Gestalt angibt:

Corpus lineare, teretiusculum. Caput obtusum, infra-duobus hamulis prominentibus instructum. — Der hier Figur 2 von Treutler copirte Wurm stellt denselben 8mahl (k), Figur 2 b. das sogenannte Kopfende noch mehr vergröfsert dar.

––––––––

Schon oben bei Angabe der Gattungsmerkmahle habe ich erinnert, dafs mir dieses Genus sehr zweifelhaft vorkomme. Ich wiederhohle es hier. Herr Zeder rechnet zwar die Würmer aus der Brusthöhle des Dorndrehers (*Lanius Collurio* L.) auch hierher. Allein diejenigen Würmer, welche ich daselbst gefunden habe, gehören zu den Filarien. Die Würmer aber aus den dicken Därmen des Huhns, welche Herr Rudolphi hierher zieht, sind bestimmt Capillarien. — Die Würmer an den Bronchien des Menschen hat aber aufser Herrn Treutler noch Niemand gefunden, obwohl Herr Brera (l) behauptet, dafs Vercelloni und Bianchi ihrer Erwähnung gethan hätten. Da er jedoch nicht sagt wo? so wollen wir die Sache einstweilen dahin gestellt sein lassen. Da aber Herr Treutler selbst diesen Wurm nur ein einziges Mahl fand, so ist es doch auch möglich, dafs er sich getäuscht und das Hinterende für das Vorderende genommen hat, und dafs diese beiden *Hamuli* nichts anderes waren als das doppelte männliche Zeugungsglied, oder etwa gar heraushängende Eingeweide des Wurms. Denn Herr Treutler sagt selbst, dafs sie mit ihren Rüsseln so fest an die Membranen sich angeheftet hätten, dafs er kaum einen mit unverstümmeltem Rüssel hätte herausziehen können. Durch diesen Umstand wächst die Wahrscheinlichkeit, dafs diese Würmer zu jenen gehören, welche nicht gar selten in den Bronchien und Lungen der Thiere aus dem Genus *Mustela* vorkommen, von denen aber weder die Herrn Rudolphi, Olfers und Leuckart noch Herr Natterer und ich je einen ganzen aus den von ihnen gebildeten Conglomeraten herauszuwinden, im Stande waren, und deren Gattungsbezeichnung folglich noch unbestimmt bleibt. — Auch will Herr Rudolphi nicht recht glauben, dafs es wahre Drüsen waren; in welchen diese Würmer safsen. Uebrigens dürfen wir als gewifs annehmen, dafs Herr Treutler wirklich Würmer in eigenen Behältern gefunden hat. Auch sagt er nicht mehr von ihnen, als was

(k) Wenn diese 8mahlige Vergröfserung mit dem oben angegebenen natürlichen Mafse nicht übereinstimmt, so ist es nicht meine Schuld.

(l) Memorie S. 226.

er wirklich gesehen hat, und schweigt über den inneren Bau derselben ganz. Es wäre daher sehr zu wünschen, dafs uns Herr Brera gefälligst bekannt machen möchte, wer ihm verrathen hat, dafs diese bis jetzt einzig und allein von Herrn Treutler im Menschen gefundenen und beschriebenen Würmer, ein gangliöses Nervensystem haben (m).

VIII. Der Pallisadenwurm. *Strongylus Gigas R.*
Tafel IV. Figur 3 — 5. 6 — 10?

Strongylus: capite obtuso, ore papillis planiusculis sex cincto, bursa maris truncata integra, cauda feminae truncata.

Rudolphi Entoz. II. I. p. 210. Tab. II. f. 1 — 4. *Str. Gigas.*

Cuvier. Le regne animal. T. IV. p. 34. *Le strongle géant.*

Wohnort. In den Nieren, vielleicht auch zwischen den nahe liegenden Muskeln.

Beschreibung. Herr Rudolphi hat diese Würmer in der Länge von 5 Zoll bis zu 3 Fufs und in der Dicke von 2 bis 6 Linien gesehen. Unsere Sammlung verdankt einen der Güte des Herrn Cuvier, welcher 30 Zoll lang und etwa 4 Linien dick ist, aus der Niere eines Steinmarders. — Frisch in den Nieren gefunden sind sie blutroth, verlieren aber diese Farbe, wenn sie einige Zeit im Weingeiste liegen.

Das Männchen ist kleiner als das Weibchen und nach beiden Enden etwas verschmächtiget. Der kreisförmige Mund, Figur 4, ist mit sechs kleinen Papillen versehen. Der durchaus geringelte Körper hat mehrere eingedrückte Längsstreifen. Am Schwanzende, Figur 5, bildet sich eine Blase, aus welcher das äufserst feine männliche Glied hervorragt. Bei dieser Species ist diese Blase ganz (*integra*), welche bei allen übrigen Pallisadenwürmern gespalten und verschiedentlich geformt ist. — Das Weibchen ist gröfser, hat ein gerade ausgestrecktes und abgestumpftes Schwanzende, woselbst die längliche Afteröffnung zu bemerken ist. Die Oeffnung der Scheide ist nach Verschiedenheit der Länge des Wurms einen oder mehrere Zoll von der Schwanzspitze entfernt. Herr Prof. Otto will auch ein Nervensystem an diesem Wurme entdeckt haben.

(m) Memorie p. 32. Ne' gordj e nell' amularia linfatica si osserva pure questo sistema nervoso ganglionico, colla differenza che i ganglj sono piu piccioli; und p. 228. Ho già fatto rimarcare, che ganglionico ne è pure il cordone nervoso, che nel suo interno scorre dall' altra estremità, al pari di quello del lombricoide, colla sola differenza, che piu piccioli ne sono i ganglj nell' amularia.

Dieser Wurm, dessen Brera und Jördens nur im Vorbeigehen erwähnen, ist schon öfters in Mardern, Hunden, Wölfen, auch Ochsen und Pferden, selbst in Seehunden gefunden worden. Bei dem Menschen scheint er jedoch selten vorzukommen. Denn man muß sich wohl hüthen alles dasjenige was mit dem Harne abgegangen ist, oder abgegangen sein soll, und von den Aerzten mit dem Nahmen Würmer belegt wird, unbedingt hierher zu ziehen. Manche dieser sogenannten Würmer sind Insecten-Larven, die wohl auch nicht allemahl wirklich durch die Harnröhre abgegangen, sondern zufällig in das Nachtgeschirr gerathen sein mögen. Auch ist es möglich, daß bei Verwachsungen der Blase mit dem Mastdarme und daselbst bestehenden Fistelgängen, wirkliche Darmwürmer bei ihrem Abzuge diesen Seitenweg durch die Blase und Harnröhre einschlagen. Wenn aber bei Personen des anderen Geschlechts Pfriemenschwänze mit dem Urin abgehen, so ist wohl zu vermuthen, daß sie aus der Scheide kommen, wohin sie früher vom Mastdarme aus gezogen waren. Am häufigsten aber mögen häutige und polypöse Concremente, wegen ihrer runden Form für solche Nierenwürmer gehalten worden sein. Grimm, der selbst dergleichen bei einem an Nieren und Blasensteinen leidenden Manne beobachtete, glaubt, daß sie ihre runde Form in der Harnröhre annehmen. Das was uns aber Tulpius (n) für einen Wurm verkauft, scheint nichts anderes als geronnenes Blut gewesen zu sein, indem es sich als solches auflöste. Zweifelhaft bleiben mir auch die von Paullin und Barry erwähnten Fälle. Herr Decerf erzählt uns folgende Geschichte: Ein funfzigjähriger Mann war in seiner frühen Jugend heftigen Hämorrhagien unterworfen, die sich jedoch in seinem 25ten Jahre verloren, wo er anfing Schmerzen in der rechten Seite zu empfinden. Man vermuthete Fehler in der Leber; da aber die dagegen angewandten Mittel nicht viel nützten, der Schmerz sich jedoch gemindert hatte, so gewöhnte er sich an sein Uebel und brauchte gar nichts. — Am 15ten Julius bekam er heftiges Blutharnen mit wüthenden Schmerzen in den Lenden und der Harnblase. Blutegeln, Bäder und schleimige Getränke wurden vergeblich angewandt. Der Mann magerte sichtlich ab. Man consultirte Pariser Aerzte, aber nichts fruchtete. In den ersten Tagen des Septembers gab er nach vorhergegangenem beträchtlichen Blutharnen, einem leichten Fieberanfalle und grofsen Schmerzen in den Lenden und der Urinblase einen ganz mit Blut überzogenen Wurm durch die Harnröhre von sich. Der Wurm war von der Dicke einer Federspule, und maß 14 Zoll 8 Linien, wurde

(n) A. a. O. Cap. 49. p. 172.

aber weggeworfen. Unmittelbar darauf fand sich der Kranke erleichtert, die Schmerzen liefsen von diesem Augenblicke an nach und das Blutharnen hörte gänzlich auf. Vom 15ten September bis zum 2ten December gab der Kranke wenigstens 50 Würmer von verschiedenen Gestalten und Gröfsen durch die Harnröhre von sich. Einige und zwar die meisten waren dick wie Federkiele und 6 bis 8 Zoll lang, und hatten das Ansehen von Spulwürmern, besonders derjenigen, welchen Tulpius beschreibt (o). Andere waren kaum 18 Linien lang, glichen mehr den Filarien und der etwas niedergedrückte Körper endete in eine sehr verlängerte äufserst feine Schwanzspitze. Die Würmer gingen jederzeit todt ab. Der Kranke ist nun ganz hergestellt.

Als ich im Jahre 1815 in Paris war, hatte Herr Dumeril, in dessen Bibliothek, welche mir seine Freundschaft zu jeder Stunde öffnete, ich so manche der hier vorgetragenen Beobachtungen aufzeichnete — die Güte an Herrn Decerf zu schreiben, dafs er uns einige dieser Würmer schicken möchte. Wir erhielten 6 Stücke, doch schienen zwei davon ursprünglich nur eins ausgemacht zu haben. Eine genaue Untersuchung aber lehrte, dafs es nichts anderes als lymphatische Concremente sind, wovon nicht eines dem anderen gleicht, was doch so sehr bei den Würmern der Fall ist. Das eine Stück ist dünn und lang, das andere an dem einen Ende noch zweimahl so dick und am anderen ganz dünn zulaufend, ein drittes an beiden Enden stumpf u. s. w. War vielleicht der zuerst abgegangene Wurm wirklich ein Pallisadenwurm? — nach dessen Abgange sich so gleich alle Zufälle legten.

In der Meinung aber, dafs die übrigen abgegangenen Stücke nichts anders als lymphatische Concremente waren, bestärkt mich noch überdiefs ein von Barnett beobachteter und von Lawrence beschriebener ähnlicher Fall, wo einer Frauensperson, die noch lebt, nach vorhergegangenen vieljährigen Leiden, wobei sich vorzüglich Schmerz in den Lenden und der Harnblase und Urinverhaltung auszeichneten, in dem Verlaufe beinahe eines Jahrs ungefähr zwischen 800 bis 1000 dergleichen wurmförmige Körper abgingen. Von diesen sogenannten Würmern überliefs Herr Barnett einige dem Herrn Rudolphi, der mir wieder zwei davon schenkte. Herr Rudolphi ist aber so wenig geneigt, sie für Würmer zu halten als ich, ob sie gleich mehr in der äufseren Form mit einander übereinstimmen, als die von Herrn Decerf. Ihre langgezogene Form scheinen sie hier nicht so wohl in der Harnröhre, da das lebende Subject weiblichen

(o) Dafs dieser Wurm sehr verdächtig sei, ist schon erinnert werden.

29

Geschlechts ist, als vielmehr in den Harnleitern erhalten zu haben. Vielleicht haben auch die von Herrn Decerf ihre Form bei dem Durchgange durch die Harnröhre auf so manchfache Weise verändert. — Die doppelliegende, ungefähr 5 Zoll lange, in der Mitte schmählere, dann dicker werdende und an beiden Enden zugespitzte Figur auf der Titelvignette ist eine Copie der Copie des Originals von Barnett, welche mir Herr Prof. Nasse nebst einer Abschrift des Aufsatzes, da ich die *Medico-chirurgical Transactions* hier nicht haben konnte, zu besorgen die ganz besondere Gefälligkeit gehabt hat, welche Abschrift ich in der nähmlichen Minute auch von Herrn Rudolphi erhielt. Die Abbildung kommt mit meinen in Händen habenden Originalen so ziemlich überein, nur bemerke ich an ihnen nicht das Ausgezackte in den Längsvertiefungen. Auch sind sie nicht so glatt zugespitzt, sondern scheinen vielmehr abgerissen zu sein, kurz es fehlt ihnen der Charakter der Integrität.

Dieser Pseudohelminth ist in natürlicher Gröfse dargestellt, und Barnett versichert, dafs er weder mit dem anatomischen Messer noch bei den genauesten mikroskopischen Untersuchungen irgend eine weitere Organisation an demselben hätte entdecken können. Eines Tages gingen jedoch, aber nur ein einziges Mahl, dieser nähmlichen Person mehrere kleine von den gröfseren ganz verschieden gebildete Würmer ab, welche im warmen Wasser 48 Stunden lang am Leben blieben. Auch von diesen erhielt Herr Rudolphi 6 Stücke, wovon er mir gütigst 2 abtrat. Man findet sie abgebildet auf der vierten Tafel 6ten und 7ten Figur in natürlicher Gröfse. Figur 8 ist die stark vergröfserte 7te Figur, 9 aber das Kopfende und 10 das Schwanzende ebendesselben Wurms noch stärker vergröfsert. Diese Würmer waren bei ihrem Abgange halbdurchsichtig, wurden aber im Weingeist undurchsichtig. Auch von diesen sagt Barnett, dafs ihn die mikroskopischen Untersuchungen nichts weiter darüber gelehrt hätten. Allein nichts destoweniger sind sie ohne alle Widerrede wirkliche Würmer. Man darf sie nur ansehen, um sich davon zu überzeugen. Dadurch ist aber noch nicht bewiesen, dafs sie zu unserem Pallisadenwurm gehören, und etwa nur junge oder neuerzeugte sind. Ihr ganzer Habitus spricht nicht dafür. Allein Herr Rudolphi bemerkt in seinem Briefe sehr richtig, dafs auch bei anderen Pallisadenwürmern die Jungen sehr von den Alten abweichen. Von dem *Strongylus Gigas* kennen wir aber die Jungen noch nicht. Es wäre daher doch wohl möglich, dafs es solche wären. Was mich in dieser Meinung noch mehr bestärkt ist folgendes: An der Figur 9 nimmt man etwas wahr, was so ziemlich einer kreisförmigen mit Wärz-

chen besetzten Mundöffnung gleicht. Dafs sie schief erscheint, mag eine Wir-
kuug des Weingeistes sein. Dann aber sieht man am Ende der Schwanzspitze der
Figur 10, und zwar in deren Mitte eine kleine Blase, die der von der dritten
Figur gar nicht unähnlich ist. Denn die an den Seiten des Schwanzendes abste-
hende Membran ist keine eigentliche Schwanzblase, sondern es ist die aufgelok-
kerte und aufgeblähte Epidermis des Wurms, wie man diefs noch an anderen
Stellen der Figur 8 sehen kann. Ein solches Auflockern der Epidermis findet bei
mehreren Rundwürmern sehr leicht Statt, wenn man sie nach dem Absterben zu
lange in Wasser liegen läfst. — Ganz unwahrscheinlich ist es also nicht, dafs
diese kleinen Würmer junge Pallisadenwürmer sind. — Allein man wird vielleicht
fragen: Wo sind dann die Alten? Ich weifs es zwar nicht, jedoch kann ich etwas
auf diese Frage antworten. Erstlich ist es ja gar nicht durchaus nothwendig, dafs
Alte da sein müssen, wo Junge oder Kleine sich zeigen. Es konnten ja diese die zuerst
Erzeugten sein. Zweitens aber ist es auch möglich, dafs die Alten gestorben, verweset und unbemerkt mit diesen Concrementen abgegangen sind. Endlich drittens aber dürften sie noch selbst in den Nieren zurücksein; denn diese Person findet sich zwar etwas erleichtert aber genesen ist sie noch nicht. So viel von diesen kleinen Würmern.

Zu den Beobachtungen aber, wo wirklich gröfsere oder kleinere Pallisadenwürmer bei Menschen theils in den Nieren gefunden worden, theils durch die
Harnröhre abgegangen zu sein scheinen, rechne ich folgende: In der Leiche des
Erzherzogs Ernst von Oesterreich, der 1595 als Statthalter in den Niederlanden
starb, wurde nebst einem Stein in der Niere ein Wurm gefunden, von dem Hu-
go Grotius sagt, dafs er noch gelebt, und die nahliegenden Theile ange-
fressen habe. — Ruysch (o) der dergleichen Würmer schon öfters bei Hunden gesehen hatte, hat auch einst einen in der Niere eines Menschen gefunden.
— Blasius sagt ausdrücklich, dafs er von den rothen Würmern, welche öfters
bei Hunden vorkämen, nur ein einziges Mahl zwei von der Länge einer Elle in
den Nieren eines alten Mannes gefunden habe. — Rhodius sah bei einem an
einem hitzigen Fieber darnieder liegenden Manne am fünften Tage der Krankheit
einen runden spannenlangen noch lebenden Wurm mit dem Urin abgehen, ohne
irgend eine vorhergegangene oder nachfolgende Beschwerde bei dem Harnlassen.
— Albrecht erzählt von einem Soldaten, dafs er an 7tägiger Harnverhaltung
gelitten habe, von welcher er gänzlich befreiet wurde, nachdem ihm ein drei-

(o) A. a. O Observ. LXIV.

29 *

fingerlanger federspulendicker Wurm durch die Harnröhre abgegangen war. — Raisin berichtet von einem 50jährigen Manne, dafs er zwei Jahre an einer heftigen Nierenkolik mit blutigem beinahe schwarzem Urine gelitten, wogegen kein Mittel fruchten wollte, bis ihm ein drei Zoll langer Wurm durch die Harnröhre abging, worauf der Urin wieder seine natürliche Farbe annahm, und der Mann völlig hergestellt wurde. — Einen ähnlichen Fall gibt uns Duchateau. — Einen der merkwürdigsten aber hat uns Moublet aufgezeichnet. Ein zehnjähriger Knabe, dem Moublet schon in seinem 3ten Jahre einen Blasenstein ausgeschnitten hatte, bekam eine heftig schmerzende Geschwulst in der Lendengegend, verbunden mit spärlicher Harnabsonderung. Die Geschwulst wurde geöffnet, es flofs viel Eiter aus und die Wunde heilte wieder zu. Neuer Schmerz und neue Geschwulst machten eine abermahlige Oeffnung nothwendig. Drei Jahre verflossen unter beständigem Verschliefsen und Wiedereröffnen dieses Geschwürs. Endlich kam aus der Wunde ein 5 Zoll langer federspulendicker Wurm zum Vorschein, dem bald ein zweiter 4 Zoll langer folgte. Kurz darauf wurde die Harnausleerung bei gespannter Blase, welches bisher nicht der Fall gewesen war, ganz gehemmt. Endlich kam ein ähnlicher Wurm aus der Harnröhre hervor, und nicht lange hernach ein zweiter. Nach dem Abgange dieser 4 Würmer heilte unter zweckmäfsiger Behandlung die Wunde, und der Kranke genas vollkommen. — Chapotain, Monceau, Holler und Herr Renner geben Nachricht von Würmern, welche mit dem Urin ausgeleert wurden, und wohl hierher gehören dürften. Auch bei Schenk findet man mehrere dergleichen Beispiele angeführt. Vielleicht war auch der von Haehne in der Brusthöhle gefundene Wurm ein Pallisadenwurm.

Warum ich aber über die besonderen Ursachen der Entstehung dieses Wurms, über die Zeichen, woraus sich auf dessen Gegenwart schliefsen läfst, und über die Mittel, wodurch derselbe kann ausgetrieben werden, nichts sage, mögen meine Leser selbst errathen. Denn sie werden gesehen haben, dafs die Zufälle, welche der Ausleerung solcher Würmer vorhergiengen, eben so gut auf andere Krankheiten der Nieren und Blase schliefsen lassen. Und wo man mit der Erkenntnifs der Krankheit nicht im Reinen ist, da läfst sich schwer ein Heilungsplan entwerfen.

NEUNTES CAPITEL.

Von den Saugwürmern.

Die so eben abgehandelten drei Arten von Würmern, welche aufserhalb des Darmkanals im Menschen leben, gehören sämmtlich zu der ersten Ordnung, nähmlich der der Rundwürmer. Aus der zweiten Ordnung d. i. der der Hackenwürmer sind, wie oben erinnert wurde, bisher noch keine bei dem Menschen gefunden worden. Doch hat neuerlichst Herr v. Olfers in Brasilien bei einem Affen Kratzer angetroffen. Aus der Ordnung der Saugwürmer sind bis jetzt nur zwei Arten im Menschen entdeckt worden; und auch diese kommen nur selten vor. Sie sind:

IX. Der Leberegel. *Distoma hepaticum.*

Figur 11 — 14.

Distoma: obovatum, planum, collo subconico, brevissimo, poris orbicularibus, ventrali majore.

Gmelin Syst. nat. p. 3085. N. 2. *Fasciola humana.*

Jördens Helminth. S. 64. Taf. 7. Fig. 13. 14. Der Leberblattwurm. *Fasciola hepatica.*

Rudolphi Entoz. II. I. p. 352. *Distom. hepatic.*

Brera Memorie. p. 92. Tab. I. F. 22. 23. *Fasciola epatica.*

Cuvier le regne animal. IV. p. 41. *La Douve du foie.*

Dieser Wurm führt auch noch folgende Nahmen und zwar bei den Deutschen: das Leberdoppelloch, der Leberwurm, Schafegel, die Egelschnecke; bei den Holländern: *Leverworm, Botten;* bei den Dänen: *Faareflynder, Ikte, Igler, Iler, Souaegler, Souigler;* bei den Schweden: *Levermask;* bei den Engländern: *the liverfluke;* bei den Franzosen: *Douve;* bei den Italienern: *Bisciuola;* bei den Spaniern: *Caracolillos, Serillas, Pajarillos.*

Wohnort. Bei dem Menschen in der Gallenblase, vielleicht auch in der Leber selbst; bei Thieren, nähmlich: Schafen, Ochsen, Hirschen, Gazellen, Ziegen, Kamehlen, Schweinen, Pferden, Hasen, Kanguruh u. s. w. in der Leber.

Beschreibung. Die Gröfse dieser Würmer beträgt in der Länge eine

bis vier Linien, in der Breite eine halbe bis ganze Linie. Sie sind lanzettförmig
an beiden Enden etwas abgestumpft. Die vordere Saugmündung ist gewöhnlich
schief nach innen gekehrt; der Hals rundlich, weifsgelb. Die Bauchmündung
steht etwas hervor. Ihre Richtung ist jedoch nicht immer dieselbe. Tiefer hinab
bemerkt man ein paar weifse trübe Flecken, dann folgt ein Convolut von gelb
oder braun gefärbten Gefäfsen oder Schläuchen, welche wahrscheinlich die Eierbehälter sind; die an beiden Seiten herablaufenden Gefäfse aber scheinen den
Nahrungskanal zu bilden. Diese Eierschläuche bemerkt man nicht an allen Individuen, wie diefs die Figuren 12 und 14 lehren. Auch an diesem Wurme will
Herr Prof. Otto ein Nervensystem gefunden haben, was aber Herr Gaede
widerspricht.

Das Gesagte gilt von den Leberegeln, welche bis jetzt in der Gallenblase von
Menschen gefunden wurden. Die in den Lebern der obgenannten Thiere vorkommenden sind gewöhnlich bedeutend gröfser, ungefähr einen Zoll lang und 4
bis 6 Linien breit, schmutzig gelb oder bräunlich, und es läfst sich schwerer
etwas in dem Inneren derselben unterscheiden. Die Haut ist derber. Indefs
kommen auch öfters zugleich mit diesen Gröfseren jene Kleineren vor, und Herr
Zeder hat genügend erwiesen, dafs die Kleineren nichts anderes sind, als die
Jungen der Gröfseren, und keineswegs eine eigene Species ausmachen, wie man
wohl aus dem Umstande schliefsen solte, dafs man schon reife Eier bei ihnen
findet (p). Herr Zeder (q) fand in der Leber eines Haasen, und zwar in einem
Gallengange solche Leberdoppellöcher in der Gröfse von 1¼ Linie bis zu 7½ Linie,
immer in Abstufungen von ¼ bis ½ Linie beisammen. Da aber die bis jezt im
Menschen gefundenen kleineren Würmer ganz gleich sind den kleineren in Schafs-
und anderen Thierlebern : so müssen wir sie auch für Junge derselben Art halten.
— Sie scheinen jedoch bei dem Menschen sehr selten vorzukommen, denn die sogenannten Würmer, welche hie und da Aerzte in menschlichen Lebern gefunden
zu haben versichern, gehören bei weitem nicht alle hierher. Indefs wufste
Malpighius, dafs sie bei Menschen und Thieren gefunden werden. Zweifelhaft aber ist es, ob die Würmer, von denen Bauhin (r) spricht, wirkliche Lie-
beregeln waren. Hingegen darf man annehmen, dafs Bidloo (s), dem auch die

(p) Man sehe hierüber Nau neue Entdeckung etc. S. 40.

(q) Erster Nachtrag. S. 167.

(r) Man sehe Boneti sepulchret.

(s) Clerici hist. lati lumbr. p. 119.

krankhaften Veränderungen, welche sie in den Lebern der Thiere hervorbringen, nicht unbekannt blieben, wirklich dergleichen in menschlichen Lebern gefunden hat.. Wepfer (l) erzählt, dafs er öfters den Lebergallengang voll *hirudinibus* gefunden habe. Auch Pallas (u) sagt, dafs er sie auf dem anatomischen Theater in Berlin in dem Lebergallengange eines weiblichen Cadavers eingekeilt gesehen hat. Chabert (x) hat mit seinem empyreumatischen Oehle einem 12jährigen Mädchen eine unendliche Menge 1½ bis 3 Linien lange Leberdoppellöcher durch den Stuhl abgetrieben, Bucholz fand sie in der Gallenblase eines am Faulfieber verstorbenen Züchtlings in sehr grofser Menge. — Herr Brera versichert uns, dafs er sie gleichfalls in der Leber eines Mannes gefunden habe, der zugleich scorbutisch und wassersüchtig gewesen war, nur wären die seinigen gröfser, als die von Bucholz gefundenen. Hieran will ich nicht einen Augenblick zweifeln, aber bergen kann ich nicht, dafs es mich sehr wundert, warum Herr Brera nicht eine Originalzeichnung davon geliefert und lieber die ganz verfehlte Figur von Jördens copirt hat. Denn es ist nicht nur das Gewinde der Eierschläuche ganz falsch gezeichnet, sondern es fehlen sogar die beiden zu den charakteristischen Gattungsmerkmahlen gehörigen Saugwarzen, die man doch selbst bei den allerkleinsten Würmern dieser Art mit einem gewöhnlichen Suchglase wahrnehmen kann. Ja, man findet sie sogar in meinen Abbildungen Figur 11 und 12 in natürlicher Gröfse ausgedrückt, und doch sind die Würmer, wovon die Abbildungen genommen sind, von einerlei Herkunft oder aus demselben Neste als die von Jördens. Denn als im Jahre 1814 Sr. königl. Hoheit der Grofsherzog von Weimar unsere Sammlungen ansahen, äufserte ich den Wunsch einige von diesen von Bucholz gefundenen und in Jena aufbewahrten Leberegeln zu besitzen. — Es währte kaum 14 Tage, so erhielt ich von Herrn Prof. Lenz eine bedeutende Anzahl derselben. Das k. k. Naturaliencabinett machte hierauf der Universität Jena ein Gegengeschenk von 106 Gläsern mit Eingeweidewürmern aller Ordnungen und Gattungen. — Ich führe diefs hier an, damit Aerzte, welche zufällig etwas neues oder seltenes der Helminthologie Angehöriges in menschlichen Leichnamen entdecken sollten, es uns mittheilen mögen, indem sie sich versichert halten können, nicht ohne Ersatz dafür zu bleiben.

Herr Brera belegt die Abbildung von Jördens mit dem Nahmen *eccel-*

(l) In Eph. Nat. Cur.

(u) De infestt vivent. p. 252 u. 270.

(x) Rudolphi Bemerk. auf einer Reise II. S. 37.

lente figura, und schimpft dagegen die von B i d l o o bei l e C l e r c. Allerdings sehen die vergröfserten Figuren von B i d l o o mit Augen und Herzen etwas
abentheuerlich aus, aber die Figuren in natürlicher Gröfse sind gar nicht zu ta-
deln, und es mufs Herr B r e r a die von ihm selbst gefundenen Würmer sehr oberflächlich angesehen haben, weil er an der Figur von J ö r d e n s nicht einmahl die
Saugwarzen vermischt hat.

Die hier angeführten Beispiele von Leberegeln bei Menschen sind die einzigen mir bekannten, woraus dann erhellet, dafs sie äufserst selten bei Menschen
vorkommen müssen. Doch wäre es auch möglich, dafs sie öfters nicht erkannt
werden, wenigsten die krankhaften Veränderungen nicht, welche sie in der Leber
hervorbringen. — Bei Menschen habe ich sie nie selbst zu beobachten Gelegenheit
gehabt, desto öfters aber bei Thieren. Hier ist ihr Sitz gewöhnlich in den gall-
bereitenden Gefäfsen der Leber. Diese Gefäfse werden zuerst, und zwar manchmahl auf eine aufserordentliche Weise, erweitert, und von innen mit einem
zähen schwarzbraunen Schleim überzogen, wobei sich die Häute dieser Gefäfse
selbst sehr verdicken. Mit der Zeit erhärtet dieser Schleim zu einer förmlichen
Knochenrinde. Wenn man eine solche Leber, der man von aufsen schon an den
Unebenheiten den verborgenen Feind ansieht, drückt, so hört man ein Kni-
stern, welches von dem Zerbrechen dieser knöchernen Lamellen herrührt. Manchmahl aber ist die Incrustation so stark, dafs man ganze knöcherne Röhrchen her-
auspräpariren kann. Erst kürzlich hat mir Herr Dr. F r e e s e aus Mecklenburg
eine solche Verzweigung dieser degenerirten Gallengänge aus einer Ochsenleber
präparirt, welche fast das Ansehen einer Menschenhand hat. Bei solch starker
Degeneration der Gallengänge aber sterben die Leberegeln nach und nach ab und
es ist daher wohl möglich, dafs man zuweilen dergleichen krankhafte Veränderungen in der Leber finden kann, die ursprünglich von diesen Doppellöcher her-
stammen, obwohl diese Letzteren nicht mehr zu finden sind.

Ueber die Genesis und Diagnosis dieser Würmer bei den Menschen weifs
ich weder aus fremder noch aus eigener Erfahrung etwas zu sagen. Herr B r e r a
gibt zwar als Ursache ihrer Erzeugung allgemeine Asthenie an. Was ist aber
hiemit gesagt? Auf alle Fälle nicht viel. Wäre man jedoch nur erst einmahl von
ihrer Gegenwart fest überzeugt, so würde ich, um der Therapeutik Genüge zu
leisten, nichts so sehr empfehlen als den Gebrauch des C h a b e r t'schen empyreumatischen Oehls, wie dann C h a b e r t selbst dergleichen damit abgetrieben
hat. Auch bin ich überzeugt, dafs dieses Mittel bei Schafherden, welche von

diesen Würmern heimgesucht und öfters zu tausenden dadurch umgebracht werden, unter zweckmäfsigem und fortgesetztem Gebrauche die erspriefslichsten Dienste leisten würde; aber mit Schafmeistern, wenn sie schon selbst viel von der Schafnatur angenommen haben, hält es schwer sich zu verständigen.

X. Das Vielloch. *Polystoma Pinguicola.*

Taf. IV. Figur 15 — 17.

Polystoma : depressum oblongum, antice truncatum, postice acuminatum; poris sex anticis lunatim positis.

Treutler Auctuar. p. 19 — 20. Tab. 3. Fig. 7 — 11. *Hexathyridium Pinguicola.*

Jördens Helminth. S. 66. Tab. 6. Fig. 3 — 5. Der Fettblattwurm.

Zeder Naturgeschichte. p. 230. no. 2. *Polyst. Pinguicola.*

Rudolphi Entoz. II. 1. p. 455. *Polyst. Pinguicola.*

Brera Memorie. p. 100. Tab. I. Fig. 28. Tab. II. Fig. 1.2. *Exatiridio pinguicola.*

Bei der Leichenöffnung einer 20jährigen Bäuerinn, welche nach einer schweren Geburt plötzlich gestorben war, fand Herr Treutler in dem Fette des linken Eierstocks, da wo das breite Mutterband anfängt, eine verhärtete Stelle, ungefähr von der Gröfse einer grofsen Haselnufs, und rother Farbe, welche ganz lose im Zellgewebe hing, so dafs man sie hin und herschieben konnte. Dieser fremde Körper war nichts anders als verhärtetes Fett, welches inwendig hohl war und einen Wurm freiliegend enthielt, so wie er Taf. IV. Fig. 15 dargestellt ist. Die 16te Figur stellt den herausgenommenen Wurm vor, und zwar von der anderen Seite, woran man jedoch die Saugwarzen nicht bemerken kann, weil sich die Ränder umgeschlagen haben. An der 17ten Figur hingegen sieht man dieselben sehr deutlich. — Diese treu nach Treutler copirten Abbildungen werden meinem Dafürhalten nach wohl hinreichen, meinen Lesern ein hinlänglich deutliches Bild von diesem Wurme zu geben. Ich enthalte mich daher auch jeder weiteren Beschreibung, da sie ohnehin nicht würde gelesen werden.

30

ZEHNTES CAPITEL.
Von den Blasenwürmern.

Es ist wohl sehr wahrscheinlich, dafs, so lange das menschliche Geschlecht von Krankheiten verschiedener Art heimgesucht worden ist, es auch Blasenwürmer bei demselben gegeben habe. Auch erwähnen derselben die ältesten Aerzte, obwohl sie die thierische Natur, das eigene selbstständige Leben mancher dieser Wasserblasen oder Hydatiden nicht erkannten. Aretäus (y) erinnert blofs, dafs man öfters im Unterleibe solche Blasen gefunden habe, welche zuweilen bei der Paracentese die gemachte Oeffnung wieder verstopften. Er entscheidet aber nichts über ihren Ursprung und die Ursache ihrer Erzeugung. Spätere Aerzte hegten verschiedene Meinungen hierüber. Piso glaubt, dafs Serum mit Schleim oder vielmehr mit eitriger Materie vermischt irgendwo gesammelt werde, woraus sich dann diese Blasen bildeten. Ruysch hat zu verschiedenen Zeiten verschiedene Meinungen darüber gehegt. Bald hält er sie für Drüsen (z), bald für Endungen von Blutgefäfsen, welche ihre Natur verändert haben (a); bald glaubt er, dafs sie aus dem Zellengewebe entstehen, welches zwischen den Gefäfsen liegt, worin sich im widernatürlichen Zustande Wasser anhäuft, welches die daneben liegenden Gefäfse so drückt, dafs nichts von der Höhle derselben übrig bleibt und sie ganz obliterirt werden (b). Auch selbst in späteren Zeiten glaubte Grashuis noch, dafs sie aus Zellengewebe vorzüglich in der Fetthaut entstünden.

Keiner dieser Schriftsteller mag ganz unrecht haben, wofern er nähmlich im Allgemeinen von solchen krankhaften Veränderungen im menschlichen Körper spricht, welche gewöhnlich mit dem Nahmen Hydatiden belegt werden. Denn allerdings sind es bald Varicositäten von Blut- oder Lymphgefäfsen, bald Ausdehnungen des Zellengewebes, bald irgend eine andere Afterbildung, welche diese blasige Form annehmen. So sandte mir einst zur Ansicht Herr Dr. Rust einen Hoden und Samenstrang, welche ungeheuer ausgedehnt, und voll solcher blasigen Auftreibungen waren. — Herr Dr. Schiffner hat in einer weiblichen Lei-

(y) Am angeführten Orte. S. 51.
(z) Obs. anat. XXXIII.
(a) Advers. anat. Decad. I. p. 8.
(b) Thes. anat. sext. N. XI. Not. I. ibid. N. CIV. Not. — Adv. anat. Dec. II. p. 24.

che beide Nieren zu einer enormen Gröſse ausgedehnt gefunden. Von der eigentlichen Nierensubstanz war keine Spur mehr vorhanden, und das Ganze bildete ein
Aggregat von Zellen oder Kammern, welche mit einer sulzigen Materie gefüllt
waren, und die verschiedensten Farben spielten. Ganz auf ähnliche Art degene-
rirt, fand Herr Kreischirurgus Rollet in Baaden beide Nieren einer Frau, welche vor einigen Monathen auf der Strafse todt gefunden worden war. Aufser dieser Entartung der Nieren, war in der ganzen Leiche nichts Kränkhaftes oder auf
irgend eine äufsere Verletzung Deutendes wahrzunehmen. — Allein weder die blasigen Ausdehnungen im Hoden und Samenstrange noch jene in den Nieren waren
eigentliche Blasenwürmer; denn sie hingen mit dem Organe fest zusammen,
welches bei Blasenwürmern nicht der Fall ist. Im Adergeflechte des Hirns sind
zwar auch wahre Blasenwürmer gefunden worden, oft aber werden auch Varicositäten der Lymphgefäfse dafür gehalten, wie diefs Baillie richtig bemerkt. Unsere Sammlung besitzt zwei dergleichen varicöse Adergeflechte. Dagegen aber
habe ich auch in dem Adergeflechte eines Blaumaulaffen (*Simia Cephus*), einen wahren Blasenschwanz gefunden. — Nach meiner Ansicht der Sache verdient
den Nahmen eines Blasenwurms nur jene mit wasserheller Flüssigkeit oder auch
dichterer Materie gefüllte, in irgend einem Theile des menschlichen oder thierischen Körpers enthaltene Blase, welche ganz frei ohne irgend einen Zusammenhang mit den sie umgebenden Theilen in einer eigenen Capsel, welche jedoch zu
dem Organe, in welchem diese Blase sitzt, gehört, eingeschlossen ist, ganz so
wie die Krystalllinse in ihre Capsel.

Die thierische Natur solcher auf die eben beschriebene Weise in eigene Capseln eingeschlossener Hydatiden haben zuerst Hartmann, Malpighius und
Tyson (c) gegen das Ende des 17ten Jahrhunderts entdeckt. Man kann füglich
allen Dreien die Ehre der ersten Entdeckung zuerkennen, indem keiner von des
anderen Beobachtungen früher etwas gewufst zu haben scheint. Allein obgleich
alle drei aus den Bewegungen dieser Blasen auf die selbstständige thierische Natur
derselben schlossen: so haben sie doch das Kopfende der von ihnen als solchen
erkannten Würmer nicht gesehen, und es gebührt allerdings Pallas und Goeze
die Ehre dieses zuerst anschaulich dargestellt zu haben. Allein nicht nur die
Blasenschwänze (*Cysticercus*) sondern auch die Vielköpfe (*Coenurus R. Polycephal. Zed.*) und Hülsenwürmer (*Echinococcus*) sind von diesen Naturforschern
zuerst deutlich beschrieben worden.

(c) Lumbric. hydropic.

30 *

Die Blasenwürmer sind gewöhnlich mit einer wasserhellen Flüssigkeit gefüllt, öfters aber auch enthalten sie eine dichtere Materie, ja, sie werden oft selbst
zu einer festen Masse. Diefs ist krankhafter Zustand des Blasenwurms. An den Eingeweiden, vorzüglich an der Leber der Klauenthiere habe ich öfters die stufenweise
Entartung der Blasenwürmer, der Blasenschwänze sowohl als der Hülsenwürmer,
zu beobachten Gelegenheit gehabt. Der Gang derselben ist folgender: Zuerst
fängt die wasserhelle Flüssigkeit an, ihre Durchsichtigkeit zu verlieren, wird
trübe, die pralle Blase selbst wird schlaff. Die Flüssigkeit verdichtet sich mehr,
bekommt eine gelbliche Farbe, und sieht aus wie Schmierkäse; die Blase schrumpft
zusammen. Endlich erhärtet die vormahlige Flüssigkeit ganz, und anfangs findet
man auch noch Theilchen der zusammengeschrumpften Blase, bis zuletzt auch
diese verschwinden, und der ganze vormahlige Blasenwurm eine kalkartige Masse
bildet, die sich bisweilen eben so wie vormahls der Wurm selbst aus der Substanz
des Organs, in welchem sie fest sitzt, ausschälen läfst, und eine eigene Epidermis hat. — In Lebern von Ochsen habe ich öfters neben vollkommen ausgebildeten und gesunden Blasenwürmern alle diese Abstufungen von Entartungen zugleich wahrgenommen. Der gesunde mit wasserheller Flüssigkeit gefüllte Blasenwurm bildet auf dem Organe eine convexe, elastische Erhabenheit. Ist er hingegen
schon bis zur knochenartigen Masse erhärtet, so findet man daselbst eine Vertiefung, und die Leber bildet an dieser Stelle Runzeln.

Diese Entartungen der Blasenwürmer hat schon R u y s c h gekannt, und zweifelte daher gar nicht, dafs die Hydatiden in *Atheromata*, *Steatomata* und *Me-
licerides* umgewandelt werden können (d). Noch ehe ich diefs bei R u y s c h las,
war ich schon immer der Meinung, dafs viele Balggeschwülste wohl nichts anderes, als entartete Blasenwürmer sein möchten.

D e H a e n (e) hat in einer ungeheuer grofsen Schilddrüse neben Hydatiden
alle Arten solcher krankhaften Geschwülste gefunden. Nach meinem Dafürhalten
waren sie aber nichts anders, als entartete Blasenwürmer, wie ich dieselben
ebenerwähnter Mafsen sehr häufig bei Thieren gefunden habe. Auch möchten
wohl die von Herrn M e c k e l beobachteten Leberknoten ihren Ursprung solchen
Blasenwürmern zu verdanken haben.

Ueber die Blasenwürmer verdienen ganz besonders nachgelesen zu werden,
die, in dem Schriften-Verzeichnisse angeführten, Abhandlungen von L a e n n e c

(d) Dilucidat. valv. in vas. lymph. Obs. XXV. p. 25.
(e) Ratio medendi VII. p. 131.

und Lüdersen. Erstere wurde mir gefälligst von Herrn Dumeril geliehen, leider aber gingen meine daraus gemachten Excerpten dem gröfsten Theile nach verloren, wefshalb ich mich nirgends bestimmt auf ihn beziehen konnte; die letztere selbst zu besitzen verdanke ich der Güte des Herrn Professors Osiander.

Von den erwähnten drei Gattungen von Blasenwürmern sind bis jetzt nur zwei, nähmlich der Blasenschwanz und der Hülsenwurm in dem Menschen gefunden worden.

XI. Die Finne oder der Blasenschwanz. *Cysticercus cellulosae R.*

Taf. IV. Fig. 18—26.

Cysticercus: capite tetragono; rostello terete uncinato; collo brevissimo; corpore cylindrico longiore, vesica caudali elliptica, transversa.

Gmelin Syst. nat. p. 3059. n. 6. *Taenia cellulosae.* p. 3065. n. 27. *Taenia Finna.*

Jördens Helminth. S. 57. Taf. V. Fig. 12—16. *Taenia muscularis seu finna humana.* Der Muskelblasenwurm. S. 59. Taf. V. Fig. 17—21. *Taenia pyriformis.* Der birnförmige Blasenwurm. S. 61. Taf. V. Fig. 1. 2. *Taenia albopunctata.* Der weifspunctirte Blasenwurm.

Brera Vorlesung. S. 14. Taf. II. Fig. 89. Taf. III. Blasenwurm. Desselben Memorie. p. 130. Taf. III. Fig. 5. *Fischiosoma globoso* (f) p. 138. *Fischiosoma pyriforme* p. 153. Tab. II. Fig. 11—13. Tab. III. Fig. 6—10. *Fina muscolare.*

Zeder Anleit. S. 407. N. 2. *Cystic. Finna.* S. 414. n. 6. *Cyst. pyriformis.* S. 421. N. 21. *Cyst. albopunctatus.*

Rudolphi Entoz. p. 226. *Cyst. cellulosae.*

Aufenthalt. Der Sitz dieses Wurms ist das Zellengewebe der Muskeln, auch des Gehirns. Bei den zahmen, nicht bei den wilden Schweinen, kommt er häufig vor; bei dem Menschen ist er jedoch selten. Bei Affen ist er gleichfalls gefunden worden, wo auch ich ihn vor Kurzem fand.

Da ich den Wurm in seiner natürlichen Lage und Gröfse sowohl, als auch vergröfsert naturgetreu habe abbilden lassen: so mag eine Erklärung der Abbildungen von mehr Nutzen sein, als die weitläuftigste Beschreibung ohne diese. Die

(f) Eine sonderbare Figur, nichts weiter indefs als eine Copie von Figur XXVII bei Hartmann.

18te Figur stellt eine Partie Muskeln dar, zwischen welchen die Capseln, welche den Blasenwurm enthalten, festsitzen. Figur 19 wo er auf einem Stückchen Fett sitzt und 20 zeigen den Wurm noch mit seiner Capsel. Diese Capsel gehört nach meinem Dafürhalten nicht dem Wurme sondern dem Organe an, in welchem der Wurm sitzt, denn es laufen Gefäfse darüber her, und die Capsel kann nur durch Zerschneiden oder Zerreifsen der Fasern, mit welchen sie angeheftet ist, von dem Organe d. i. in diesem Falle von den Muskeln getrennt werden. Die Bildung dieser Capsel ist wahrscheinlich die Folge des Reitzes, den der an dieser Stelle sich erzeugende Wurm verursacht, ähnlich der Bildung der Galläpfel. Wird diese Kapsel geöffnet, so erscheint der, Figur 21 und 22 in derselben frei liegende Wurm. Die Capsel ist inwendig ganz glatt, und enthält einige wenige Feuchtigkeit. — So wie der Wurm aus dieser Capsel hervortritt, hat er gewöhnlich den Kopf und Hals, ja selbst den Körper umgestülpt in die Blase eingezogen. Den Sitz dieser Theile erkennt man an der milchweifsen undurchsichtigen Stelle, welche sich auch härtlich anfühlt. Zwischen die Finger gefafst oder mittelst des Prefsschiebers, dessen ich mich jedoch nie hierzu bedient habe, lassen sich Körper, Hals und Kopf hervordrücken. Aber diefs kann bei diesem Blasenschwanze nicht ohne Zerreifsung der Blase geschehen: denn er nimmt immer, wenn er diese Theile einzieht, eine mehr oder weniger eiförmige Gestalt an, wobei diese Theile in den Querdurchmesser zu liegen kommen. Figur 22. Man thut daher besser, die von ihrer Capsel befreieten Würmer in lauwarmes Wasser zu legen, und durch einige Zeit dasselbe in dieser Temperatur zu erhalten, wo es dann zuweilen dem einen oder dem anderen beliebt, den Kopf und Hals hervorzustrecken, wie mir diefs bei Figur 24 gelungen ist. Bei dem Wurme der 23ten Figur war er gleichfalls schon hervorgestreckt, hat sich aber bei dem Erkalten des Wassers wieder zurückgezogen. An einem solchen ganz entwickelten, Figur 24 in natürlicher Gröfse abgebildeten Wurme, erkennt ein scharfes Auge, selbst ohne Bewaffnung, deutlich den Kopf, den äufserst kurzen Hals, den gerunzelten Körper und die uneigentlich sogenannte durchsichtige Schwanzblase. Uneigentlich sogenannte sage ich, weil sie im Grunde nichts anders, als die in eine Blase ausgedehnte Fortsetzung des gerunzelten Körpers ist. — Bei dem *Cysticercus fasciolaris* (g) aus der Leber der Mäuse, von dem wohl die ganze Gattung den Nahmen erhalten hat, sieht man diefs sehr deutlich. Dieser öfters 4 bis 5 Zoll lange, eine bis zwei Linien breite Blasenwurm ist beinahe durchaus gerunzelt,

(g) Herr Hofrath Himly nennt ihn fälschlich Leberegel.

und nur mit einer ganz kleinen Blase am Hinterende versehen. Bisweilen ist er so platt gedrückt und die Runzeln sind so regelmäfsig in einander geschoben, dafs man ihn für wirklich gegliedert halten sollte, wenn nicht selbst manchmahl mitten in diesen scheinbaren Gliedern Stellen vorkämen, die ganz blasig aufgetrieben sind, welche aber auch beweisen, dafs die Blase und der Körper aus ein und eben derselben Haut gebildet sind. Herr B r e r a hat daher auch den Nahmen *Cysticercus* ganz verworfen. Ich habe ihn beibehalten, weil ihn die besten Helminthologen einmahl angenommen haben, und weil man doch zur Bezeichnung der verschiedenen Gattungen verschiedene Denennungen haben mufs, das *Fischiosoma* von Herrn B r e r a aber so gut,' wie *Hydatis*, auf alle Blasenwürmer pafst; die Ordnung, nicht die Gattung bezeichnet. Doch hat er diese Benennung sowohl als Ordnungs- als auch als Gattungsnahmen gebraucht, wie sich diefs aus folgender Uebersicht ergibt (h).

Ord. II. Fischiosomi (vermi vescicolari).

  Gen. I. Eremiti.

    Spec. 1. Fischiosoma globoso.

    Spec. 2. Fischiosoma piriforme.

    Spec. 3. Ditrachicerosoma. —

  Gen. II. Sociali.

    Spec. Fischiosoma policefalo.

  Gen. III. Capsolari.

    Spec. 1. Fina muscolare.

    Spec. 2. Fina epatica.

    Spec. 3. Fina viscerale.

    Spec. 4. Fina idatoide.

Diesemnach wären nicht weniger als acht verschiedene Species von Blasenwürmern Bewohner des menschlichen Körpers. Armes Menschengeschlecht! in allen von mir bis jetzt untersuchten Thieren so verschiedener Classen, Ordnungen und Gattungen habe ich nicht mehr, vielleicht nicht einmahl so viele durch bestimmte Merkmahle sich von einander unterscheidende Arten von Blasenwürmern gefunden, als bei dir allein sich erzeugen sollen! Indefs tröste dich mit dem Gedanken: Wer weifs, ob es wahr ist.

An der 25ten stark vergröfserten Figur kann man die einzelnen Theile des Kopfendes sehr deutlich sehen. Es ragt nähmlich über den vier Saugmündungen

(h) Memorie. p. 8.

eine bald kürzere, bald längere, mehr oder weniger konische Erhabenheit hervor, je nachdem sie mehr oder weniger ausgestreckt ist, welche Erhabenheit in
der Mitte mit einem doppelten Hakenkranze versehen ist. Einen dieser Haken
noch stärker vergröfsert zeigt die 26te Figur. Hals und Körper sind gleichfalls noch
in der 25ten Figur vergröfsert dargestellt, und die Schwanzblase, welche in der
24ten Figur in natürlicher Gröfse abgebildet ist, und gewifs ein hinlänglich deutliches Bild darstellt, mag sich ein jeder, der Lust und Belieben dazu trägt, vergröfsert hinzudenken.

Mit Ausnahme von T r e u t l e r und B r e r a wurde, meines Wissens von
den übrigen Schriftstellern, welche diesen Wurm beschrieben haben, nie die
Schwanzblase ganz abgebildet; und das was Herr Z e d e r über die Blasenwürmer
§. 366. der Anleitung sagt, ist wirklich so dunkel und undeutlich, dafs derjenige,
welcher die Oekonomie dieser Thiere nicht selbst studirt hat, leicht verführt werden kann zu glauben, der Wurm sei mittelst der Schwanzblase an die Capsel,
worin er jedoch sammt seiner Blase ganz frei liegt, angeheftet. Auch sind die
Ausdrücke: der W u r m zieht sich in die Schwanzblase zurück; oder der W u r m
tritt aus der Schwanzblase hervor, ganz falsch, weil der Ununterrichtete dadurch
verleitet wird, zu glauben, der Wurm und die Blase wären etwas voneinander
Verschiedenes. Man mufs sagen der K o p f und der v o r d e r e The i l des
W u r m s ziehen sich in die Schwanzblase zurück; denn die Blase macht ja
selbst einen integrirenden Theil des Wurms aus, und es zieht sich folglich nur
ein Theil des Wurms in den anderen Theil desselben. Dieses Einziehen beginnt
mit dem Zurücktreten des äufsersten Punctes der zwischen dem Hakenkranze
hervorstehenden Erhabenheit, dann folgt der Hakenkranz, hierauf schlagen sich
auch die Saugmündungen ein und endlich der übrige gerunzelte Theil des Körpers, so dafs bei ganz zurückgezogenem Körper der Kopf am tiefsten in der
Schwanzblase steckt. Bei dem Hervorstrecken des Kopfs findet die umgekehrte
Ordnung Statt. Zuerst treten die Falten des Körpers hervor, dann die Saugmündungen, der Hakenkranz und endlich die konische Hervorragung, welche, wenn sie
nicht ganz hervorgetrieben ist, öfters eine Grube zu bilden scheint. Die Figur 23 mag
von diesem Aus- und Einziehen einen ziemlich deutlichen Begriff geben. Uebrigens läfst sich diese Operation mit nichts besser vergleichen, als mit dem Umstül-
pen des Fingers an einem Handschuhe, wo die Spitze am ersten zurückgezogen und am letzten wieder vorgeschoben wird.

Werner'n (i) gebührt die Ehre, diesen bei den Schweinen längst bekannten Blasenwurm zuerst in dem Menschen entdeckt zu haben. Er fand ihn in der Leiche eines 40jährigen im Wasser ertrunkenen Soldaten. Kaum hat Werner, nach seiner eigenen Aussage, einen Muskel im Körper gefunden, der nicht dergleichen Würmern zur Wohnung gedient hätte. O! dreimahl glücklicher Werner!

Nach Werner'n fand Herr Fischer (k) 25 Stück desselben in den beiden Adergeflechten des Gehirns eines jungen Menschen. Die Würmer hingen an dem Adergeflechte fest, und Herr Fischer behauptet, sie hätten keine Aufsenblase gehabt. Allein Herr Rudolphi erinnert dagegen, dafs hier das Zellgewebe äufserst fein ist, und dafs folglich von Herrn Fischer die Aufsenblase gar nicht bemerkt worden sein mag. Ich glaube daher, dafs diese dünne Aufsenblase, als sich der ins warme Wasser gelegte Wurm auftrieb, platzte, und sich ohne bemerkt zu werden zurückzog. — Indefs gibt es allerdings frei liegende in gröfsere Höhlen des Körpers eingeschlossene Blasenwürmer, wie mich davon die obenerwähnten in der Brusthöhle der Feldmaus gefundenen überzeugten. — Herr Treutler (l) hat deren 15 in dem einen und zwei in dem anderen Adergeflechte einer an der Wassersucht gestorbenen Frau gefunden. Er gibt seinen Würmern den Nahmen *Taenia albopunctata*, und glaubt sie von den Werner'schen und Fischer'schen verschieden. Allein Herr Rudolphi rechnet sie hierher, und ich glaube mit Recht. Denn dafs der Wurm nur eine einzige Saugmündung, und einen einfachen nur aus 6 Haken bestehenden Kranz sollte gehabt haben, ist nicht wohl zu glauben; vielmehr ist es wahrscheinlich, dafs sich der Kopf nicht ganz entwickelt hatte. Wenigstens berechtiget uns diese einzige Wahrnehmung nicht, eine zweite von den übrigen verschiedene Species von Blasenschwänzen in dem Gehirne anzunehmen. — Auch hat Herr Brera diese Würmer in dem Adergeflechte, und Herr Steinbuch 25 Stück vorzüglich in den Hals- und Rückenmuskeln gefunden. Aufserdem fand Herr Loschge in dem von Steinbuch untersuchten Cadaver noch einige in dem Adernetze der pia mater, und Isenflamm eine unter der Achselhöhle bei einer anderen Leiche. Herr Höfrath Himly fand sie nicht nur in den Muskeln, sondern auch in Eingeweiden, nahmentlich auf der Oberfläche des Hirns, wo sie

(i) Verm. intest. Cont. 2. p. 7.
(k) Taen. hydatig. p. 28.
(l) Am angeführten Ort. S. 1.

31

theils an der pia mater hingen, theils im Hirne selbst safsen, und in der Lunge, jedoch daselbst nur einen. In der Leber, so wie auch in der Milz, und in anderen genau durchsuchten Eingeweiden wurden keine gefunden. Späterhin fand er in einer anderen Leiche wieder welche, jedoch nur auf einigen Muskeln. — Herr R u d o l p h i schreibt mir, dafs er sie jeden Winter einige Mahle auf dem anatomischen Theater in Berlin fände. — Ich habe schon seit 10 Jahren Bestellungen darauf gemacht, sowohl im hiesigen allgemeinen Krankenhause, als auch auf dem anatomischen Theater, bin aber noch nicht so glücklich gewesen, von daher welche zu erhalten. Die Exemplare, welche die hiesige Sammlung von Eingeweidewürmern besitzt, verdankt sie der gütigen Mittheilung des Herrn R u d o l p h i.

Von den Z e i c h e n, aus welchen man auf das Vorhandensein dieser Würmer schliefsen könnte, oder von den Zufällen, welche von ihnen während des Lebens verursacht werden, läfst sich aus den bisher bekannt gewordenen Beobachtungen gar nichts abnehmen. Ich werde hier ganz kurz das darüber Aufgezeichnete anführen. — W e r n e r sagt von seinem Subjecte, dafs es ein starker und gesunder Mann gewesen sey. F i s c h e r (m) fügt indefs hinzu, späterhin von einem Freunde des Verunglückten gehört zu haben, dafs dieser einige Jahre vor seinem Tode sehr zur Schwermuth geneigt gewesen sei, und öfters über Trägheit und Schwere in den Gliedern geklagt habe; und wiewohl F i s c h e r nicht entscheiden will, ob daran die Würmer Ursache gewesen sein möchten, so bemerkt er jedoch, dafs die meisten Finnen gerade in denen Theilen gefunden wurden, über welche er im Leben am ärgsten geklagt hatte. — Der von F i s c h e r selbst untersuchte Leichnam, war durch ein hitziges Fieber ein Opfer des Todes geworden. — Die von Herrn T r e u t l e r untersuchte Frau war wassersüchtig und litt überdiefs an sehr vielen übeln Zufällen, deren Ursächliches man in einem schweren Kopfleiden zu suchen Grund hatte. Allein aufser den Blasenwürmern an dem Adergeflechte fand man eine grofse entartete Stelle in der Substanz des Hirns selbst und ungeheure Knochenauswüchse am Grunde des Schädels. — Herr B r e r a fand seine Würmer bei einem 55jährigen, plötzlich am Schlagflusse gestorbenen Manne, dessen Hirnhöhlen von blutigem Serum strotzten. — Herr T r e u t l e r die seinigen bei einem 65jährigen an der Abzehrung verstorbenen Manne. — Die Finnen, welche H i m l y beschreibt, bewohnten die Muskeln, das Gehirn und die Lungen eines am Gesichtskrebse verstorbenen Mannes, aber bei anderen

(m) Const. II. p. 47.

am Krebse verstorbenen, von ihm genau untersuchten Personen, wurde keine Spur von Blasenwürmern angetroffen. Der zweite, wo Herr Himly diese Würmer fand, war an einer ganz anderen Krankheit gestorben, und von den Beschwerden, welche dem Tode vorausgingen, läfst sich nicht eine einzige den Hydatiden zuschreiben. — Der oben von mir erwähnte Affe hatte öfters vorübergehende convulsivische Anfälle und starb eines Tags plötzlich.

Meine Leser sehen wohl von selbst ein, dafs, da ich in ätiologischer, pathologischer und diagnostischer Hinsicht von unserem Wurme so wenig zu sagen weifs, ich in therapeutischer noch weit weniger vorzubringen im Stande bin. — In dem von Herrn Himly beobachteten ersten Falle konnte man auf der Brust und dem Bauche die Finnen äufserlich als linsengrofse Erhabenheiten bemerken. Käme mir daher ein Mensch mit dergleichen vor, so würde ich mich durch einen Einschnitt zu überzeugen suchen, ob ich es mit wirklichen Finnen zu thun habe oder nicht, aber alsdann auch gar nichts weiter dagegen brauchen, höchstens meinem Kranken eine veränderte Diät anordnen, denn ich habe einige Ursache zu glauben, dafs sie sich öfters von selbst wieder verlieren. Schon die obenerwähnte Entartung der Blasenwürmer läfst mich diefs vermuthen, denn aus den Runzeln, welche die Leber um solche zu einer kalkartigen Substanz öfters bis auf die Gröfse einer Erbse zusammengeschrumpfte Würmer bildet, kann man schliefsen, dafs sie vielleicht in ihrer höchsten Ausdehnung an Gröfse welsche Nüsse übertroffen haben mögen. Ist der Wurm einmahl so sehr zusammengeschmolzen, so kann er auch am Ende ganz resorbirt werden. Dazu kommt noch folgende Erfahrung. Um diese Blasenwürmer in beträchtlicher Menge zu erhalten und ihre Oekonomie recht genau kennen zu lernen, wurde vor ungefähr 10 oder 11 Jahren von dem hiesigen k. k. Naturaliencabinette ein, von den Beschauern als im höchsten Grad finnig erklärtes, Schwein gekauft, jedoch noch vor dem Abstechen durch einige Zeit bei uns, wahrscheinlich mit einer von der bisher genossenen verschiedenen Nahrung, gefüttert, in der Absicht, dafs die Finnen immer noch mehr überhand nehmen möchten. Aber wie grofs war unser Erstaunen, als wir, anstatt das ganze Schwein damit übersäet zu finden, kaum 12 bis 15 Stück derselben fanden. Es ist möglich, dafs die Schweinbeschauer sich geirrt hatten; es ist aber auch nicht unwahrscheinlich, dafs sich die Finnen wieder von selbst verloren haben.

Aufser diesem *Cysticercus cellulosae* wird noch von Gmelin Syst. nat. p. 3059. N. 5. *Taenia visceral.* Treutler Obs. path. anat. p. 14. f. 1 — 4. Joerdens Helminth. p. 56. Tab. V. fig. 8 — 11. Zeder Anleit. S. 418. N. 11. eines *Cysticerci*

31 *

visceralis erwähnt. Aber Herr Rudolphi bemerkt sehr richtig, dafs die von diesen Schriftstellern angeführten Citate, sich entweder auf Blasenwürmer, die in Thieren gefunden wurden, oder auf solche beziehen, die zu den Hülsenwürmern gerechnet werden müssen. Die einzige *Fina epatica* von Brera könnte nach meinem Dafürhalten etwa hierher gerechnet werden, wofern sie nicht zum *Cysticercus cellulosae* gehört. Uebrigens will Herr Rudolphi gar nicht in Abrede stellen, dafs es nicht auch einen *Cysticercus visceralis* im Menschen geben sollte. — Ich habe auch nichts dagegen einzuwenden. Nur bitte ich recht sehr, wenn irgend Jemand einen solchen Wurm beschreiben sollte, die Merkmahle wodurch sich dieser Wurm, vorzüglich am Kopfende von anderen seiner Gattung unterscheidet, recht genau anzugeben. Denn am Kopfende sehen sie einander alle gleich und die Form der Schwanzblase ist etwas Zufälliges, da ihre Bildung nach meinem Dafürhalten, sehr viel von dem Organe abhängt, in welchem sich der Wurm erzeugt.

XII. Der Hülsenwurm. *Echinococcus.*

Tafel IV. Figur 27—32.

Jördens Helminth. S. 62. Taf. VII. Fig. 21—25. Der Menschenvielkopf. *Polycephalus hominis.*

Zeder Anleit. S. 451. N. 2. Taf. IV. Fig. 7. 8. *Polyceph. humanus.* S. 452. N. 6. *Polycephal. Echinococcus.*

Brera Memorie. p. 149. *Fischiosoma policefalo,* p. 164. Tab. III. Fig. 1—5. *Fina idatoide.*

Rudolphi Entoz. II. 2. p. 247. Tab. XI. Fig. 4. *Echinococcus humanus.*

Herr Rudolphi macht einen Unterschied zwischen belebten und unbelebten Hydatiden. Den Hülsenwurm aus den Eingeweiden der Klauenthiere (*Echinococcus veterinorum*) betrachtet er als eine belebte Hydatide, weil man in der in ihm enthaltenen Flüssigkeit die eigentlichen *Echinococci* oder jene kleinen mikroskopischen Körperchen mit 4 Saugmündungen und einem Hakenkranze findet. Die Blase selbst scheint er nicht für ein Thier zu halten, und also auch alle jene Blasen nicht, in welchen man keine solche mit Hakenkränzen und Saugmündungen versehene Würmchen findet. Allein da sie in allen Beziehungen den Hülsenwürmern ganz gleich kommen: so glaube ich mich berechtiget, alle jene Hydatiden, welche nach der obigen Bestimmung, frei in eigenen Capseln eingeschlossen liegen, ohne Verbindung mit der Capsel oder dem Organe, worin sie sitzen, für wirkliche Würmer zu halten. — Ho m e sieht die kugelförmige Hydatide als das einfachste Thier an, das ganz Magen ist. — Herr Hofr. Hi m l y aber hat, meiner Meinung nach, das Treffendste hierüber gesagt. Seine Worte sind folgende: »Man fand einzelne freischwimmende Blasen (*hydatis simplex*) und Aerzte erklärten sie für Ausdehnungen lymphatischer Gefäfse! Diese einfache Hydatide ist ein sehr einfaches, wahrscheinlich das einfachste Thier. Ich mufs sie für ein Thier halten, denn sie lebt, weil sie nicht fault, sie hat keinen Zusammenhang mit dem Menschen oder Thiere, in welchem sie sich erzeugte, also, wenn Säfte nicht leben, so ist sie ein eigenes lebendes Individuum, ist ein eigenes Thier. Kopf, Mund und solche ausgebildete Organe darf man eigentlich fast eben so wenig von ihr fordern, als Verstand. — Zwischen thierischen Theilen ergossene Lymphe, z. B. zwischen der entzündeten also thätiger schaffenden Oberfläche der Lungen und der Brusthaut wird, wenn sie mit diesen Theilen Zusammenhang gewinnt, ihnen analog mit Blutgefäfsen versehen; — derselbe belebtere Stoff, belebt ohne Zusammenhang mit jenen Theilen also individuell, hat nicht die Natur der vollkommen warmblütigen Thiere, sondern ist ein Wasserthier (n). Diese Hydatiden haben, wenn sie ein wenig dickhäutig sind, eine Substanz, wie die Linsenkapsel, sind sie dicker, so haben sie den Anschein einer durchsichtigen nicht völlig farbenlosen Knorpelhaut, opalisiren etwas, und krullen sich eingeschnitten zusammen. Chemisch untersucht verhalten sie sich völlig gleich thierischer Substanz, eigene lebende Individuen sind sie, mit Pflanzen haben sie nicht das Mindeste gemein, wir werden sie also für Thiere gelten lassen müssen, und somit für zu eng die Bestimmung, ein Thier müsse einen Mund haben und mannichfache Nahrung durch willkührliche Bewegung in ihn hineinführen (o). Man-

(n) »Wie sich hier ein individuelles Leben entwickelte, wird kein gröfseres Räthsel sein, als das, wie überhaupt Leben entsteht, welches freilich ein ewiges Räthsel bleiben wird. Sehr mifsverstehen würde man mich, wenn man meinte, ich wollte dieses Räthsel lösen: meine Meinung ist nur, man solle sich nicht durch solche Umwege täuschen, dafs man glaubt, man wisse etwas bedeutendes, wenn man annimmt, Leben entwickele sich aus einem Eie. Gewundert habe ich mich, dafs auch Herr Professor O k e n, der sonst die Fesseln der herkömmlichen Vorstellungs- und Darstellungsarten eben nicht duldet, in seiner Schrift über die Zeugung auf die Monaden zurückkommt, welche doch nichts als gleichsam Ureier wären, und deren Aannahme gar nicht nöthig ist, wenn man nicht supponirt, der Urgeist sei gestorben, und lebe nur noch durch seine Geschöpfe.«

(o) »Blumenbach sagt (in seinem Handbucke der Naturgeschichte, 8te Auflage, Göttingen 1807. S. 36.) auch nur: die Thiere schienen sämmtlich einen Mund zu haben; und gibt (ebendaselbst) vorläufig auch schon Ausnahmen — bei sogenannten Infusionsthieren zu — Sind Hydatiden nicht vielleicht als Infusorien zu betrachten?«

che solcher kuglichten Hydatiden halten in sich noch eine andere, weichere Haut, welche hie und da mit drüsenartigen Körperchen, meistens fleckweis besetzt zu sein scheint. Manche enthalten wieder andere Kugeln und stellen gleichsam das Einschachtelungssystem dar. Bildete sich hier mit einem Schöpfungsschlage Kugel in Kugel? Oder gebar später die grofse Kugel die kleinere, dafs vielleicht jene drüsenartigen Körperchen sich wie die kuglichten Knöpfchen der Brunnenconferve verhalten, die abfallen und neue Conferven bilden?«

Die letztere Meinung scheint mir die wahrscheinlichere. Die Erklärung der Abbildungen wird diefs wohl rechtfertigen. Die hier vorgestellten Hydatiden sind alle aus einem ungeheuren Sack, welcher sich in der Leber einer Frau, die sterbend ins Spital gebracht worden war, gebildet hatte. Sie lagen alle frei in diesem Sacke, welcher inwendig ganz glatt war. Die 27te Figur stellt eine der kleineren, doch nicht die kleinste, die 28te und 29te eine der gröfsten vor. Bei der 27ten Figur sollte man glauben, es läge ein kleinerer Wurm in dem gröfseren. Es ist aber dem nicht also, sondern es hat sich nur die innere Haut des Wurms, der aus einer doppelten Haut bestehet, von der äufseren losgetrennt und zusammengezogen. Diefs beweisen die beiden nachfolgenden Figuren, welche von ein und ebendemselben Wurme genommen sind. Figur 28 wurde gleich, wie der Wurm aus dem Sacke kam, gezeichnet. Er blieb im Wasser liegen, und am anderen Morgen hatte sich die innere Lamelle losgetrennt, und gab die Figur 29. Diese Blasen sahen aus, als wann sie mit ganz feinen Körnern besetzt wären. Vergröfsert erscheinen diese Körner als durchsichtige kleine Kugeln, wie Figur 31 lehret. Bisweilen sind aber diese in den gröfseren Blasen enthaltenen kleinen Kügelchen so grofs, dafs man sie leicht mit unbewaffnetem Auge wahrnehmen kann, wie man diefs an der Figur 30 siehet. Ein solches gröfseres Kügelchen sehr stark vergröfsert stellt die 32te Figur dar. Wenn also, wie ich gleich zeigen werde, die Hydatide Figur 30, schon das Erzeugnifs einer früher bestandenen gröfseren Hydatide ist, so sind die in ihr enthaltenen Kügelchen als die Enkel und die von Figur 32 als die Urenkel jener ersten Hydatide zu betrachten.

Ich habe schon erinnert, dafs sich unsere Hülsenwürmer in allen Stücken gerade so verhalten, wie die Hülsenwürmer in den Eingeweiden der Klauenthiere. Diefs mufs ich nun beweisen. In den Eingeweiden, besonders in der Leber der Klauenthiere kommen öfters sehr grofse, manchmahl ganz unregelmäfsig geformte Hülsenwürmer vor. Sie sind im gesunden Zustande mit wasserheller Flüssigkeit gefüllt, die jedoch einen trüben Satz fallen läfst. In einem Tropfen dieses trüben

Bodensatzes, unter dem Mikroskope betrachtet, siehet man in grofser Menge kleine Körperchen schwimmen von der verschiedensten Gestalt und Bildung. Es gibt darunter, runde, eiförmige, fast cylindrische, herzförmige, keulenförmige, solche, die gleichsam in zwei verschieden gestaltete Hälften getheilt sind, u. s. w. An einigen nimmt man deutlich vier Saugmündungen und einen Hakenkranz wahr. Aufserdem schwimmen zwischen ihnen eine Menge loser Haken ganz von der Form desjenigen, den wir von den Finnen Figur 26 abgebildet haben. Hieraus sieht man schon, dafs diese Haken abfallen. Aber auch die Saugmündungen verschwinden, und diese so verschiedentlich gebildeten Körperchen bilden mit der Zeit kleine glatte Kügelchen. Ich habe deren, die so klein wie Mohnsamen sind. So lang indefs die Sachen in diesem Zustande bleiben, läfst sich noch immer die Mutterhydatide leicht von dem Sacke, in dem sie enthalten ist trennen, oder fällt vielmehr selbst heraus, wenn man mit gehöriger Vorsicht eine erforderlich grofse Oeffnung in den Sack geschnitten hat. — Wachsen hingegen einmahl die selbst zu Hydatiden gewordenen kleinen Thierchen besser heran: so verwächst die Urhydatide mit dem Hydatidensack und läfst sich nicht mehr von demselben trennen. Hingegen sprudeln, wenn man den Sack öffnet, dieselben frei aus ihm heraus, und in ihnen findet man wieder die oben beschriebenen kleinen Thierchen in eben so vielen verschiedenen Gestalten. — Da indefs diese kleinen Thierchen in unzähliger Menge in einer Blase enthalten sind, und alle unmöglich Raum haben, um zur vollkommenen Gröfse heranwachsen zu können, so wird manches derselben schon in der frühesten Kindheit an seinem Bruder zum Kain, eine Menge geht in der Hälfte ihrer Tage zu Grunde, und ein grofser Theil mufs seine ganze Lebenszeit hindurch einen verkrüppelten Körper mit sich herumschleppen, wie wir diefs an der 30ten Figur sehen, woran wohl die ursprüngliche Kugelform nicht zu verkennen ist, die aber ein neben ihr liegender Bruder im freien Naturzustande, wo ein jeder gleiche Ansprüche auf das Leben macht, und das Recht des Stärkeren gilt, auf der einen Seite ganz eingedrückt hat. — Manchmahl aber findet keine solche Vermehrung statt, oder sie geschieht vielleicht zu tumultuarisch, kurz die Hydatide erkrankt und stirbt, worauf dann mit ihr die obenerwähnten Veränderungen vorgehen, bis sie zu einer harten kalkartigen Masse ausdorrt.

Ganz so verhält sich die Sache bei den Hydatiden, die in dem Menschen gefunden werden, nur mit der Ausnahme, dafs man die kleinen mit Hakenkränzen und Saugmündungen versehenen Thierchen noch nicht darin gefunden hat, sondern statt dieser nur kleine glatte Kügelchen. Denn ich traue nicht ganz der Be-

obachtung von G o e z e (p), der in den von Meckel ihm mitgetheilten Hydatiden olivenförmige Körperchen mit einem einfachen Hakenkranze gefunden haben
will, und fürchte, dafs ihn sein beliebter Prefsfchieber getäuscht haben möchte.
Ich habe auch dergleichen olivenförmige Körper in Hydatiden aus dem Menschen,
welche mir Herr v. S ö m m e r r i n g gütigst mittheilte, gefunden, aber von einem Hakenkranze konnte ich nichts gewahren.

Nichts desto weniger wachsen diese Bläschen ohne den mindesten Zusammenhang mit irgend einem anderen Körper frei für sich fort, ganz wie die Hydatiden
aus den Klauenthieren. Auch finden bei ihnen die nähmlichen krankhaften Metamorphosen statt, wie bei jenen, sie müssen folglich auch mit ihnen zu einer
Gattung gehören. Vielleicht würde man auch noch die Hakenkränze und Saugmündungen in einer Urhydatide finden. — Was mich in diesem Glauben bestärkt,
ist der Umstand, dafs selbst bei Hülsenwürmern 2ter und 3ter Generation der
Klauenthiere die eigenthümliche Form der kleinen Würmer früher zu schwinden
anfängt, und sich der Kugelform nähert. Es scheint, dafs wenn es hier einmahl
zum Fortpflanzungsprocesse gekommen ist, die Entwickelung der Jungen 3ter und
4ter Generation bedeutend schneller vor sich geht. Alle Hydatiden aber, welche
ich aus Menschen gesehen habe, waren wenigstens von der 2ten Generation.
Urhydatiden, wo nur eine einzige grofse Hydatide den ganzen Hydatidensack aus-
füllt, und die ich bei Klauenthieren sehr oft gefunden habe, sind mir bei Menschen
noch nicht vorgekommen. Vielleicht hat F e l i x P l a t e r (q) dergleichen gesehen
denn er spricht von apfelgrofsen mit hellem Wasser gefüllten Blasen in menschlichen Lebern und Gekrösen. Ganz bestimmt aber war es eine Urhydatide, deren
de H a e n (r) erwähnt. Die ungeheuer grofse Leber eines 24jährigen Mannes war mit sehr vielen Geschwülsten besetzt, die das Ansehen von Skirrhen hatten. Man schnitt in die eine und sogleich sprang mit Heftigkeit eine Flüssigkeit
hervor, deren Menge man auf eine Mafs schätzte. Nachdem diese abgelaufen
war, konnte man die zusammengefallene Blase leicht herausnehmen, da sie mit
der ihrer Gröfse vollkommen entsprechenden Höhle in der Leber nicht den mindesten Zusammenhang hatte. Jedoch war diefs die einzige gesunde Urhydatide
in dieser Leber. Denn einige der übrigen Geschwülste enthielten sehr viele Hydatiden von sehr verschiedener Gröfse, andere eine fettige Schmiere (crassa et

(p) Z e d e r Nachtråg. S. 310.
(q) Observ. Lib. III. p. 617.
(r) Ratio medendi VII. p. 125.

pinguis amurca), wieder andere eine solche, die sich sandig anfühlen liefs. — Hier wohnten also in demselben Organe: eine Mutterhydatide, sehr viele von der 2ten Generation, wie auch krankhaft degenerirte beisammen. Ganz so habe ich es einmahl in der Leber enes Dromedars (*Camelus bactrianus* L.) gefunden. Da man indefs bei den im Menschen gefundenen Hülsenwürmern die Hakenkränze noch nicht mit Zuverlässigkeit beobachtet hat, so ist der Nahme *Echinococcus* für diese Species unpassend, indem es vielmehr ein *Liococcus* ist. Wollte man aber diesen Nahmen wählen, so würde man aus den menschlichen Hülsenwürmern eine neue Gattung machen, was gewifs unrecht wäre. Ich schlage daher vor, die Gattung *Splanchnococcus*; die eine Art *echinatus* und die andere *laevis* zu nennen, bis etwa auch an dieser die Hakenkränze entdeckt werden. Herr Laennec nennt unsern Wurm *Acéphalocystis*.

Der Wohnsitz dieser Blasenwürmer ist sehr leicht zu bestimmen, wenn man sagt, dafs es mit Ausnahme des Darmkanals kein Organ in dem menschlichen Körper gibt, in welchem sie nicht schon gefunden worden wären. Indefs darf man doch nicht unbedingt alles dasjenige, was von den Schriftstellern für Hydatiden ausgegeben wird, als solche annehmen. Selbst in dem von Lüdersen angeführten von Herrn Kelch beobachteten Falle, scheint mit Ausnahme der an der Leber hängenden Hydatide, nicht eine einzige geeignet zu sein, um hieher bezogen werden zu können. Jedoch will ich hierdurch keineswegs der Asche Lüdersens übel reden. Er hat mit ungeheurem Fleifse zusammengetragen alles das, was die Aerzte Hydatis zu nennen beliebt haben, und sich darüber hinlänglich bei seiner Classification der Hydatiden gerechtfertiget. Aber die Beobachtungen von Persius (s) und Coiter (t), wo alle Eingeweide der Brust- und Bauchhöhle mit Hydatiden besetzt waren, scheinen allerdings hierher zu gehören.

Ueber das Vorkommen von Blasenwürmern im Gehirne, sowohl in dem Mark, als in den Häuten, Höhlen und anderen Theilen desselben, findet man mehrere Fälle bei Morgagni *de causs. et sedib. morb.* aufgezeichnet. Manche mögen wohl zu dem Blasenschwanze gehören. Jedoch besitze ich selbst einige Hülsenwürmer kleiner noch als Senfkörner aus der *Glandula pituitaria*, welche ich der Güte des Herrn v. Sömmerring verdanke. — Morrah erzählt von einem 16jährigen Mädchen, dafs es alle 3 Wochen zwei heftige Ohnmachten bekommen, zuletzt Gehör, Gesicht und Geruch verloren habe, und auf der linken Seite gelähmt worden war. Nach 8 Monathen, von der ersten Ohnmacht an ge-

(s, t) Boneti sepulchret. Lib. III. Sect. XXXI. Obs. 21. §. 6.7.

32

rechnet, starb es apoplektisch. Bei der Leichenöffnung fand man in der rechten Hemisphäre des Hirns eine 5 Zoll lange und 2 Zoll breite Hydatide. — A d a m S c h m i d t hat eine in der Thränendrüse beobachtet. — Am Herzen hat M o r- g a g n i (u) eine grofse Hydatide hängen gesehen. Aehnliche Beobachtungen führt er au (x) von C o r d a e u s, F o n t a n u s, P e r s i u s und B a l l o n i u s. G e o f f r o y berichtet von zwei bedeutend grofsen Hydatiden in der Brusthöhle. C o l l e t erzählt uns, dafs eine 47jährige Frau vom 6ten September 1771 bis 1ten Januar 1772, 135 Stück Hydatiden von der Gröfse einer Erbse bis zu der eines Hühnereies mit Husten ausgeworfen habe, jedoch waren alle zerrissen. Auch hatte diese Frau eine Geschwulst in der Lebergegend, so dafs die Hydatiden vielleicht von daher gekommen sein konnten. — Eine 24jährige Frau warf nach einer vor- hergegangenen Lungenentzündung eine grofse Menge häutiger Massen aus, wel- che man ihrer Structur nach für die Bälge von Hydatiden halten mufste (y). M o n r o führt einen Fall an, wo das Aushusten der Hydatiden durch Tabakrau- chen sehr erleichtert wurde. — Der Beobachtung von Blasenwürmern in der Schilddrüse von de H a e n ist schon oben erwähnt worden. — Herr Leibchirur- gus K e r n exstirpirte vor mehreren Jahren eine Geschwulst auf dem Brustbei- ne, welche mehrere Hydatiden enthielt, die mir gütigst von ihm mitgetheilt wurden. — R u y s c h (z) fand einst eine Leber aus lauter Hydatiden bestehend, die eine durchscheinende lehmige Materie enthielten. In besagter Leber war nicht der kleinste Ast von einer Pfortader oder Hohlader, von Gallengängen oder Leberarterien wahrzunehmen. Herr V e i t sah aus einem Abscesse zwischen der 10ten und 11ten Rippe der rechten Seite innerhalb 4 bis 5 Tagen mehrere hun- dert Hydatiden von der Gröfse einer Erbse bis zu der eines Taubeneies hervor- quellen. — P e m b e r t o n fand eine Hydatide am Netze von 5 Zoll im Durch- messer. — Er sah in einem Leberabscesse, der sich in die Lunge öffnete wenig- stens 560 Hydatiden von drittehalb Zoll im Durchmesser bis zur Kleinheit eines Nadelknopfs. — In der Substanz der Milz kamen ihm vor zwei kugelförmige Hy- datiden, jede von 5 Zoll im Durchmesser, welche eine klare Flüssigkeit enthiel- ten, in der kleine Hydatiden schwammen. — L ü d e r s e n fand die Milz eines 40jährigen allgemein wassersüchtigen Mannes zu einem ungeheuren Sack ausge-

(u) De causis et sedib. XXV. 15.
(x) Ebendaselbst XXXVIII. 35.
(y) The Edinburgh medical and surgical Journal. Vol. VII. 1811. p. 490.
(z) Thesaur. I. N. Xij.

dehnt, welcher eine grofse Menge Hydatiden enthielt, wovon die gröfste einer Zitrone gleich beinahe 3 Unzen wog, die kleinsten wie Senfkörner waren. — Boudet (a) fand ungefähr 4000 Wasserblasen in einem Sacke zwischen den Muskeln und dem Bauchfelle. — Nach Macleay bildete sich binnen anderthalb Jahren ein ungeheurer am Gekröse festsitzender Balg, der die ganze Unterleibshöhle einnahm, und an 35 Pinten Hydatiden enthielt, von denen viele die Gröfse einer Orange hatten. — Le Cat hat eine ähnliche Beobachtung aufgezeichnet. — Cullerier fand in einer 3 Zoll langen und anderthalb Zoll breiten Höhle im Schienbeine eine Hydatide von mehr als einem Zolle im Durchmesser, welche wieder kleinere Hydatiden enthielt.

Leicht könnte ich die Zahl der über unseren Gegenstand gemachten Beobachtungen um ein halbes Hundert vermehren, wenn ich nicht befürchtete die Geduld meiner Leser zu ermüden. Lieber wäre es mir und gewifs auch für meine Leser interessanter, wenn ich etwas Genügendes oder auch nur Halbgenügendes mit Verläfslichkeit über die Erkenntnifs des Vorhandenseins dieser Würmer in dem noch lebenden Menschen, über die veranlassenden Ursachen ihrer Erzeugung und über die Heilung vorzutragen wüfste. Herr Lassus hat uns zwar als Merkmahle, woraus man auf die Gegenwart von Blasenwürmern in der Leber schliefsen könnte, folgende Zeichen angegeben: Blasses Aussehen, aber nicht gelb oder gallicht; von Zeit zu Zeit heftige Schmerzen in der Leber; weicher nicht gespannter Bauch, träger Stuhlgang. Die Kranken haben Ekel, erbrechen sich auch wohl und glauben, sie würden von dem Gefühle von Schwere befreit werden, wenn sie sich nur hinlänglich erbrechen könnten. Die *Regio epigastrica* schwillt ein wenig auf und ist fast immer schmerzhaft. Der Kranke fühlt daselbst ein Gewicht, welches ihn zu ersticken droht, sein Athmen beschwerlich macht, und Husten ohne Auswurf verursacht. Er befindet sich in dem Zustande eines Menschen, der am Dampfe leidet. Unmerklich bildet sich eine unebene pralle Geschwulst, welche, wie sie zunimmt, mehr oder weniger Zeichen von Schwappern gibt. Auf dem Rücken kann der Kranke nicht wohl liegen und nur auf der rechten Seite, wenn die Hydatide in dem grofsen Lappen sitzt. Im Sitzen beugt er sich vorwärts. Im allgemeinen ist der Appetit verloren, die Verdauung schlecht, die Zunge blafs, jedoch unbelegt. — Indefs kommen doch mehrere vor, welche die Efslust bis zum Tode behielten. — Keine geschwollenen Füfse, aufser im Falle von complicirtem Ascites und am Ende der Krankheit. Keine Zeichen

(a) Giornale di Medicina pratica, compilato da V. L. Brera, Vol. II. Padua 1812.

32 *

von vorhergegangener Entzündung oder Eiterung. Der Puls ist nicht fieberhaft, aber langsam, klein, gespannt.

Allein aufrichtig gestanden, ich habe kein grofses Vertrauen auf die Verläfslichkeit dieser Zeichen, denn sie scheinen vorzüglich hergenommen zu sein aus einer Beobachtung von Roux (b), wo aber auch neben den Hydatiden in der Leber, bedeutende organische Fehler im Herzen und dessen Nachbarschaft vorhanden waren, welche leicht die Erstickungszufälle, und endlich selbst den plötzlichen Tod verursacht haben konnten. Ich mufs daher bekennen, dafs ich mir nicht traue, aus allen denen von mir über vorgefundene Hydatiden nachgelesenen Beobachtungen, ein einziges bestimmtes Zeichen anzugeben, aus welchem man mit Gewifsheit auf ihre Gegenwart schliefsen könnte.

Eben so schwer hält es mir, etwas mit Gewifsheit über die veranlassende Ursache derselben zu sagen. Doch kann ich nicht unbemerkt lassen, dafs bei Vielen, in denen dergleichen Blasenwürmer gefunden wurden, früher Gewaltthätigkeiten auf das damit behaftete Organ verübt worden waren. Die beiden Mädchen der 7ten und 8ten Beobachtung von Lassus hatten sich 3 oder 4 Jahre vorher bei einem Falle in der *regio epigastrica* weh gethan. — Der Schuster von Corvisart und Leroux hatte einen Stofs von einer Deichsel in das rechte Hypochondrium erhalten, worauf er heftigen Schmerz empfand, der jedoch wieder verging. Allein 3 bis 4 Monathe nachher bemerkte er an derselben Stelle eine leichte Auftreibung des Bauchs, besonders im rechten Hypochondrio, welche immer mehr zunahm, so dafs er nach 6 Jahren alle Arbeit aufgeben mufste. — Auch der von Cullerier angeführte Patient hatte sich einige Jahre zuvor auf einer Leiter einen Stofs an das Schienbein gegeben. — Wären nun solche äufsere Gewaltthätigkeiten eine veranlassende Ursache zu Erzeugung dieser Hülsenwürmer, so könnten auch wohl heftige Erschütterungen des Körpers durch einen Sprung von grofser Höhe, durch heftiges Niesen, Husten u. s. w. mit dazu gerechnet werden. Ganz absurd scheint mir eine solche Erklärung dieser Hydatiden nicht zu sein. Denn kann Gehirnhöhlenwassersucht auf heftige Erschütterung der Wirbelsäule entstehen, so kann sich ja wohl auch in irgend einem anderen Organe ein Tropfen plastischer lebender Feuchtigkeit ergiefsen, aus dem Kreislaufe austreten, sich plötzlich zu einem eigenen selbstständigen Ganzen bilden, welches die Urform aller organischen Körper d. i. die sphäroideische annimmt, sich auf Unkosten des Organs vergröfsert und endlich selbst den Herrn im Hause spielt.

(b) Dessen Journal October 1774. p. 314.

So lange indefs die Diagnostik und Aetiologie dieser Parasiten in so tiefes Dunkel gehüllt sind, um wie mifslicher mufs es nicht mit der Therapenti': aussehen. Lassus sagt zwar, dafs die Oeffnungen so'cher Hydatidensäcke allzeit tödtlich abgelaufen wären, erzählt aber doch selbst (c) einen Fall aus Guattani, wo der Sack von freien Stücken aufsprang, und mehr als 300 Hydatiden herauskamen. Durch 6 Jahre blieb eine Fistel die endlich zuheilte, wobei sich der Mensch ganz wohl befand. Auch der Kranke der ersten Beobachtung bei Lassus lebte, nachdem man die Geschwulst künstlich geöffnet hatte, noch ein Jahr lang. Tyson (d) erzählt die Geschichte einer Frau, von besserem Befinden, als je vorher, welcher er vor 10 Jahren auf der rechten Seite unter den kurzen Rippen eine Oeffnung hatte machen lassen, woraus eine Menge helles Wasser, aber auch mehr als 500 Hydatiden flossen, gröfstentheils waren sie ganz und mit hellem Wasser gefüllt, die gröfseren, welche nicht durch die Oeffnung hindurch konnten, waren zerrissen. — Man hat auch Beispiele, dafs welche durch den Darmkanal abgegangen sind. Bidloo (e) erzählt ein solches. Wahrscheinlich war in diesen Fällen der Hydatidensack mit dem Darme verwachsen und bei Berstung desselben ergossen sich die Hydatiden in diesen Kanal. Denn dafs sie sich nicht im Darme selbst erzeugen und fortpflanzen können, sieht wohl ein Jeder ohne mein Erinnern ein.

Noch mufs ich einer Art von Hydatiden erwähnen, welche von unserem hier abgehandelten Hülsenwurme in mehr als einer Hinsicht ganz verschieden sind. Ich meine die Hydatiden, welche sich öfters in der Gebärmutter, es sei nun entweder für sich allein, oder in Gemeinschaft mit einem Fötus, oder auch nur im Mutterkuchen erzeugen, und die Weifsmantel *Hydrometra hydatica* oder Traubenmolen nennt. Vor zwei Jahren hatte Herr Dr. Helm die Güte, mir eine dergleichen, nebst der kurzen hier folgenden Krankengeschichte mitzutheilen. Barbara St., von Kindheit an schwächlich und kränklich, besonders an Hautkrankheiten und Drüsengeschwülsten leidend, bekam schon in ihrem neunten Jahre die monathliche Reinigung und zwar immer sehr stark, so dafs sie gewöhnlich 14 Tage damit zubrachte. Diefs minderte sich jedoch in der Folge, wobei sie noch einige Krankheiten zu überstehen hatte, und zuletzt auch an einem gutartigen weifsen Flusse litt. Im Junius 1815, wo sie bereits 22 Jahr alt war, ver-

(c) Am angeführten Orte. S 137.
(d) Lumbricus hydropicus.
(e) Am angeführten Orte, Seite 28.

heirathete sie sich. Im October blieb ihre Reinigung aus, und mehrere Erscheinungen deuteten auf Schwangerschaft. Am 7ten Jenner liefs sie Herrn Dr. Helm
rufen, dem sie klagte, dafs sie schon seit vier Wochen an heftigen Kreutzschmerzen leide, auch bald mehr bald weniger dickes schwarzes Blut aus der Scheide
verliere, übrigens sich wohl befinde, nur fehle die Efslust, dagegen sei der Durst
vermehrt. Ueber den Schambeinen konnte man deutlich den ausgedehnten
Uterus fühlen, jedoch verursachte der gelindeste Druck heftige Schmerzen. Auf
die verordneten Arzneien stillte sich die Blutung, kam aber nach einigen Tagen
nebst den Kreutzschmerzen wieder zurück. Unter abwechselnder Besserung und
Verschlimmerung stellten sich endlich am 30ten wieder Wehen mit Bluten aus der
Scheide ein; der Muttermund, den man früher kaum erreichen konnte, öffnete
sich, der forschende Finger aber konnte nichts von einem vorliegenden Kindstheile
unterscheiden. Um 9 Uhr stürzte unter heftigen Wehen plötzlich eine runde,
Kopfgrofse Mola hervor. Sie war mit einer Haut umgeben, welche die Heb-
amme zerrifs, worauf dann einige tausend Hydatiden zum Vorschein kamen. Am
3ten Tag bekam die Frau Fieber, die Brüste schwollen an und gaben Milch.
Durch zweckmäfsige Behandlung wurde sie bald ganz hergestellt. Im nähmlichen Jahre wurde sie wieder schwanger und gebar seitdem ein gesundes und wohl-
gestaltetes Mädchen.

Gleich am anderen Tage erhielt ich diese Hydatiden, sie safsen an Stielen
und gingen von einer Art Mutterkuchen aus. Die gröfsten waren wie Haselnüsse, die kleinsten, wie Hanfkörner. Sie waren durchsichtig und mit einer wasserhellen Flüssigkeit gefüllt. Einen Theil derselben übergofs ich sogleich mit Weingeist
um die erwähnte Placenta besser zu erhalten, die mir im Wasser leicht auflösf-
lich schien. In Kurzem färbten sich die Blasen roth; ein Gleiches geschah mit
denjenigen, welche längere Zeit mit den blutigen Anhängen in Berührung im
Wasser liegen blieben, und konnten erst nach und nach wieder ausgewässert
werden. Hieraus scheint mir zu erhellen, dafs diese Hydatiden ihr eigenes Leben führen müssen, eigene Thiere für sich sind. Dafs sie mit Stielen auf einem
gemeinschaftlichen Grund und Boden, oder auch die einen auf den andern festsitzen,
beweist nichts gegen diese Annahme, denn es gibt in dem grofsen Wasserreiche
eine unendliche Zahl von Thieren, die ein *Corpus sessile* haben. Es beweist
aber der Umstand, dafs sie, so lang sie lebten, nichts anderes in ihren Körper
aufnahmen, als die demselben zuträgliche und wasserhelle Flüssigkeit, sehr für
ein eigenthümliches Leben. Erst nach dem Tode gestatteten ihre Häute der sie

umgehenden Flüssigkeit den freien Eintritt. Ein Gleiches geschieht mit den Hülsenwürmern, wenn man sie in gefärbte Flüssigkeit legt. Dafs aber eine ganze
solche Traube nicht etwa eine blofse Auftreibung oder Aufblähung lymphatischer
oder irgend anderer Gefäfse ist, geht daraus hervor, dafs die Stiele nicht hohl
sind. Denn wenn man eine von den gröfseren Blasen, an welcher tiefer mehrere
kleinere hängen mit Quecksilber füllt, so dringt dieses nicht in die letzteren.

Ich verlange indefs nicht, dafs man sie auf meine Authorität hin, künftig zu
den Eingeweidewürmern zählen soll. Ich habe daher auch nur ein kleines Theilchen dieser Traubenmola auf der Titelvignette unter den Pseudohelminthen abbilden lassen. Eine nicht übelgerathene Zeichnung einer solchen Mola findet man
auch bei Bidloo (f).

Clarke erzählt einen Fall, der dem von Herrn Dr. Helm ganz gleich
zu sein scheint. Auch bei dieser Frau erzeugte sich Milch in den Brüsten, so dafs
sie ein Kind anlegen konnte. Moreau erwähnt eines ähnlichen Beispiels.
Watson berichtet: Eine Frau von 48 Jahren, die mehrere Kinder geboren hatte,
glaubte sich im November abermahls schwanger. Im Februar bis Ende März
verlor sie jede Nacht Blut durch die Scheide. Da sie indefs kein Dickerwerden
des Bauchs und kein Anschwellen der Brüste bemerkte, so stund sie in der Meinung, dafs sie wohl ihre Reinigung ganz verlieren würde. Am ersten April aber
fingen an, nach vorhergegangenen Kreutzschmerzen viele Wasserblasen abzugehen, in der Gröfse von einer Mus!katnufs bis zu der eines Stecknadelknopfs, einige
mit durchsichtiger andere mit blutiger Lymphe gefüllt. Hierauf befand sie sich
wohl. — Mougeot hat auch darüber geschrieben, die von ihm angeführten
Beobachtungen aber sind von Percy. Dieser Letztere behauptet, dafs diese Hydatiden lebendige Thiere wären; in dem Mutterkuchen kämen sie häufiger vor,
und bei den wiederkäuenden Thieren vermisse man sie selten. Nach ihm sind
Zeichen einer Hydatidenschwangerschaft, öfterer kleiner Verlust von Blut oder
Schleim vom 2ten Monathe an bis zur Niederkunft; der Muttermund ist immer
klaffend, und ändert kaum die Form und Stelle. Der Bauch ist zwar dick aber
nicht hart und fühlt sich taigig an. Die Zeit der Niederkunft mit solchen Hydatiden
ist unbestimmt; bei einigen erfolgt sie mit 3 Monathen, bei anderen erst im 10ten,
doch selten später. — Zu Beförderung des Abgangs der Hydatiden, wenn sich
nähmlich erst welche gezeigt haben, empfiehlt er Einspritzungen von Meerwasser
oder einer gesättigten Kochsalzauflösung mit Essig. — Er bespricht auch die

(f) Am angeführten Orte. Teb. 2.

Frage, ob wohl im jungfräulichen Zustande eine solche Hydatidenmola sich erzeugen könne und beantwortet dieselbe bejahend. Dazu bestimmt ihn vorzüglich die zweite von seinen drei Beobachtungen. Einer Kanonissinn von 26 Jahren blieben im Julius 1788 die Regeln aus, der Bauch wurde dick u. s. w. Am 5ten Aprill 1789 leerte sie zwei Frauenzimmernachttöpfe voll Wasser und ganze und zerrissene Hydatiden aus.

Dem kaiserlichen Rath und Professor der Entbindungskunst an der Josephinischen Militairakademie, Herrn Dr. Wilhelm Schmitt sind auch 3 dergleichen Fälle vorgekommen. In dem ersten waren die Hydatiden ganz gleich denen von Herrn Dr. Helm gefundenen. In den zwei späteren Fällen, die er zu beobachten Gelegenheit hatte, waren die Blasen viel kleiner und überhaupt von sehr ungleichem Kaliber, und lagen haufenweise und unordentlich zerstreut in einem gallertartigen Wesen, das man mit nichts besser als mit dem Froschlaiche vergleichen kann. Das Ganze hing jedoch mit einer allgemeinen häutigen Hülle zusammen, die dem *Chorion* glich. — War vielleicht in diesen beiden letzteren Fällen krankhafter Zustand der Hydatiden vorhanden? — Auch sprechen mehrere Beobachter von dem Abgange der Hydatiden, ohne dabei zu bemerken, dafs sie mit Stielen aneinander hingen. Sollten sich vielleicht mit der Zeit diese Hydatiden von dem Stiele trennen, wie sich das Ei von dem Eierstocke in der Henne trennt? — Es ist möglich. Ja! mir ist es jetzt, da eben dieser Bogen gedruckt werden soll, sogar sehr wahrscheinlich. Denn ich erhalte gerade eine kleine Abhandlung von Herr Brera (g), wo auf einer grofsen Tafel dergleichen Hydatiden abgebildet sind. So viel ich aus der Geschichte entnehmen kann, lagen sie zwischen dem Bauchfelle und den allgemeinen Bedeckungen. Der gröfste Theil derselben besteht aus einzelnen frei liegenden runden und zwar gröfseren Blasen. An drei verschiedenen Stellen befinden sich jedoch bedeutend kleinere die mit Stielen zusammenzuhängen scheinen.

(g) Tabula Anatomico - Pathologica ad illustrandam Historiam Vermium in visceribus abdominis degentium, Hydropem - Ascitem, vel Graviditatem simulantium, cum Epicrisi - Auctore Valeriano Aloysio Brera, M. D. Viennae Austriae 1818. 4.

EILFTES CAPITEL.

Arzeneiformeln.

Nro. 1.

Rc. Semin. Cinae. s. Tanacet. rudit. contus. ℥ ſs.

Pulv. Rad. Valerian. S. ℨ ij.

Jalapp. ℨ ſs — Scr. ij.

Tartar. vitriolat. ℨ iſs — ℨ ij.

Oxymel. scillit. q. s. ut f. Electuar. D.

S. Zwei auch dreimahl täglich einen Kaffehlöffel voll.

Dieses Mittels bediene ich mich seit vielen Jahren mit dem besten Erfolge gegen alle Arten von Darmwürmern. Mir scheint diese Zusammensetzung eine der bestgeeigneten zur Erreichung der bei Behandlung der Wurmkrankheiten vorgesetzten Zwecke, jedoch *salvo meliori judicio.* — Der Zittwersamen, auch statt dessen der Samen oder vielmehr die reifen Blüthen des Rainfarren haben sich von je her als kräftige Wurmmittel bewährt. Ich lasse diese Samen nur leicht zerquetschen, erstlich weil das in den Apotheken in größerer Menge aufbewahrte feine Pulver öfters schon einen großen Theil seines eigenthümlichen Geschmacks und Geruchs verloren hat, und zweitens weil sie auf diese Art gegeben im Magen schwerlich ganz zersetzt werden, und daher noch mechanisch auf die Würmer wirken können, oder wenn auch dieſs nicht der Fall ist, doch immer noch in einem kräftiger wirkenden Zustande bis zu den dünnen Därmen, dem eigentlichen Wohnsitze der Spul- und Nestelwürmer gelangen. — Der Baldrian ist gleichfalls nicht nur als wurmwidriges Mittel bekannt, sondern behauptet auch unter den Mitteln, welche wohlthätig auf ein beunruhigtes Nervensystem wirken, vorzüglich, weil er so wenig Gegenanzeigen hat, einen der ersten Plätze. Da nun aber bei Wurmkrankheiten das Nervensystem gewöhnlich mehr oder weniger mitergriffen ist: so wird wohl Niemand ihn aus dieser Formel ausstreichen wollen. — Die Jalappe mit der gehörigen Vorsicht gereicht, ist unter allen mir bekannten Abführungsmitteln eins von denjenigen, durch welche der Darmkanal am wenigsten geschwächt wird. Ja, ich möchte sie, *sit venia verbo*, ein tonisches Purgans nennen. Sie ist eines von denen Mitteln, welche am besten geeignet sind, Schleim und alten verlegenen Koth aufzulösen und fortzuschaffen. — Das schwefelsaure Kali ist als Abführungsmittel hinlänglich bekannt. Um seiner Schwerauf-

33

löslichkeit willen, ziehe ich es gerade allen andern vor. Es wirkt um so viel langsamer, aber auch um so viel sicherer. Es zerschneidet den zähen Schleim und reitzt zugleich die Därme zur Absonderung seröser Feuchtigkeiten, welche zum Vehikel dienen, den losgerissenen oder locker gemachten Schleim weiter fortzuspülen, ohne jedoch, wenn es in so kleinen Gaben, wie hier, gereicht wird, wäfsrige, den Körper schwächende Stühle zu verursachen. — Der Meerzwiebelhonig ist auch nicht aufs Gerathewohl zum Excipiens gewählt. Er wird seit alten Zeiten als schleimanflösendes Mittel geschätzt, besitzt aber auch noch andere Eigenschaften, um derentwillen er hier auf indirectem Wege einigermafsen nützlich werden kann. Er befördert bekanntlich die Secretionen der Nieren, der Haut und der Lungen. Wenn also durch diese Organe mehr Stoffe, die dem Körper zur Last sind, ausgeführt werden, so werden die Gedärme um so weniger damit belästiget, und es werden daher nicht nur weniger Stoffe dahin abgelagert, welche zur Erzeugung der Würmer vielleicht mit Anlafs geben, sondern es wird auch aus den genossenen Speisen ein viel reinerer Nahrungssaft bereitet werden, wodurch der Körper schneller zur Kraft gelangt und die Harmonie in den Verrichtungen desselben hergestellt wird.

Es ist möglich, dafs meine Vorstellung von der Art und Weise, wie diese Mittel einzeln wirken, nicht die richtige ist; aber das ist wenigstens gewifs, dafs mich dieses Mittel, so zusammengesetzt, wie es hier erscheint, in meinen Erwartungen nie getäuscht hat.

Nro. II.

  Rc. Herb. Absinthii.

   Rad. Valerian. s. aa ℥ j.

   Semin. Tanacet.

   Cortic. Aurant. aa ℥ fs.

C· C. M. D. Zwei gehäufte Efslöffel voll mit einem Pfund siedenden Wasser zu überbrühen, über Nacht wohl bedeckt stehen zu lassen, durchzuseihen, auszupressen und zu zwei Klystieren zu verwenden. Jedem Klystiere wird ein Löffel voll stinkendes Hirschhornöhl zugesetzt.

Nro. III.

  Rc. Pulv. Rad. Jalapp. Scr. j.

   Fol. Senn. ʒ fs.

  Tartar. Vitriol. ʒ j.

M. f. Pulv. divid. in iij. vel jv. part. aeq. D. S. Alle Stunden eins oder auch alle halbe Stunden ein halbes Pulver zu nehmen, bis Wirkung erfolgt.

Nro. IV.

Oleum anthelminthicum.

Die Vorschrift zu dessen Bereitung ist oben Seite 156 gegeben worden. Dieses Mittel ist eine Erfindung von Chabert, der sich desselben mit Nutzen zu Abtreibung von Würmern aller Art bei Thieren bediente. Auch hat er einem 12jährigen Mädchen Leberegeln damit abgetrieben, wie diefs zu lesen in den Reisen von Rudolphi Theil II. S. 37.

Goeze hat schon dieses Mittel den Aerzten zu weiterer Prüfung empfohlen, ein Gleiches that Herr Brera (h), und Rudolphi (i) setzt es an die Spitze aller wurmtreibenden Mittel. — In welchen Gaben man es Pferden, Kälbern, Schafen, Schweinen und Hunden geben könne, hat Chabert angezeigt; wie viel aber ein Mensch davon vertragen könne, hat Niemand gelehrt. Da ich gern dieses Mittel versuchen wollte, ohne jedoch zu wagen, dadurch Zufälle bei meinen Kranken entstehen zu sehen, die mich und sie in Verlegenheit hätten setzen können, so blieb mir, da mir zu dem Versuche kein armer Sünder, der das Leben verwirkt hatte, zu Gebothe stand, nichts anderes übrig, als mich selbst zur Probierscheibe aufzustellen, *ut fiat experimentum in corpore vili.* — Diefs darf jedoch nur Ich sagen. — Ich nahm also, ohne selbst an Würmern zu leiden, anfangs ganz kleine und nach und nach gröfsere Gaben dieses Oehls, dessen Geruch und Geschmack mir gar nicht unangenehm ist, ein, und da ich davon nicht die mindesten Beschwerden empfand, so gab ich es nun auch meinen Wurmkranken, und ich habe von dessen vorsichtigem Gebrauche nie übele Folgen gesehen. Einmahl nahm eine Köchinn, wahrscheinlich nach dem Sprüchelchen sich richtend, Viel hilft Viel, ein ganzes Fläschgen voll, d. i. mehr als eine Unze in einer Nacht. Darauf bekam sie ziemlich heftige Kolikschmerzen, die sich jedoch auf den Gebrauch einer Oehlemulsion gegen Abend schon ganz wieder verloren hatten.

Nro. V. Stärkende Tropfen.

Rc. Tinctur. Aloes compos. Pharm. austr. ℥j.

Martis pomat. ℈j.

Elix. Vitriol. anglic. Pharm· Lond. ℥ ſs.

M. D. S. 10. 20. 30 und mehr Tropfen, täglich 3 bis 4mahl in einem Stengelglasvoll Wasser oder Wein zu nehmen.

(h) Vorlesungen. S. 111.
(i) Entoz. I p. 493.

33 *

Die *Tinctura Aloes composita* ist das ehemahls sogenannte *Elixirium pro-prietatis dulce*, bestehend aus Aloe, Myrrhen und Saffran, in kleinen Gaben wie hier, ein herrliches *Tonicum*, wobei dennoch der Leib immer offen erhalten wird. — Das Eisen und besonders das schwefelsaure Eisen wird von vielen zu den Wurmmitteln gezählt; verdient aber, wie auch schon erinnert wurde, diese Ehre gewifs nur in so fern, als es durch Stärkung des Körpers, durch Beförderung einer besseren Mischung der Säfte der Wiedererzeugung der Würmer vorbeugt. Aber in diesem Falle bewährt es sich auch als eins der vorzüglichsten, wobei sich von selbst versteht, dafs zuvor der Darm von dem anhängenden dicken und zähen Schleim gehörig gereiniget sein mufs. Das *Elixirium Vitrioli anglicanum* ist auch unter dem Nahmen *Elixirium Vitrioli Mynsichti* bekannt. Ich lasse es immer nach der Vorschrift, welche dazu in der Londner Pharmakopoe gegeben ist, bereiten. Das in einigen unserer neueren Pharmakopoeen castrirte sogenannte englische Vitriolelixir mag ich nicht.

Diese stärkenden Tropfen, welche man ohne Verleumdung allerdings ein *Remedium quam maxime compositum* nennen kann, wende ich nicht nur bei der Nachcur von Wurmkrankheiten mit dem besten Erfolge an, sondern ich habe mich desselben auch öfters mit Nutzen bedient in Bleichsuchten, beim weifsen Flusse und ähnlichen Krankheiten, wohlgemerkt erst dann angewendet, wenn Zeit dazu war.

Damit sich jedoch nicht etwa ein Recensent, der gern seine chemischen Kenntnisse auskramen möchte, vergebens in Athem setze, um mich zu belehren, dafs bei der obigen Mischung die apfelsaure Eisentinctur zersetzt werde; so mufs ich erinnern, dafs ich diefs recht gut weifs, auch schon gewufst habe, als ich das erste Mahl diese Mischung vorschrieb. Ia, ich habe mich noch nicht einmahl darum bekümmert zu untersuchen, wie viel Eisen von der in dem englischen Elixir enthaltenen Schwefelsäure zu schwefelsaurem Eisen gebildet wird, und wieviel als apfelsaures Eisen in der Mischung zurück bleibt. Ich weifs nur aus der Erfahrung, dafs auf den zweckmäfsigen Gebrauch dieser Tropfen die blassen Lippen sich röthen, das Gesicht eine bessere Farbe, die Muskeln mehr Derbheit, kurz der ganze Körper mehr Stärke erhalten. Diefs genügt mir.

ZWÖLFTES CAPITEL.
Anhang über Pseudohelminthen.

Diesen Nahmen gebe ich, mit meiner Leser gütigen Erlaubnifs, allen jenen fremden Körpern, es seien nun Thiere oder Nichtthiere, welche entweder lebenden Menschen abgingen oder nach dem Tode in ihren Leichnamen gefunden, und von den Aerzten für Eingeweidewürmer gehalten wurden, es aber in der That nicht sind. Indefs werde ich mich blofs auf die in neueren Zeiten bekannt gemachten beschränken, denn wollte ich mich über alle die Würmer mit Haaren, Augen, Füfsen und Schwänzen, welche die ältern Aerzte aus Nasen, Ohren und anderen Theilen des menschlichen Körpers haben hervorkommen gesehen, und die gewöhnlich nichts anderes als Insecten oder deren Larven waren, ausdehnen: so würde ich ein ganzes Buch damit füllen können. Indefs findet man ein sehr reichhaltiges Verzeichnifs solcher Beobachtungen bei Herrn Brera unter der Rubrik *Vermi metastatici*, und zwar im zweiten Abschnitte, wo er von den Insecten handelt. Denn was er in dem ersten über die *Vermi accessorj* sagt, wird wohl nicht von Vielen geglaubt werden. Da soll unter andern eine Frau, die eine grofse Liebhaberinn von Hammelfleisch war, einen Schafskettenwurm abgesetzt, und ein Anderer, der viel Schweinfleisch afs, Riesenkratzer, die nur in den Schweinen vorkommen, ausgeleert haben. Doch zur Sache.

I. Das rauhe Doppelhorn. *Dytrachyceros.*

Karl Sulzer's Beschreibung eines neu-entdeckten Eingeweide-Wurms im menschlichen Körper. Mit drei Kupfertafeln. Strasburg und Paris 1802.

Zeder Anleitung. S. 421. *Cysticercus bicornis.*

Rudolphi Entoz. II. 2. p. 238. Tab. XII. Fig. 5. *Diceras rude.*

Brera Memorie. p. 140. Tab. III. Fig. 11 — 13. *Ditrachicerosoma.*

Ein 26jähriges Mädchen, welches früher verschiedenen Krankheiten unterworfen war, bekam eine Bräune. Am 8ten Tage der Krankheit nahm sie ein Abführungsmittel aus Manna und Glaubersalz, worauf ihr zwei Tage lang eine erstaunende Menge kleiner Körper — Herr Sulzer nennt sie Thierchen — mit dem Stuhle abgingen. Nach einigen Tagen gingen auf den Gebrauch bitterer

Mittel noch etliche solche Körperchen, jedoch zerstückelt ab. Sie wurden Herrn Sulzer in Weingeist zugeschickt, der sie genau untersuchte, eine umständliche Beschreibung und mehrere Abbildungen von dem Ganzen sowohl, als von den einzelnen Theilen in vergröfsertem Mafsstabe lieferte. In der Mitte obenan auf unserer Titelvignette sieht man ein solches Doppelhorn in natürlicher Gröfse abgegebildet. Die gebogenen Hörner erschienen unter der Vergröfserung rauh, und hatten nicht bei allen gleiche Richtung. Doch waren unter der grofsen Menge nur vier mit solchen Hörnern versehen, wiewohl man noch mehrere dieser sogenannten Hörner im Weingeiste herumschwimmend fand. Herr Sulzer hat diese Körperchen in die Reihe der Blasenwürmer gestellt. Herr Zeder will sie nicht dafür gelten lassen. Herr Rudolphi meint, dafs, wenn es wirklich Würmer wären, woran er jedoch noch sehr zu zweifeln scheint, sie unter die Hakenwürmer gestellt und eine eigene Gattung *Dirhynchus* (Doppelrüfsler) bilden müfsten. Was mich betrifft, so habe ich mich um die Stelle, welche sie in einem helminthologischen Systeme einzunehmen hätten, noch wenig bekümmert, indem ich mich nie habe überreden können, dafs es wirkliche Würmer sind. Was sollen sie aber sein? Ich weifs es nicht, aber Vermuthen ist ja erlaubt. Und diesem nach halte ich sie für nichts anderes, als für verschluckte Samenkörner. Welche? weifs ich nicht. Die Hörner aber scheinen mir die Keime dieser Samen zu sein. Wer alles, was Herr Sulzer über ihren äufsern und inneren Bau — denn er hat sie auch zergliedert — sagt, mit Aufmerksamkeit liest, überdiefs die Abbildungen damit vergleicht, wird vielleicht diese Vermuthung nicht so albern finden.

II. Das Kronenmaul. *Ascaris Stephanostoma.*

Jördens Helminth. S. 29. Taf. 7. Fig. 5 — 8.
Brera Memorie. p. 189. Taf. 2. Fig. 14 — 17. *Ascaride Stephanostoma.*

III. Der Kegelwurm. *Ascaris Conosoma.*

Jördens Helminth. S. 30. Taf. VII. Fig. 9 — 12.
Brera Memorie. p. 193. Tab. II. Fig. 18 — 21. *Ascaride Conosoma.*

Ich nehme beide zusammen, weil sie aus Einem Neste kommen, und auch zu Einer Familie gehören. Professor Bretschneider in Jena hat diese Thiere einem jungen Menschen abgetrieben. Da er sah, dafs es keine Askariden waren, gab er sie dem Herrn Professor Lenz. Dieser nannte die gröfseren

Stephanostoma und die kleineren *Conosoma*. Von Herrn Lenz erhielt wieder Jördens einige, der sie unter die Gattung *Ascaris* brachte, worüber sich jedoch Herr Rudolphi folgendermafsen erklärt (k). »Jördens hat unter dem Nahmen *Ascaris Stephanostoma* und *Conosoma* nichts mehr und nichts weniger als ein paar Fliegenlarven beschrieben und abgebildet. Ich sah gleich aus seiner Abbildung und Beschreibung, dafs eigentlich von Larven nur die Rede sein konnte, bath aber doch den Herrn Professor Lenz, mir die Thierchen selbst mitzutheilen, welcher auch die Güte hatte, sie mir zu schicken, und da ich gerade in Berlin war, das so viele geschickte Entomologen enthält, zeigte ich diesen die angeblichen Würmer, welche sie auch gleich für Larven erkannten. — Einem Manne, der eine Helminthologie des menschlichen Körpers zu schreiben wagt, sollte man doch wohl zutrauen können, dafs er eine Fliegenlarve von einem Wurme zu unterscheiden wüfste. Und wie fand Jördens in ihnen nur das geringste, das mit dem Charakter der Gattung *Ascaris* übereinstimmt? Doch auf das Charakteristische hat er wohl nirgends gesehen. Sein ganzes Werk trägt das Gepräge der Unkunde und Flüchtigkeit, und er weifs nicht einmahl, dafs seine angebliche *Ascaris Conosoma* bei Phelsum, den er doch sonst citirt, abgebildet ist. Es ist auch nichts seltenes, dafs Larven von Fliegen sich im menschlichen Darmkanal aufgehalten haben, man sehe Osiander's, Acrel's und vieler anderer Beobachtungen; dafs aber ein Helmintholog im neunzehnten Jahrhundert sie für Askariden hält, ist seltsam genug, und werth, dafs es scharf gerügt wird.« So weit Herr Rudolphi. — Auch Herr Brera, dem Herr Gautieri einige Specimina verschafft hat, hält sie nach seinem eigenen Geständnisse für nichts anderes als Fliegenlarven, und bestimmt sogar die Species, indem er die erstere der *Musca carnaria*, die zweite der *Musca domestica* zuschreibt. Aber dennoch räumt er ihnen einen Platz unter den Askariden ein, und zwar blofs aus Condescendenz, weil er einem anderen Naturforscher, der sie früher dahin gestellt hat, nicht widersprechen will. Das heifst die Nachgiebigkeit zu weit treiben, die überhaupt in solchen Fällen am unrechten Orte steht.

Auf der Titelvignette sieht man diese sogenannten Askariden zu beiden Seiten des Doppelhorns paradieren. Die gröfsere Figur links stellt das *Stephanostoma*, die kleine rechts das *Conosoma* vor.

(k) Wiedemann's Archiv. III. 2. S. 1.

264

IV. Cercosoma.

Cercosoma: Species nova; capite distincto; labio amplissimo. qua-dricuspidato, quatuor papillis insignito; corpore oblongo, subdepresso, nodoso, spirae adinstar fibroso; retrorsum caudato; margine superiori ac inferiori dendritico; dorso punctato; poro caudali; cauda longissima, tereti, subcirrosa. Habitat in vesica urinaria.

Brera Memorie. pag. 106. Tab. I. Fig. 26.27.

Dem Hrn. Prof. Canali von Perugia verdanken wir die Entdeckung dieser neuen Species von sogenanntem Eingeweidewurme, welcher lebendig einer Frau bei dem Urinlassen abgegangen ist. — Sollte wohl heifsen, welcher in dem Pifs-topf einer Frau gefunden worden ist. — Der Wurm wurde mit Genauigkeit un-tersucht, sogar zergliedert, beschrieben, und die Beschreibung dem Herrn Fah-broni in Florenz zugeschickt, der sie durch Herrn Professor Gatteschi in das *Giornale Letterario* von Pisa einrücken liefs. Endlich war Herr Brera so glücklich, seine Sammlung mit diesem seltenen und einzigen Exemplar berei-chert zu sehen. Wir beneiden ihn jedoch nicht darum, unsere Leser wohl auch schwerlich, wenn sie die langgeschwänzte Figur desselben auf der Vignette gleich unter dem Kronenmaul werden näher betrachtet haben. Denn jeder auch nicht sehr geübte Entomolog, wird das Thier auf den ersten Blick für eine In-secten-Larve halten. Um jedoch ganz sicher zu gehen, befragte ich meinen Col-legen, Herrn Custos Ziegler, der unserer entomologischen Sammlung vor-steht, darum, von dem ich folgende Antwort erhielt: Es ist eine Larve von *Erista-lis* und sehr wahrscheinlich von *Eristalis pendulus* Fabric. (*Syst. Entliat. n. 7. p.* 233) da die anderen bisher bekannten europäischen Arten kleiner sind, und daher eine kleinere ähnliche Larve haben müssen. Die von Fabricius beigefügte Bemerkung scheint auch dieses zu bestätigen, da er sagt: *Habitat in Europae aquis stagnantibus — Larva tubo filiformi respiratorio suspensa.*

Herr Brera hielt es selbst anfangs für die Larve eines *Syrphus*, was ei-nerlei mit *Eristalis* ist, als er es aber mikroskopisch untersuchte, fand er, dafs ihm die charakteristischen Merkmahle einer solchen Larve fehlten, wogegen er die das *Genus Linguatula* oder *Polystoma* bezeichnende entdeckte, die aber wohl aufser ihm Niemand daran finden wird. — Man weifs wahrlich nicht, was man für die Ursache halten soll, dafs Herr Brera durch das Glas ganz etwas An-deres sah, als was ihm sein unbewaffnetes Auge so richtig gezeigt hatte. War es etwa auch Artigkeit gegen die drei anderen Horrn, die vor ihm falsch gesehen oder wenigstens geurtheilt hatten? oder täuschte ihn das Mikroscop? oder blendete ihn der Ruhm, die Helminthologie des menschlichen Körpers mit einem neuen Wurme bereichert zu haben? Fast sollte man das Letztere muthmafsen, wenn man die Note 176 liest: *Di si stravaganto verme, che mi pregio di mettere a disposizione di tutti gli amatori della Storia Naturale, posso dire con Giovenale:*

> *»Jam si, quisquis es lector, creditum est tardus,*
> *Hoc quod dicam; non mirabere,*
> *Quod ego ut vidi, vix mihi credidi.«*

Indefs fehlt bei der ganzen Geschichte das Beste, nähmlich der Beweis, dafs diese Frau dieses Thier wirklich gepisst hat. Mich wenigstens wird Niemand überzeugen, dafs es wirklich aus der Urinblase gekommen ist, bis mir nicht bewiesen wird, dafs man, bevor diese Frau harnte, nicht nur den Nachttopf, sondern auch die Kleider und die darunter verborgenen Theile der Frau selbst genau durchsucht gehabt habe, weil ich sonst immer glauben werde, dieses Thierchen sei zufällig in dieses Geschirr gefallen. Denn wenn man alles das, was man in diesen Gefäsen öfters findet, für abgegangen von dem Menschen betrachten wollte: so müfste mir selbst einmahl in einer Krankheit mit dem Stuhle eine Lichtscheere abgegangen sein, da Niemand sie hineingeworfen haben wollte, und sie sich doch darin vorfand.

V. Der Venenblattwurm. *Hexathyridium venarum.*

Hexathyridium: corpore depresso lanceolato, poris anticis sex infra labium.

Treutler Auctuar. p. 25. Tab. IV. Fig. 1 — 3.

Jördens Helminth. S. 67. Taf. 6. Fig. 6 — 8. Der Venenblattwurm.

Zeder Anleit. S. 251. Nro. 4. *Polystoma venarum.*

Rudolphi Entoz. II. 1. p. 456. Nro. 6. *Pol. venar.*

Brera Memorie. p. 101. Tab. II. Fig. 3. 4. *Exatiridio sanguicola.*

Dieses Thier gehört allerdings zu den Würmern, nur aber unterliegt es starkem Zweifel, ob es zu den Eingeweidewürmern gerechnet werden darf. — Herr Treutler hatte einen jungen etwa 16jährigen Menschen zu behandeln, von dem er glaubte, dafs er mit Pfriemenschwänzen behaftet wäre. Da dieser Mensch eine sehr schmutzige Haut hatte, so rieth ihm Herr Treutler sich öfters in

34

fliefsendem Wasser zu baden. (*Frequenti lavatione in flumine uti admonitus est*). Als er einst langsam in das Wasser stieg (*cum aliquando pedetentim aquam intrasset*) und kaum eine Minute darin verweilt hatte, so platzte ihm von freien Stücken (*sponte rupta est vena*) die vordere Schienbeinader des rech-. ten Fufses, worauf eine Blutung erfolgte, die bald nachliefs, bald heftiger wie-derkehrte. Selbst stiptische Mittel und festes Binden konnten dieser Blutung nicht Einhalt thun, defshalb man Herrn Treutler rufen liefs. Er fand eine etwas dichtere Materie, aus der Wunde heraushängen, welche er anfangs für geron-nenes Blut hielt. Eine nähere Untersuchung lehrte ihn jedoch bald, dafs es zwei lebendige Thierchen waren, welche er ohne Mühe herauszog, worauf die Blu-tung sich stillte; die Wunde heilte aber erst in der dritten Woche. Der Kranke fühlte sich hierauf etwas erleichtert, bald aber kehrte seine vorige Kränklichkeit zurück. Alle wurmtreibenden Mittel wurden vergebens angewendet. Kein Wurm ging ab, woraus Herr Treutler schlofs, dafs die Zufälle von diesen in den Blutgefäfsen wohnen sollenden Würmern verursacht werden möchten.

Es wäre ein nicht zu entschuldigendes Mifstrauen, wenn man an der Wahr-heit der von Herrn Treutler erzählten Thatsache nur einen Augenblick zweifeln wollte. Aber daran läfst sich wohl zweifeln; ob diese Würmer wirklich von in-nen aus der Vene gekommen sind. Die Herrn Zeder und Rudolphi wenig-stens glauben es nicht. Sie sind vielmehr geneigt, diese Würmer für Plattwürmer (*Planaria*) zu halten, welche im Wasser leben, und die sich folglich leicht da ansaugen und die Blutung verursachen konnten. Auch scheint es mir, dafs wenn die Würmer von innen gekommen wären, so hätten sie mit dem Kopfende zuerst kommen müssen. Wäre aber auf diese Art ein Theil des Körpers hervorgedrun-gen gewesen: so hätten sie sich nicht mehr festhalten können, sondern wären mit dem Wasser oder Blute weggespült worden.

Herr Brera erzählt diese Geschichte auch. Um sie jedoch seiner Theorie über Würmer im Blute besser anzupassen, hat er einige kleine Veränderungen damit vorgenommen. Er läfst nähmlich den Kranken ein warmes Bad brauchen, und sich bei dem Einsteigen in die Wanne an einem Splitter die Ader verletzen. Aus dieser Ursache habe ich oben die eigenen Worte von Treutler eingeschal-tet, um sie hier mit der Uebersetzung von Herrn Brera, wobei sehr richtig die Seitenzahl von Treutler citirt wird, zu vergleichen. »*Un giovane — — — — entrato essendo in un bagno caldo urtò col piede destro in una scheggia del recipiente, che era de legno, rimase ferito nella saffena anteriore etc. —*

Kann man nun wohl einem Manne, der die Erfahrungen und zwar die gedruckten Erfahrungen Anderer bei dem Wiedererzählen so vorsätzlich entstellt mittheilt, Glauben beimessen, wenn er uns seine eigenen darbiethet, worüber man ihn nicht controlliren kann? Darf man mir es verargen, wenn ich nicht an seine tausende von Pfriemenschwänzen glaube, welche er aus 10 seiner sogenannten Wurmeier, die man auf der Vignette, in zehnfacher Vergröfserung, wie er angibt, auf dem viereckigen Täfelchen copirt findet, in der Bauchhöhle eines Hundes ausgebrütet haben will.

VI. Dyacanthos Polycephalus.

Meckels deutsches Archiv für die Physiologie. Bd. III. Heft 2. S. 174.

Herr Dr. Stiebel hatte einen eilfjährigen Knaben zu behandeln, der schon seit seinem zweiten Lebensjahre an Krampfanfällen litt. Die Zufälle waren allerdings sonderbar genug und verdienen nachgelesen zu werden. So schlug der Kranke einmahl an die Magengegend und schrie: So ein kleines Ding soll mir so viel zu schaffen machen! Ein andermahl: Wann kommt das rechte Mittel, das mir das Ding fortschafft! Von dem allem wufste er am folgenden Morgen nichts. Am ersten November hörten auf einmahl alle Symptome auf, und am 2ten ging ein eigenes in Schleim gehülltes Thier lebendig ab, und von der Zeit an ist der Knabe völlig hergestellt.

Man findet dieses Thierchen in natürlicher Gröfse copirt, auf der Vignette zwischen dem Kegelwurm und dem polypösen Concremente von Barnett. Herr Stiebel hat auch einzelne Theile desselben stark vergröfsert abgebildet, wo dann Tentakeln mit scharfen hörnernen Krallen, mit Häkchen versehene Lippen, aus und einschiebbare Röhrchen und dergleichen vorkommen. Das Original erhielt Herr Hofrath Blumenbach.

Herr Stiebel hält das Ganze für einen Stamm' von Intestinalwürmern. Ich habe es nie dafür gehalten, und würde vielmehr geglaubt haben, es möchte vielleicht ein Arterienstamm aus irgend einem kleinen Thiere — etwa einem Vogel — mit abgerissenen oder abgebissenen Seitenverästlungen sein, wie mir dergleichen schon öfters unter dem Nahmen von Würmern zugebracht worden sind; hätten gegen solche Meinung nicht die beobachteten harten Theile gestritten. Indefs erhalte ich heute den 18ten Julius 1813 einen Brief von Herrn Geheimenrath Rudolphi, woraus ich folgende Stelle abschreibe: »Der *Dyacanthos Polycephalus* von Stiebel ist — ein Gesträpp oder Gerippe von ei-

34 *

»nem Pflanzenstengel, vielleicht von einem kleinen Rosinenstengel. Blumen-
»b a c h besafs das Thier und ich begrüfste ihn darum. Für ein Thier, oder ei-
»nen menschlichen Eingeweidewurm hatte ich es nie gehalten, höchstens für
»Ueberreste von einer Insecten - Larve, allein so wie ich es gestern von *B.* erhielt,
»schien es mir vegetabilischen Ursprungs, und ein feiner Schnitt zeigte mir die
»Treppengefäfse.«

Herr Dr. S t i e b e l hat sich also getäuscht, wie solches einem Jeden widerfahren kann, und auch ihm vielleicht nicht begegnet wäre, hätten nicht gleichzeitig mit dem Abgange dieses Dinges die Leiden des Knaben plötzlich aufgehört,
— ein Umstand der leicht falsch sehen machen kann. Auch ist es ja möglich,
dafs sich dieser fremde Körper an irgend einer empfindlichen Stelle angeheftet
hatte, und so die Ursache der Zufälle wurde.

Bei dieser Gelegenheit mufs ich jedoch bemerken, dafs mir schon sehr oft
unverdaute Ueberreste von Sehnen, Häuten, Bändern, Gefäfsen thierischer Körper, Pflanzenfasern, etwa von Spargeln, Schwämmen und dergleichen unter dem
Nahmen von Würmern zugebracht worden sind. — Manchmahl ist es sehr leicht
die wahre Natur eines solchen Pseudohelminthen zu bestimmen, öfters hält es jedoch sehr schwer, ja! manchmahl ist es unmöglich. Denn wer will einem solchen vielfräfsigen Thiere, wie der Mensch ist, nachrechnen, was es möglichen
Falls verschluckt haben könnte. Auch kann ich nicht umhin meine ärztlichen
Herrn Collegen darauf aufmerksam zu machen, dafs man sich nirgends leichter
täuschen kann, als bei Untersuchungen unter dem zusammengesetzten Mikroskope, zumahl, wenn man in solchen Untersuchungen nicht geübt ist. Einfache
Vergröfserungsgläser zeigen offenbar am richtigsten, wiewohl man auch in manchen Fällen das zusammengesetzte Mikroskop nicht entbehren kann.

VII. Die Würmer in den Zähnen.

Es wird wohl schwerlich einer meiner Leser sein, der nicht gehört haben
sollte von Würmern, welche auf gewisse Räucherungen aus hohlen Zähnen kriechen, und mit dem im Munde gesammelten Speichel ausgeworfen werden sollen.
Vielleicht weifs auch der gröfste Theil derselben, was es damit für eine Bewandnifs hat. Alle wissen es jedoch bestimmt nicht; denn erst vor einigen Jahren
brachte in unsere medizinische Gesellschaft ein Arzt einen schwarzen Dosendeckel
zur Ansicht, worauf solche durch Räucherungen von Bilsenkrautsamen ausgetrie-
bene Würmer aufgetrocknet waren. Er hatte sie selbst abgehen gesehen, und

ihre Bewegungen im Wasser beobachtet. Es war alles Wahrheit, was er sagte, nur hatte er sich getäuscht, wenn er das Herumschleudern dieser Körperchen im Wasser für Bewegungen lebendiger Thiere hielt, und er hatte geirrt, wenn er glaubte, daſs sie aus den Zähnen gekommen wären. Denn diese sogenannten Zahnwürmer sind nichts mehr und nichts weniger, als die Keime der Samen, womit die Räucherungen gemacht werden. Wie nähmlich der Same auf die glühenden Kohlen geworfen wird, platzt die Capsel und der Keim springt weit davon. Wenn er in das Wasser fällt, so entsteht wegen ungleicher Zusammenziehung der Faser eine kreisende Bewegung, die man leicht verführt werden kann, für eine lebendige zu halten. Schon vor einem halben Jahrhundert hat Schäffer dieses erwiesen, und eine eigene Abhandlung über die eingebildeten Würmer in den Zähnen geschrieben. Ein jeder meiner Leser kann sich nach Belieben solche Würmer aus dem Bilsenkrautsamen (Sem. Hyoscyami) selbst bereiten, wenn er quer über eine mit Wasser gefüllte Schüssel irgend eine glühende oder auch nur sehr heiſse etwas breite Metallstange legt, den Samen darauf streuet, und dann schnell mit einem Trichter bedeckt. Auf der Stelle wird er die durch den Trichter zurückgehaltenen und abgeprallten Samenkeime in dem Wasser herumschwimmen sehen. — Schäffer sagt, daſs der Versuch mit Judenkirschen nicht anders gelingt, als wenn man die Samen zuvor in Wachs einknetet. Man findet sie von ihm copirt auf der Vignette zwischen dem *Hexa-thyridium venarum* und dem Täfelchen mit den berüchtigten Wurmeiern. Gegenüber sind die aus dem Bilsenkrautsamen von mir selbst bereiteten abgebildet.

Z u g a b e.

Vorstehendes Capitel mag wohl jedem aufmerksamen Leser zur Warnung dienen, nicht jedes ungewöhnliche Ding, welches von einem Menschen abgeht, oder von ihm abgegangen zu sein scheint, sogleich für einen neuen Eingeweidewurm oder ein anderes in ihm erzeugtes Thier zu halten, ohne nicht vorher das Ding selbst sehr streng untersucht, und alle dabei vorkommenden Umstände genau erforscht und geprüft zu haben. Auch kann ich stete Berücksichtigung auf etwa obwaltenden Betrug oder Täuschung nicht dringend genug empfehlen. — Ganze Bogen könnte ich füllen, wenn ich alles dasjenige, was mir unter solcher Titulatur zugebracht worden ist, beschreiben wollte. Jedoch kann ich nicht umhin, dem des Lesens müden Leser mit folgender kleinen Geschichte, gleichsam als mit dem Nachtische zu dieser eingenommenen Wurmmahlzeit aufzuwarten.

Eine etliche 40 Jahre alte Frau litt an verschiedenen krankhaften Zufällen.

Man vermuthete einen Kettenwurm im Hinterhalte, und gab ihr Mittel dagegen. Einst nachdem sie ungefähr 6 Wochen lang bearzeneiet worden war, bekam sie in der Nacht heftige Beängstigungen, Neigung zum Erbrechen u. s. w. Endlich erbrach sie eine kleine Feuerkröte und einiges häutiges Wesen. Nach dem Erbrechen liefsen die Zufälle auf der Stelle nach. — Wohlverstanden die Beängstigung und die Zufälle, welche dem Erbrechen unmittelbar vorhergegangen waren; alles Uebrige blieb im Alten. — Die ausgeworfene Kröte mit den Häuten wurde dem Herrn Baron von Türkheim gebracht, und bei diesem sah ich sie, bereits in Branntwein aufbewahrt, einige Tage nachher. Es war eine Feuerkröte (*Rana bombyna Var. α Linn. Gmel. Bufo igneus Rec.*) mit zerbrochenen Hinterfüfsen; dabei einige Häute, die jedoch zu derb waren, um dafür angesehen werden zu können, als hätten sie vordem der Kröte angehört. — Um auf den Grund der Sache zu kommen, stellte ich alle mir möglichen Nachforschungen an, sowohl bei der Frau selbst, aus welcher ich jedoch wegen ihrer Verschlossenheit nicht viel herausbringen konnte, als auch bei ihrem Manne, an dessen Wahrhaftigkeit ich keinen Augenblick zu zweifeln berechtiget war. Er blieb dabei, dafs die Frau in seiner alleinigen Gegenwart wirklich die Kröte in ein reines trockenes Waschbecken ausgebrochen habe. — Ich wufste nicht, was dazu sagen, denn es war mir doch nicht sehr wahrscheinlich, dafs die Frau diese Kröte mit dem Wasser unbemerkt verschluckt haben könnte, noch unwahrscheinlicher aber, dafs die Kröte als Quappe, oder gar als Laich in den Magen gekommen sein und sich daselbst erst zum vollkommenen Thiere ausgebildet haben sollte. Mifsmuthig darüber, ein Davus und kein Oepidus zu sein, zog ich von dannen, tröstend mich jedoch mit der Hoffnung: die Zeit wird's vielleicht lehren. Diefs geschah auch wirklich. Man merkte nähmlich bald hierauf, dafs es bei dieser Frau unter der Haube nicht ganz richtig zuginge, und wurde am Ende genöthiget, sie in das Irrenhaus abzugeben. Indefs hatte sie anfangs noch helle Zwischenräume. In einem derselben vertraute sie ihren Bekannten, dafs sie diese Kröte, welche sie für giftig hielt, aufgefangen, und in der Absicht sich selbst damit zu vergiften aus Lebensüberdrufs verschluckt habe, und zwar eingewickelt in einem Stückchen Darm, welches sie in der Fleischbank gefunden hatte. Der Magen vertrug dieses vermeintliche Gift den ganzen Tag über recht gut bis gegen Mitternacht, wo er es nebst der halb verdauten Hülle mit Gewalt wieder auswarf. — Da ich die Nutzanwendung schon in der Einleitung zu dieser Zugabe gegeben habe: so hat hiermit das Buch ein

E n d e.

Alphabetisches Verzeichnifs der angeführten Schriften.

Die mit * bezeichneten habe ich nicht selbst gelesen.

Abildgaard, P. C., allgemeine Betrachtungen über Eingeweidewürmer, In den Schriften der naturforschenden Gesellschaft zu Copenhagen, B. I. Abtheil. I. a. d. Dän Copenh. 1773. 8. S. 24 etc.

Abynzoar, Abhumeron, Theizir. Venetiis 1497. fol. Lib. II. Cap. 20.

Ackard, praeside Goldhagen Diss. de ruminatione humana, singulari quodam casu illustrata. Halae 1783. *

Actuarii, Jo., Methodi medendi Libri sex. Venetiis 1554. 4. Lib. IV. p. 173.

Aëtii Tetrabiblos. Lugduni 1549. fol. Tetrabibli quartae Sermo II. Cap. 85 p. 924. De brachiorum ac crurum Dracunculi. Leon'dae.

Albrecht, die Wurmkrankheiten. Hamburg und Altona. Ohne Jahrzahl. 8.

— — Joh. Pet., Vermis per meatum urinarium exclusus. Eph. N. C. Dec. II. Ann. I. p. 183. Obs. 77

Albucasis Methodus medendi. Basileae 1541. fol. C. 91. p. 162. De extractione venae cruris.

Aldrovandi, Ulyss., Serpentum et Draconum historia. Bononiae 1640. fol. Lib. II. p. 328.329.

Alsaharavii Liber Theoricae nec non Practica. Aug. Vindel. 1519. fol. Tr. I. 28. C. 12. fol. 118. De passione venae exeuntis.

Alston, Karl, Powder of Tin an Anthelminthic Medicine. Med. Essais and Observ. by a Society in Edinburgh the fourth Edition. Edinb. 1752. 8. Vol. V. P. I. p 77.

Alston, Karl, Zinnpulver eine Artzney wider die Würmer. In den mediz. Versuch. und Bemerk., welche r. e. Ges. in Edinburgh herausgegeben werden, 5ten Bandes 1ter Theil. Altenburg 1752. 8. S. 97. II.

Amati Lusitani Curationum medicarum Centuriae septem. Burdigalae 1620. 4. Cent. V I. Cur. 64. p. 757.

Andry, Nicol., von Erzeugung der Würmer im menschlichen Leibe, a. d. Franz. Leipzig 1716. 8.

Aretaei Cappadocis de causis et signis acutorum et diuturnorum morborum libri quatuor. Lugd. Bat. 1735. fol. Lib. II. C. 1. p. 51.

Arnemann, J., praktische Arzneimittellehre, 2te Auflage, Göttingen 1793. 8.

Arthus, Gotardi Dantiscani, Indiae orientalis, pars VI veram et historicam descriptionem auriferi regni Guineae, ad Africam pertinentis, quod alias Littus de Mina vocant. continens etc. Francofurti ad Moen. 1604. fol. C. 48. p. 101. De vermibus etc.

Avicennae Arabum medicorum principis ex Gerardi Cremonensis versione et Andreae Alpagi Bellunensis castigatione. Tom. II. Venetiis 1595. fol. Lib. IV. Fen. III. Tr. 3. C. 21 et 22. p. 132 et 133.

Azara, Don Felix de, Voyages dans l'Amerique meridionale depuis 1781 jusqu'en 1801. Publiés par C. A. Walkenaer. T. I. Paris 1809. p. 217.

272

Baglivi, Georg., Opera omnia medico practica. Antwerpiae 1719. 4.

Bajon, Memoires pour servir à l'histoire de Cayenne et de la Guiane françoise. Avec des Planches à Paris. Tom. I. 1777. 8. Richters chir. Bibl. B. 5. S. 169.

Baillie, Mathew, Anatomie des krankhaften Baues von einigen der wichtigsten Theile im menschlichen Körper. Aus dem Engl. m. Zusätzen von S. Th. Sömmerring. Berlin 1794. 8.

Baldinger, Ernst Gottfr., neues Magazin für Aerzte, B. 6. St. 1. Leipzig 1784. 8. S. 57. Eine Geschichte eines Bauchabscesses und von Lumbricis effractoribus zugleich.

Bancroft, Eduard, Naturgeschichte von Guijana in Süd-Amerika in vier Briefen. Frankf. u. Leipz. 1769. 8. 4ter Brief. S. 239. 240.

Barere, Pierre, Nouvelle relation de la France equinoxiale, à Paris 1743. 8.

— — Beschreibung von Guiana. In der Berlinisch Samml. zur Beförder. der Arzenciwissensch., Na turgeschichte etc. B. 7. St. 3. Berlin 1775. 8. S. 242.

Barry, Edward, an Account of bloody Urine for a Worm in the Bladder. Medic. Ess. and Observ. by a Society-in Edinburgh. Vol. V. P. 2. Edinb. 1752. 8. p. 289. — Mediz. Versuche und Bemerk. einer Geselisch. in Edinburgh. Altenburg 1752. 5ter Band, 2 Th. 5. 988.

Bartholini, Thom., de Lue hominum et brutorum Libr. III. Hafniae 1669. 8. p. 268.

— — de morbis biblicis miscellanea medica. Edit. II. Francofurt 1674. 8. p. 25. Auch in Thesaur. antiquitat Sacrar. Anct. Blasio Ugolino, Vol. 30. Venel. 1765. fol. p. 1533 — 1537.

Batsch, A. J. G. C., Naturgeschichte der Bandwurmgattung überhaupt und ihrer Arten insbesondere etc. mit 5 Kupfern. Halle 1786. 8.

Bauhini, J., Histor. font. admirab. BoHens. Lib. 1. Cap. 5. p. 27.

Beau, fils Le, sur des vers sortis de l'aine d'une paysanne. Roux Journ. d. M. T. 6. p. 96.

Beckers, Nic. Guil., de Ascaridibus uteri. Eph. N. C. Dec. I. Ann. VIII. Obs. 75. p. 121.

Beireis, Dissert. de febribus et variolis verminosis praesid. Godofr. Christ. Beireisio, defend. auct. Ph. Conr. Hinze, Helmst. 1780. 4.

Bernard, Beschreibung eines epidemischen Wurmfiebers, das im Jahre 1796 in Kurland herrschte. Hufelands Journ. B. 4. S. 692.

Bernier, Franc., Voyages. T. II. à Amsterdam 1723. 12. p. 212.

Bertapalie Leonardi, Recollectae super quarto canonis Avicenne. Venetiis 1498. fol. Tract. I. Cap. 27. fol. 242. de vena civili vel medena.

Bianchi, Jo. Bapt, de naturali in humano corpore vitiosa morbosaque generatione historia August. Taurin. 1741. 8. p. 353.

Bidloo, Godefrid., Opera omnia anatomico chirurgica. Edita et inedita. Lugd. Bat. 1715. 4.

Binet, Sur les effets de l'huile de noix et du vin d'Alicante contre le Ver solitaire. Roux Journ. T. 15. p. 214.

— — Remarques sur le Taenia addressées à Mr. Postel de Franciere. Roux Journ. T. 34. p. 217.

Bisset, Charles, Medical Essays and Observations. Newcastle upon Tyne 1766. 8. p. 186. Of the jointed Tape-Worm, with an effectual Method of expelling it.

Blasii, Gerard, Observata anatomico-practica in homine brutisque variis. Lugd. Batav. et Amstel. 1674. 8. p. 125. fig. 9. Lumbrici in renibus.

Bloch's, Marc. Elieser, Abhandlung von der Erzeugung der Eingeweidewürmer. Berlin 1782. 4.

Boneti, Theophil., Sepulchretum sive Anatomia practica ex cadaveribus morbo denatis. Genev. 1779. fol.

Bonnet, Charles, Dissertation sur le ver nommé en latin Taenia et en françois Solitaire etc. in Memoires de Mathématique et de Physique, présentés à l'Academie Royale des Sciences, par divers Sçavans et lûs dans ses Assemblées. Tome I. à Paris. 1750. 4. p. 478.

Bonnet, Charles, Nouvelles Recherches sur la Structure du Taenia. In Observations sur la Physique, sur l'histoire naturelle et sur les arts par Rozier. à Paris 1777. 4. Tom. IX. p. 243 — 267.

Bonnevault Observation d'une Fievre putride vermineuse épidémique, qui affligeoit le peuple de la Ville d'Arbois en Franche - comté, pendant l'année 1766. In Rich. de Hautesierk Recueil etc. Tom. II. p. 228.

Borelli, Petri, Histor. et Observat. medico - physicarum Cent. IV. Francofurti 1670. 8. Obs. XL. p. 48. Vermes ex umbilico.

— — Hist. et Obs. medico phys. Cent. Francofurti et Lips. 1676. Cent. I. Obs. 28.

Bosmann, Guil., Voyage de Guinée. à Utrech. 1705. 12. 8me lettre. p. 116. .

Bradley, T. M. D., Treatise on Worms and other animals which infest the human body; with the most speedy, safe, and pleasant Means of Cure London 1813. 8. m. Abbild.

Brera, V. L., medicinisch - practische Vorlesungen über die vornehmsten Eingeweidewürmer des menschlichen lebenden Körpers und die sogenannten Wurm. krankheiten. Aus dem Italienischen übersetzt und mit Zusätzen versehen von F. A. Weber. Mit 5 Kupfern. Leipzig 1803. 4.

— — Memorie fisico - mediche sopra i principali ver mi del corpo umano vivente e le cosi dette mallatie verminose per servire di supplimento e di continuazione alle lezioni. Crema 1811. 4. Mit Abbild.

Bruce, James, Voyage au sources du Nil en Nubie, et en Abyssinie pendant les années 1768 — 1772. T. 7. Londres 1791. 4. p. 64.

— — Ninian, Remarks on the Dracunculus, or Guinea Worm, as it appears in the Peninsula of India. Edinb. medic. and. surgic. Journ. Vol. II. 1806. p. 145. .

Buchanan, Francis, Account of an Indian Remedy for the Tape - Worm, medical and surg. Journ. Vol. III. Fasc. IX. N. 8.

Cabucinus, Hieron., De Lumbricis alvum oc

cupantibus ac de ratione curandi eos, qui ab illis infestantur, commentarius. Venet. 1547. 8. C. III. p. 6.

Caldani, Flor., Osservazioni sopra la trasformazione di un insetto e sopra le itatide delle ranocchie. In Memorie della società italiana. Tom. 7 Verona 1794. 4. p. 312 — 318. Tab. 7. fig. 7 8. *

Campenon, Colique du bas ventre occassionnée par une quantité prodigieuse de vers contenus dans la partie inferieure du colon et dans tout le coecum, qui bouchoient exactement ces deux intestins. In Richard de Hautesierk Obs. Vol. II. p. 472

Carlisle, Anthony, Observations upon the Structure and Oeconomy of those Intestinal Worms called Taeniae. Transact. of the Linnean Society. Vol. II. London 1794. 4. p. 247 — 262.

Carthouser, Jo. Fried., de morbis endemicis libellus. Francofurti ad Viadr. 1771. 8. p. 207—220.

Castelli, Barth., Lexicon medicum Graeco - latinum. Lipsiae 1713. 4. p. 273.

Le Cat, An Observation on Hydatides, with Conjectures of their Formation. Philosoph. Transact. Vol. LXI. for the Years 1739. et 1740. Nro. 460. p. 712.

Cauliaco, Guido de, Chirurgia. Lugduni 1559. 8. Tract. II. Cap. VIII. p. 129 sqq.

Chabert, Abhandlung von den Wurmkrankheiten der europäischen Hausthiere aus der Saugthier-Classe. A. d. Franz. m. Anmerk. und Zusätzen von F. A. A. Meyer, Göttingen 1789. 8. S. 153

Chamberlaine, William, A practical treatise on the superior efficacy and safety of Dolichos pruriens or Cowhage internally administered in diseases occasioned by Worms. The tenth edition, corrected and enlarged, London 1812. 8.

Chapotain, Ch., Topographie médicale de l'Isle-de - France. Journ. de Médecine. Vol. 24. p. 4 o.

Chardin, Chevalier, Voyages en Perse et autres lieux de l'Orient. Nouvelle Edition. Tom. II. à Amsterdam 1735. 4. p. 213.

Clark, Bracy, Observat. on the Genus Oestrus, Transact. of the Linnean Society. Vol. III. London 1797. 4. p. 289 u. 303.

35

Clarke, James, Medical Report for Nottingham from March 1807 to March 1808. In Edinb. med. and surg. Journ. 1809. Vol. V. p. 257 sqq.

Clerici, Dan., Historia naturalis et medica latorum lumbricorum intra hominem et alia animalia nascentium etc., cum variis figuris. Genev. 1715. 4.

Clossius, Mittel gegen den Bandwurm. In Baldingers neuem Magazin für Aerzte, 13ten Bds. 2tes Stück. S. 148.

Collet-Meygret, Memoire sur un ver trouvé dans le rein d'un chien. In Journ. de Physique, de Chimie, d'Histoire naturelle et des Arts, par Delamethrie. Tom. 53. à Paris 1802. 4. p. 458.

Collet, John, A case of Hydatids discharged by coughing etc. Med. Transact. Vol. II. London 1772. p. 486.

Constantini, Fr. Gerh., In dem Hanövrischen Magazin, 8ten St. 1773. 4.

Corvisart et J. J. Leroux, Observation sur une hydropisie enkystée du foie avec hydatide. Journ. de Méd. Chir. et Pharm. par Corvisart, Leroux et Boyer, Tom. I. à Paris an IX. p. 21 sqq.

Courbon-Preussel, Observations sur les vers. Journ. de Méd. à Paris 1807. Tom. 13. p. 315 sq.

Cromer, Ant. Man sehe Wepfer in Eph. Nat. Cur.

Croix, de la, Vomissement, accompagné du hoquet et de convulsion, occasionné par les vers. In Rich. de Hautesierk Obs. T. II. p. 463.

Cullerier, Observat. sur une tumeur du tibia, qui contenait une grande quantité d'hydatides. Journ. de Médec. Tom. XII, 1806.

Cuvier's Elementarischer Entwurf der Naturgeschichte der Thiere. Aus dem Franz. von Wiedemann, Berlin 1800. 8. Bd. II. S. 521. Der Nervenfadenwurm.

Cuvier, Recherches sur les ossemens fossiles. 4 Tomes, à Paris 1812. 4.

— — Le Regne animal distribué d'après son organisation. Avec figures. 4 Tom. à Paris 1817. 8.

Dampier, Guillaume, Supplément du Voyage autour du monde. T. III. P. II. à Amsterdam 1714. 12. p. 135.

Daquin sur des affections vermineuses. Roux Journ. T. 34. p. 151.

Decerf Observation sur des vers rendus par l'urètre. Journ. de Med. par Corvisart etc. Vol. 17. 1810. p. 92.

Delisle, Victor-Amédée, Diss. zoologique et medicale sur le taenia humain ou ver solitaire. Journ. de Med. 1812. T. 23. p. 218 et T. 24. p.364.

Desarneaux Convulsions occasionnées par des vers, dont on calmoit sensiblement la violence par le son du violon et par le chant. In Rich. de Hautesierk Obs. Tom. II. p. 469.

— — Attaque d'Epilepsie, produite par la présence d'un ver. Ebend. p. 465.

Dianyere. Sur les maladies vermineuses. Roux Journ. de Méd. Tom. 5. p. 252.

Doeveren, Walther van, Abhandlung von den Würmern in den Gedärmen des menschlichen Körpers. Aus dem Latein. mit Zusätzen von Theod. Thom. Weichart. Leipzig 1776. 8.

Donatus, Marcellus, De medica historia mirabili Libri sex, Venetiis 1597. 4. Lib. IV. Cap. 26, p. 167.

Dubois Brief an Dr. Anderson nebst dem Antwortschreiben des Letzteren; mitgetheilt von Herrn Dr. de Carro in Hufelands Journ. Nov. und Dec. 1813. S. 112 ff. Auch in Edinb. medic. and surgic. Journ. Vol. II. Fasc. 7. N. 5.

Duchateau, Beobachtungen von Würmern, welche in den Harnwegen enthalten, und durch die Harnröhre weggegangen waren. A. d. Journ. de Med. Chir. Pharm. etc. contenant les travaux de la societé medicale d'Emulation par Mr. Leroux. Tom. 35. 1816, in der Salzb. med. chir. Zeit. 1816. Bd. 4. S. 106.

Dufan sur une Hysterie vermineuse. Roux Journ. de Med. Tom. 29. p. 120.

Dufour Observ. diverses sur la fievre putride vermineuse, Journ, de Méd. Chir. et Pharm. Tom. 66. Paris chez Didot 1786.

Dunant, Lettre aux Auteurs de ce Journal. Roux Journ. Tom. 49. p. 44.

Emhard, Samuel, Diss. medica inauguralis de Allio. Jenae 1718. 4. p. 17.

Ettmüller, Mich., De erinonibus sive comedonibus infantum. Act. Erudit. Lips. 1682. Obs. I.

Fallopii, Gabr., Libelli duo, Venetiis 1563. 4. Cap. 24. p. 67.

Fénwick, John Ralph, über den Gebrauch des Terpentinöhls beim Bandwurme, in einem Briefe an M. Baillie. A. d. Medico - chirurgical Trausact. The II Edit. Vol. II. 1813. p. 24. In Salzb. med. chir. Zeit. 1815. Bd. 4. S. 130.

Fermin, Phil., Description générale, historique, geographique et physique de la colonie de Surinam, à Amsterdam 1769. 8. Chap. 24. Des Vers.

Feuillée, Louis, Journal des Observations physiques, mathematiques et botaniques, faites par l'ordre du Roy sur les Cotes Orientales de l'Amerique Meridionale et dans les Indes Occidentales, depuis l'année 1707, jusques en 1712. Tome premier, à Paris 1714. p. 421.

Feliz, G. H., Bemerkungen über verschiedene vermeintliche Haut - oder Fleischwürmer im menschlichen Körper, besonders über den Dracunculus oder die Vena medinensis. In Baldingers neuem Magazin für Aerzte, Bd. 10. St. 6. 1788. 8. S. 492 — 507.

Fischer, Jo. Leonh., Taeniae hydatigenae in plexu choroideo inventae historia, Lipsiae 1789. 8.

Fortassin, Considerations sur l'histoire naturelle et medicale de vers du corps de l'homme. Présentées et soutenues a l'Ecole de Médecine de Paris le 22 Ventose an XII. à Paris 1804. 8.

Frank, Louis, Collection d'opuscules de médecine - pratique, avec un memoire sur le commerce des Nègres au Kaire, à Paris 1812. 8. p. 235.

Freind, J., Histoire de la Médecine. Traduite de l'Anglois par Etienne Coulet, à Leide 1727. 12. P. I. p. 75 — 82.

Froinmani, Jo., Observ. de verminoso in ovibus et juvenis reperto hepate. Eph. N. C. Ann. VI et VII. Francof. et Lips. 1677. p. 249. Obs. 188.

Gadd's, Pet. Andr., Prof. der Chemie zu Abo, physikalisch - ökonomische Beschreibung des nördlichen Theils der Kreise von Satakunda in Finnland. In Dan. Gottfr. Schrebers neuen Cameralschriften, Th. V. Halle 1766. S. 801. §. 6.

Gaede, Hénr. Maur., Diss. inaugural. sistens Observationes quasdam de Insectorum Verniumque Structura, Kiliae 1817. 4.

Galeni, Claud., de simplicium medicamentorum facultatibus, Libri XI. Lugduni 1547. 8. Lib. VIII. p. 512.

— — Opera. Basileae 1561. fol. Vol. II. De locis affectis. Lib. VI. cap. 3. p. 76. Δρακοντιασις.

Gallandat, Dav. Henr., Diss. de Dracunculo sive Vena medinensi. Nov. Act. N. C. T. V. Norimberg. 1773. 4. p. 104 — 116.

Garmann, L. Ch. Fr., Eph. N. C. Ann. I. scil. 1670. Lipsiae. 4. Obs. 145. Vermes intestina perforantes restituto aegro. p. 321.

Gautieri, Giuseppe, Slancio sulla genealogia della terra e sulla costruzione dinamica della organizzazione. Seguito da una ricerca sull' origine dei vermi abitanti le interiora degli animali. Jena in Sassonia 1805. 8.

Geischlöger, Ant., Unerwarteter Ausgang einer complicirten Skrofelkrankheit, nebst Bemerkungen über Würmer und Wurmmittel. Hufelands Journ. Bd. 10. St. 1. S. 143 ff.

Gelinek, Jo. Nep. Ant., Diss. inaug. medica de Entozois homini familiaribus, Pragae 1812. 4.

Gentil, Le, Nouveau voyage autour du monde. Tom. I. à Amsterdam 1728. 12. p. 11.

Geoffroy, Dr. M., Extrait d'une Observ. sur deux Hydatides d'un volume considerable trouvées dans la cavité thorachique etc. In Bulletin de l'Ecole de

35 *

Medecine de Paris etc. An 13. (Premiere année.) No. XI. p. 164.

Girandy, Observations sur les maladies vermineuses, In Journ. général de Médecine, 9e année, T. 21. à Paris 1804.

Gmelin, Sam. Gottl., Reisen durch Rufsland zur Untersuchung der drei Naturreiche, dritter Theil, Petersburg 1774. 4. S. 302. Tab. 30.

— — Jo. Fried., Caroli à Linné Systema Naturae, T. I. P. VI. Lips. 1790. 8.

Göckel, Chr. Ludw., de abscessu inguinis periculoso curato. Eph. N. C. Dec, II. ann. IV, Obs, 112 p. 219.

Godot, Sur un dépot enkysté dans le ventricule, avec perforation de ce viscere, dont l'adhérence s'est propagée au petit lobe du foie, aux muscles du bas-ventre, et y a formé un dépôt externe. Roux Journ. T. 40. p. 145.

Goeze, Joh. Aug. Ephraim, Versuch einer Naturgeschichte der Eingeweidewürmer thierischer Körper. Mit 44 Kupfertafeln, Leipzig 1787. 4.

Gorraei, Jo., Opera. Definit. medicar. Libr. XXIV. Parisiis 1622. fol. p. 164.

Grashuis, Jo., De natura et ortu hydatidum. Act. N. C. Vol. VII. 1744. p 408 — 424.

Gregor, James M., Medical sketches of the expedition to Egypt from India. London 1804. 8. p. 202.

Griffith, Hughes, The natural history of Barbados in ten books, London 1750. fol. p. 41.

Grimm, Jo. Casp., De viro qui excrevit per urinam substantiam glandulosam membranaceam instar vermis renalis, s. lumbrici terrestris. Act. N. C. T. I. p. 227. Obs. 114.

Grotii, Hugonis, Annales et historiae de rebus belgicis, Amstelaedami 1657 fol. p. 209.

Grundler, Godofr. Aug., in Commerc. litter ad rei medic. et scient. nat. increment. institut. Norimbergae 1740. 4. p 329.

Gruneri, Chr. Godofr., Morborum antiquitates Vratislaviae 1774. 8. p. 216 — 226.

Haehne, Tob. Henr., Vermis in pectore inventus cordique adfixus. Act. N. C. Vol. VII. p. 53.

Hahn. In Pallas neuen nord. Beitr. Bd. 1. S. 160-ses.

Haly filius abbas Liber totius medicine necessaria continens etc. 1553. 4. Lib. IV: pract. Cap. 16. p. 201. de passionibus quae in manibus pedibusque fiunt et primum de saniosa vena.

Hannaeus, Georg, Obs. e vermibus coeca et muta restituta. Eph. N. C. Dec. II. Ann. V. Obs. 28. p. 346.

Hannes, De aphonia aliisque incommodis verminm ejectione sanatis. Nov. Act. N. C. T. VI. p. 261.

Hanow's, Mich. Christoph, Seltenheiten der Natur und Oekonomie, herausgegeben von J. D. Titius, Erster Band. Leipzig 1783. 8. S. 586.

Hartmann, Ph Jac., Obs. Vermes vesiculares sive Hydatioaes in caprearum Omentis et in Pulmonibus alterius furfuracea. Eph. N. C. Dec. II. Ann. IV. obs. 73. p. 152 — 159. fig. 25 — 28.

— — — Anatome Glandiorum Eph. N. C. Dec. II. Ann. VII. Obs. 24. p. 58.

Hasselquist's, Fried., Reise nach Palästina in den Jahren 1749 — 1752, herausgegeben von Carl. Linnäus. Aus dem Schwedischen. Rostock. 1762. 8. S. 587.

Hautesierk, Rich. de, Recueil d'Observations de Médecine des Hopitaux militaires. à Paris, T. I. 1766. Tom. II. 1772. 4.

Heath, George Thom., Observ. on the Guinea. Worm. Edinb. Med. and surg. Journ. Jan. 1816. p. 120.

Heister, Laur., De lumbricis in cavo abdominis repertis, intestinisque ab eis perforatis. Act. N. C. T. I. Obs. 172. p. 391.

Hemmersam, Mich., Guineische und West-Indianische Reisebeschreibung de An. 1639 — 1645. Nürnberg 1669 8. Kap. 13. Von Würmern so aus dem Menschen kommen.

Herrenschwand, J. Fr. v., Abhandl. von den vornehmsten und gemeinsten innerlichen und äuserlichen Krankheiten, zum Gebrauch jynger

Aerzte und Wundärzte u. s. w. A. d. Französischen. Bern 1788. S. 4. 411.

Heurnius, J., Opera omnia. Lugd. 1658. Tom. II. De morbis novis et mirandis epist. ad Henr. à Bra. p. 119. Derselbe Brief in Pet. Foresti Obs. et Curat. medic. Op. omn. Francofurti 1619. fol. Lib. XX. Obs. 39. p. 309.

Hill, G. N., On the Effects of Arsenic. Edinb. med. and surg. Journ, Vol. V. 1789. p. 312.

Hillary's, Wilh., Beobachtungen über die Veränderungen der Luft und die damit verbundenen epidemischen Krankheiten auf der Insel Barbados a. d. Engl. von J. Ch. G. Ackermann. Leipzig 1776. 8. S. 377—383.

Himly, Beobachtung und Beschreibung des Finnenwurms. Hufeland's Journ. December 1809. S. 115 folg.

Hirsch. Einige Gedanken über Erzeugung der Würmer im individuellen Organismus, veranlafst durch die Beobachtung einer sehr seltenen Wurmkrankheit. In den Ephemeriden der Heilkunde, von Markus, 4r Bd. 2tes Heft. S. 136.

Holleri, Jac., Omnia opera practica. Parisiis 1664. fol. De morb. intern. Lib. I. Cap. 54. de Vermibus. p. 419. in Schol.

Home, Everard, Lectures on comparative Anatomy; in which are explained the preparations in the Hunterian Collection. Illustrated by Engravings. In two Volumes. London 1814. In der Hall. allg. Lit. Zeit. April 1816. S. 753.

Hopkinson, F., Account of a Worm in a Horse's Eye. In Transact. of the American philosoph. Society held at Philadelphia. Vol II. 1786. 4. p 183 N. 18.

Hufeland, Chr. Wilh., Vollständige Darstellung der medicinischen Kräfte und des Gebrauchs der salzsauren Schwererde. Berlin 1794. 8.

— — über die ihm am besten gelungene Methode den Bandwurm abzutreiben. In dessen Journ. Bd 10. St. 3. S. 178.

Humboldt, Alex. v., Ansichten der Natur mit wissenschaftlichen Erläuterungen. Erster Band. Tübingen 1808. 8. S. 142 f.

Hunters, John, Versuche über das Blut, die Entzündung und die Schulswunden; a. d. Engl. von Hebenstreit, 2ten Bds. 1e Abth. Leipzig 1797. S. 34 in der Note.

Hünerwolf, Dr. Jac. Aug., De Ileo lethali a vermibus. Eph. N. C. Dec. II. Ann. V. Obs. 19. p. 32.

Hutcheson, Rob. et Forbes, Georg, Ulcers 'from Dracunculi. Med. Essays and Observ. publ. by a Society in Edinburgh. Vol. V. P. II. Edinb. 1752. 8. p. 300. Auch in med. Versuche und Bemerk. einer Gesellsch. in Edinburgh, Altona 1752. 5te Bd. 2te Th. S. 1022.

Ingenhousz, Joh., vermischte Schriften physisch-medic. Inhalts. Uebersetzt von Molitor, 2te Auflage. Wien 1784. 8. 2ter Bd. S. 173 ff.

Ingrassiae, Jo. Phil., de tumoribus praeter naturam tomus primus. Neapoli 1553. fol. C. I. p 19. Lib. X.

Joel, J., Opera medica. Amstelodami 1701. Sect. III.

Jördens, Joh. Heinr., Entomologie und Helminthologie des menschlichen Körpers oder Beschreibung und Abbildung der Bewohner und Feinde desselben unter den Insekten und Würmern. Zweyter Band. Mit sieben colorirten Kupfertafeln. Hof. 1802. 4.

Isert's, Paul Erdmann, Reise nach Guinea und den Caraibischen Inseln in Columbien, in Briefen an seine Freunde geschrieben. Copenhagen 1788. 8. S. 369—371. Auch Isert, P. E. Voyages en Guinée etc. Traduit de l'Allemand, A Paris 1793. 8. p. 335.

Kaempfer, Engelbert, Amoenitatum exoticarum politico-physico-medicarum fasc. V. Lemgoviae 1712. 4. fasc. III. Obs. IV. Dracunculus Persarum in Littore sinus persici. p. 534 sqq.

Karg, Jos., Ueber den Steinbruch zu Oeningen bei Stein am Rheine und dessen Petrefacte. In den Denkschriften der vaterländischen Gesellschaft der Aerzte und Naturforscher Schwabens. Erst. Bd. Tüb. 1805. 8. S. 1 ff.

Kelch. Zergliederung eines sehr ausgedehnten und mit Schleim gefüllten Ovariums. Hufelands Journ. Bd. 23. St. 3. S. 194 ff.

Keckringii, Theod., Spicilegium anatomicum. Amstelodami 1670. Obs. 79. p. 134.

Kier, Dr., Journal of a residence in India by Maria Graham. Edinburgh 1813. 4. p. 23.

Klein, Jac. Theod., Tentamen Herpetologiae-Leidae et Göttingae 1755. 4. p. 60.

— — — — Untersuchung unterschiedlicher Meinungen von dem Herkommen und der Fortpflanzung der im menschlichen Körper befindlichen Würmer. Im Hamburgischen Magazin. Bd. 18. St. 1. S. 19—58.

Kortum. Die Stutenmilch, ein Mittel gegen den Bandwurm. Hufelands Journ. April 1812. S. 119.

Kunsemüller, Fr. Guil., De morbo Yaws dicto et de Vena medinensi. Praes. Curt. Sprengelio. Halae 1797. 4. In Brera Sylloge opuscolor. select. Vol. VIII. Ticini regii 1799. p. 271 sq.

Labat. Voyage du Chevalier des Marchais en Guinée etc. Tom. II. à Amsterdam 1731. 12. p. 110. Vers cutanés.

Lachmund, Fried., von wunderbaren Würmern, welche in Guinea in den Füßen, Lenden und Hodensack der Menschen wachsen. In Abhandl. der Röm. Kais. Akademie der Naturforscher, 4ter Th. Nürnberg 1757. 4. S. 279.

Laennec, Theoph., Memoire sur les vers vésiculaires et principalement sur ceux qui se trouvent dans le corps humain. Lù à la séance du 26 pluviose an XII. 1804.

Lafaye. Principes de Chirurgie. à Paris 1756. 8. P. V. Sect. I. Chap. 1. p. 220.

Lagene. Remede contre le Ténia. Roux Journ. de Med. Vol. 45. p. 220.

Lange, über die Wirksamkeit des Mittels des Hrn. G. H. R. Beck. In Hufeland's Journ. Bd. 17. St. 2. S. 153.

Langii, Lembergii Jo., Epist. medic. volum. tripartit. Francof. 1589. 8. Lib. II. Ep. 42. p.756.

Larrey, C., Note sur le prétendu ver de Guinée In Bulletin des Sciences, par la Société philomatique, 7me Année. N. 83. p. 178 sq.

Lassus, Recherches et Observat. sur l'hydropisie enkystée du foie. Journ. de Med. Chir. et Pharm. par Corvisart etc. T. I. p. 115 sq.

Lawrence, W., Case of a Woman, who voided a large number of Worms bey the Urethra with a description of the animals. Medico-chirurgical Transact. published by the med. and chir. Society. Vol. II. Second Edition. London 1813. 8. p. 385 —95. Tab. 8.

Leeuwenhoek. Part of a Letter from Authory van Leeuwenhoek concerning Worms observed in Sheeps Livers and Pasture Ground. Philosoph. Transact. Vol. 24. for the Years 1704 et 1705. p. 1522.

Longsfeld, Jos., Beschreibung der Bandwürme und deren Heilmittel. Wien 1794. 8.

Leoni, Dom., Ars medendi. Bononiae 1583. fol. Sect. III. Lib. IV. C. 9. p. 575. De vermibus.

Lesser. Theologie des Insectes. Tom. II. à la Haye 1742. 8. Livre II. part. III. chap. 2. p. 223.

Licetus, Fortunat., De spontaneo viventium ortu. Vicetiae 1618. fol. Lib. III. Cap. 51. p. 242.

Lind, Jam., An Essay on diseases incidental to Europeans in hot Climates. London 1768. 8. p. 53.

Linné, Car., Amoenitates academicae. Vol. V. curante Schrebero. Erlangae 1788. 8. p. 103. Exanthemata viva etc.

Linshot, Jean Hughes de, Histoire de la navigation. Avec annotations de B. Paludanus. à Amsterdam 1638. fol. cap. VI. p. 17.

Lister, Martin, Part of a Letter from Fort St. George in the East-Indies, giving an Account of the long Worm which is troublesome to the Inhabitans of those parts. Philosoph. Transact. Vol. XIX. London 1698. 4. p. 417. 418.

Löffler's, Adolph Fried., Beiträge zur Arzenei und Wundarzeneikunst. Erster Theil. Leipzig und Altona 1791. 8. S. 59—65. Dracunculus oder Vena medinensis. Auch in Richters chir. Bibl. Bd. 7. S. 755 u. Bd. 12. S. 334.

Löffler. Eispillen. In Hufelands Journ. Jul. 1810. S. 110.

Lorry, Ann. Carol., Tractatus de morbis cutaneis. Parisiis 1777. 4. p. 586—592. De Dracunculis Graecorum, Vena Medinensi Arabum — Herrn Anna Karl Lorry's Abh. von den Krankheiten der Haut, a. d. Latein. übers. v. Dr. Chr. Fr. Held, 2r Bd. Leipzig 1779. S. 383.

Lüdersen, Henr. Car. Lud., de Hydatidibus Diss. inauguralis. Göttingae 1808. 4.

Lüdücke. Von einer tödlichen Durchbohrung der Gedärme, welche von Würmern verursacht worden. In Joh. Lebrecht Schmuckers vermischt. chir. Schriften, 2te Bd. 2te Auflage. Berlin und Stettin 1786. 8. S. 235.

Macleay. Fall von Balgwassersucht mit Hydatiden. In the Edinb. med. and surg. Journ. Bd. II. Heft VI. N. 5. Allg. Lit. Zeit. Febr. 1815. N. 45.

Malpighii, Marcelli, Opera posthuma. Amstelodami 1698. 4. p. 112. Tab. X. fig. 5. N. 1.2.

Manardi, Jo., Epist. medic. libr. XX. Basileae 1549. fol. Lib. VII. Ep. 2. p. 124.

Marcus, Dr. Ph. Marc., De Lumbricis. Eph. N. C. Dec. II. Ann. I. Obs. 120. p. 306.

Marechal de Rougeres sur quelques Maladies compliquées. Roux Journ. T. 30. p. 41.

Marie. Observ. sur une fievre putride vermineuse, qui a régné à Ravennes, st. Alberto etc. In Journ. general de Médec. An. 9. Tom. 21. 1804. p. 250.

Marteau. Sur une ouverture à l'ombilic, qui donnoit passage au chyle et à des vers contenus dans les intestins grèles. Roux Journ. T. 5. p. 100.

Marteau de Grandvilliers sur quelques fiévres vermineuses singulieres, accompagnées de symptomes singulires. Roux Journ. Tom. 17.p. 24 s.

Martin, Anton Rolandson, Gördter, Kno-

ten - oder Fadenwürmer bei Fischen und Menschen gefunden u. s. w. In den Schwedischen Abhandl. auf das Jahr 1771. Bd. 33. S. 258.

Masars de Cazeles. Sur le Taenia, ou ver solitaire, et plus particulierement sur un Taenia perce à jour. Roux Journ. T. 29. p. 26.

Mathieu, Mittel gegen den Bandwurm. In Hufelands Journ. Bd. 10. St. 2. S. 199 aus Formey's Ephemeriden.

Mead, Rich., Monita et praecepta medica. Parisiis 1757. 8. Cap. VII. Sect. III. p. 74. De Lumbricis.

Meckel, J. F., über einige ungewöhnliche Erscheinungen an Leberknoten: In dessen deutschem Archiv für die Physiologie, Bd. I. Heft 3. S. 432 ff.

Mellin, Chr. Jac., praktische Materia Medica, 4te Auflage. Frankfurt a. M. 1789. 8.

Mercurialis, Hier., Variarum Lectionum Libri quatuor. Venetiis 1571. 4. Lib. II. Cap. XX. p. 60.

Meyer, F. A. A., einige Zweifel gegen Herrn Chirurgus Fieliz über verschiedene Haut- und Fleischwürmer im menschlichen Körper. In Baldingers neuem Magazin für Aerzte. Bd. 11. St. 2. S. 156.

Monceau. Observation sur des vers urinaires. Journ. de Med. Chir. etc. Tom. XI. à Paris An XIV. p. 11.

Mongin, Oberv. sur un Ver trouvé sous la Conjonctive; à Maribarou, isle Saint - Dominique. Roux Journ. Tom. 31. p. 338.

Mönch, Conr., Systematische Lehre von denen gebräuchlichsten einfachen und zusammengesetzten Arzney-Mitteln, 3te Auflage. Marburg 1795. 8.

Münnich. Wunderbare und verkannte Zufälle durch Würmer, ein Beweis ihrer grofsen pathologischen Wichtigkeit. Hufelands Journ. September 1817. S. 114.

Munro, Alex., The morbid Anatomy of the human Gullet, Stomach and Instestins. Edinburgh and London 1811. 8. In der Leipziger Lit. Zeit. N. 75 u. 76. des Jahrs 1815.

Montani, Jo. Rapt., Libri de excrementis etc.

Venetiis 1550. 8. de morb. gallic. p. 121. Endimini.

Montin, Lorenz, Auszug eines Falles von einer Fasciola intestinali mit mancherlei Würmer bei einer Kranken. In den Abh. der schwed. Akad. der Wiss. auf das Jahr 1763. Bd. 25. Leipz. 1766. S. 122.

Moreau. In Journ. de Med. T. 25. p. 435.

Morgagni, Jo. Bapt., de sedibus et causis morborum per anatomen indagatis libri quinque. Lugd. Batav. 1767. 4.

Morgan, John, Of a living Snake in a living Horse's Eye, and of other unusual Productions of Animals. In Transact. of the American philosoph. Society held at Philadelphia. Vol. II. 1786. 4. p. 383. N. 43.

Morrah, Mich., über eine Hydatide im Gehirn. Medico - chirurg. Transact. publ. by a med. and chir. Society of London. Vol. II. Edit. II. 1813. In der Salzb. med. chir. Zeit. 1815. Bd. 4. S. 136.

Moublet. Sur des vers sortis de reins et de l'urethere d'un enfant, avec des réflexions sur la néphrotomie. Roux Journ. T. 9. p. 244 s. et p. 337 s.

Mongeot, J. B., Essai zoologique et médical sur les hydatides. A Paris an XI. 1803. 8.

Moulenq. Sur un Taenia sorti par l'aine d'une femme. Roux Journ. T. 56. p. 330.

Müller, Otto Fried., Vermium terrestr. et fluviat. etc. succincta historia. Havniae et Lipsiae. 4.

Muralto, Joh. de, Ileos a vermibus in puerpera misera. Eph. N. C. Dec. II. Ann. I. Obs. 118. p. 360.

Muteau de Rocquemont. Sur une maladie vermineuse, accompagnée d'accidens extraordinaires. Roux Journ. V. 21. p. 243.

Nau, Bernh. Sebast., neue Entdeckungen und Beobachtungen aus der Physik, Naturgeschichte und Oekonomie. Erster Band. Frankfurt a. M. 1791. 8.

Needham aus North - Walsham. Ein Fall von einem Vorfalle der Gedärme durch die Oeffnung des Mastdarms. A. d. Medical Transact. of Phys. in

London. Vol. IV. 1813. N. 24 in der allg. Lit. Zeit. 18 5. Jan. N. 8. S. 63.

Niebuhr, Carsten, Beschreibung von Arabien. Copenhagen 1772. 4. S. 133.

Nierembergii, Jo. Euseb., Historia naturae maxime peregrinae Libris XVI distincta. Antverpiae 1635 fol. Lib. XII. Cap. 24. De morbo vermium. p. 280.

Odier. Sur l'usage de l'huile douce de Ricin, particuliérement contre le ver solitaire. Roux Journ. T. 49. p. 333 et 450.

Offred, Car., De fecibus alvinis et lumbricis ex abscessu abdominis prodeuntibus. Eph. N. C. Dec. II. Ann. I. Obs. 126. p. 318.

Oken. Die Zeugung. Bamberg und Würzburg 1805. 8.

Oldendorps, C. G. A., Geschichte der Mission der evangelischen Brüder auf den caraibischen Inseln St. Thomas, St. Croix und St. Jean. Herausgegeben durch J. J. Bossart. I Th. Barby 1777. 8. Buch II. Abschn. 7. S. 125. 126.

Olfers, J. Fr. M. de, De vegetativis et animalis corporibus in corporibus animalis reperiundis commentarius. Pars I. c. tab. aën. Berolini 1816. 8.

Onomatologia hist. nat. oder vollständiges Lexikon, das alle Benennungen der Kunstwörter der Naturgeschichte nach ihrem ganzen Umfange erklärt, 4ter Bd. Frankf. und Leipzig 1773. 8. S. 32.

Osann, C., Beobachtungen über den innerlichen Gebrauch des Terpentinöhls gegen den Bandwurm. Hufelands Journ. Sept. 1816. S. 31 ff.

Otto, A., Ueber das Nervensystem der Eingeweidewürmer. Magazin der Berlin. naturf. Gesellsch. 7ter Jahrgang 3tes Quart. S. 223 ff.

Pallas, Pet. Simon, de infestis viventibus intra viventia. In Sandifort thesaurus dissertationum. Vol. I. Roterdami 1768. 4. p. 247 sqq.

— — — Reisen durch verschiedene Provinzen des Russischen Reichs, 3 Theile. St. Petersburg 1771 — 1776. 4. Th. I. S. 9. Th. II. S. 543.

— — — Neue nordische Beiträge. Erster Band. Petersburg und Leipzig 1781. 8.

Palmer Jo. Fysche, Tentamen medicum inau-
gurale de vermibus intestinorum 1766. In thesaur.
med. Edinburgens. nov. Tom. I. Edinburgi et Lon-
dini 1785. 8. p. 34 sqq.

Paracelsi, Aur, Phil. Theophr., Opera omnia. Genevae 1658. fol. Theoreticae figurae univer-
salium morborum. Tab. VIII. p. 738. Generatio
vermium et apostematum. Lib, III cap. 6. p. 60. De
apostematibus.

Parei, Ambros., Opera. Parisiis 1582. fol. De
tumoribus contra naturam particularibus. Lib. VII.
Cap. 31. p. 253—256, De Dracunculis.

Passerat de la Chapelle. Effet de l'huile de
noix et du vin d'Alicante contre le ver solitaire.
Roux Journ. T. 6. p. 303.

Paton. Cases of Guinea Worm, with Observations.
Edinburgh. med. and surgical Journ. Vol. II. 1806.
p. 151.

Paullini, Chr. Franc., Disquisitio curiosa an
mors naturalis plerumque sit substantia verminosa?
Francof. et Lipsiae 1703. 8: p. 105.

Pauli Aeginetae Libri septem. Basileae 1538. 4'
Cap. 59. p. 321.

Pelletier, Le, Sur une maladie singuliere produite par des vers. Roux Journ. Tom. 33, p. 347,

Pemberton, Chr. Rob., A practical Treatise on
various Diseases of the abdominal Viscera. London
1814. 8. In den Götting. gel. Anz. botes St. 1816.
S. 594.

Percy, Memoire sur les Hydatides uterines et sur
le part hydatique. Journ. de Med. Tom. 22. p. 171.

Perè. Memoire sur le Dragonneau. Roux Journ-
T. 42. p. 121.

Pisonis, Car., Selectiorum observationum et con-
siliorum liber singularis. Lugd. Batav. 1733. 4.
p. 242.

Plateri, Felic., Praxeos Tomus tertius. De vi-
tiis. Basileae 1625. 4. cap. III. p. 182. De extube-
rantia Phlyctena, cap. XIII. p. 871—896. De animalium excrétione.

— — — Observationum libri III. Basileae 1680.

8. Lib. III. p. 617. Hydrops Ascites ob hep. et
lienis fissuras et vesiculas.

Plenk, Jos. Jac., Hygrologia corporis humani.
Viennae 1794. 8. p. 179. Usus putrefactionis cada.
verum.

Plinii, C., Historiae naturalis libri XXXVII. c.
not. Harduini. Parisiis 1723. fol. Lib. XI. cap. 33.
p. 611.

Plutarchi Chaeronensis Opera quae extant
omnia. Cum interpretat. Hermanni Cruserii. Francofurti 1599. fol. Tom. II. Symposiacon Lib. VIII.
quaest. 9. p. 733.

Plutarch's moralisch-philosophische Werke. Uebersetzt von J. F. S. Kaltwasser. 5ter Theil. Wien
und Prag 1797. 8. S. 493.

Pollucis, Julii, Onomasticum graece et latine.
Amstelaedami 1706. fol. Lib. IV. Cap. 25. segm.
205. p. 472.

Postel de Franciere, Sur le ver Taenia, vul-
gairement appellé ver solitaire. Roux Journ. T.
18. p. 416.

— — — — Reponse à la lettre de Mr. Robin.
Ebendaselbst. T. 26, p. 415.

Raisin. Observation sur un ver rendu par les uti-
nes. Roux Journ. T. 19. p. 438.

Rathier. Remede contre le Ver solitaire, Roux
Journ. T. 28. p. 44.

Raub, Dan. Corn., Diss. inaug. med. de Ascaride
lumbricoide Linn. Vermium intestinalium apud ho-
mines vulgatissimo. Göttingae 1779. 4.

Redi, Franc., Osservazioni intorno agli Animali
Viventi che si trovano negli Animali Viventi. Ve-
nezia 1741. 8.

Reies Franco, Gaspara, Elysius jucundarum
quaestionum campus. Francofurti ad M. 1670. 4.
quaest. 36. p. 426 sq.

Reinlein, Jac., Animadversiones circa ortum, in-
crementum, causas, symptomata et curam Taeniae
latae in intestinis homanis nidulantis casibus practi-
cis illusratae, cum figuris. Viennae 1811. 8.

Reinlein's Bemerkungen über den Ursprung, die

36

282

Entwickelung, die Ursachen, Symptomen und Heil-
art des breiten Bandwurmes in den Gedärmen des
Menschen. Durch practische Fälle erläutert. Mit
1 Kupfer. Nach dem Lateinischen übersetzt. Wien
1812. 8.
Remer. Beobachtungen am Krankenbette. Hufe-
lands Journ. B. 17. St. 2. S. 106 ff.
Rhazae, Abubetri Maomethi, Opera exquisi-
toria. Basileae 1544. fol. ad Mansor de re medica.
Lib. VII. cap. 24. p. 179. De vena medeme, sive
civili.
Richard. In Journ. de Med. Tom. 19. p. 313.
Richter's, Aug. Gottl., Abhandlung von den
Brüchen. Göttingen 1785. 8. S. 271—274.
Robin. Lettre à Mr. Postel de Franciere.
Roux Journ. T. 25. p. 222.
Roesel von Rosenhof, Aug. Jo., Historia ra-
narum nostratium. Norimbergae 1758. fol.
Rosenstein, Nils Rosen von, Anweisung
zur Kenntnifs und Kur der Kinderkrankheiten.
Göttingen 1798. 8.
Roudier. Tumeur considerable sur l'hypogastre.
Journ. de Med. Tom. 52. 1779. p. 124—126.
Roux. Sur une hydropisie enkystée du foie trouvée
dans le cadavre d'un homme mort suffoqué. In
Journ. de Med. Tom. 42. p. 314.
Roziere de Lachassagne sur un vertige ver-
mineux. Roux Journ. T. 26. p. 430.
Rudolphi, Karl Asmund, Bemerkungen aus
dem Gebiet der Naturgeschichte, Medizin und
Thierarzneykunde auf einer Reise durch einen
Theil von Deutschland, Holland und Frankreich.
2 Theile. Berlin 1804 u. 1805. 8.
— — — Entozoorum sive Vermium intestinalium
historia naturalis. Vol. III. c. tabb. aën. Amstelaedami 1808—1810. 8.
Ruyschii, Fred., Thesaurus anatomicus. Amste-
laedami 1701. 4. Thes. I. N. 12.
— — — Opera omnia anatomico-medico-chirur-
gica. Amstelaedami 1737. 4. Vol. III.

Sauvages, Fr. B. de, Nosologia methodica. T.
II. Amstelodami 1768. 4. p. 553.
Schäffer, Jac. Christ., die Egelschnecken in
den Lebern der Schafe und die von diesen Wür-
mern entstehende Schafkrankheit. Nebst einer
Kupferplatte. Regensburg 1753. 4. S. 29.
— — — die eingebildeten Würmer in Zähnen.
Nebst dem vermeintlichen Hülfsmittel wider diesel-
ben. Nebst einer Kupfertafel in Farben. Regensb.
1757. 4.
Scharff, Benj., De vermibus uteri. Eph. N.
C. Dec. I. Ann. IX et X. Obs. 7. p. 44.
Scheihammer, Günth. Chr., Lumbrici ex ab-
scessu in inguinali regione erumpentes. Eph. N. C.
Dec. II. ann. V. Obs. 10. p. 19.
Schenckii, Jo. a Grafenberg, Observat. me-
dicar. rarior. Libri VII. Francofurti 1665. fol. Libr.
V. de Phthiriasi. Obs. VI. p. 701. De Dracunculis
Aethiopiae et Indiae propriis.
Scheuchzer, Joh. Jac., ΣΥΝΘΕΩ Homo
diluvii testis et ΘΕΟΣΚΟΠΟΣ. Tiguri 1726.
4. p. 24.
Schmidt, Joh. Adam, Ueber die Krankheiten
des Thränenorgans. Wien 1803. S. 73. Tab. II.
Schmiedt, Joh., De hernia exulcerata, unde ex-
crementa sine alia sanitatis noxa egerebantur. Eph.
N. C. Dec. I. Ann. III. Obs. 122. p. 194.
Schmucker, Joh. Lebrecht, Praktische Anmerkungen von dem nützlichen Gebrauch des Sabadillsamens in allen Arten von Wurmkrankheiten
des menschlichen Körpers. In seinen vermischten
chir. Schrift. Bd. 3. Berlin und Stettin 1782. 8.
Schöler, Lud., Diss. inaug. med. sist. Observationes super morbis Surinamensium. Göttingae
1781. 4.
Scholzii, Laur., Epistolarum philos. medic. ac
chymicar. Volumen. Hanoviae 1610. fol. Epist. 27.
p. 32 sqq.
Schrank, Fr. v. Paula, Verzeichnifs der bisher
hinlänglich bekannten Eingeweidewürmer, nebst

einer Abhandlung über ihre Anverwandtschaften. München 1788. 8.

Schwartze, Aug. Jac., Observationes de virtute Corticis Geoffraeae Surinamensis contra Taeniam. Götting. 1792. 4. p. 16.

Schwenckfeld, Casp., Theriotropheum Silesiae. Liguicii 1603. 4. p. 536 Seta aquatica.

Scopoli, Jo, Ant., de Hydrargyro idriensi tentamina. Venetiis 1761. 8. p. 153.

Seeliger, Nutzen des Sabadillsamens wider den Bandwurm. Schmuckers vermischte chirurg. Schrift. 2ter Bd. 2te Auflage. Berlin und Stettin 1786. S. 271.

Sennert, Dan., Operum Tom. I, Parisiis 1641. fol. Hypomn. V. Cap. 8. p. 233. serpentes in deserto Israelitis immissi non fuerunt Dracunculi. Tom. III. Libr. III. P. II. Sect. I. cap. 5. De Lumbricis.

Serres. Affection vermineuse simulant la rage. In Journ. de Med. Vol. 25. p. 25. p. 258.

Sertuerner, F. W., Ueber eines der fürchterlichsten Gifte der Pflanzenwelt, als ein Nachtrag zu seiner Abhandlung über die Mekonsäure und das Morphium; mit Bemerkungen, den anderen Extractivstoff des Opiums und seine Verbindungen betreffend. In Gilberts Annalen der Physik, neue Folge, Jahrgang 1817. St. 10. S. 183.

Sloane, Hans, Voyage to the Islands Madera, Barbados etc. with the natural history. Vol. II. 1725. fol. p. 190.

Spalanzani, Versuche über die Erzeugung der Thiere und Pflanzen. A. d. Franz. Leipzig 1791. 8. S. 180 ff.

Spiegelii, Adrian, Opera omnia. Amsterdami 1645. fol. De lumbrico lato liber.

Sponius, Jac., In Boneti Sepulchr. anat. Tom. II. p. 530.

Steinbuch, Jo. Georg, Commentatio de Taenia hydatigena anomala, adnexis cogitatis quibusdam de vermium visceralium physiologia. Cum tab. aen. Erlangae 1802. 8.

Stiebel. Diacanthos Polycephalus, ein Intestinalwurm des Menschen. In Meckels deutschem Archiv für die Physiologie, dritten Bandes zweiten Hefte. Halle und Berlin 1817. S. 174 ff.

Störk, Ant., Annus medicus, quo sistuntur observationes circa morbos acutos et chronicos etc. Vindobonae 1759. 8. Ann. II. 1761.

Suck. Merkwürdiger Fall einer durch Wurmreiz bewirkten Umstülpung des Augapfels. A. d. Russ. Samml. für Naturw. und Heilk. Bd. I. Hft. I. S. 84. in den Allg. med. Annal. 1816, März. S. 354.

Sumeire. Sur des douleurs pleurétiques dépendantes des vers, et sur la vertu de la coralline (appelée lemithochorton) dans ces sortes de cas et dans d'autres. Roux Journ. Tom. 52. p. 331.

Swieten, Gerardi B. de van, Commentaria in omnes aphorismos Boerhaave. Tom. VI. Venetiis 1764. 4.

Sylvestre. Sur des mouvemens convulsifs, occasionnés par des vers. Roux Journ. T. 34. p. 424.

Tagautii, Jo., De chirurgica institutione, libri V. Lugduni 1567. 8. Lib. I. p. 8.

Thomas, sur le Ver solitaire ou Taenia. Roux Journ. Tom. 23. p. 68.

Thomassen à Thuessink. In Journ. de Med. Tom. 19. 1810. p. 77.

Tissot, S. A., Epistolae medico-practicae. Auctae et emendatae. Lausannae 1770. 8. p. 132.

Tralliani, Alex., De lumbricis epistola. nunc primum graece et latine edita. Venetis 1570.

Treviranus, G. R., Biologie oder Philosophie der lebenden Natur für Naturforscher und Aerzte Bd. II. Göttingen 1803. 8. S. 264 ff.

Tulpii, Nicol., Observationes medicae. Editio nova libro quarto auctior. Amstelaedami 1685. 8. Lib. II. Cap. 42. p. 161. Genuinum lati lumbrici caput. Cap. 49. p. 172. Mictus vermis cruenti. Lib. III. Cap. 12. p. 199. Lumbricus ex inguine.

Tyson, Edward, Lumbricus latus, or a Discourse of the Jointed Worm etc. Philosoph. Transact. for the year 1683. p. 113 ff. — Lumbricus teres, or the Round Worm bred in human bodies. Ebend. p. 153 ff.

36 *

284

Tyson, Edward, Lumbricus hydropicus or an Essay to prove that Hydatides often met with in morbid animal Bodies, are a species of Worms or Imperfect Animals. Philosoph. Transact. Vol. 17 for the year 1693. n. 195. March. 1691. p. 506 ff. Auch in den Act. Erudit. Lips. ann. 1692. p. 435 bis 440.

Unzer, Beobachtung von den breiten Würmern (Vermes cucurbitini). Im Hamburger Magazin. Bd. 8. S. 312—315.

Vauquelin. In Annales de Chemie. Vol. 29. p. 3. s. Auch in Scherers allg. Journ. der Chemie. Band III. S. 199 ff.

Veiga, Th. Roderici a, Opera omnia. Lugduni 1586. fol. Locor. affect. Lib. VI. p. 389 et 390.

Veit. Einige Bemerkungen über die Entstehung der Hydatiden. In Reils Archiv für die Physiologie. Bd. II, 1797. S. 486 ff.

Velschii, Georg. Hier., Exercitatio de Vena medinensi, ad mentem Ebnsinae, sive de Dracunculis Veterum. Specimen exhibens novae versionis ex Arabico cum Commentario uberiori etc. August. Vind. 1679. 4.

Vogel, Rud. Aug., De cognosc. et curand. corp. humam. affect. Pars II. 1781. 8. p. 327 in der Note.

Voigt, F. S., Grundzüge einer Naturgeschichte als Geschichte der Entstehung und weiteren Ausbildung der Naturkörper. Mit 3 Kupfert. Frankfurt a. M. 1817. 8.

Vollgnadi, Henr., Obs. Vermes intestina perforantes pereunte aegra. Eph. N. C. Dec. I. Ann. I. p. 322.

Warenius, Henr., Nosologia hermetica et gallenica. Lipsiae 1605 8. Disp. XXI. De Lumbricis, Dracunculis et Crinonibus Thes. 13. p. 218.

Watson, Will., An observation of Hydatides voided per Vaginam. In Philosoph. Transact. Vol. 41. for the Years 1739 et 1740. N. 460. p. 711.

Wedekind. Von der Einklemmung der Brüche, die durch Würmer verursacht wird. In Richters chir. Biblioth. Bd. 8. S. 79—94.

Weigel. Neue Methode den Bandwurm abzutreiben. In Hufelands Journ. Bd. I. S. 439.

Weissmantels vermischte physikalische Beiträge. St. 1. Leipzig 1777. 8. Hydrometra hydatica. Trau ben - Molen - Schwangerschaft.

Wendelstadt. Bemerkungen über Spulwürmer und Bandwürmer. In Hufelands Journ. B. 11. St. 3. S. 118 ff.

Wepfer, Jo. Jac., Cicutae aquaticae historia et noxae. Basileae 1679. 4. Cap. 15. de Gialappa. p. 221. in schol.

— — — Intestini Ilei ruptura integro abdomine. Eph. N. C. Dec. II. Ann. X. Obs. 71. Schol. 5. p. 315—317. de Vena medin.

Werlhof, Paul Gottl., Observationes de febribus. Hannoverae 1732. 4. p. 142.

Werner, Paul Christ. Fried., Vermium intestinalium praesertim taeniae humanae brevis expositio. c. tabb. VII. Lips. 1782. 8.

— — — Continuatio secunda edita a Jo. Leonh. Fischer. Lips. 1786. 8.

Wichmann, Joh. Ernst, Ideen zur Diagnostik, 3ter Band. Hannover 1802. 8. S. 85.

Wiedemann, Archiv für Zoologie und Zootomie. 2ter und 3ter Band. Braunschweig 1801 u. 1802. 8.

Wieri, Jo., Opera omnia. Amstelodami 1660. 4. Obs. Lib. II. p. 947 sqq.

Wilbrand, J. B., über die Classification der Thiere. Eine von der Akademie zu Harlem mit der goldenen Medaille gekrönte Preisschrift. Giessen 1814. 8.

Woyt's, Jo. Jac., Gazophylaceum medico - physicum. Leipzig 1767. 4. p. 2386.

Zeder, Joh. Georg Heinr., Erster Nachtrag zur Naturgeschichte der Eingeweidewürmer, von J. A. E. Goeze. Mit Zusätzen und Anmerkungen. Mit 6 Kupfertafeln. Leipzig 1800. 4.

— — — Anleitung zur Naturgeschichte der Eingeweidewürmer. Für Aerzte und Naturforscher. Mit 4 Kupfertafeln. Bamberg 1803. 8.

Abbildungen und deren Erklärung.

An den Buchbinder:

Die Tafeln und deren Erklärungen werden so gebunden, dafs jedesmahl die Erklärung der betreffenden Tafel gegenüber zu stehen kommt.

Erklärung der ersten Tafel.

1.— 5. Der Peitschenwurm. *Trichocephalus dispar.*

1. Ein Männchen in natürlicher Gröfse.

2. Dasselbe stark vergröfsert.

3. Ein von dem vorigen verschieden gebildetes Schwanzende, vergröfsert.

4. Ein Weibchen in natürlicher Gröfse.

5. Dasselbe, stark vergröfsert.

6.— 12. Der Pfriemenschwanz. *Oxyuris vermicularis.*

6. Ein Männchen in natürlicher Gröfse.

7. Dasselbe vergröfsert.

8. und 9. Weibchen, vormahls für Männchen gehalten.

10. und 11. Weibchen in natürlichem und vergröfsertem Mafse.

12. Sehr stark vergröfsertes Stückchen eines Weibchens, worin man die Eier sieht.

13.— 17. Der Spulwurm. *Ascaris lumbricoides.*

13. Ein aufgeplatztes Weibchen in natürlicher Gröfse, mit vorgefallenen Eingeweiden. Der braungefärbte Schlauch ist der Nahrungskanal; die weifsen Gefäfse sind der Fruchtbehälter und die Eier ausführenden Kanäle.

14. Ein vergröfsertes Kopfende von der Seite angesehen.

15. Ein dergleichen von oben angesehen.

16. Das eingekrümmte Schwanzende des Männchens mit doppelter Ruthe, vergröfsert.

17. Ein ganz junger, durch die Nase abgegangener weiblicher Spulwurm, in natürlicher Gröfse.

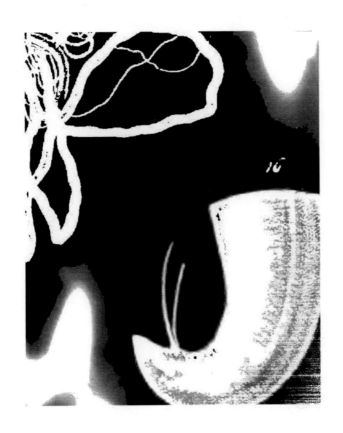

Erklärung der zweiten Tafel.

Der Bandwurm. *Bothriocephalus latus.*

1. Ein ganzer mit Kopf und Schwanzende versehener Wurm. Er ist noch jung, und scheint mehr gerunzelt als gegliedert. Zwar erkennt man gegen das Kopfende zu die Glieder deutlich, was etwa daher kommen kann, dafs sich der Wurm zuletzt abgesponnen hat, und diese Partie durch das Gewicht des früher flottgewordenen Theils gewaltsam ausgedehnt oder gestreckt worden ist.

2.3. Vergröfserte Kopfende mit deutlichem sehr langem Halse.

4. Eins ohne denselben.

5. 6. 7. Einzelne Stücke. Man sehe Seite 93.

8. Eine vergröfserte Strecke des Wurms, an welcher man aus den Vertiefungen in der Mitte die kleinen Zapfen oder männlichen Zeugungsorgane hervorstehen sieht.

9. Eine Strecke in natürlicher Gröfse, wo man auf jedem Gliede zwei solcher Vertiefungen hintereinander wahrnimmt. Uebrigens noch eine Verkrüppelung. Man sehe Seite 93.

10. Ein abgerissenes Stückchen eines Bandwurms, an dem sich das hinterste Glied spaltet, welche Spalte oft fälschlich für das Kopfende gehalten wurde.

11. Ein verkrüppeltes Stück Bandwurm. Man sehe Seite 93.
Hier ist die Spalte an den vorderen Gliedern befindlich.

12. Ein Theil des Stücks N. 11 vergröfsert.

Note. Durch die längs des ganzen Körpers in der Mitte der Oberfläche der Glieder fortlaufenden Erhabenheiten mit Vertiefungen, unterscheiden sich auch einzelne Strecken ohne Kopfende von dem nachfolgenden Kettenwurme.

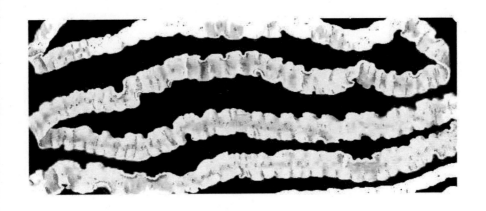

Erklärung der dritten Tafel.

Der Kettenwurm. *Taenia Solium.*

1. Ein am Hinterende abgerissener etwa 8 Fufs langer Wurm mit Auslassung bedeutend langer, hier durch Puncte angezeigter Gliederreihen, die den jedesmahl vorhergehenden gleichen.

2. Ein ausgezeichnet grofses Kopfende in natürlicher Gröfse. Man sehe Seite 99.

3.4.5. Vergröfsertes Kopfende in verschiedenen Ansichten. Bei 4 ist die Bewaffnung oder der doppelte Hakenkranz zu sehen.

6. Sehr dicke und derbe Glieder.

7. Sehr zusammengeschobene Glieder.

8. und 10. Verschiedene Abweichungen in dem Baue der Glieder und deren Aufeinanderfolge.

9. Sehr dünne und durchscheinende Glieder, in denen man die dendritische Form der Zeugungsorgane sehen kann.

11. Durchlöcherte Glieder, wahrscheinlich durch Berstung der Eierbehälter.

12.13.14. Strecken einer zusammengewachsenen Kettenwurms-Zwillings-Mifsgeburt. An denselben sieht man sehr deutlich die *Foramina marginalia.* Man sehe Seite 107.

Note. Durch die am Rande der Glieder hervorstehenden warzenförmigen Erhabenheiten mit Vertiefungen unterscheidet sich dieser Wurm auch ohne Kopfende von dem vorhergehenden.

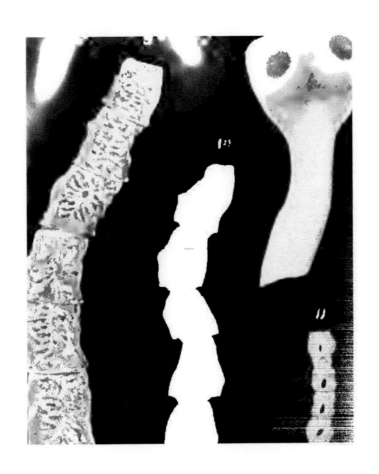

CAMBRIDGE, MA USA

Erklärung der vierten Tafel.

1. Ein sehr kleiner Fadenwurm. *Filaria Dracunculus.*

2. Der Fühlwurm. *Hamularia lymphatica.* Vergröfsert und copirt.

3. Eines männlichen Pallisadenwurms Schwanzende in natürlicher Gröfse. Copirt.

3.b Ein männlicher Pallisadenwurm, *Strongylus Gigas*, aus den Nieren in natürlicher Gröfse.

4. Das Kopfende. 5. Das männliche, 5.b das weibliche Schwanzende; insgesammt etwas weniges vergröfsert (*).

6. 7. Kleine Würmer mit dem Harne ausgeleert in natürlicher Gröfse. Man sehe Seite 226.

8. Die siebente Figur vergröfsert, 9. das Kopf- und 10. das Schwanzende derselben noch stärker vergröfsert.

11—14. Leberegeln. *Distoma hepaticum* aus der Gallenblase.

11.12. In natürlicher Gröfse.

13.14. Stark vergröfsert. In 13 sieht man sehr viele Gefäfse, 14 scheint ganz leer zu sein; indefs sind beide zu Einer Art gehörig.

15—17. Das Fettvielloch. *Polystoma Pinguicola.*

15. Die von Fett gebildete Höhle, worin dieses Vielloch frei liegt. 16. Die umgekehrte Seite, oder eigentlich Vorderseite, wobei jedoch wegen Umbiegung der Ränder die Sauglöcher nicht zu bemerken sind. 17. Das Vorderende mit zurückgelegten Rändern, woran die sechs Saugöffnungen deutlich zu erkennen sind. — Alle drei Figuren copirt von Treutler.

18.—26. Die Finne. *Cysticerus celluloscae.*

18. Finnen in einer Partie Muskeln. 19. Dergleichen in einem Stückchen Fette.

20. Finnen mit der äufsern Hülle. 21.22. Davon entblöfste mit ganz eingezogenem Halse und Kopfe.

23. Mit halb entwickeltem Halse. 24. Mit ganz entwickeltem Halse und Kopfe; bisher alles in natürlicher Gröfse.

25. Kopf, Hals und ein Theil des Körpers stark vergröfsert.

26. Ein noch mehr vergröfserter einzelner Haken der Bewaffnung.

27.—32. Der Hülsenwurm. Man sehe hierüber das davon handelnde Capitel.

(*) Von dem Geringelten des Körpers habe ich an denen von Herrn Professor Spedalieri in Pavia mir gütigst mitgetheilten Exemplaren, wovon diese Zeichnungen genommen sind, nichts bemerken können, defshalb ist es auch hier nicht ausgedrückt. Wir, mein Mahler und ich, halten uns immer streng an das, was wir wirklich sehen. — Das Colorit ist von der Abbildung dieses Wurms von Herrn Collet Maygret copirt.